高 等 学 校 教 材

化学实验（上）

第二版

河北师范大学、 衡水学院、 邢台学院、 石家庄学院合编

申金山　邢广恩　段书德　主编

化学工业出版社

·北京·

《化学实验（上）》在介绍实验室基本常识、化学实验基础知识与基本操作的基础上，选择了86个实验项目，内容涵盖基本操作实验、元素及其化合物的性质实验、化学原理与物理化学常数的测定、物质的分离与提纯、无机物的制备与检验、化学分析实验、仪器分析实验等。在注重基本技能训练的同时，强化专业技能训练，有利于培养学生的实验能力。

　　本书可作为高等师范院校及理工类院校化学类专业本科生的教材，也可供相关人员参考使用。

图书在版编目（CIP）数据

化学实验（上）/申金山等主编. —2 版. —北京：化学
工业出版社，2016.2（2024.8重印）

高等学校教材

ISBN 978-7-122-25978-3

Ⅰ. ①化…　　Ⅱ. ①申…　　Ⅲ. ①化学实验-高等学校-
教材　Ⅳ. ①O6-3

中国版本图书馆 CIP 数据核字（2016）第 000024 号

责任编辑：宋林青　　　　　　　　　　　装帧设计：王晓宇
责任校对：边　涛

出版发行：化学工业出版社（北京市东城区青年湖南街 13 号　邮政编码 100011）
印　　装：北京科印技术咨询服务有限公司数码印刷分部
787mm×1092mm　1/16　印张 18½　字数 464 千字　　2024 年 8 月北京第 2 版第 6 次印刷

购书咨询：010-64518888　　　　　　　　　售后服务：010-64518899
网　　址：http://www.cip.com.cn
凡购买本书，如有缺损质量问题，本社销售中心负责调换。

定　价：45.00 元　　　　　　　　　　　　　　　　版权所有　违者必究

前言

《化学实验》(上、中、下)系列教材基于"高等学校基础课实验教学示范中心建设标准"和"厚基础、宽专业、大综合"教育理念的要求,在第一版基础上经充实、重组,重新编写而成。本教材具有以下特点:

(1)层次化与整体性统一。教材将化学实验作为一门独立课程设置,其实验内容与教学进度独立于理论课,通过实验室常识、基本操作技术、实验项目等内容的分层次设计,构建一个成熟的、系统完整的实验教学新体系。

(2)经典性与时代性统一。教材在精选化学学科中一些经典实验内容的同时,选择一些成熟的、有代表性的现代教学科研成果,一方面加强学生实验技术与技能的训练;另一方面强化学生研究和创新能力的培养。

(3)知识性与实用性的统一。教材既涉及化学实验基础知识和操作训练,又涉及无机物制备、有机物合成、工业品质量检测、环境分析、天然产物提取等应用性内容。

(4)专业性与师范性的统一。体现师范院校的教师教育及化学学科专业性的特点,在注重化学学科的专业知识、专业技能训练的同时,强化专业知识和技能与其他相关学科知识与技能的联系,强化从专业学习到专业施教的过渡。

本套教材可供高等师范院校及理工科化学专业使用,由河北师范大学、衡水学院、邢台学院、石家庄学院和沧州学院共同编写,参加上册编写的有申金山、贾密英、冯玉玲、张慧姣、王秀玲、邢广恩、郑学忠、段书德等。全书最后由申金山通读、定稿。

由于编者水平所限,本书难免有不足之处,希望读者批评指正。

编　者

2015 年 9 月

目录

第 1 章　绪论 / 001
1.1　化学实验的目的 …… 001
1.2　化学实验的学习方法 …… 002
　1.2.1　充分预习 …… 002
　1.2.2　认真实验 …… 002
　1.2.3　详实记录 …… 003
　1.2.4　全面总结 …… 003
1.3　化学实验课的教学要求 …… 006

第 2 章　实验室基本常识 / 008
2.1　化学实验室规则 …… 008
2.2　化学实验安全知识 …… 009
　2.2.1　实验室安全守则 …… 009
　2.2.2　药品使用安全规则 …… 009
　2.2.3　实验室三废处理 …… 010
　2.2.4　实验室内事故的预防与应急处理 …… 011
　2.2.5　实验室急救药箱 …… 014

第 3 章　化学实验基础知识与基本操作 / 015
3.1　实验数据的处理 …… 015
　3.1.1　测定结果的准确度和精密度 …… 015
　3.1.2　误差产生的原因 …… 016
　3.1.3　提高分析结果准确度的方法 …… 018
　3.1.4　有效数字及其运算规则 …… 018
　3.1.5　化学实验数据的处理 …… 019
3.2　化学实验常用仪器介绍 …… 023
　3.2.1　常用仪器介绍 …… 023
　3.2.2　常用的五金用具 …… 031
　3.2.3　常用仪器和实验装置简图的绘制 …… 031
3.3　常用仪器的洗涤和干燥技术 …… 032
　3.3.1　常用仪器的洗涤 …… 032
　3.3.2　几种常用的玻璃仪器的保养和洗涤方法 …… 033

3. 3. 3　常用仪器的干燥 ……………………………………………………… 034

3. 4　常用加热方法与加热装置 …………………………………………………… 035

3. 4. 1　常用的加热方法 ……………………………………………………… 035

3. 4. 2　常用的加热装置和使用方法 ………………………………………… 036

3. 5　化学试剂基础知识 …………………………………………………………… 041

3. 5. 1　化学试剂的分类 ……………………………………………………… 042

3. 5. 2　化学试剂的质量标准 ………………………………………………… 043

3. 5. 3　化学试剂的选用 ……………………………………………………… 044

3. 5. 4　化学试剂的保存和管理 ……………………………………………… 044

3. 6　实验室用水 …………………………………………………………………… 045

3. 6. 1　实验室用水的等级、规格和影响纯度的因素 ……………………… 045

3. 6. 2　实验室用水的制备方法 ……………………………………………… 046

3. 6. 3　实验室用水水质鉴定方法 …………………………………………… 047

3. 7　试纸与滤纸 …………………………………………………………………… 047

3. 7. 1　试纸 …………………………………………………………………… 047

3. 7. 2　滤纸 …………………………………………………………………… 048

3. 8　试剂的取用和试管操作 ……………………………………………………… 049

3. 8. 1　试剂的取用 …………………………………………………………… 049

3. 8. 2　取用试剂时的安全问题 ……………………………………………… 051

3. 8. 3　试管操作 ……………………………………………………………… 051

3. 9　溶液的浓度及配制 …………………………………………………………… 052

3. 9. 1　常用的溶液浓度表示方法 …………………………………………… 052

3. 9. 2　溶液的配制 …………………………………………………………… 053

3. 10　常用度量仪器的使用 ………………………………………………………… 054

3. 10. 1　体积度量仪器的使用 ……………………………………………… 054

3. 10. 2　质量度量仪器的使用 ……………………………………………… 063

3. 10. 3　称量方法 …………………………………………………………… 069

3. 10. 4　酸度计及使用方法 ………………………………………………… 069

3. 10. 5　电导率仪的使用方法 ……………………………………………… 072

3. 10. 6　分光光度计及使用方法 …………………………………………… 073

3. 11　气体的发生、收集、净化和干燥 …………………………………………… 076

3. 11. 1　气体的发生 ………………………………………………………… 076

3. 11. 2　气体的收集 ………………………………………………………… 079

3. 11. 3　气体的净化和干燥 ………………………………………………… 080

3. 11. 4　实验装置气密性的检查 …………………………………………… 081

3. 12　物质的分离与提纯 …………………………………………………………… 082

3. 12. 1　常用的分离与提纯方法 …………………………………………… 082

3. 12. 2　试样的溶解 ………………………………………………………… 082

3. 12. 3　溶液与沉淀的分离 ………………………………………………… 083

3. 12. 4　升华 ………………………………………………………………… 085

3. 12. 5　溶液的蒸发与结晶 ………………………………………………… 086

3.12.6　离子交换分离法 ·································· 086
3.13　重量分析 ··· 088

第 4 章　基本操作训练 / 094

4.1　仪器识认、试剂的取用、玻璃工操作及
　　　塞子钻孔训练 ·· 094
实验 1　仪器的认领、洗涤和干燥 ····················· 094
实验 2　试剂取用与试管操作 ···························· 095
实验 3　玻璃工操作和塞子钻孔 ························· 096
4.2　称量技术训练 ··· 101
实验 4　分析天平称量练习 ······························· 101
4.3　溶液配制技术训练 ····································· 102
实验 5　溶液粗配和精确配制 ···························· 102
4.4　体积度量仪器的校准 ································· 104
实验 6　容量仪器的校准 ·································· 104

第 5 章　元素、化合物、离子的性质与检验 / 107

5.1　元素及其化合物的性质 ····························· 107
实验 7　p 区重要非金属及其化合物的性质 ········· 107
实验 8　主族重要金属及其化合物的性质 ·············· 111
实验 9　ds 区元素重要化合物的性质 ··················· 114
实验 10　d 区元素(铬、锰、铁、钴、镍)化合物的性质 ··· 116
5.2　常见离子的检验 ·· 119
实验 11　常见金属阳离子的分离与鉴定 ·············· 119
实验 12　常见非金属阴离子的分离与鉴定 ············ 124
实验 13　动植物中 Fe、Ca、P 元素的鉴定 ··········· 127

第 6 章　化学原理与物理化学常数的测定 / 130

实验 14　化学反应速率和活化能的测定 ·············· 130
实验 15　阿伏加德罗常数的测定 ······················ 134
实验 16　镁的相对原子质量的测定 ··················· 135
实验 17　摩尔气体常数的测定 ························· 138
实验 18　有机酸摩尔质量的测定 ······················ 139
实验 19　直接电位法测定乙酸的电离度和电离常数 ··· 141
实验 20　电位滴定法测定乙酸的电离常数 ············ 143
实验 21　电导率法测定乙酸的电离常数 ·············· 144
实验 22　$I^- + I_2 \rightleftharpoons I_3^-$ 平衡常数的测定 ················· 147

第 7 章　物质的分离与提纯 / 155

实验 23　去离子水的制备 ································· 155

实验 24　氯化钠的提纯 ·· 157

实验 25　海带中提取碘 ·· 159

第 8 章　无机物的制备与检验　　　　　　　　　　　/ 161

实验 26　三草酸合铁(Ⅲ)酸钾的制备和性质 ·········· 161

实验 27　明矾的制备、大晶体的培养及含量测定 ·············· 162

实验 28　含铜废液制备五水硫酸铜及结晶水的测定 ·········· 165

实验 29　硫酸亚铁铵的制备 ·· 167

实验 30　硫酸亚铁铵中铁含量的测定 ······················· 170

实验 31　硝酸钾的制备与提纯 ·· 171

实验 32　碳酸钡晶体的制备与晶形观察（微型合成实验） ·········· 172

实验 33　碘酸铜的制备及溶度积的测定 ····························· 174

第 9 章　化学分析实验　　　　　　　　　　　　　/ 177

9.1　酸碱滴定法 ··· 177

实验 34　滴定操作练习 ··· 177

实验 35　NaH_2PO_4-Na_2HPO_4 混合溶液浓度的测定 ·········· 179

实验 36　蛋壳中碳酸钙含量的测定 ································· 180

实验 37　工业纯碱总碱度的测定 ····································· 181

实验 38　食用白醋中 HAc 浓度的测定 ··························· 183

实验 39　硫酸铵肥料含氮量的测定(甲醛法) ·················· 184

实验 40　工业用硼酸中硼酸含量的测定 ·························· 186

实验 41　阳离子交换树脂交换容量的测定 ······················ 187

实验 42　阿司匹林含量的测定 ··· 189

9.2　配位滴定法 ··· 190

实验 43　EDTA 的标定 ··· 190

实验 44　自来水总硬度的测定 ··· 193

实验 45　铋、铅含量的连续测定 ····································· 195

9.3　氧化还原滴定法 ··· 196

实验 46　过氧化氢含量的测定 ··· 196

实验 47　水样中化学耗氧量（COD）的测定（高锰酸钾法） ·········· 198

实验 48　补钙制剂中钙含量的测定（高锰酸钾间接滴定法） ·········· 199

实验 49　铁矿石中全铁含量的测定（无汞定铁法） ·············· 200

实验 50　维生素 C 含量的测定（直接碘量法） ·················· 202

实验 51　间接碘量法测定铜合金中铜含量 ······················ 203

实验 52　葡萄糖含量的测定 ·· 205

实验 53　溴酸钾法测定苯酚 ·· 206

9.4　沉淀滴定和重量分析 ··· 208

实验 54　氯化物中氯含量的测定 ····································· 208

实验 55　二水合氯化钡中钡含量的测定（硫酸钡晶形沉淀重量分析法） ·········· 209

第 10 章　仪器分析实验

/212

10.1　光学分析法 ……………………………………………………………… 212

实验 56　邻二氮菲吸光光度法测定铁（条件试验和试样中铁含量的测定）…… 212

实验 57　吸光光度法测定水和废水中总磷 ………………………………………… 214

实验 58　吸光光度法测定水样中的六价铬 ……………………………………… 216

实验 59　吸光光度法测定双组分混合物 ………………………………………… 218

实验 60　饮用白酒中甲醇含量的测定 …………………………………………… 219

实验 61　食品中 NO_2^- 含量的测定 ……………………………………………… 221

实验 62　食品中防腐剂的紫外光谱测定 ………………………………………… 222

实验 63　紫外吸收光谱法同时测定维生素 C 和维生素 E ……………………… 224

实验 64　核黄素的荧光特性和含量测定 ………………………………………… 225

实验 65　蔬菜中总抗坏血酸的测定（荧光法）………………………………… 227

实验 66　化学发光法测定鞣革废液中的三价铬及六价铬 ……………………… 229

实验 67　红外光谱法测定有机化合物的结构 …………………………………… 231

实验 68　红外光谱法测定药物的化学结构 ……………………………………… 234

实验 69　有机化合物的吸收光谱及溶剂的影响 ………………………………… 235

实验 70　火焰原子吸收光谱法测定自来水中的钙（标准加入法）…………… 236

实验 71　火焰原子吸收光谱法测定水样中的镁（标准曲线法）……………… 238

实验 72　豆粉中 Fe、Cu、Ca 营养元素的分析 ………………………………… 239

实验 73　电感耦合等离子体发射光谱法测定白酒中的锰 ……………………… 241

实验 74　合金材料的电感耦合等离子体原子发射光谱(ICP-AES)法定性分析 … 242

10.2　电化学分析法 ……………………………………………………………… 243

实验 75　食品添加剂、饲料及饮用水中氟含量的测定 ………………………… 243

实验 76　自动电位滴定法测定弱酸离解常数 …………………………………… 247

实验 77　电位滴定法测定氯、碘离子浓度及 AgI 和 AgCl 的 K_{sp} ………… 248

实验 78　单扫描示波极谱法测定铅和镉 ………………………………………… 250

实验 79　天然水中钼的极谱催化波测定 ………………………………………… 251

10.3　色谱分析法 ………………………………………………………………… 253

实验 80　酒精饮料中各成分的分离和分析 ……………………………………… 253

实验 81　高效液相色谱法测定咖啡因（外标法）……………………………… 254

实验 82　高效液相色谱法测定 APC 片剂的含量（内标法）…………………… 256

实验 83　薄层荧光扫描法测定中药黄连中的小檗碱 …………………………… 258

10.4　质谱分析法及色-质联用分析法 ………………………………………… 261

实验 84　ICP-MS 测定玩具中锑、砷、钡、镉、铬、铅、汞、硒 ………… 261

实验 85　气相色谱串联质谱法鉴定纯物质及有机混合物 ……………………… 263

实验 86　液相色谱-质谱/质谱法（LC-MS/MS）测定原料乳及乳制品中的三聚氰胺 … 264

附　录　/268

附录 1　实验室常用酸、碱的密度和浓度(293.2K) ……………………………… 268

附录 2　常用指示剂 ………………………………………………………………… 268

附录 3 不同温度下标准缓冲溶液的 pH ……………………………… 271
附录 4 标准缓冲溶液的配制方法 …………………………………… 271
附录 5 滴定分析常用标准溶液的配制和标定 ……………………… 271
附录 6 弱电解质的解离常数(298.2K) ……………………………… 272
附录 7 难溶化合物的溶度积常数(298.2K, $I = 0$) ………………… 274
附录 8 标准电极电势(298.2K) ……………………………………… 275
附录 9 某些离子和化合物的颜色 …………………………………… 276
附录 10 使用原子吸收分光光度计的安全防护 …………………… 279
附录 11 高压钢瓶的使用 …………………………………………… 279
附录 12 注射器的使用及进样操作 ………………………………… 280
附录 13 汞的安全使用 ……………………………………………… 282

参考文献　　　　　　　　　　　　　　　　　　　　　　　**/ 283**

第1章 绪 论

1.1　化学实验的目的

　　随着化学科学的深入发展，现代化学在理论化学与实验化学两方面均已取得了丰硕的研究成果。理论化学通过计算与模拟，获得化学问题微观到宏观各层次的动态与静态信息，重现并解释了越来越多的实验现象，已经成为解决生命、能源、材料、环境等领域的科学问题不可或缺的工具。实验化学运用化学、物理等学科的基本原理和方法研究化学物质的制备、结构、性能、分析方法及其变化规律，特别是在新技术、新方法不断涌现的背景下，极大地推动了社会生产力的发展。

　　实验是一种事前有方案、事后有结果和责任的实践活动，是人类研究、探索自然规律的基本科学方法。实验方案目的明确，步骤具体可操作，实验结果以实验报告的形式来表达。化学科学中新元素的发现、化学理论的验证、自然界存在的或不存在的化学品的合成、新合成工艺路线的验证、新实验技术与设备的开发等都必须通过实验来验证、试制、改进和完善。

　　化学实验教学既强调基础实验知识的学习与基本操作技能的训练，又突出科学方法和思维、科学精神和品德的培养；既重视基础实验方法的教学，又体现创新意识的培养；既坚持实验体系的层次性和完整性，又强调学生实验的自主性。化学实验课程体系包括基础性的操作训练实验与综合性的技术实验、理论的验证实验与主观能动的探索实验、无机物的制备实验与有机物的合成实验、经典的方法实验与现代的研究实验。

　　实验教学的主要目的：

　　① 使学生正确地掌握化学实验的基本操作方法、技能和技巧，学会使用化学实验的仪器，具备设计安装简单实验装置的能力。

　　② 使学生掌握一些常见无机物制备、有机物的合成以及分离与提纯方法，通过验证基础化学的基本反应规律及基本理论，加深对基本概念和理论的理解。

　　③ 培养学生正确观察、记录和分析实验现象、合理处理实验数据、规范绘制各类图表、撰写实验报告、查阅手册与工具书及从其他信息源获取信息等方面的能力。

　　④ 培养学生正确设计实验（包括选择实验方法、实验条件、仪器和试剂等）、解决实际问题的能力和创新能力。

　　⑤ 培养学生实事求是的科学态度、勤俭节约的优良作风、相互协作的团队精神、勇于开拓的创新意识。养成细致、整洁、有条理性的实验习惯。使学生具备处理实验中一般事故

的能力。

1.2 化学实验的学习方法

1.2.1 充分预习

化学实验是一门理论联系实际的综合性课程，同时，也是培养学生独立工作能力的重要环节。因此，要达到实验的预期效果，必须在实验前认真地预习有关实验内容，做好实验前的准备工作。预习时要明确实验目的，知晓实验原理，了解实验的内容、步骤、操作过程和实验时应注意的事项。要写好预习笔记，做到心中有数。

（1）预习的内容和要求

实验前的预习，主要包括看、查、写、讲四方面的工作。

① 看：仔细阅读与本次实验有关的全部内容，不能有丝毫的粗心和遗漏。通过阅读明确每个实验的教学要求和教学目的，掌握实验的原理和方法，了解所需仪器设备的构造和工作原理。

② 查：通过查阅手册和有关资料了解实验中要用到或可能出现的化合物的性质和物理常数。

③ 写：在看和查的基础上认真书写预习笔记。每个学生都应准备一本实验预习、实验记录本，并编上页码，不能用活页本或零星纸张代替，不准撕下记录本的任何一页。如果写错了，可以用笔勾掉，但不得涂抹或用橡皮擦掉。文字要简练明确，书写整齐，字迹清楚。做好实验记录是从事科学实验的一项重要训练。

④ 讲：在看、查、写的基础上，应该做到能够以准确的专业语言表述实验原理和实验步骤，以及实验中各种仪器、试剂的规格和用途。

（2）预习报告的内容

① 实验名称，实验目的和要求，实验原理和反应式（主反应和主要副反应）。

② 试剂及产品的物理化学常数（相对分子质量、性状、折射率、密度、熔点、沸点及溶解度）。

③ 试剂浓度和用量，理论产量的计算或含量的计算。

④ 正确并清晰地画出仪器装置示意图。能够准确识认所用的每件仪器，并了解仪器的工作原理、用途和正确的操作方法，以及是否有其他替代仪器等。

⑤ 简要操作步骤或实验流程。阅读实验教材后，根据实验内容正确写出简明的实验步骤（不能照抄！）或实验流程，关键之处应注明。步骤中的文字可用符号简化，例如，化合物只写化学式，加热用"△"，加用"＋"，沉淀用"↓"，气体逸出用"↑"等。对于实验中可能会出现的问题，要写出防范措施和解决方法。

预习报告中涉及的内容，在实验过程中会有进一步认识和更新。可将实验记录本每页分成两部分，左边写预习内容，相应栏目的右边则写实验中新的认识和补充，以及观察到的实验现象。

1.2.2 认真实验

在预习的基础上，按照实验步骤、试剂用量和仪器的使用方法严肃认真地进行实验。做到规范操作、细致观察、如实记录。如发现实验现象与理论不符时，应对实验过程一步一步地核查，找出失败的原因，提出改进的措施，重新操作，以便得出有益的结论或采取相应的补救措施。如有新的见解和建议，须征得老师的同意，方可改变实验方案进行实验。在实验过程中应保持肃静，并严格遵守实验室各项规章制度。

1.2.3　详实记录

在实验过程中，实验者必须养成一边进行实验一边直接在记录本上做记录的习惯，不许事后凭记忆补写，或以零星纸条暂记再转抄。记录的内容包括实验的全部过程，如加入药品的数量，仪器装置，每一步操作的时间、内容和所观察到的现象（包括温度、颜色、状态变化；结晶、沉淀的产生或消失；是否放热或有气体放出等）和测得的各种数据。

记录要求实事求是，反映真实的情况，特别是当观察到的现象与预期的不同，以及操作步骤与教材规定的不一致时，要按照实际情况记录清楚，以便作为总结讨论的依据。其他各项，如实验过程中一些准备工作、现象解释、称量数据以及其他备忘事项，可以记在备注栏内。应该牢记，实验记录是原始资料，科学工作者必须重视。实验结束后，应将实验记录和产品交指导教师检查、签字。

1.2.4　全面总结

实验结束后，要对实验进行概括和全面总结，写出实验报告。因此，做完实验后，除了整理归纳实验数据（制备或合成实验包括写出产物的状态、产量、产率和实际测得的物性，如熔程、沸程等，定量分析实验包括称样量、标准溶液的浓度、滴定剂用量等）、回答指定的思考题外，还必须根据实验的具体情况就产品的质量、产量及实验过程中出现的问题进行分析，以总结经验教训，进而对实验提出改进意见，这是把感性认识上升为理性认识的不可缺少的必要环节。应根据实验现象进行分析、解释，写出有关的反应方程式，或根据实验数据进行计算，并将计算结果与理论值比较、分析，从而做出结论。实验报告应简明扼要，书写工整，不要随意涂改，更不能相互抄袭，马虎行事。

不同类型实验报告的格式不同。下面介绍几种报告格式，以供参考。

[格式一] 化学制备实验报告

实验 23　去离子水的制备

【实验目的】
1. 掌握用离子交换法制备去离子水的原理和操作方法。
2. 熟悉离子交换树脂的再生处理。
3. 学会使用电导率仪。
4. 掌握水中杂质离子的检验方法。

【实验原理】
当天然水通过阳离子交换树脂时，水中的 Ca^{2+}、Mg^{2+}、Na^+ 等阳离子被树脂吸附，发生如下的交换反应：

$$2R-SO_3H+Ca^{2+} \longrightarrow (R-SO_3)_2Ca+2H^+$$
$$R-SO_3H+Na^+ \longrightarrow R-SO_3Na+H^+$$

当天然水通过阴离子交换树脂时，水中的 Cl^-、SO_4^{2-}、CO_3^{2-} 等阴离子被树脂吸附，并发生如下的交换反应：

$$R-N(CH_3)_3OH+Cl^- \longrightarrow R-N(CH_3)_3Cl+OH^-$$
$$2R-N(CH_3)_3OH+SO_4^{2-} \longrightarrow [R-N(CH_3)_3]_2SO_4+2OH^-$$

经阳、阴离子交换树脂交换后产生的 H^+ 与 OH^- 发生中和反应，就得到了去离子水。

离子交换树脂的交换量是一定的，使用到一定程度后即失效。失效的阳、阴离子交换树脂可分别用稀 HCl、稀 $NaOH$ 溶液再生。

【实验步骤】

1. 去离子水的制备

10g 阳离子树脂 $\xrightarrow[\text{HCl 浸泡 24h}]{\text{20mL 2mol·L}^{-1}}$ $\xrightarrow[\text{HCl 润洗 3min}]{\text{倾去酸液 20mL 2mol·L}^{-1}}$ $\xrightarrow[\text{（酸液回收）}]{\text{倾去酸液}}$ $\xrightarrow[\text{pH=4.5}]{\text{水洗至}}$ }

10g 阴离子树脂 $\xrightarrow[\text{NaOH 浸泡 24h}]{\text{20mL 2mol·L}^{-1}}$ $\xrightarrow[\text{NaOH 润洗 3min}]{\text{倾去碱液 20mL 2mol·L}^{-1}}$ $\xrightarrow[\text{（碱液回收）}]{\text{倾去碱液}}$ $\xrightarrow[\text{pH=8～9}]{\text{水洗至}}$ } $\longrightarrow$

$\xrightarrow[\text{无气泡}]{\text{混合均匀}}$ 装柱 $\xrightarrow{\text{制水}}$ 去离子水

2. 水质检验

(1) 化学检验

实验步骤	实验现象	解　释
①Ca^{2+}、Mg^{2+} 检验 1mL 交换水＋2 滴 NH_3-NH_4Cl 缓冲溶液＋少量铬黑 T 指示剂	显蓝色	交换水中 Ca^{2+}、Mg^{2+} 极少,溶液显示铬黑 T 指示剂的颜色
1mL 天然水＋2 滴 NH_3-NH_4Cl 缓冲溶液＋少量铬黑 T 指示剂	显粉红色	Ca^{2+}、Mg^{2+} 遇铬黑 T 指示剂显示粉红色
②Cl^- 检验 10 滴交换水＋1 滴 $2mol·L^{-1}$ HNO_3 溶液＋2 滴 $0.1mol·L^{-1}$ $AgNO_3$ 溶液	无白色沉淀	交换水中 Cl^- 极少,不足以产生白色 AgCl 沉淀
10 滴天然水＋1 滴 $2mol·L^{-1}$ HNO_3 溶液＋2 滴 $0.1mol·L^{-1}$ $AgNO_3$ 溶液	白色沉淀	$Ag^+ + Cl^- \longrightarrow AgCl\downarrow$
③SO_4^{2-} 的检验 10 滴交换水＋1 滴$2mol·L^{-1}$ HCl＋1 滴$0.2mol·L^{-1}$ $BaCl_2$ 溶液	不出现白色浑浊	交换水中 SO_4^{2-} 极少,不足以产生白色 $BaSO_4$ 沉淀
10 滴天然水＋1 滴$2mol·L^{-1}$ HCl＋1 滴$0.2mol·L^{-1}$ $BaCl_2$ 溶液	出现白色浑浊	$Ba^{2+} + SO_4^{2-} \longrightarrow BaSO_4\downarrow$

(2) 物理检验

天然水的电导率＝　　　　　；交换水的电导率＝

【实验结论】

【思考题】

[格式二] 定量分析实验报告

实验 36　蛋壳中碳酸钙含量的测定

【实验目的】

1. 对于实际试样的处理方法(如粉碎、过筛等)有所了解。
2. 掌握返滴定的方法原理。

【实验原理】

蛋壳的主要成分 $CaCO_3$ 与已知浓度的过量 HCl 溶液发生下述反应:

$$CaCO_3 + 2H^+ == Ca^{2+} + CO_2\uparrow + H_2O$$

用已知浓度 NaOH 溶液返滴定过量的 HCl 溶液,由加入 HCl 的物质的量与返滴定所消耗的 NaOH 的物质的量之差,即可求得试样中 $CaCO_3$ 的含量。

【实验步骤】

将蛋壳去内膜并洗净,烘干后研碎,使其通过 80～100 目的标准筛,准确称取 3 份 0.1g 此试样,分别置于 250mL 锥形瓶中,用滴定管逐滴加入 HCl 标准溶液 40.00mL,并放置 30min,加入甲基橙指示剂,以 NaOH 标准溶液返滴定其中的过量 HCl 至溶液由红色刚刚变为黄色即为终点。

【数据处理与实验结果】

项　　目		1	2	3
蛋壳质量/g		0.1086	0.1017	0.1052
NaOH 浓度/mol·L^{-1}		0.09190		
NaOH 体积/mL		18.30	19.70	19.00
HCl 体积/mL		40.00	40.00	40.00
HCl 浓度/mol·L^{-1}		0.09200		
$CaCO_3$ 的质量分数/%	测定值	91.99	91.94	91.92
	平均值	91.95		
偏差		0.04	−0.01	−0.03
相对平均偏差/%		0.03		

【思考题】

[格式三] 化学性质实验报告

实验2 试剂取用与试管操作

【实验目的】
1. 学习固体和液体试剂的取用方法。
2. 掌握试管振荡和加热试管中的固体和液体等基本操作方法。

【实验步骤】

实验步骤	实验现象	解释及结论（反应方程式）
1. 试剂的取用 (1)用水反复练习估量液体体积的方法 ① 取 1mL 自来水，用小滴管滴入试管中 ② 用量筒量取 10mL、20mL 水倒入 50mL 烧杯中		1mL 大约是 20 滴，一滴大约是 0.05mL。1mL 在试管的大约 1/10 位置 10mL、20mL 分别在 50mL 烧杯 1/5、2/5 位置

实验步骤		
(2)酸碱指示剂在不同 pH 值溶液中的颜色 ① 第一支试管中：1mL 蒸馏水＋1 滴甲基橙 ② 第二支试管中：1mL 蒸馏水＋1 滴酚酞 ③ 以0.2mol·L⁻¹ HCl 和0.2mol·L⁻¹ NaOH 代替蒸馏水进行同样实验		

介质	指示剂		pH变色范围			
	甲基橙	酚酞	甲基橙	3.1~4.4	橙黄色	
水	黄色	无色	酚酞	8.8~10.0	粉红色	
HCl	橙黄色	无色				
NaOH	黄色	粉红色				

实验步骤	实验现象	解释及结论
2. 固体试剂的取用 ① 第一支试管：一小粒锌粒＋约 10 滴 0.2mol·L⁻¹ HCl ② 第二支试管：一小粒锌粒＋少量铜粉＋约 10 滴 0.2mol·L⁻¹ HCl	两支试管均有气体放出，第二支试管比第一支放出气体速度快	$Zn+2H^+\!=\!=\!Zn^{2+}+H_2\!\uparrow$ 第二支试管形成 Cu-Zn 原电池，所以放出气体要快

【思考题】

1.3 化学实验课的教学要求

① 课前要做好预习。要仔细阅读实验教材和预备知识，熟悉实验的目的、类型、内容、步骤、仪器。携带实验预习报告册、记录用笔进入实验室。没写预习报告或预习报告不合格者不允许做实验。对于设计型实验，要求撰写包括实验题目、目的、试剂、仪器、步骤、数据算法等内容的设计方案。

② 至少提前十分钟进入实验室。进入实验室后，应穿好实验服并按顺序号到自己的实验台位置站好（或坐好）。

③ 上课时，要认真听指导教师讲述实验要求和注意事项，仔细观察指导教师的演示，进一步明确实验目的、操作要点，进一步了解仪器装置的构造、原理、化学药品的性能。

④ 实验时，按照预习报告或自己设计的实验方案进行实验操作。应根据实验所规定的方法、步骤和试剂用量规范操作。应仔细观察，如实记录实验现象和数据。通过积极思考判断实验结果正常与否，如果发现异常情况，要认真分析原因，找出问题所在，重新进行实验，必要时请教指导教师帮助解决，至得到满意的实验结果。

⑤ 要按照正确的方法使用实验仪器，防止因为操作不当而产生异常结果甚至损坏仪器。

如果发现故障要及时请指导教师处理。

　　⑥ 做设计型实验时，如果发现原设计方案有问题，要及时调整方案，直至达到预期的目的。

　　⑦ 实验后，要及时总结实验结果，认真书写实验报告。实验报告要书面整洁，字迹工整，图表规范，实验项目填写详实，实验数据处理和算法正确，实验结论明确。禁止随意涂改实验结果，更不能相互抄袭。

第②章 实验室基本常识

2.1 化学实验室规则

为了保证实验正常进行，培养良好的实验习惯，并保证实验室的安全，学生必须严格遵守化学实验室规则。

① 实验前要做好预习和准备工作，明确实验目的，掌握实验要求和实验原理，了解实验内容及注意事项，并写好实验预习笔记。

② 实验室中应穿实验工作服，不得穿拖鞋，不得使用手机及其他电子娱乐设备。严禁抽烟、吃食物。

③ 实验时应保持实验室和实验台面的整洁，仪器有序摆放，药品应放在固定的位置上，实验台上不能放置书包等与实验无关的个人物品。

④ 实验前先检查仪器、用品是否完整。如有缺损，应向教师提出补充或更换请求，不许擅自动用他人（或组）的仪器、用品。

⑤ 实验过程中应严格遵守操作规程，听从教师的指导，按照实验教材所规定的步骤、仪器及试剂的规格和用量进行实验。

⑥ 实验时要遵守纪律，保持肃静，集中精神，认真操作，仔细观察，积极思考，如实详细地做好记录。

⑦ 要按规定量取用试剂，注意节约水、电、药品等。从试剂瓶中取出药品后，不得将药品再倒回原瓶中，以免带入杂质。取用固体药品时，切勿使其撒落在实验台上。如有撒落，应及时清理并处理。

⑧ 要爱护公共财物，小心使用仪器和实验设备。仪器如有损坏，要及时登记补领。实验产生的固、液废弃物，应分类放置于专用容器，集中处理。

⑨ 高度重视安全操作，熟悉消防器材存放地点及正确使用方法。实验正在进行时，操作人员不得擅自离开岗位。实验过程中应始终保持室内安静整洁，过路畅通。

⑩ 实验结束后，将所用仪器洗刷干净，并放回实验柜内。实验柜内仪器应存放有序，清洁整齐。揩净实验台及试剂架。

⑪ 每次实验后，由学生轮流值日，负责打扫和整理实验室，清理水槽，关好电闸、水和煤气开关。关好门窗，以保持实验室的整洁与安全。

⑫ 实验室内所有仪器、药品及其他用品，未经允许一律不许带出室外。

2.2 化学实验安全知识

2.2.1 实验室安全守则

化学实验室所用的药品大多数是易燃、易爆、有毒的，因此，这是一个有潜在危险的工作环境，在化学实验室中若粗心大意就可能发生事故。但是，实验者只要严格遵守操作规程，加强安全防范，完全可以避免危险和伤害，安全地得到科学的训练，掌握从事化学实验所需的技能。所以，在进入实验室之前，每个人都必须学习和熟悉化学实验室的安全守则和规章制度。

① 必须熟悉实验室的安全程序，熟悉实验室配备的安全用具、灭火器材、沙箱及急救箱等放置地点，了解使用方法，并注意爱护，不得移作他用或挪动存放位置。

② 实验开始前一定要认真阅读实验内容，应检查仪器是否完整无损，装置是否正确，经指导教师检查同意后方可进行实验。

③ 实验进行时不得擅离岗位，要随时注意反应过程中有无异常现象发生及装置有无漏气、破裂等现象，如有应及时报告，以便及时处理。常压下进行蒸馏、回流等操作，务必保证整个系统与大气相通，以防爆炸事故发生。

④ 对待所有的药品一定要小心、仔细。取用试剂时一定要核对标签。一定要注意观察实验现象，遇到疑问一定要问指导老师。进行有可能发生危险的实验时，应有必要的安全防护措施，如戴防护眼镜、面罩、手套等。

⑤ 实验过程中的污水、污物、残渣等应放入指定地点，不得随意丢弃，更不得丢入水槽，废液应倒入废液缸中。

⑥ 一定要保持自己的工作环境清洁。实验结束后应将所用仪器洗刷干净，放置整齐。

⑦ 禁止独自在实验室做实验。禁止做未经批准的实验。

⑧ 禁止在实验室里奔跑或大声喧哗，禁止妨碍他人实验或分散别人注意力。

⑨ 使用的玻璃管或玻璃棒切割后应马上熔光断口，保持断口圆滑，以免割伤皮肤。

⑩ 不能用湿手接触电源。水、电、煤气一经用毕应立即关闭，用完点燃的火柴应立即熄灭，不得乱扔。

⑪ 不能私自将实验药品带出实验室。

⑫ 实验结束后应洗手，关闭好水、电、气开关后方可离开实验室。

2.2.2 药品使用安全规则

不论做性质实验还是制备实验，都必须严格按所规定的药品剂量进行实验，不得随意改动，以免影响实验效果，甚至导致实验事故的发生。

1. 在量取药品时应注意的事项

① 用滴管（或移液管）吸取液体药品时，滴管一定要洁净，以免污染药品。

② 固体药品应用洁净、干燥的药匙取用，用后应将药匙擦拭干净。专匙专用。

③ 量取药品时，如若过量，其过量部分可供他人使用，不可随意丢弃，更不可倒入原试剂瓶中，以免污染药品。

④ 为防止某些腐蚀性的酸液和药品通过皮肤进入体内，应该避免药品与皮肤接触。在进行实验室常规性工作时，最好戴上橡胶或塑料手套，可以减少药品与皮肤接触的危险。当

使用腐蚀性或有毒性的药品时，必须戴上橡胶手套。

⑤ 取完药品后应立即盖好瓶盖，放回原处。

⑥ 公用药品必须在指定地点使用，不可挪为己用。

2. 常见危险品使用时应注意的事项

① 使用酒精、乙醚、苯、丙酮等易挥发和易燃物质时，要远离火源。

② 有毒或有刺激性气体的实验，要在通风橱内进行。

③ 使用浓硫酸、浓硝酸、浓碱、洗液、液溴、氢氟酸及其他有强烈腐蚀性的液体时，要十分小心，切勿溅在衣服、皮肤、尤其是眼睛上。稀释浓硫酸时，必须将浓硫酸缓慢地倒入盛有水的容器中并不断搅拌，绝不能把水倒入浓硫酸中，以免迸溅。

④ 钾、钠和白磷等暴露在空气中易燃烧，故钾、钠保存在煤油中，白磷保存在水中。取用它们时要用镊子夹取。

⑤ 在点燃氢气等可燃性气体之前要检验其纯度，绝不可在未经检验纯度前直接在制备装置或贮气瓶气体导出管口点火，否则可能引起爆炸。

⑥ 不许用手直接取用固体药品。不能将药品任意混合。氯酸钾、硝酸钾、高锰酸钾等强氧化剂或其混合物不能研磨，否则会引起爆炸。

⑦ 有毒药品（如重铬酸钾、钡盐、铅盐、砷的化合物、汞的化合物，尤其是氰化物）不得进入口内或接触伤口。剩余的废液不要随便倒入下水道，应倒入废液缸内统一处理，以免污染环境。

⑧ 金属汞易挥发，会通过呼吸道进入体内，逐渐积累将引起慢性中毒，所以，用汞时要特别小心，不得使其洒落在桌上或地上。一旦洒落，要尽可能地收集起来，并用硫粉覆盖在洒落的地方，使之转化为硫化汞。

3. 其他注意事项

① 应配备必要的防护眼镜。倾注药剂或加热液体时，不要俯视容器。加热试管时，不要将试管口对着自己或别人，以免液体溅出，受到伤害。不要用鼻孔凑到容器口上去嗅闻气体，应用手轻拂气体，将少量气体轻轻煽向自己后再嗅。

② 在实验过程中，未经教师允许不得擅自量取药品重做实验。

③ 实验完毕要洗净双手后，再离开实验室。

2.2.3 实验室三废处理

化学药品因其毒性、腐蚀性、易燃易爆而十分危险。许多有机化合物在遇到明火时就会燃烧甚至爆炸，特别像酒精、乙醚等低沸点溶剂。严重的溶剂火灾会在几秒钟内使实验室的温度升高到100℃以上，这是极其危险的。

化学实验室经常会产生各种有毒的废气、废液和废渣。这些有毒的物质如果直接排放会污染周边的空气、水源和土壤。因此进行化学实验时必须掌握废气、废液和废渣的处理方法，树立环境保护意识。

（1）废气的排放

凡是产生有毒气体的实验，均应在运行效果良好的通风橱内进行（图2-1），通过管道与房顶的风机将少量毒气排到室外。对于产生毒气量较大的实验必须有尾气吸收或处理装置。例如 HCl、SO_2、H_2S、HF、NO_2 等可用导管将尾气通入 $NaOH$ 水溶液中吸收，CO 可点燃使其生成 CO_2。

图 2-1 通风橱

(2) 废液的处理

废液的处理应根据其化学性质采取不同的处理方法，一般是将废液中有毒物质转化为无毒或低毒的固体或气体。生成的无毒或低毒的气体可排放至大气中，生成的固体废渣可交由专业的化工废弃物处置企业处理。具体办法如下：

① 废酸、废碱溶液　利用酸碱中和反应中和至 pH6～8，并用水稀释后排放。

② 含镉废液　用 $Ca(OH)_2$（消石灰）调节至 pH8～10，使 Cd^{2+} 生成氢氧化物沉淀，沉淀按废渣处理。

③ 含铬(Ⅵ)废液　利用硫酸亚铁或亚硫酸钠的还原性，将 $Cr(Ⅵ)$ 还原为 $Cr(Ⅲ)$ 后再加入 NaOH（或 Na_2CO_3）等碱性物质，调节至 pH6～8，使 $Cr(Ⅲ)$ 生成低毒的氢氧化铬沉淀，沉淀按废渣处理。

④ 含氰化物的废液　一种处理方法是加入 NaOH 使呈碱性后导入硫酸亚铁溶液中，生成氰化亚铁沉淀，沉淀按废渣处理，该方法适用于废液量较大的情况；另一种处理方法是在废液中加入 NaOH 至碱性后，通入氯气或次氯酸钠，使氰化物氧化分解为 CO_2 和 N_2 而除去，该方法适用于废液量较少的情况。

⑤ 含汞废液　废液量较大时，可用离子交换法处理，但成本较高。废液量较少时，可在废液中加入 Na_2S，使 Hg^{2+} 生成难溶的 HgS 沉淀，沉淀按废渣处理。

⑥ 含铅废液　加入 Na_2S 使其生成难溶的硫化物沉淀，沉淀按废渣处理。

⑦ 含砷废液　加入硫酸亚铁后用 NaOH 调节至 pH9，使砷化物与氢氧化铁共沉淀。也可在废液中加入 H_2S 或 Na_2S，使砷生成硫化砷沉淀，沉淀按废渣处理。

⑧ 混合废液　可采用铁粉法处理。将废液调节至 pH3～4 后，加入铁粉，搅拌 30min，再用碱调至 pH≈9，继续搅拌 10min，加入高分子絮凝剂，沉淀按废渣处理。

(3) 废渣的处理

无毒且没有回收价值的废渣可掩埋于适当的地点。有毒的废渣和有回收价值的废渣可交由专业的化工废弃物处置企业处置。

2.2.4　实验室内事故的预防与应急处理

(1) 割伤

割伤一般是使用和装配玻璃仪器操作不当造成的。预防玻璃割伤应注意：①玻璃管（棒）切割后，其断面应在火上熔光；②玻璃仪器的口径与塞子口径应相符，切忌勉强连接或插入；③正确进行仪器装配（见图 2-2）。

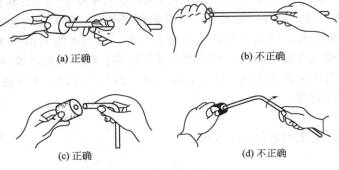

(a) 正确　　(b) 不正确

(c) 正确　　(d) 不正确

图 2-2　玻璃管插入塞子

如果不慎发生割伤事故应及时处理。应先检查伤口内有无玻璃碎片，并将伤口处的玻璃碎片或固体物取出。若伤口不大，用蒸馏水洗净后，涂上红药水，撒上消炎止血粉，用纱布包扎好或敷上创可贴；如果是大伤口，应立即用绷带扎紧伤口上部，使伤口停止出血，急送医疗所。

（2）烫伤与灼伤

① 烫伤

烫伤后切勿用冷水冲洗。如伤处皮肤未破，可用饱和 $NaHCO_3$ 溶液或稀氨水冲洗，再涂上烫伤膏或凡士林。如伤处皮肤已破，可去医院由专科医生处理。

② 强酸（或强碱）灼伤

若强酸（或强碱）溅在眼睛或皮肤上，应立即用大量水冲洗伤处。若为酸液灼伤，先用 1‰ $NaHCO_3$ 溶液冲洗，再用水冲洗。若为碱液灼伤，则先用 1‰ 的硼酸冲洗，最后用水洗。重伤者经初步处理后，急送医务所或医院治疗。

③ 溴、磷灼伤

被溴灼伤后先用大量水冲洗，用酒精擦洗至无溴液，然后再涂以鱼肝油软膏。眼睛内按酸液溅入眼中方法处理。若眼睛受溴蒸气刺激暂时不能睁开时，可对着盛有酒精的瓶内注视片刻。

被白磷灼伤，用 5% 硫酸铜溶液冲洗，然后用经硫酸铜溶液润湿的纱布覆盖包扎。

（3）中毒的预防与处理

① 中毒的预防

a. 有毒药品应妥善保管，不许乱放。剧毒药品应有专人负责收发，并向使用者提出必须遵守的操作规程。实验后的有毒残渣必须作妥善、有效的处理，不得乱丢。

b. 接触有毒物质时必须戴橡皮手套，操作后应立即洗手，切勿让毒品沾及五官或伤口。

c. 进行可能产生有毒或腐蚀性气体的实验时，应在通风橱内操作，实验开始后不得把头伸入通风橱内。也可用气体吸收装置吸收有毒气体。

d. 所有沾染过有毒物质的器皿，实验完毕后，要立即进行消毒处理和清洗。

② 中毒的处理

a. 毒物溅入口中应立即吐出，并用大量水冲洗口腔。若已吞下，应根据毒物性质服用合适的解毒剂，并立即送医院治疗。

强酸中毒可服用氢氧化铝膏、鸡蛋清；强碱中毒则服用醋、酸果汁、鸡蛋清。不论酸或碱中毒皆须再灌注牛奶，不能服用呕吐剂。

刺激性及神经性中毒：先服用牛奶或鸡蛋清使之冲淡和缓解，再服用硫酸镁溶液（约 30g 溶于一杯水中）催吐。有时也可用手指伸入喉部促使呕吐，然后送医院治疗。

b. 若吸入气体中毒，应将中毒者移至空气新鲜处休息，解开衣服和纽扣。如出现较严重症状，立即送医院治疗。吸入少量氯气或溴蒸气者，可用碳酸氢钠溶液漱口。吸入氯气、氯化氢气体时，可吸入少量酒精和乙醚的混合蒸气解毒。吸入硫化氢或一氧化碳气体感到不适时，应立即到室外呼吸新鲜空气。注意：吸入氯、溴气中毒时，不可进行人工呼吸，一氧化碳中毒不可施用兴奋剂。

（4）触电

迅速切断电源，必要时进行人工呼吸。

（5）消防

① 火灾的预防

为防止实验室火灾事故的发生，应注意：

a. 不能用烧杯等广口容器盛装易燃物，更不能用明火直接加热，应根据易燃物的特点及实验要求正确选用热源，且注意远离明火；

b. 蒸馏易燃、低沸点的物质时，装置不能漏气，如发现漏气立即停止加热，查明原因，经妥善处理后方可重新加热；

c. 易燃、易挥发物质切勿乱倒，应专门回收处理；

d. 正确使用酒精灯、酒精喷灯、煤气灯、电炉等加热设备；

e. 实验室内不宜大量存放乙醚、乙醇、丙酮等易燃物。

② 火灾的应对措施

实验室一旦发生火灾，应沉着、及时、有秩序地进行灭火。首先，应立即关闭煤气，切断电源，熄灭附近所有火源，迅速移开周围易燃物质，针对不同情况采取相应措施：

a. 药品燃烧　在实验室，最容易着火的就是有机溶剂。如果仅仅在一些像烧杯这样的小容器里着火，通常用一块大一点的湿抹布或烧杯盖在上面即可熄灭火焰。地面或实验台面着火，若火势不大，可用湿抹布盖熄。沙子也可用来扑灭一些小的火焰，实验室里常用消防桶装上沙子以防万一。因为大多数有机溶剂都比水轻，所以一旦溶剂着火千万不要用水去灭火，此时不但不能灭火，反会增大火势。

对于一些大的火灾，则需要使用灭火器（通常使用的是干粉灭火器）。灭火器最好由实验指导老师或有经验的人使用，使用不正确会扩大火情而延误灭火。如果发现用灭火器也不能很快扑灭火灾，就应迅速拨打火警电话，请来消防人员，并通知有关人员迅速撤离现场。

b. 衣服着火　一旦衣服着火，千万不要奔跑，跑动时产生风会使身上的火苗进一步扩大。可以把着火的人包在灭火毯里，让他在地板上来回滚动。如果手里没有毯子，用抹布或用毛巾沾上水，洒到着火者的身上。不到万不得已千万不要用灭火器直接喷到人身上灭火。一旦火被扑灭了，尽量让病人躺下、保暖，送医院作进一步治疗。除非是因为呼吸困难，否则绝不能随便解开或脱下被火烧伤者的衣服。

c. 电器着火　必须先切断电源，然后用二氧化碳或四氯化碳灭火器灭火，切忌用水或泡沫灭火器灭火，以免发生触电。在灭火的同时，要迅速移走易燃、易爆物品，以防火势蔓延。

常用的灭火器种类、灭火原理、适用范围及注意事项见表 2-1。无论使用哪种灭火器，均应从火的周围开始向中心灭火。

表 2-1　常用灭火器种类、灭火原理及其适用范围

种　　类	灭火原理	适用范围	注意事项
泡沫灭火器	$Al_2(SO_4)_3$ 和 $NaHCO_3$ 溶液作用产生大量的 $Al(OH)_3$ 和 CO_2 泡沫，泡沫覆盖燃烧物隔绝空气灭火	用于一般失火及油类着火	因喷出大量的硫酸钠、氢氧化铝等，给以后处理带来麻烦，因此，除非大火，一般不用这种灭火器
四氯化碳灭火器	内装的液态 CCl_4 被喷洒在燃烧物的表面时，因其迅速吸热气化而笼罩燃烧物，从而隔绝空气灭火	用于电器、汽油、丙酮等着火	在空气不流通的地方不能使用四氯化碳灭火器，因为四氯化碳在高温时会产生剧毒的光气
二氧化碳灭火器	内装液态 CO_2，喷射时体积迅速扩大，强烈吸热冷却凝结为霜状干冰，干冰在燃烧区又直接变为气体，吸热降温并使燃烧物隔离空气	用于电器设备的初起失火	二氧化碳灭火器是有机实验室中最常用的一种灭火器，使用时一手提灭火器，另一手握在喷二氧化碳喇叭筒的把手上，不能将手握在喇叭筒上，以免冻伤

种 类	灭 火 原 理	适 用 范 围	注 意 事 项
干粉灭火器	种类较多,常用的有以 $NaHCO_3$ 为基料的钠盐干粉,以 $KHCO_3$ 为基料的钾盐干粉和以尿素-$KHCO_3$ 为基料的氨基干粉。 此类灭火剂一方面利用二氧化碳气体或氮气气体作动力,将干粉喷出并覆盖在燃烧物的表面,通过化学反应在高温下形成一层玻璃状覆盖层,从而隔绝氧气中断燃烧;另一方面干粉中的无机盐的挥发性分解物,可与燃烧过程产生的活性自由基反应,从而使燃烧的链式反应中断	用于油类、有机溶剂、可燃气体、电气设备及忌水物的初起失火	手提式干粉灭火器使用时必须首先拔掉保险销,否则不会有干粉喷出。 手提式干粉灭火器使用前要把喷粉胶管对准火焰后,才可打开阀门。手提式干粉灭火器使用时,操作人员应站在火源的上风方向并尽量接近火源。不可将干粉直接冲击液面,以防把燃烧的液体溅出,扩大火势

2.2.5 实验室急救药箱

为了对实验过程中意外事故进行紧急处理,应在实验室内配备急救药箱。药箱内准备下列药品:

① 绷带、消毒纱布、脱脂棉、橡皮膏、洗眼杯、医用镊子、剪刀、乳胶管、棉签;

② 医用凡士林、鞣酸油膏、烫伤油膏、药用酒精、药用甘油、创可贴;

③ 碳酸氢钠溶液 (3%～5%)、醋酸溶液 (1%)、硼酸溶液 (1%)、红汞、碘酒、高锰酸钾晶体、5%硫酸铜溶液。

第3章 化学实验基础知识与基本操作

3.1 实验数据的处理

在以确定待测对象的物理和物理化学量值为目的的测量实验中，测量值与客观真值并不相同，并且对同一样品在相同条件下用相同的方法进行多次重复测定，也不能得到完全一致的测定结果（量值）。这表明存在误差，并且它是不可能完全避免或消除的。因此，在掌握测定方法的同时，必须对测定结果的可靠性和准确度做出合理的判断和评价，了解误差产生的原因和误差的特点，采取适当的措施尽量减小误差，使测定结果达到一定的准确度。

3.1.1 测定结果的准确度和精密度

（1）准确度

准确度是指分析测定结果 x 与被测量真实值 x_T 之间的一致程度。准确度是一个定性概念，用来表示分析测定的质量。这个概念不是一个量，不给出具体数值。分析测定工作的质量水平即准确度的高低用误差来衡量。误差是指分析测定结果和被测量真实值之间的差值。误差越小，表示测定结果与真实值越接近，其准确度越高。误差一般有两种表示方式。

① 绝对误差 E　等于测定结果与真实值之差，即

$$E = x - x_T \tag{3-1}$$

② 相对误差 E_r　等于绝对误差在真实值中所占的百分率。

$$E_r = \frac{E}{x_T} \times 100\% \tag{3-2}$$

相对误差可以反映出误差对整个测量结果的影响。在测定过程中，有时虽然绝对误差相同，但由于所测定样品的真实值不同，误差对整个测量结果的影响也不同。

（2）精密度

在实际工作中，对同一样品一般要进行多次平行测定，然后取其平均值作为结果。所谓精密度是指"在规定条件下，重复测定相同或类同的被测对象所得测量值之间的一致程度"。通常用偏差来衡量分析结果的精密度的好坏，它一般可用下列几种方式表示。

① 绝对偏差　等于个别测定结果（x_i）与 n 次重复测定结果的平均值（$\bar{x}$）之差。即：

$$d_r = x_i - \bar{x} \tag{3-3}$$

② 平均偏差 等于单次测量偏差的绝对值的平均值。即：

$$\overline{d} = \frac{\sum\limits_{i=1}^{n} |x_i - \overline{x}|}{n}$$

(3-4)

③ 相对平均偏差

$$\overline{d_r} = \frac{\overline{d}}{x} \times 100\%$$

(3-5)

④ 标准偏差 又称为均方根偏差，是一种用统计学理论来表示测定精密度的方法。当平行测定的次数 $n \to \infty$ 次时，标准偏差用 σ 表示，计算公式如下：

$$\sigma = \sqrt{\frac{\sum\limits_{i=1}^{n} (x_i - \mu)^2}{n}}$$

(3-6)

式中，μ 为无限多次测定结果的平均值，称为总体平均值，即 $\lim\limits_{n \to \infty} \overline{x} = \mu$。

当平行测量次数 $n < 20$ 时，标准偏差用 s 表示，则：

$$s = \sqrt{\frac{\sum\limits_{i=1}^{n} (x_i - \overline{x})^2}{n-1}}$$

(3-7)

⑤ 相对标准偏差 又称为变异系数，计算公式为：

$$s_r = \frac{s}{x} \times 100\%$$

(3-8)

用标准偏差表示精密度比用平均偏差表示更好，因为将单次测量的偏差平方后，较大的偏差变得更大了，更好地说明了数据的分散程度，从而能真实地反映出每次测量所产生的偏差的影响。

3.1.2 误差产生的原因

在各种测量与定量分析中，即使使用最准确可靠的仪器、方法、试剂，并由技术相当熟练的操作者进行测量或分析，都不可能获得绝对准确的结果，因为测定过程中的"误差"是不可避免的。定量分析中误差根据其性质不同，可分成系统误差和随机误差两大类。

（1）系统误差

系统误差是由某种固定原因所造成的，它在多次重复测定中，常按一定的规律重复出现，其大小和正负是相同的，在理论上是可以测得的，又称为可测误差。因此这种误差可以通过适当的校正来减小或消除。系统误差的主要来源有以下几个方面。

① 测定方法引起的系统误差 这种误差是由于分析测定方法本身不够完善所造成的，也称为理论误差。例如，在重量分析中沉淀的溶解和共沉淀等引起的误差；在滴定分析中指示剂选择不当引起的误差等，均属此类。

② 分析仪器引起的系统误差 这种误差是由于使用的仪器在设计、生产工艺、装配以及其他方面不十分完善所造成的。例如，等臂天平的不等臂性；使用的玻璃器皿、滴定管、移液管、容量瓶、砝码等计量仪器标准量本身失准；测量仪器的标准量随时间产生的不稳定性和随时间、位置变化产生的不均匀性等，这些均会产生系统误差。

③ 试剂不纯引起的系统误差 这种误差是由于所使用的试剂纯度不够或含有干扰物质所造成的。例如，使用的试剂或蒸馏水中含有被测物质或干扰杂质而引起的误差。

④ 实验操作人员引起的系统误差　这种误差是由于分析操作人员的实际操作技能不娴熟，测量过程的粗心大意，不符合规范的固有习惯等所引起的。这种误差通常是因人而异的，是与操作人员个体实验时的心理与生理状态情况密切相关的。

⑤ 环境条件引起的系统误差　这种误差是由于实验测定时的环境条件（如温度、湿度、气压、灰尘等）与要求的标准状态不一致，分析仪器或被测物质本身随环境条件在空间上、时间上的变化而改变所造成的。

系统误差不影响多次重复测量（或测定）的精密度，但会影响到分析结果的准确度。因此，在评价分析结果时，不能从精密度高而作出准确度高的结论，而必须在校正了系统误差后，再判断其准确度的高低。

（2）随机误差

随机误差是由某些难以控制、无法避免的偶然因素造成的，又称偶然误差或不定误差。在测量过程中由于随机误差产生的原因不恒定，反映在多次重复测定的结果中，其误差值的大小和正负没有规律性。然而，当测量次数很多时，用统计的方法可以找出它的一些规律：

① 在校正了系统误差的前提下，真值出现的概率最大；

② 绝对值相等而符号相反的正、负误差出现概率相等；

③ 小误差出现的概率大，而大误差的出现概率小。

上述规律可用高斯正态分布曲线来表示，如图 3-1。图中横轴代表测量值 x 出现的偏差大小，即 $x-\mu=\pm z\sigma$，其中 σ 为标准偏差，μ 为无限次测量的平均值（作为真实值），纵轴代表偏差出现的概率。对于化学分析而言，其允许的最大偏差一般为 $\pm 2\sigma$。从图 3-1 可知，一般偏差绝对值大于 2σ 的出现机会只有 4.5%，而大于 3σ 的测定机会只有 0.3%（即 1000 次测定中，只有 3 次）。而一般测定往往是有限次的，如果遇到个别数据的偏差大于 3σ，则可以认为其不属于随机误差的范围，该数值可以舍去。同时，从正态分布曲线也可以找出偏差的界限。例如，若要保证测定结果有 95% 的出现机会，则测定的偏差应控制在 $\pm 1.96\sigma$ 之内。

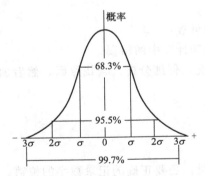

图 3-1　误差的正态分布曲线

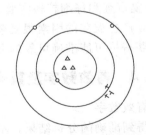

图 3-2　精密度和准确度的示意图
△—甲的着弹点；×—乙的着弹点；○—丙的着弹点

随机误差的大小可用"精密度"的高低来说明。若分析结果的精密度越高，则随机误差越小，反之亦然。

对一个未考虑系统误差的分析结果，即使有很高的精密度，也不能说明测定结果有很高的准确度。反之，即使测定结果的精密度不高，也不能说明此结果不准确。所以只有在消除了系统误差以后，精密度高的分析结果，才是既准确又精密的结果。

例如：甲、乙、丙三人打靶，各发三枪，结果见图 3-2。由图可知，甲的三个着弹点既密集又最靠近靶心，说明其精密度和准确度都很高；乙的三个着弹点虽然比较密集，但并未打中靶心，说明存在系统误差，应当设法校正；而丙的三个着弹点既分散、又远离目标，说明其中既有系统误差又包含随机误差。

精密度是保证准确度的先决条件。对于化学教学实验而言，实验结果不准确主要是由于学生在操作上的错误造成的，多数可从精密度不合格反映出来，因而，对实验结果首先要求其精密度达到规定的标准。

3.1.3　提高分析结果准确度的方法

定量分析结果中的误差是不可避免的，要提高分析结果的准确度，就必须消除或减少测定中的系统误差和随机误差。

（1）减小系统误差

① 进行对照试验，纠正方法误差。取"标准试样"或极纯的物质（已知被测组分的准确含量），采用与测定试样同样的方法进行试验，得出校正值，作为"校正系数"，以此来修正测定结果，从而消除方法误差。

② 在实验前，根据所要求的允许误差，对所使用的仪器、器皿进行校正，并求出校正值，以减小仪器所引入的误差。

③ 进行空白试验，纠正蒸馏水、试剂等可能引入的系统误差。所谓"空白试验"，就是在不加入试样的情况下，按照试样分析操作步骤和同样的条件进行试验，所得结果称为空白值，从试样分析结果中扣除空白值后，就可以得到比较准确可靠的分析结果了。

（2）减小随机误差

在消除系统误差的前提下，根据数理统计规律，可以通过增加测定次数，来减小随机误差。但当测定次数增加到一定程度时，一般为 10 次左右，即使再增加测定次数，对其随机误差的减小没有显著的效果。因而在一般化学分析时，对同一样品只要平行测定 3～5 次即可。为了使分析中的随机误差尽量减小。还要注意以下几个方面：

① 必须严格按照分析操作规程，进行正确地操作；

② 实验过程要仔细、认真，避免一切偶然发生的事故；

③ 重复审查和仔细校核实验数据，尽量减少记录和计算中的错误。

总之，产生误差的因素很复杂，必须根据实际情况，仔细分析、查找原因，然后加以克服，从而获得尽可能准确可靠的分析结果。

3.1.4　有效数字及其运算规则

（1）有效数字

为了得到准确的分析结果，不仅要进行准确的测量，还要正确的记录数字的位数。因为它不仅表示数量的大小，还反映了测量的精确度。有效数字是实际能测量到的数字，具体的说就是一个数据中包含的全部确定的数字和最后一位可疑数字。因此，有效数字位数的确定是根据测量中仪器的精度而确定的。例如，HCl 溶液的标定实验中，所使用的仪器有分析天平，精度为 0.1mg，滴定管的精度为 0.01mL。称取基准物无水 Na_2CO_3 0.1508g，滴定剂消耗体积为 27.50mL，这样计算出 $c_{HCl}=0.1035mol \cdot L^{-1}$，应有 4 位有效数字，即前三位都是确定的数字，最后一位是可疑数字。如果上述实验中称量使用精度低的天平，则实验结果就不能达到 4 位有效数字。可见有效数字的位数取决于实验中所使用仪器的精度，在记录与计算数据时，有效数字位数必须确定，不能任意扩大与缩小。

有效数字位数的确定有以下几种情况：

① 在有效数字中，最后一位是可疑数字。

② "0" 在数字前面不作有效数字，"0" 在数字的中间或末端，都看作有效数字。例如：0.1025 与 0.01025 均为 4 位有效数字，而 0.10250 则为 5 位有效数字。

③ 采用指数表示时，"10" 不包括在有效数字中，例如，上述数值写成 1.025×10^{-1} 或 10.25×10^{-2}，都为 4 位有效数字。

④ 采用对数表示时，有效数字位数仅由小数部分的位数决定，首数（整数部分）只起定位作用，不是有效数字。例如 pH＝11.00，则 $[H^+]=1.0 \times 10^{-11} \text{mol} \cdot \text{L}^{-1}$，只有 2 位有效数字。

（2）有效数字的运算规则

在处理实验数据时，由于测量过程中的各数据的准确度不一定完全相同。因而在运算过程中应先按照一定的规则对有效数字进行修约，然后再计算结果。有关有效数字的运算规则主要有以下几条。

① 在运算的数据中，每个数据都只有一位可疑数字（即其最后一位数字）。

② 对有效数字进行修约时，可采用"四舍六入五成双"原则。即当尾数≤4 时舍去，当尾数≥6 时进位；当尾数＝5 时，若 5 后面还有不为零的数字则一律进入，若 5 后面的数字为零则按"成双"规则修约（即若 5 前面一位是奇数则进位，若前一位是偶数则舍去）。这样可部分抵消由 5 的舍、入所引起的误差。

③ 在加减法运算中，以小数点后位数最少，即绝对误差最大的数为依据来确定运算结果有效数字的位数。

④ 在乘除法运算中，以有效数字位数最少，即相对误差最大的数为依据来确定运算结果的有效数字位数。

若在乘除法运算中，某一数据的首位数字≥8，则可将该数据的有效数字位数多算一位。例如 9.86 的相对误差约为 0.1%，与 10.00 的相对误差相近，因此，通常将其看成 4 位有效数字参与运算。

⑤ 在运算中，常会遇到分数或倍数关系。例如：移取 25.00mL $KMnO_4$ 溶液到 250mL 容量瓶中，稀释到刻度线，即新配制的溶液浓度为原溶液浓度的 1/10。这里的 "10" 是自然数，非测量得到的数据，可视为足够有效，不影响运算结果的有效数字位数，因此可看作是无限多位有效数字。

⑥ 对于高含量（＞10%）组分的测定，一般要求分析结果保留 4 位有效数；对中等含量（1%～10%）的组分，一般保留 3 位有效数字；对于微量（＜1%）组分，一般只保留两位有效数字即可。凡涉及化学平衡的计算结果，一般保留 2 位或 3 位有效数字。

在表示分析测定结果的精密度和准确度时，一般要求结果保留一位有效数字，最多保留两位。

3.1.5　化学实验数据的处理

在实际工作中，分析结果的数据处理是十分重要的。分析结果一般是在消除（或校正）了系统误差后，以测定数据的平均值表示，同时还要计算出分析结果可能达到的准确范围，即计算出分析结果中所包含的随机误差。在进行数据处理时，首先将实验测得的数据进行整理，将由明显错误而引起的偏差较大的数据舍弃。然后对原因不确定的可疑数据，按照统计学的方法来决定其取舍。最后以统计学的方法表示计算结果。

(1) 平均值的置信区间

在实际工作中，只能进行有限次测量，采用平均偏差和标准偏差也只能表示个别测量值和平均值之间的偏差，而不能反映出平均值同真实值之间的误差。根据统计理论，在有限次测量中，平均值（$\bar{x}$）和总体平均值（即真实值）之间的关系为：

$$\mu = \bar{x} \pm \frac{ts}{\sqrt{n}} \tag{3-9}$$

式中，s 为标准偏差；n 为测量次数；t 为与自由度（$n-1$）和置信度相关的统计量，可从表 3-1 查得；μ 为真值。

表 3-1　不同测定次数及不同置信度下的 t 值

测量次数 $n-1$	置信度				测量次数 $n-1$	置信度			
	50%	90%	95%	99%		50%	90%	95%	99%
2	0.816	2.920	4.303	9.925	8	0.706	1.860	2.306	3.355
3	0.765	2.353	3.182	5.841	9	0.703	1.833	2.262	3.250
4	0.741	2.132	2.776	4.604	10	0.700	1.812	2.228	3.169
5	0.727	2.015	2.571	4.032	15	0.691	1.753	2.131	2.947
6	0.718	1.943	2.447	3.707	25	0.684	1.708	2.060	2.787
7	0.711	1.895	2.365	3.500	∞	0.547	1.645	1.960	2.576

置信度是表示测量值落在某一范围内的概率。例如：根据随机误差的正态分布曲线（图 3-1），测量值落在 $\mu \pm 2\sigma$ 区间内的概率为 95.5%。

根据式（3-9）可得，在选定置信度下，真实值被包括在以平均值 $\bar{x}$ 为中心的 $\pm \frac{ts}{\sqrt{n}}$ 的范围内，这个范围叫平均值的置信区间。

(2) 显著性检验

在实际工作中，当用不同方法或不同人员分析同一样品时，所得分析结果可能会有差异，这就需要分析这些差异产生的原因。一般采用统计学上的显著性检验方法来进行分析。若发现分析结果之间存在显著性差异，则可认为分析结果之间存在明显的系统误差；否则可认为分析结果的差异来自于随机误差。常用的检验方法有 F 检验法、t 检验法。

① F 检验法

F 检验法主要是通过比较两组实验数据的方差（s^2），从而检验两组实验数据的精密度是否存在显著性差异。

F 的定义为：两组数据中的大方差与小方差的比值，即：

$$F_{计算} = \frac{s^2_{大}}{s^2_{小}}$$

将计算所得的 F 值与表 3-2 中查得的 F 值相比较，若 $F_{计算} > F_{表}$，则认为存在显著性差异，否则不存在显著性差异。

表 3-2　置信度 95% 时的 F 值

$f_{小}$	$f_{大}$										
	1	2	3	4	5	6	7	8	9	10	12
1	161	200	216	225	230	234	237	239	241	242	244
2	18.5	19.0	19.2	19.2	19.3	19.3	19.4	19.4	19.4	19.4	19.4

$f_小$	$f_大$										
	1	2	3	4	5	6	7	8	9	10	12
3	10.1	9.55	9.28	9.12	9.01	8.94	8.89	8.85	8.81	8.79	8.74
4	7.71	6.94	6.59	6.39	6.26	6.16	6.09	6.04	6.00	5.96	5.91
5	6.61	5.79	5.41	5.19	5.05	4.95	4.88	4.82	4.77	4.74	4.68
6	5.99	5.14	4.76	4.53	4.39	4.28	4.21	4.15	4.10	4.06	4.00
7	5.59	4.74	4.35	4.12	3.97	3.87	3.79	3.73	3.68	3.64	3.57
8	5.32	4.46	4.07	3.84	3.69	3.58	3.50	3.44	3.39	3.35	3.28
9	5.12	4.26	3.86	3.63	3.48	3.37	3.29	3.23	3.18	3.14	3.07
10	4.96	4.10	3.71	3.48	3.33	3.22	3.14	3.07	3.02	2.98	2.91

注：1. 数据来自《统计生物学》(Biomernka)。

  2. $f_小$代表方差较小的一组数据的自由度，$f_大$代表方差较大的一组数据的自由度。

[例1]　用两种不同方法测得某样品中的 C 含量，结果（%）分别为：2.35，2.36，2.37，2.35 和 2.41，2.43，2.45。使用 F 检验法，判断这两组数据间是否存在显著性差异？

解：$n_1=4$，$\overline{x}_1=2.36$，$s_1^2=0.0001$，$f_小=n_1-1=3$

$n_2=3$，$\overline{x}_2=2.43$，$s_2^2=0.0004$，$f_大=n_2-1=2$

则

$$F_{计算}=\frac{s_2^2}{s_1^2}=\frac{0.0004}{0.0001}=4$$

查表 3-2，在置信度 95%（显著性水平 $\alpha=0.05$）时，$F_表=9.55$，$F_表>F_{计算}$，因此两组数据间不存在显著性差异。

②t 检验法

a. 平均值与标准值比较

该法是将多次分析结果的平均值（$\overline{x}$）与标准值（μ）进行比较，以检验分析者对同一样品，经多次测定所得结果与标准值之间是否存在显著性差异。由式(3-9) 可知

$$\mu=\overline{x}\pm\frac{ts}{\sqrt{n}}\qquad t_{计算}=\frac{|\overline{x}-\mu|}{s}\sqrt{n}$$

按照上式计算出 $t_{计算}$ 值，将其与表 3-1 中查得的 $t_表$ 值相比较，若 $t_{计算}>t_表$，则表明分析结果存在显著性差异；反之，则无显著性差异。一般以 95% 的置信度为检验标准。

b. 两组实验数据平均值的比较

s_1、s_2 分别表示两组数据的精密度，先用 F 检验法检验它们之间没有显著性差异，则可认为 $s_1\approx s_2\approx s$，用下式求出两组数据的总的标准偏差 s：

$$s_{总}=\sqrt{\frac{偏差平方和}{总自由度}}=\sqrt{\frac{\sum(x_{i,1}-\overline{x}_1)^2+\sum(x_{i,2}-\overline{x}_2)^2}{(n_1-1)+(n_2-1)}}$$

然后计算出 $t_{计算}$：

$$t_{计算}=\frac{\overline{x}_1-\overline{x}_2}{s}\sqrt{\frac{n_1n_2}{n_1+n_2}}$$

将 $t_{计算}$ 值与表 3-1 中查得的 $t_表$ 值相比较，若 $t_{计算}>t_表$，则表明两组数据平均值存在显著性差异；反之，则无显著性差异。

[例2]　例 1 中的两组数据已经过 F 检验法检验，得知它的精密度不存在显著性差异。

则再用 t 检验法判断一下是否存在显著性差异。

解：两组数据的总的标准偏差为：

$$s=\sqrt{\frac{\sum(x_{i,1}-\overline{x_1})^2+\sum(x_{i,2}-\overline{x_2})^2}{(n_1-1)+(n_2-1)}}=0.015$$

$$t_{计算}=\frac{\overline{x_1}-\overline{x_2}}{s}\sqrt{\frac{n_1n_2}{n_1+n_2}}=6.11$$

在 $P=95\%$，$f=n_1+n_2-2=4+3-2=5$ 时，查表 3-1 得 $t_表=2.571$。由于 $t_{计算}>t_表$，说明两组数据间存在显著性差异，应该查出原因并消除。

③ 可疑数据的取舍——Q 检验

由于随机误差的存在，实验测得的一组数据中，有时会出现个别离群较远的可疑数据。若这是由过失造成的，则必须舍去；若找不到原因，需要按照统计学方法对可疑数据进行取舍。统计学中处理可疑数据的方法有很多种，在此只介绍比较简便的 Q 检验法。Q 检验法的步骤如下：

a. 将实验数据从小到大排列：x_1，x_2，…

b. 计算最大值和最小值之差（x_n-x_1），也称为极差；

c. 求出可疑值与最邻近的数据之间的差值，然后除以极差，所得的商为 $Q_{计算}$，假定 x_n 为可疑值，相邻值为 x_{n-1}，则差值为 x_n-x_{n-1}，则

$$Q_{计算}=\frac{x_n-x_{n-1}}{x_n-x_1}$$

d. 查表 3-3，得到 $Q_表$ 值；

e. 将 $Q_{计算}$ 值同 $Q_表$ 值比较，若 $Q_{计算}>Q_表$，则该可疑值舍弃；反之，则应保留。

在 Q 检验方法中，选择合适的置信度非常重要，若置信度过大，易将可疑值保留下来，反之，则可能将该保留的数据舍弃，这都会造成分析结果不科学。

表 3-3　不同置信度下的 Q 值

测定次数 n	置信度		
	90%（$Q_{0.90}$）	96%（$Q_{0.96}$）	99%（$Q_{0.99}$）
3	0.94	0.98	0.99
4	0.76	0.85	0.93
5	0.64	0.73	0.82
6	0.56	0.64	0.74
7	0.51	0.59	0.68
8	0.47	0.54	0.63
9	0.44	0.51	0.60
10	0.41	0.48	0.57

（3）实验结果的数据表达与处理

实验测得的数据需要经过归纳和处理，才能得到满意的结果。实验数据的处理一般有列表法、作图法、数学方程法和计算机数据处理等方法。

① 列表法

该法是将实验数据按自变量与因变量，一一对应列入表中，并把相应的计算结果填入表格中，此法简单清楚。列表时需注意：

a. 列出的表格必须写清名称；

b. 自变量与因变量应一一对应，进行列表；

c. 表格中所记录的数据应符合有效数字规则；

d. 表格中也可以记录实验方法、实验现象与反应方程式等。

② 作图法

若实验数据较多，则可以用作图法来处理实验数据。作图法可以更直观的表达实验结果及发展趋向。利用坐标纸和计算机作图软件（如 Excel、Origin 等）作图是常用的作图方法。作图时需注意以下几点。

a. 作图时，以自变量为横坐标，因变量为纵坐标。

b. 选取的坐标轴比例要适当，应使实验数据的有效数字与相应坐标轴分度精度的有效数字相一致，以免作图处理后得到的结果的有效数字发生变化。坐标轴的标值要易读，必须注明横纵坐标所代表的量的名称、单位和数值，注明图的编号和名称。

c. 在曲线绘制时，首先把测得数据以坐标点的形式画在坐标上，然后根据坐标点的分布情况，将它们连接成直线或曲线，所描的曲线（直线）应尽可能接近大多数的坐标点，使各坐标点均匀分布在曲线（直线）两侧，即要求：每个坐标点离曲线的距离的平方和为最小，符合最小二乘法原理。在同一坐标上画多条曲线，则可以用不同颜色或不同符号来表示不同组的曲线。

③ 数学方程和计算机数据处理

此法是按一定的数学方程式，用特殊的计算机语言来编制计算程序，由计算机完成数据处理的方法。

3.2　化学实验常用仪器介绍

3.2.1　常用仪器介绍

表 3-4 中列出化学实验常见仪器及配件的简图、规格、用途及使用注意事项。

表 3-4　化学实验常见仪器简介

仪 器	规 格	用 途	注意事项
 表面皿	以直径(mm)大小表示	可盖在烧杯上防止液体进溅；有时可用于称量固体试剂；也可用于自然晾干固体药品	不能用火直接加热
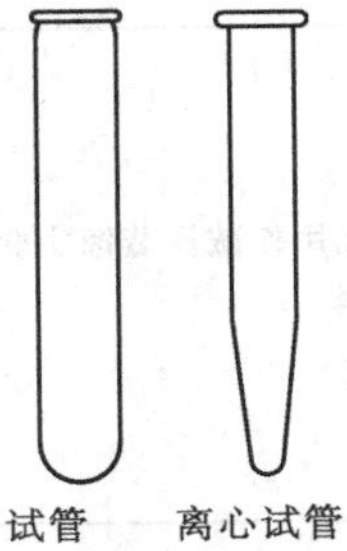 试管　离心试管	材质分为硬质玻璃和软质玻璃。试管以管口外径×长度(mm×mm)表示，离心试管以毫升(mL)表示	少量试剂定性反应的容器。离心试管还可用于定性分析中的沉淀分离	液体不需要加热时，总量不要超过试管的1/2。加热时使用试管夹，液体总量不要超过1/3。加热的试管防止骤冷。加热固体时，管口应略向下倾斜。离心试管只能水浴加热

仪　器	规　格	用　途	注意事项
试管架	有木质、铝质和塑料的。有不同的形状和大小	放试管用	加热后的试管应用试管夹夹住悬放在木质或塑料的架上，以免烫损。铝质的防止酸碱锈蚀
试管夹	有木质、竹质及金属丝制品，形状也不同	夹持试管用	防止烧损或锈蚀
圆底烧瓶	以容积表示。常用的圆底烧瓶的容量为1000mL、500mL、250mL、100mL、50mL、10mL、5mL	耐热、耐压，抗溶液沸腾后产生的冲击震动。多用作反应器，且需长时间加热时的反应器。可用于有机化合物的合成和蒸馏实验，也可用作减压蒸馏的接受器和少量气体发生装置	盛放液体不超过容量的2/3。加热时应放在石棉网上或电热套内
梨形烧瓶	常用的容量为100mL、50mL	性能和用途与圆底烧瓶相似。其优点是在进行少量合成时，可使烧瓶内保持较高的液面，蒸馏时烧瓶中的残留液少	盛放液体不超过容量的2/3。加热时应放在石棉网上或电热套内
三颈烧瓶	又称三口烧瓶,常用的容量为 1000mL、500mL、250mL、100mL、50mL	常用于需要进行搅拌的实验,中间瓶口安装搅拌器,两个侧口安装回流冷凝管、温度计或滴液漏斗等	盛放液体不超过容量的2/3。加热时应放在石棉网上或电热套内
三角烧瓶	又称锥形烧瓶,常用的容量为 500mL、250mL、100mL、50mL、25mL、10mL	常用于重结晶操作或有固体产物生成的合成实验,因为生成的结晶物易从锥形烧瓶中取出来。锥形烧瓶还可用作常压蒸馏实验的接受器	不能用作减压蒸馏实验的接受器

仪　　　器	规　　　格	用　　　途	注意事项
毛刷	以大小和用途表示。如：试管刷、烧杯刷、滴定管刷等。大小和形状不同	洗刷常规玻璃仪器	小心刷子顶端的铁丝撞破玻璃仪器
烧杯	以容积(mL)表示。材质分硬质玻璃和软质玻璃	反应物较多时的反应容器或配制溶液的容器	盛放液体不超过烧杯容量的2/3。加热时应使用石棉网或电热套直接加热
锥形瓶	以容积(mL)表示。材质分硬质玻璃和软质玻璃，有普通、磨口、广口、细口等几种	反应容器，振荡方便，适用于滴定操作	盛放液体不超过容量的1/2。加热时应使用石棉网
长颈漏斗　短颈漏斗	以上口直径大小(mm)表示，常用的有：45、55、60、70、80、100和120。材质分为玻璃质、瓷质，分长颈、短颈、直渠、弯渠	用于过滤等操作。其中短颈漏斗因其短，热损失少而适用于热过滤。也可以用作加液器，将液体注入小口径容器中去	不能用火直接加热
保温漏斗	又称热滤漏斗，它是在普通漏斗外面装上一个中间可以充水的铜质外壳，加热外壳支管，可以保持所需温度	用于需要保温的过滤操作(如重结晶的趁热过滤)	若热滤液为易燃有机物，应先熄灭加热的酒精灯
分液漏斗	以容积大小(mL)和形状表示。依形状有梨形和圆形之分	用于互不相溶的液-液分离	不能用火直接加热。磨口与漏斗塞子是配套的，活栓处不能漏液。长期不用时，应在阀芯与阀座之间夹衬纸条，以免粘连

仪　器	规　格	用　途	注意事项
滴液漏斗	以容积大小（mL）表示。常用的有：50、100、250、500	主要用于滴加试料,利用旋塞控制滴加速度,把液体一滴一滴地加入反应器中,即使漏斗的下端浸没在液面下,也能够明显地看到滴加的快慢	用滴液漏斗加料时,必须保持系统的压力平衡,否则将影响试料滴加的正常进行
恒压滴液漏斗	又称平衡加料器	用于合成反应实验的液体加料操作。其优点是在滴加液体时可始终保持系统的压力平衡以及恒定的滴加速度	
吸滤瓶　布氏漏斗	吸滤瓶以容积（mL）表示。布氏漏斗为瓷质,以容量（mL）或口径（mm）表示	两者配套使用于晶体或沉淀的减压过滤	滤纸要略小于漏斗内径,安装布氏漏斗时,应让漏斗管尖远离抽气嘴,以免有滤液从抽气嘴抽走。停止抽滤时,应先打开安全瓶的活塞,放入空气,然后再关闭水泵
砂芯漏斗	又称玻璃砂芯过滤片漏斗（简称滤板漏斗）,砂芯是用硬质玻璃颗粒烧结而成的。这种玻璃具有多孔性,空隙大小又可以通过选择颗粒的大小和烧结的温度来加以调节。将玻璃砂芯过滤片焊接到玻璃漏斗上,就构成具有玻璃砂芯过滤片的漏斗	与吸滤瓶配套使用,用于少量物质的减压过滤	使用后会有部分沉淀物残存于过滤片的微孔中,应及时加以清洗
量筒	以容积表示。上口大下口小的叫量杯。量筒分带磨口塞和无塞两大类。无塞的带有倾出嘴,又分具玻璃底座和具塑料底座两种	用于量取一定体积的液体	不能加热,不能作为反应容器

仪　器	规　格	用　途	注意事项
容量瓶	以刻度以下的容积（mL）表示。常用的有：5、10、25、50、100、250、1000、2000 等	配制准确浓度的溶液时使用	不能直接用火加热或放在烘箱中烘烤，不能代替试剂瓶存放液体。磨口的塞子是配套的，容量瓶在被使用后，应及时洗净，塞上塞子，并在磨口塞与瓶口之间夹衬纸条以防粘连
细口瓶　广口瓶	以容积（mL）大小表示。细口试剂瓶分无色透明和棕色两种。广口瓶分无塞和具磨口塞两种，也有无色和棕色两种颜色	细口瓶盛放液体药品，广口瓶盛放固体药品，不带磨口塞子的广口瓶可作为集气瓶	不能加热，瓶塞不能互换，不用时在磨口塞与瓶口之间夹衬纸条，以防粘连。盛放碱液要用橡胶塞
滴定管	按刻度最大标度（mL）表示，常用的有 50、25。分酸式、碱式两种。滴定管除了无色透明的以外，还有棕色的。棕色管用于盛装见光易分解变质或深颜色的溶液，如高锰酸钾溶液或碘的标准溶液	用于滴定，也可用以准确量取液体的体积	酸管、碱管不能对调使用。装液前用预装液淋洗三次。滴定管使用之前必须进行试漏。酸管塞子是专用的，活塞处不能漏液，长期不用时，应在塞子与塞座之间夹衬纸条，以免粘连。盛装具有氧化性的溶液时，使用酸管
移液管	以刻度最大标度（mL）表示。分刻度管形（吸量管）和单刻度胖肚形两种	精确移取一定体积的液体时用	用时应先用少量所移取液淋洗三次。如果移液管上写有"吹"字，一定将移液管残留量后一滴液体吹出；如果移液管上没有写"吹"字，一定不能将移液管残留量后一滴液体吹出
滴定管夹（蝴蝶夹）	铁制或塑料制	用于固定酸碱滴定管	

仪　器	规　格	用　途	注意事项
洗气瓶	按容量（mL）表示，常用的有 125、250、500、1000	用于洗去气体中的杂质，净化气体，也可用作安全瓶	洗涤液体为容积的 1/3～1/2
滴瓶	以容积（mL）大小表示。分棕色和无色两种	盛放少量液体试剂或溶液，便于取用	滴管专用，不能吸得太满，不能平放、倒置。长期不用时，应在滴管与瓶口之间夹衬纸条，以免粘连
称量瓶	以外径×高表示。分扁形和高形两种	准确称取定量固体时用	瓶和塞子是配套的，不能互换。使用前应洗刷干净，并在烘箱中 105℃下烘干，随即放到保干器中，冷却到室温后方可使用。为防止汗渍沾污，在称量时应用结实干燥的纸条套在称量瓶上，以便夹取。长期不用时，应在塞子与瓶口之间夹衬纸条，以免粘连
泥三角	铁丝弯成，套有瓷管。有大小之分	架放坩埚时用	灼烧后小心取下放在石棉网上，不要摔落。防止锈蚀
研钵	以直径大小表示。材质有瓷质、玻璃质、玛瑙质和铁质	用于研磨固体物质	放入量不超过容积的 1/3。注意：易爆炸物只能轻压，不能研磨。材质为瓷质、玻璃质、玛瑙质的小心跌碎
坩埚	以容积表示，有瓷质、石英质、镍质或铂质。上釉的瓷坩埚可以加热到 1050℃，不上釉的可以加热到 1350℃，刚玉瓷坩埚可耐温度为 1500～1550℃	灼烧固体时用	灼烧的坩埚不要直接放在桌子上，可放于瓷盘上。瓷坩埚不可作高温碱熔和焦硫酸盐熔，不可放入氢氟酸
水浴锅	铜或铝制品	用于水浴、油浴或沙浴等间接加热或控温实验	不能烧干
蒸发皿	以容积或直径表示，有瓷质、石英质、铂质。分带柄和不带柄两种	用于蒸发、浓缩液体或小火干炒固体	能耐高温，但不能骤冷，液体量多时可直接在火焰上加热蒸发。液体量少或黏稠时，要隔着石棉网加热

仪 器	规 格	用 途	注 意 事 项
直形冷凝管	玻璃制,有长短之分。常用的长度为 300mm、200mm、120mm、100mm	主要用于沸点在140℃以下物质的蒸馏冷凝操作,使用时需在夹套中通水冷却	沸点超过140℃时,冷凝管往往会在内、外管接合处炸裂
空气冷凝管	玻璃制,有长短之分。常用的长度为 300mm、200mm、120mm、100mm	适用于高沸点物质的冷凝,当被蒸馏物质的沸点高于140℃时,用它代替通冷却水的直形冷凝管	
球形冷凝管	玻璃制,有长短之分。常用的长度为 300mm、200mm、120mm、100mm	其内管冷却面积较大,对蒸气的冷凝效果好,适用于加热回流的实验,故又称回流冷凝管	回流时无球形冷凝管,可用直形冷凝管代替。但球形冷凝管却不能代替直形冷凝管作蒸馏冷凝,因为冷凝液不能及时流出,甚至还可能凝固在球的凹处而难以回收
蛇形冷凝管	玻璃制,有长短之分。常用的长度为 300mm、200mm、120mm、100mm	因蒸气在管内流经的距离长,故特别适用于低沸点物质的冷凝。使用时需垂直向下安放,否则冷凝液难以流出	蛇形冷凝管不能用作回流冷凝器,因为冷凝液难以从内径窄小的蛇管处流回去,往往会从冷凝管顶部溢出而造成事故
分水器	玻璃制。以容积表示,有容积刻度。标准磨口	是将反应中生成的水及时从反应物中分离出来的专用仪器。用于可逆反应中破坏平衡,使平衡向有利于生成物方向移动,从而提高产率	它不仅可用于分水,凡是互不相溶(或溶解度相差很大)、密度不同的两种液体化合物均可用分水器使之分开
b形管	又称齐列(Thiele)管	用于熔点测定和微量法沸点测定	

仪　器	规　格	用　途	注意事项
接液管　真空接液管	玻璃制,标准磨口	接液管用于常压蒸馏,真空接液管用于减压蒸馏	磨口按标准磨口配套
三叉燕尾管	玻璃制,标准磨口	蒸馏时要收集不同馏分而又不中断蒸馏用的接液管。用于减压蒸馏	磨口按标准磨口配套
弯形干燥管	玻璃制,标准磨口	用于干燥气体	
蒸馏头　克氏蒸馏头	玻璃制,标准磨口	蒸馏头用于常压蒸馏,克氏蒸馏头用于减压蒸馏	蒸馏时下接烧瓶,上插温度计,侧接冷凝管。上下连接的玻璃仪器必须按标准磨口配套
75°弯管　二口连接管	玻璃制,标准磨口	75°弯管连接烧瓶和冷凝管,用于蒸馏。二口连接管为一口变二口的连接管	磨口按标准磨口配套
搅拌棒套管	玻璃制,标准磨口	用于连接反应器与搅拌器	磨口按标准磨口配套,使用时套管上端应套一短胶管
罗口接头	玻璃制,标准磨口	用于连接温度计与蒸馏头或蒸馏瓶	上下磨口按标准口配套

3.2.2 常用的五金用具

图 3-3 是化学实验室里常备的一些五金用具。

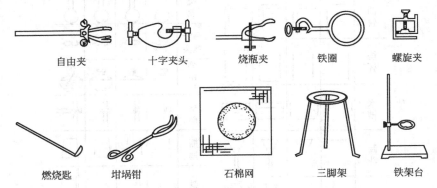

自由夹　　　十字夹头　　　烧瓶夹　　　铁圈　　　螺旋夹

燃烧匙　　　坩埚钳　　　石棉网　　　三脚架　　　铁架台

图 3-3　化学实验常用五金工具

　　烧瓶夹用来夹住圆底烧瓶等；自由夹用来固定冷凝管等；铁圈用来放置分液漏斗等；螺旋夹用来夹住导管等；另外还有铁架台等。燃烧匙为铜或铁制品，可用于检验可燃性物质，须防止锈蚀。坩埚钳为铜或铁制品，有大小之分，用于夹取坩埚，夹取时应预热。石棉网由铁丝编成，中间涂有石棉，有大小之分，用石棉网加热，可使物体受热均匀，注意不能与水接触。三脚架为铁制品，有大小、高低之分，方便放置反应器，也可用于加热时使用。铁架台用于固定或放置反应器，铁圈可以代替漏斗架使用，加热后的铁圈不能撞击或摔落在地，应防止锈蚀。图 3-4 是有关铁架台正确使用的图示。

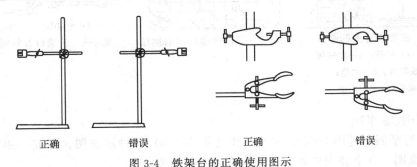

正确　　　错误　　　　　正确　　　错误

图 3-4　铁架台的正确使用图示

3.2.3 常用仪器和实验装置简图的绘制

　　在实验报告中，关于仪器、实验装置和操作的叙述，如果引入清晰、规整的示意图不仅能大大减少文字的叙述，而且形象、直观。因此，正确绘制仪器和实验装置示意图是高师学生必须掌握的一项基本技能。几种常用画法简述如下。

　　（1）常用仪器的分步画法

　　顺序是：先画左，次画右，再封口，后封底（或再封底，后封口）。如图 3-5 所示。

　　（2）成套装置图和一些常用仪器的简易画法

　　一般方法是：先画主体，后画配件。例如，画实验室制取和收集氧气的装置图，先画带塞的试管、导管、集气瓶，后画铁架台、水槽、酒精灯、木垫等，如图 3-6 所示。一些常用仪器的简易画法如图 3-7 所示。

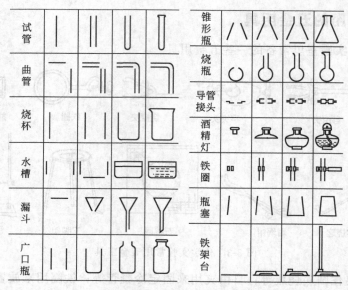

图 3-5　常见仪器的分步画法

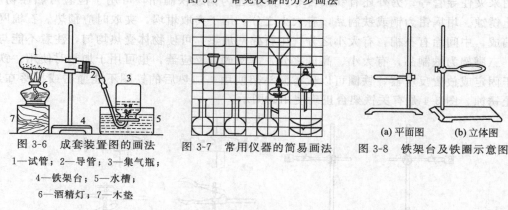

图 3-6　成套装置图的画法
1—试管；2—导管；3—集气瓶；
4—铁架台；5—水槽；
6—酒精灯；7—木垫

图 3-7　常用仪器的简易画法

图 3-8　铁架台及铁圈示意图
(a) 平面图　(b) 立体图

（3）绘图注意事项

① 一般有平面图［图 3-8(a)］和立体图［图 3-8(b)］两种示意图。在同一幅图中必须采用同一种示意图。在立体图中各部分透视方向必须一致。

② 图中各部分的相对位置要与实际相符并且成比例。

③ 要力求线条简洁，图形逼真。

3.3　常用仪器的洗涤和干燥技术

3.3.1　常用仪器的洗涤

要做好化学实验，首先要把实验室的常用仪器洗涤干净，每次用过后也要立即洗涤。这样才能保证实验结果的正确性和准确性。应根据实验要求、污物的性质和沾污程度来选择适宜的洗涤方法。常用的洗涤方法有以下几种。

（1）水洗

洗涤实验室的常用仪器时，首先进行水洗。用自来水和合适的毛刷除去仪器上的尘土、可溶性物质和部分不溶性物质。先用自来水冲洗仪器外部，然后向仪器中注入容量 1/3 的水，选择合适的毛刷来回柔力刷洗。需要强调的是，手握毛刷把的位置要适当（特别是在刷试管时），以刷子顶端刚好接触试管底部为宜，防止毛刷铁丝捅破试管。如此反复几次，将水倒掉，最后用少量蒸馏水冲洗 2～3 遍，要遵循"少量多次"的原则节约蒸馏水。

玻璃仪器洗净的标准是，清洁透明，水沿器壁流下，形成水膜而不挂水珠。洗净的仪器，不要用布或软纸擦干，以免在器壁上沾少量纤维而污染了仪器。

（2）用洗涤剂洗

如果还有不溶性的污物，特别是仪器被油脂等有机物污染，需要用毛刷蘸取肥皂液或合成洗涤剂来刷洗。然后用自来水刷洗，最后用蒸馏水冲洗 2～3 遍。

（3）用洗液洗

对于用肥皂液或合成洗涤剂也刷洗不掉的污物，或对仪器清洁程度要求较高以及因仪器口小、管细，不便用毛刷刷洗（如移液管、容量瓶、滴定管等），就要用少量铬酸洗液洗涤〔铬酸洗液的配制方法：称取工业用 $K_2Cr_2O_7$ 固体 25g，溶于 50mL 水中，然后向溶液中缓慢注入 450mL 浓 H_2SO_4，边加边搅拌（注意，切勿将溶液倒入浓 H_2SO_4 中！）。冷却至室温，转入试剂瓶中密闭备用〕。方法是，往仪器中倒入（或吸入）少量洗液，然后使仪器倾斜并慢慢转动，使仪器内部全部被洗液湿润，再转动仪器，使洗液在内壁流动，转动几圈后，将洗液回收，倒回原瓶。对污染严重的仪器可用洗液浸泡一段时间。洗液洗过后，还要用水洗的方法将仪器冲洗干净。

用铬酸洗液洗涤仪器时，应注意以下几点：

① 用洗液前，先用水冲洗仪器，并将仪器内的水尽量倒净，不能用毛刷刷洗。

② 洗液用后倒回原瓶，可重复使用。洗液应密闭存放，以防浓硫酸吸水。洗液经多次使用，如已呈绿色，则已失效，不能再用。

③ 洗液有强腐蚀性，会灼伤皮肤和破坏衣服，使用时要特别小心！如不慎溅到衣服或皮肤上，应立即用大量水冲洗。

④ 洗液中的 $Cr(Ⅵ)$ 有毒，因此，用过的废液以及清洗残留在仪器壁上的洗液时，第一、二遍洗涤水都不能直接倒入下水道，以防止腐蚀管道和污染水环境。应回收或倒入废液缸，最后集中处理。简便的处理方法是在回收的废洗液中加入硫酸亚铁，使 $Cr(Ⅵ)$ 还原成低毒的 $Cr(Ⅲ)$ 后再排放。

由于洗液成本较高而且有毒性和强腐蚀性，因此，能用其他方法洗涤干净的仪器，就不要用铬酸洗液洗。

近年来有人使用王水代替铬酸洗液来洗涤玻璃仪器，效果很好，但王水不稳定，不易存放，且刺激性气味较大。

（4）其他洗涤方法

可以根据器壁上黏附物的化学性质，选择适当的试剂处理。例如黏附物为二氧化锰、氧化铁等氧化剂时，可用草酸溶液或浓盐酸等还原剂洗涤；硫黄可用煮沸的石灰水发生歧化反应除掉；难溶的银盐可用硫代硫酸钠生成可溶的配合物；附在器壁上的铜或银可用硝酸洗涤；碘用 KI 溶液或 $Na_2S_2O_3$ 溶液洗涤效果都非常好。总之，使用试剂洗涤是一种化学处理方法，应充分利用已有的化学知识来处理实际问题。

3.3.2　几种常用的玻璃仪器的保养和洗涤方法

（1）温度计

温度计水银球部位的玻璃很薄，容易打破，使用时要特别留心，一不能用温度计当搅拌棒使用；二不能测定超过温度计最高刻度的温度。温度计用后要让它慢慢冷却，特别在测量高温之后，切不可立即用水冲洗，否则，水银柱会断裂。应悬挂在铁架上，待冷却后把它洗净抹干，放回温度计盒内，盒底要垫上一小块棉花。如果是纸盒，放回温度计时要检查盒底是否完好。

（2）冷凝管

冷凝管通水后很重，所以装置冷凝管时应将夹子固定在冷凝管重心的地方，以免翻倒。洗刷冷凝管时要用长毛刷，如用洗涤液或有机溶液洗涤时，用塞子塞住一端。不用时，应直立放置，使之易干。

（3）蒸馏瓶

蒸馏瓶作为反应容器使用后，如果有反应残渣附着在瓶壁上，一定要在反应结束后及时清洗干净，可以用去污粉，或相应的酸、碱、有机溶剂等洗涤，长期放置将更难洗干净，而且会影响下次实验的进行。

（4）分液漏斗

分液漏斗的活塞和盖子都是磨口的，若非原配的，就可能不严密。所以，使用时要注意保护它，各个分液漏斗之间也不要互相调换，用后一定在活塞和盖子的磨口间垫上纸片，以免日久后难以打开。

（5）干燥管

干燥管用完后，应将其中的干燥剂取出，用水冲洗干净，晾干，以备下次再用。

3.3.3　常用仪器的干燥

实验用的仪器除要求洗净外，有些实验还要求仪器必须干燥。例如，用于精密称量中的盛载器皿，用于盛放准确浓度溶液的仪器及用于高温加热的仪器。视情况不同，可采用以下方法干燥。

（1）晾干法

不急用且要求一般干燥的仪器可采用晾干。将仪器洗净后倒出积水，挂在晾板（图 3-9）上或倒置于干燥无尘处（试管倒置在试管架上），任其自然干燥。

（2）烘干法

烘箱（图 3-10）可以同时干燥较多仪器。烘箱内温度一般控制在 110～120℃，烘干 1h。烘干时要注意：①烘干前将水倒净；②烘干厚壁仪器和实心玻璃塞时，升温要慢；③具塞的仪器要拔出塞子，玻璃塞可一同干燥，但木塞、橡胶塞和聚四氟乙烯塞不能用烘箱烘干，应在干燥器中干燥；④计量仪器不能用加热的方法进行干燥，以免影响体积的准确度。

（3）吹干法

马上需要干燥的仪器可用气流烘干器（图 3-11）吹干，实验室比较常用。

图 3-9　晾板

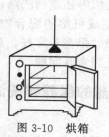
图 3-10　烘箱

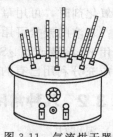
图 3-11　气流烘干器

（4）烤干法

马上需要干燥的仪器也可以烤干。先将外壁擦干，然后用小火烤。烤干试管时，用试管夹夹持试管，试管口要略向下倾斜，并不断移动试管，使其受热均匀；烤干烧杯、蒸发皿时，将其置于石棉网上，用小火加热。

（5）快干法

此法一般只在实验中临时使用。将仪器洗净后倒置稍控干，然后注入少量能与水互溶且易挥发的有机溶剂（如无水乙醇或丙酮等），将仪器倾斜并转动，使器壁全部浸湿后倒出溶剂（回收），少量残留在仪器中的混合液很快挥发而使仪器干燥。如果用电吹风向仪器中吹风，则干燥得更快。先吹冷风（不宜先用热风)1～2min，当大部分溶剂挥发后，再用热风吹干，冷却后即可使用。此法尤其适用于不能烤干、烘干的计量仪器。

3.4　常用加热方法与加热装置

加热是化学实验的基本技术之一，在样品溶解、溶液蒸发、灼烧、蒸馏、回流等操作中均需要加热，许多化学反应往往需要在适当温度下才能进行。实验中一般根据不同的温度需求选择适宜的加热装置，根据不同的化学反应要求选择合适的加热方法。本节仅介绍在无机和分析化学实验中最常用的加热装置和方法，其他加热和控温方法参见中册第 3.4.1。

3.4.1　常用的加热方法

加热物质的方法一般可分为直接加热法、间接加热法。根据受热物质的性质进行选择。

（1）直接加热法

直接加热法是将被加热物体直接放在热源中进行加热，如在酒精灯上加热试管、在马弗炉内加热坩埚等。

① 液体的直接加热　当被加热的液体在较高的温度下稳定而不分解，又无着火危险时，可以把所需加热的液体盛放在烧杯、试管、烧瓶等容器内，然后采用酒精灯、电热板、电热套直接加热。例如少量液体在试管中加热时，用试管夹夹住试管的中上部，试管与桌面约成60°倾斜（图 3-28），直接在酒精灯上加热。

② 固体的直接加热　根据实验目的、受热物质的化学性质，可以选择在试管、蒸发皿、坩埚内直接让物体受热升温。例如在坩埚内灼烧固体物质时，把固体放在坩埚中，将坩埚置于泥三角上，用氧化焰直接灼烧。

（2）间接加热法

间接加热（亦称热浴法）是先用热源将某些介质加热，介质再将热量传递给被加热物。常见的热浴方法有水浴、油浴、沙浴等。热浴的优点是加热均匀，升温平稳，并能使被加热物保持一定温度。

① 水浴　水浴加热通常在水浴锅中进行。水浴锅的盖子由一组大小不同的同心金属圆环组成。根据要加热的器皿大小去掉部分圆环，原则是尽可能增大容器受热面积而又不使器皿掉进水浴锅。水浴锅内放水量不要超过其容积的 2/3。下面用热源加热，热水或蒸汽即可将上面的器皿升温。实验室常用大烧杯代替水浴锅加热（水量占烧杯容积的 2/3）。在烧杯中放一支架，将试管放入支架，进行试管的水浴加热，见图 3-12。

较先进的水浴加热装置是恒温水浴槽或恒温水浴锅，它采用电加热并带有自动控温装置，控温精度更高。蒸发和恒温加热操作可以使用电热恒温水浴锅，有 2 孔、4 孔、6 孔等

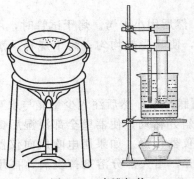

图 3-12　水浴加热

图 3-13　恒温水浴锅

不同规格。

水浴锅分内外两层。内层用铝板制成，槽底安装铜管，管内装有电炉丝，用瓷接线柱连通双股导线至控制器，控制器由电热开关及控制电路组成。外壳用薄钢板制成，表面烤漆覆盖，内壁用隔热材料制成。控制器表面有电源开关、调温旋钮和指示灯。水箱左下侧有放水阀门，水箱内置或外置温度传感器。水浴锅外形如图 3-13 所示。

水浴锅使用时，首先关闭放水阀门，将水浴锅内注入清水至适当深度，顺时针调节调温旋钮至适当位置，开启电源开关至红灯亮。当炉丝加热至温度计的读数上升到距离控制温度约 2℃ 时，反向转动调温旋钮至红灯熄灭，表示恒温控制器发生作用。这时再稍微调节调温旋钮即可达到预设的恒定温度。

使用水浴锅时，切记水位一定保持不低于电热管，否则电热管将立即烧坏。使用时应随时注意水箱是否有渗漏现象，且控制箱内部不可受潮，以防漏电损坏。

② 油浴　用油代替水浴中的水，将加热容器置于热浴中，即为油浴。油浴所能达到的最高温度取决于所用油的种类。甘油可加热至 220℃，温度再高会分解。透明石蜡可加热至 200℃，温度再高也不分解，但易燃烧，这是实验室中最常用的油浴油。硅油和真空泵油加热至 250℃ 仍较稳定。使用油浴时，应在油浴中放入温度计观测温度，以便调整火焰，防止油温过高。在油浴锅内使用电热卷加热，要比明火加热更为安全。再接入继电器和接触式温度计，就可以实现自动控制油浴温度。

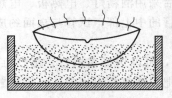

图 3-14　沙浴加热

③ 沙浴　沙浴适用于 400℃ 以下的加热。沙浴是在铺有一层均匀细沙的铁盘上加热，见图 3-14。可以将器皿中欲被加热的部位埋入细沙，将温度计的水银球部分埋入靠近器皿处的沙中（不要触及底部），用热源加热沙盘。沙浴的特点是升温比较缓慢，停止加热后，散热也较慢。

3.4.2　常用的加热装置和使用方法

根据热源的种类，化学实验室中常用的加热装置分为：①燃料加热装置，如酒精灯、酒精喷灯和煤气（天然气）灯等；②电加热装置，如电炉、电加热板、电加热套、管式电加热炉、马弗炉等；③微波加热装置，如微波炉。各种加热装置见图 3-15。

（1）酒精灯

酒精灯由灯罩、灯芯和灯壶三部分组成。使用时先要加酒精，即应在灯熄灭情况下，牵出灯芯，借助漏斗将酒精注入，最多加入量为灯壶容积的三分之二。必须用火柴点燃，绝不

图 3-15　常用加热装置

能用另一个燃着的酒精灯去点燃,以免洒落酒精引起火灾。熄灭时,用灯罩盖上即可,不要用嘴吹。片刻后,还应将灯罩再打开一次,以免冷却后盖内产生负压使以后打开困难。酒精灯的加热温度通常为 $400\sim500℃$,适用于不需太高加热温度的实验。

(2) 酒精喷灯

酒精喷灯的火焰温度通常可达 $700\sim1000℃$。酒精喷灯有挂式和座式两种,其构造如图 3-16 所示。

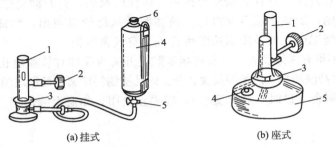

(a) 挂式

(b) 座式

1—灯管；2—空气调节器；3—预热盘；　　1—灯管；2—空气调节器；3—预热盘；
4—酒精贮罐；5—开关；6—盖子　　　　4—铜帽；5—灯壶

图 3-16　酒精喷灯的类型和构造

① 座式喷灯

a. 添加酒精和预热灯管　拧下铜帽,向灯壶内加入灯壶总容量 2/3 的酒精,不可注满,也不可过少,拧紧铜帽,不能漏气。新灯或久置未用的喷灯,点燃前将灯体倒转静置 30s,

酒精浸饱灯芯，防止灯芯烧焦及灯焰不正常。然后点燃预热盘中添加的酒精，预热灯管，待酒精快要燃尽时，预热盘内燃着的火焰就会将喷出的酒精蒸气点燃（也可用火柴点燃），如不着，需要重复预热。经两次预热，喷灯仍不能点燃时，应暂时停止使用，检查接口是否漏气，喷出口是否堵塞（可用捅针疏通）。修好后方可使用。

b. 调节火焰与熄灭　调节空气调节器，使火焰稳定。用毕，关闭空气调节器或上移空气调节器加大空气进入量，同时用石棉网或木板覆盖燃烧管口，即可将灯熄灭。必要时将灯壶铜帽拧松减压（但不能拿掉，以防着火），火即熄灭。

注意事项：

（a）座式喷灯连续使用时间不能超过半小时（使用时间过长，灯壶温度逐渐升高，使壶内压强过大，有崩裂的危险）。如需加热时间较长，每隔半小时要停用降温，补充酒精。也可用两个喷灯轮换使用。

（b）每次使用喷灯后，倒置灯体，轻磕，将灯管内可能存在的杂质倒出，以防堵塞喷出口。

② 挂式喷灯

挂式喷灯由酒精贮罐和喷灯两部分构成。用前应关闭贮罐下面的开关，打开上盖，添加酒精，然后拧紧上盖，将其挂于适当高处。使用时，先向预热盘中注满酒精并点燃，以预热灯管。待预热盘里酒精燃烧将尽时，打开酒精贮罐开关，酒精沿胶管流入灼热的灯管被汽化。旋开空气调节器，喷灯可自行燃着。如不着，可用火柴点燃。调节空气调节器使火焰正常，使用完毕，先关闭酒精贮罐开关，后关闭空气调节器，灯即熄灭，也可用一木板或石棉网盖住火焰口熄灭火焰。见图3-17。

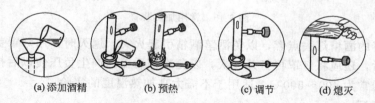

(a)添加酒精　　(b)预热　　(c)调节　　(d)熄灭

图 3-17　酒精喷灯的使用方法

使用挂式喷灯的安全注意事项：

（a）打开酒精贮罐开关前，灯管必须充分预热。即使已预热，打开酒精贮罐开关时也要控制酒精的供给量。否则，酒精不能全部汽化，液体酒精从灯管口喷出，形成"火雨"，可能引起着火事故。遇此情况应立即关闭酒精贮罐开关及空气调节器。

（b）贮罐中的酒精不得有固体残渣，否则将堵塞贮罐开关内孔和灯管喷出孔。如果发生堵塞，倒出酒精，用自来水冲洗清理。因长期放置，开关内孔被锈污堵塞，可用煤油浸泡消除。

（c）当贮罐内酒精剩余少量时（灯焰变小），应停止使用。如需继续使用，应关闭喷灯，添加酒精。

（3）煤气灯

煤气灯使用方便，它的加热温度一般在 800～900℃，也可达 1000℃左右（所用煤气的组成不同，加热温度也有差异），是化学实验室常用的加热仪器之一。煤气灯样式较多，但其构造原理相同，如图3-18所示，主要由灯管和灯座组成，二者以螺旋连接。灯管下部还有几个通气孔，为空气入口，旋转灯管可使其完全关闭或不同程度地开启，以调节空气的进入量。灯座的侧面有煤气入口，可接上橡胶管将煤气导入灯内。灯座下面（或侧面）有一螺旋形针阀，用以调节煤气进入量。

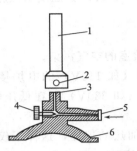

图 3-18　煤气灯的构造

1—灯管；2—空气入口；3—煤气出口；

4—螺旋阀；5—煤气入口；6—灯座

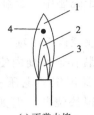 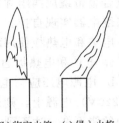

(a) 正常火焰
1—氧化焰；2—还原焰；
3—焰芯；4—最高温度点

(b) 临空火焰　(c) 侵入火焰

图 3-19　各种火焰

使用时，先关闭空气入口，将点燃的火柴移近灯口，再慢慢打开煤气开关，即可点燃。此时，火焰呈黄色，煤气不完全燃烧。逐渐加大空气进入量，使二者的比例合适，煤气完全燃烧，得到正常的分层火焰。正常火焰分为三层，如图 3-19(a) 所示。其各部分的性质及温度分布为：内层（焰芯）温度最低，煤气与空气的混合气并未完全燃烧。中层（还原焰）煤气不完全燃烧，分解为含碳的产物，这部分火焰具有还原性，所以称为"还原焰"。外层（氧化焰）温度最高，煤气完全燃烧，且过剩的空气使这部分火焰带有氧化性，故称"氧化焰"。而最高温度点是在还原焰顶端的氧化焰中，呈淡紫色火焰。实验中，多用氧化焰加热。

空气或煤气的进入量不合适，会产生不正常火焰。当煤气和空气的进入量都很大时，火焰就在灯管上方燃烧，产生"临空焰"，如图 3-19(b)。这种火焰随引燃的火柴熄灭时也自行熄灭；而当煤气进入量很小、空气进入量很大时，则煤气会在灯管内燃烧，这时能听到"嘶嘶"的声音和看到一根细长的火焰，叫"侵入焰"，如图 3-19(c)。这两种情况都应关闭煤气灯，重新调节和点燃。

熄灭煤气灯的方法就是关闭煤气开关。煤气中含有大量的 CO，切忌煤气逸散室内，以免引起中毒和发生火灾，一定要规范操作，实验完毕关闭煤气开关。

（4）电炉和电热板

化学实验室常用的电炉或电热板主要是靠电阻丝（主要为镍铬合金）通入电流产生的热量来加热的。电炉有普通电炉和万用电炉两种，普通电炉功率为 300～1000W，而万用电炉通常是 800～1000W，可以调温加热，使用方便。

普通的圆盘式电炉是将电阻丝（也称电炉丝）嵌在耐火泥炉盘的凹槽中，炉盘固定在一个铁盘座上，电炉丝两头套上多节小瓷管后连接到瓷接线柱上与电源线相连。还有一种用铁板盖严的盘式电炉叫做暗式电炉，它可用来进行一些不能用明火加热的实验。

万用电炉炉盘在上方，炉盘下装有一个单刀多位开关，开关上有几个接触点，每两个接触点间装有一段附加电阻，附加电阻用多节瓷管套起来，避免相互接触和与电炉外壳接触而发生短路或漏电伤人。靠滑动金属片的转动来改变和炉丝串联的附加电阻的大小，以调节通过炉丝的电流强度，达到调节电炉发热量的目的。

如果实验室中没有万用电炉，也可以将普通电炉接上功率相当或比它大的自耦变压器，调节输出电压，这样可以任意改变电流强度，亦可任意改变电炉的发热量。

电热板具有简便、散热均匀、安全清洁等特点，在实验室里主要用于定量分析的煮沸溶液、蒸发等，因电热板加热面大，适于同时加热许多烧杯、蒸发皿、锥形瓶等。

电热板的加热面板由光滑的铸铁平板制成；壳座由薄钢板焊接而成；加热元件由铁铬铝

电热合金带绕成两组并联装于壳座中，合金带底部及周围装填耐火纤维；温度由热膨胀温度计与继电器实现自控。

电炉和电热板使用时应注意以下事项：

a. 电炉和电热板通常安装在通风橱内使用，可以减少实验室的空气污染。

b. 电源电压应与电炉本身规定的电压相符。如将低电压（如 110V）的电炉接在高压（如 220V）电源上，则炉丝很快烧断。但如果将高电压电炉（如 220V）接在低压电源上，则炉丝烧不红，达不到加热要求。

c. 加热时应在电炉上放一块石棉网，在它上面再放需要加热的仪器，这样不仅可以增大加热面积，而且使加热更加均匀，还可防止发生短路和触电事故。

d. 耐火泥炉盘凹槽内要经常保持清洁，及时清除灼烧焦糊物（必须断电清除），保持炉丝导电良好。

e. 电炉连续使用时间不应过长，否则会缩短炉丝使用寿命。

f. 还应注意不要把加热的药品溅在电炉丝上，以免电炉丝损坏。

（5）电热套

电加热套是玻璃纤维包裹着电炉丝织成的"碗状"电加热器，温度高低由控温装置调节，最高温可达 400℃ 左右。电热套的容积大小一般与烧瓶的容积相匹配，从 50mL 起，各种规格都有。加热有机物时，由于它不是明火，因此具有不易引起火灾的优点，热效率也高，有机实验中常用作蒸馏、回流等操作的热源。在蒸馏或减压蒸馏时，随着瓶内物质的减少，容易造成瓶壁过热，使蒸馏物被烤焦炭化。为避免这种情况发生，宜选用稍大一号的电热套，并将电热套放在升降架上，必要时使它能向下移动。随着蒸馏的进行，用降低电热套的高度来防止瓶壁过热。

（6）管式炉和马弗炉

管式炉和马弗炉均为高温电炉，主要用于高温灼烧或进行高温反应。尽管两者的外形不同，但均有炉体和温度控制系统组成。当加热元件是电热丝时，最高温度为 950℃；当用硅碳棒加热时，最高温度可达 1400℃。

管式炉内部为管式炉膛，炉膛中插入一根耐高温的瓷管或石英管，反应物放入瓷舟或石英舟，再将其放进磁管或石英管内，较高温度的恒温部分位于炉膛中部。固体灼烧可以在空气气氛或其他气氛中进行，也可以进行高温下的气、固反应。在通入别的气氛气或反应气时，磁管或石英管的两端应该用带有导管的塞子塞上，以便导入气体和引出尾气。

马弗炉是高温电炉，它是用来灼烧沉淀、高温分解试样或其他物质的。马弗炉的功率一般为 2000~4000W，可加热至 1000℃，配有热电偶和调温自动控温装置。热电偶是将两根不同的金属丝一端焊接在一起制成的，使用时把未焊接的一端连接在毫伏计正负极上。焊接端伸入炉膛内，温度越高热电偶热电势越大，由毫伏计指针偏离零点远近表示出温度的高低。

马弗炉的炉膛是由耐高温而无涨缩碎裂的氧化硅结合体制成的。炉膛内外壁之间有空槽，炉丝串在空槽中，炉膛四周都有炉丝，所以，通电以后，整个炉膛周围被均匀加热而产生高温。炉膛的外围包着耐火砖、耐火土、石棉板等，以减少热量的损失。外壳包上带角铁的骨架和铁皮。炉门用耐火砖制成，中间开一小孔，嵌一块透明的云母片，以观察炉内升温情况，当炉膛内呈暗红色时，表示温度约 600℃，达到深桃红色时约 800℃，浅桃红色则约为 1000℃。

马弗炉使用时应注意以下事项：

a. 马弗炉必须放置在稳固的水泥台上，将热电耦棒（控温用）从马弗炉背后的小孔插入炉膛内，并将热电耦的专用导线接至温度控制器的接线柱上。注意正、负极不能接错，以免温度指针反向而损坏。

b. 配置功率合适的插头、插座和保险丝，并接好地线。

c. 灼烧完毕，应先拉下电闸，切断电源，再将炉门开一条小缝，让其降温（注意不要立即打开炉门，以免炉膛骤冷而碎裂），最后用长柄坩埚钳取出被烧物。

d. 马弗炉在使用时，要经常观看，防止自控失灵，造成电炉丝烧断等事故。

e. 炉膛内要保持清洁，炉子周围不要堆放易燃易爆物品。不使用时应切断电源，并将炉门关好，防止耐火材料受潮。

f. 在马弗炉内不允许加热液体和其他易挥发的腐蚀性物质。如果要灰化滤纸或有机成分，在加热过程中应打开几次炉门通空气进去。

(7) 微波炉

微波加热大体可认为是介电加热效应，与灯具和电炉加热的热辐射机理不同。微波能量转换加热模式的效率依赖于分子的性质，非极性物质几乎不吸收微波能，升温很小。水、醇类、羧酸类等极性物质能被迅速加热。微波加热速率除了与被加热物质本身的性质有关外，还与样品的密度、样品量、样品的热容有关。

由于微波可以穿透玻璃、陶瓷和聚四氟乙烯等非极性材料，因此多用这些材料作为微波加热容器。金属材料反射微波，其吸收的微波能为零，因此不能作为微波加热容器。在实验中，可以将加热吸收微波能量弱的物质盛入一刚玉坩埚中，再把坩埚放入 CuO 浴或活性炭浴中，将其置于微波炉中。利用 CuO 或活性炭能强烈吸收微波，瞬时达到很高温度的性质，来加热吸收微波能量弱的物质。

利用微波加热的装置形式很多，有行波场波导加热，慢波型微波加热器等。我们说的微波炉是一种驻波场谐振腔加热器。它主要由加热腔体、微波源和电器控制三部分部分组成。

微波源磁控管发出的微波通过波导传入加热腔内，由于加热腔由金属材料制成，微波不能穿透，所以只能在炉腔内反射，反复穿透被加热物质，为被加热物质所吸收，从而完成加热过程。电器控制部分起调节功率、加热时间等作用。

微波炉加热方式属于内加热（传统靠热传导和热对流过程的加热称为外加热），具有加热速度快、反应灵敏、受热体系均匀及高效、节能等特点。

微波炉使用注意事项如下：

a. 不要在炉内烘干布和纸制品等，因其含有容易引起电弧和着火的杂质。

b. 微波炉工作时，切勿贴近炉门或从门缝观看，以防止微波辐射损坏眼睛。

c. 切勿将密封的容器放于微波炉内，以防容器爆炸。

d. 如果炉内着火，请紧闭炉门，并按停止键，拔下电源。

e. 经常清洁炉内，使用温和洗涤液清理炉门及绝缘孔网，切勿使用腐蚀性清洁剂。

f. 炉内加热物质的温度不能用一般的汞温度计或热电偶温度计来测量。

g. 样品量不能太少，否则可能引起对磁控管的损害。

3.5 化学试剂基础知识

化学试剂是一类具有各种质量规格、品种多样、用途广泛的精细化学品的总称。它是进行科学研究、分析测试所必需的基础材料，是科学技术发展的重要支撑条件。

化学试剂与医用药品、化工原料既有密切的联系，又有明显的区别。化学试剂主要用于各种实验研究，不同等级的试剂对纯度有严格的要求和检测标准，一般来说用量较小。医用药品主要用于治疗各种疾病，对人或动物具有明显的生理或生物活性，其质量标准除要通过理化检验外，更要考虑其药理作用、毒副作用等生物方面的反应，它们的品质受各国药典的制约。化工原料则是化学工业的原料、中间体，或其他工业中使用的化学制品，其品质或纯净程度不像化学试剂那么高，一般来说其用量都比较大，价格相对低廉。需要注意的是，这两类化学品中有些是相同的，但并不能互相取代，例如氯化钠，人们在生活中把它称作食盐，在化学工业上它又是一种廉价的原料，可作为制碱、氯气等产品的原料，在医疗上它又可配成生理盐水，作为代谢调节剂或其他药剂的添加剂，在化学试剂中氯化钠也是常用的化学品，常用它作为标定硝酸银的基准物。

不同等级的化学试剂、药品或化工原料，其纯度、质量标准、价格差别明显，不能互相代用。如果以化学试剂作为化工原料使用，将会产生高昂的成本，如果以化工原料作为药品使用，将会对人或动物带来严重的危害。如果以化工原料作为化学试剂使用，会产生错误的现象或结论。

3.5.1　化学试剂的分类

化学试剂品种多样、用途广泛，将化学试剂进行科学的分类，可使化学试剂的管理、流通、使用更加准确、快捷、方便，以适应化学试剂的生产、经营、教学和科学研究的需要。

各种化学试剂的分类方法，归纳起来主要有以下几种：

① 按照试剂的组成和结构分为无机试剂和有机试剂两大类，在每大类下再细分小类。

② 按照试剂的功能和用途分为通用试剂、分析试剂、临床生化试剂、专用化学品几大类，在每大类下再细分小类。

③ 按照对试剂储存、运输的要求，分为一般试剂、爆炸品、易燃品、氧化剂和有机过氧化物、还原剂、腐蚀品、有毒品、放射性物品等几大类。

下面介绍按照化学试剂的用途和化学组成以及按照试剂的养护和保管进行分类的方法。

（1）按化学试剂的用途和化学组成分类（见表3-5）

（2）按用途和学科分类

1981年，中国化学试剂学会为了使化学试剂能有一个统一的较为合理的分类，提出按试剂用途和学科分类，共分8大类，分别为通用试剂、高纯试剂、分析试剂、仪器分析专用试剂、有机合成用试剂、临床诊断试剂、生化试剂、新型基础材料及精细化学品。此分类方法由于试剂门类繁多，在试剂工作中有诸多不便，所以目前尚未采用。

（3）按照商品养护和储存的要求分类

① 容易变质的试剂　易潮解试剂、遇热易变质试剂、遇光易变质试剂、易冻结试剂、易风化试剂。

表3-5　试剂用途和化学组成分类表

名　称	英文名称	说　明
无机分析试剂	inorganic analytical reagents	用于化学分析的一般无机化学品，主要包括金属单质、金属氧化物以及酸碱盐等，其含量一般在99%以上，所含杂质较少
有机分析试剂	organic analytical reagents	用于化学分析的一般有机化学品，主要有烃类、醛、酮、醚等试剂及其衍生物，其纯度较高，杂质较少

名 称	英文名称	说 明
特效试剂	special effect reagents	在无机分析中测定、分离或富集元素时专用的一些有机试剂(如沉淀剂、萃取剂、显色剂、螯合剂、指示剂等,不包括一般有机溶剂、有机酸、有机碱等)。对这类试剂要求灵敏度高、选择性强
基准试剂	primary standard reagents	主要是那些纯度高、杂质少、稳定性好、化学组成恒定的化合物。主要用于配制和标定标准溶液的浓度。基准试剂分为容量分析、pH 测定、热值测定三个小类。每一小类中都有第一基准和工作基准之分。第一基准必须由国家计量科学院检定,试剂厂则利用第一基准作为工作基准试剂的测定标准。其含量纯度为 99.95%~100.5%,其他杂质项目与优级纯规格标准要求一致
标准物质	standard substance	用于化学分析、仪器分析时作对比的化学标准品,或用于校准仪器的化学品。标准物质分为:有机分析标准品、微量分析试剂、农药分析标准品、折射率液、摩尔溶液等
指示剂	indicator	用于容量分析法中指示滴定终点,也可用来检验气体或溶液中某些物质的存在。试纸是浸过指示剂或试剂溶液的小纸条或纸片
仪器分析试剂	instrumental analytical reagents	指用按照物理、化学或物理化学原理设计的特殊仪器进行试样分析所适用的试剂。这类试剂分为:原子吸收标准品、色谱试剂(包括固定相、固定液、标准品以及液相色谱用的各种填料等)、电子显微镜用试剂、核磁共振测定用溶剂、极谱用试剂、光谱纯试剂等
生化试剂	biochemical reagents	用于生命科学研究的生物材料或有机化合物,临床诊断、医学研究用的试剂也列入此类。生化试剂分为生物碱、氨基酸、抗生素、糖类、酶类、甘油酯和磷脂、核苷和核苷酸、多肽、蛋白质、激素和甾族化合物、维生素和辅酶、培养基、生物缓冲物质、诊断用试纸、分离共聚试剂等
高纯物质	high purity material	其纯度通常在 4 个"9"以上,杂质控制在 mg/L 甚至 μg/L 级范围
液晶	liquid crystal	在一定温度范围内,具有液体的流动性和表面张力,也呈现某些光学性质的有机化合物

② 化学危险性试剂 易爆炸试剂、压缩气体和液化气体试剂、易燃液体试剂、易燃固体和易自燃试剂以及遇潮易燃试剂、氧化性试剂和有机过氧化物、毒害性试剂、放射性试剂、腐蚀性试剂。

③ 一般保管试剂 化学性质稳定不易变质的试剂,如包装严密完好,在室温下保管。

3.5.2 化学试剂的质量标准

我国 1959 年发布的《化学试剂暂行标准》,将化学试剂纯度分为:保证试剂(一级品)、分析试剂(二级品)、化学纯(三级品)和实验试剂(四级品)。

1994 年之前发布了化学试剂通用实验方法国家标准、行业标准 56 个,有 GB、HG3、ZBG 及 HG 四种符号。

GB 表示国家标准,为"国标"两个字的汉语拼音的第一个字母,编号采用顺序号加上年号,当中用一条横线分开,用阿拉伯数字表示,如 GB 1266—86《氯化钠》,是国家标准号 1266 号,1986 年发布;HG3 表示化工行业标准,3 是分类号,表示化学试剂,HG 为"化工"两个字的汉语拼音的第一个字母,编号方法与国家标准相同;ZBG 表示专业标准,G 是分类号,ZB 为"专标"两个汉语拼音的第一个字母;HG 表示化工行业标准,以下不再分类,编号为大流水号。

各国的化学试剂标准很多,只有国际标准化组织化学试剂标准(ISO,International

Organization for Standardization-Reagent Standards）、美国化学会化学试剂标准（ACS，Reagent Chemicals，American Chemical Society Specifications）、英国 BDH 化学试剂标准（British Drug Houses，Analar Standards）、德国的 E. Merck 化学试剂标准（Emanuel Merck Standard）被我国采用。

实验室内常用试剂的级别及适用范围列于表 3-6 中。

表 3-6　常用试剂的级别及适用范围

级别	一级	二级	三级	四级
名称	优级纯	分析纯	化学纯	实验试剂
符号	G. R.	A. R.	C. P.	L. R.
标签颜色	绿色	红色	蓝色	黄色
纯度规范	杂质很少,可用作化学分析鉴定	杂质含量较少,用于一般化学反应	杂质含量不影响一般化学反应	
适用范围	最精确的分析和科研工作	精确分析和研究工作	一般工业分析	普通实验及制备实验

应根据实验的不同要求选用不同级别的试剂。一般说来,在基础化学实验中,化学纯与分析纯的试剂就已能符合实验要求。

3.5.3　化学试剂的选用

化学试剂的纯度越高,级别越高,则由于其生产或提纯过程越复杂而价格越高,如基准试剂和高纯试剂的价格要比普通试剂高数倍乃至数十倍。化学试剂的选用应以化学实验的要求为依据,合理地选用相应级别的试剂。既不超级别造成浪费,又不随意降低试剂级别而影响实验结果。

例如,一般滴定分析中常用间接法配制标准溶液,应选择分析纯试剂配制,再用基准试剂标定。在某些情况下,如对分析结果要求不是很高的实验,也可用优级纯或分析纯代替基准试剂。滴定分析中所用的其他试剂一般为分析纯试剂。仪器分析实验中一般选用优级纯或专用试剂。在进行痕量分析时,应选用高纯或优级纯试剂以降低空白值和避免杂质干扰。一般制备实验、冷却浴或加热浴用试剂,可选用工业品。

3.5.4　化学试剂的保存和管理

化学试剂如保管不善则会发生变质。变质试剂不仅会导致分析误差,严重的还会使实验工作失败,甚至引起事故。因此,应根据试剂的毒性、易燃性、腐蚀性和潮解性等不同的特点,以不同的方式妥善保管化学试剂。

（1）一般化学试剂的贮存

一般化学试剂分类存放于阴凉通风、干净和干燥的房间,要远离火源,并注意防止水分、灰尘和其他物质污染。

固体试剂应保存在广口瓶中;液体试剂应盛放在细口瓶或滴瓶中;见光易分解的试剂,如硝酸银、高锰酸钾、双氧水、草酸等,应盛放在棕色瓶中并置于暗处;容易侵蚀玻璃而影响试剂纯度的,如氢氟酸、氟化钠、氟化钾、氟化铵、氢氧化钾等,应保存在塑料瓶中或涂有石蜡的玻璃瓶中。盛碱的瓶子要用橡皮塞,不能用磨口塞,以防瓶口被碱溶结。吸水性强的试剂,如无水碳酸钠、苛性碱、过氧化钠等,应严格用蜡密封。

（2）易燃类试剂的贮存

通常把闪点低于 25℃ 的液体列入易燃类试剂。这类试剂极易挥发，遇明火即燃烧。例如闪点低于 -4℃ 的有石油醚、氯乙烷、乙醚、汽油、苯、丙酮、乙酸乙酯等，闪点低于 25℃ 的有丁酮、甲苯、二甲苯、甲醇、乙醇等。这些试剂应单独存放于阴凉通风处，存放温度不得超过 30℃，并远离火源。

（3）强腐蚀类试剂的贮存

强腐蚀类试剂对人体皮肤、黏膜、眼、呼吸道和物品等有极强腐蚀性。如发烟硫酸、硫酸、发烟硝酸、盐酸、氢氟酸、氢溴酸、一氯乙酸、甲酸、乙酸酐、五氧化二磷、溴、氢氧化钠、氢氧化钾、硫化钠、苯酚等。这些试剂应与其他药品隔离放置，存放在抗腐蚀材料台架上或靠墙地面处以保证安全。

（4）燃爆类试剂的贮存

燃爆类试剂遇水反应十分剧烈并发生燃烧爆炸，如钾、钠、锂、钙、氢化锂铝、电石等。钾和钠应保存在煤油中；白磷易自燃，要浸在水中保存。试剂本身就是炸药的有硝酸纤维、苦味酸、三硝基甲苯、三硝基苯、叠氮或重氮化合物，要轻拿轻放。此类试剂应与易燃物、氧化剂隔离存放，存放温度不得超过 30℃。

（5）强氧化剂类试剂的贮存

强氧化剂类试剂有过氧化物、含氧酸及其盐，如过氧化钠、过氧化钾、硝酸钾、高锰酸钾、重铬酸钾、过硫酸铵等。应存放于阴凉通风处，特别注意与酸类以及木屑、炭粉、硫化物、糖类或其他有机物等易燃物、可燃物或易被氧化物质隔离存放。

（6）剧毒试剂的贮存和管理

剧毒试剂如氰化物、砒霜、氢氟酸、二氯化汞等，应专柜存放在固定地方，由双人双锁保管。使用剧毒药品需经负责人同意后，由领用人和保管人共同称重复核发放，并按规定记录备查，注明用途。无使用价值的剧毒药品必须由负责人批准并经必要的处理，确保无毒或低毒后方可弃去，并做好销毁记录。常用的三氧化二砷采用滴加碘试液使之转化为低毒的砷酸盐后弃去；汞盐类采取添加硫化钠试液使之生成硫化汞沉淀后，再弃去。

3.6 实验室用水

3.6.1 实验室用水的等级、规格和影响纯度的因素

化学实验中，洗涤仪器、配制溶液、洗涤产品等均需使用大量的水。由于水的纯度直接影响化学实验的结果，因此要针对不同的化学实验选用相应纯度的水。

（1）外观与等级

实验室用水应为无色透明的液体，其中不得有肉眼可辨的颜色及纤絮杂质。实验室用水分三个等级，分别为一级水、二级水和三级水。

一级水：主要用于制备标准水样和超痕量分析以及对颗粒物有严格要求的实验。一级水可由二级水经石英设备蒸馏或离子交换混合床处理后，再用 $0.2\mu m$ 微孔滤膜过滤来制取。

二级水：主要用于无机痕量分析，如原子吸收光谱分析。可用多次蒸馏或离子交换等方法制取。

三级水：主要用于一般的化学分析实验，可用蒸馏或离子交换的方法制取。

（2）化学实验室用水的规格

国家标准（GB/T 6682—2008）中明确规定了适用于化学分析和无机痕量分析等实验用水的级别、主要技术指标及检验方法。分析实验室用水规格见表 3-7。

表 3-7　分析实验室用水规格

名称	一级	二级	三级
pH 值范围(25℃)	—	—	5.0~7.5
电导率(25℃)/mS·m⁻¹	≤0.01	≤0.10	≤0.5
可氧化物质(以 O 计)/mg·L⁻¹	—	≤0.08	≤0.4
吸光度(254nm,1cm 光程)	≤0.001	≤0.01	—
蒸发残渣(105℃±2℃)含量/mg·L⁻¹	—	≤1.0	≤2.0
可溶性硅(以 SiO₂ 计)含量/mg·L⁻¹	≤0.01	≤0.02	—

注 1：由于在一级水、二级水的纯度下，难于测定其真实的 pH 值，因此，对一级水、二级水的 pH 值范围不做固定。

2：由于在一级水的纯度下，难于测定可氧化物质和蒸发残渣，对其限量不做规定。可用其他条件和制备方法来保证一级水的质量。

（3）影响实验室用水质量的主要因素

影响实验室用水质量的因素主要有空气、容器和管路。

实验室用水放置时和空气接触，空气中的可溶气体、悬浮颗粒物等均会进入水中，会导致水质迅速下降，影响某些检测项目的测定结果。例如用钼酸铵法测磷及纳氏试剂法测氨氮时，必须使用新制取的纯水。如果使用在空气中放置的纯水，空白值会显著升高。

实验室盛装纯水的容器材质一般为玻璃和聚乙烯塑料。使用玻璃容器时可溶出某些金属及硅酸盐，有机物较少；使用聚乙烯塑料容器时可溶出有机物，但溶出的无机物较少。实验室盛装蒸馏水可选用带有放水口的塑料瓶或桶，瓶或桶身为高密度聚乙烯（High Density Polyethylene，HDPE）材料，瓶盖和水龙头为聚丙烯（Polypropylene，PP）材料。用其盛装蒸馏水，具有水质好，耐用，便于操作等特点。

纯水导出管，在瓶内部分可用玻璃管，瓶外导管可用聚乙烯管，在最下端接一段乳胶管，以便配用弹簧夹，乳胶管长时间使用会发霉，要注意定期更换。

通常，普通蒸馏水保存在玻璃容器中；去离子水保存在聚乙烯塑料容器内；用于痕量分析的高纯水，如二次亚沸石英蒸馏水，则需要保存在石英或聚乙烯塑料容器中。

实验室使用的蒸馏水，为保持纯净，蒸馏水瓶要随时加塞，专用虹吸管内外应保持干净。蒸馏水附近不要放浓 HCl 等易挥发的试剂，以防污染。用洗瓶取蒸馏水时，不要取出其塞子和玻璃管，也不要把蒸馏水瓶上的虹吸管插入洗瓶内。

3.6.2　实验室用水的制备方法

实验室制备纯水一般可用蒸馏法、电渗析法和离子交换法。

（1）蒸馏法

蒸馏法制备纯水是将自来水在蒸馏装置上加热汽化（图 3-20），然后将蒸汽冷凝得到"蒸馏水"。由于杂质离子一般不挥发，所以蒸馏水中所含杂质比自来水少得多，比较纯净，可达到三级水的标准，但蒸馏水中仍含有少量的金属离子、二氧化碳等杂质。

为了获得比较纯净的蒸馏水，可以进行二次蒸馏，二次蒸馏通常采用石英亚沸蒸馏器（图 3-21），二次蒸馏水一般可达到二级水标准。其特点是在液面上方加热，使液面始终处于亚沸状态，可使水蒸气带出的杂质量减至最低，用石英亚沸蒸馏器一次提纯，金属杂质含量≤5μg·L⁻¹，多次提纯的极限含量≤5ng·L⁻¹。在测定痕量元素及微量有机物时能大大降低空白值，提高方法的灵敏度和准确性。同时，在准备重蒸馏的蒸馏水中加入适当的试剂也可以抑制某些杂质的挥发，如加入甘露醇抑制硼的挥发，加入碱性高锰酸钾破坏有机物并防止二氧化碳蒸出。

图 3-20　不锈钢蒸馏水器

图 3-21　石英亚沸蒸馏水器

（2）电渗析法

电渗析法是在直流电场作用下，利用阴、阳离子交换膜对原水中阴、阳离子的选择性透过性对原水进行净化的方法。电渗析器主要由离子交换膜、隔板、电极等组成。离子交换膜是电渗析器的核心部件，是由具有离子交换性能的高分子材料制成的薄膜，其特点是对于阴、阳离子的通过具有选择性，阳离子交换膜（阳膜）只允许阳离子通过，阴离子交换膜只允许阴离子通过。电渗析法可以除去离子型杂质，但不能除掉非离子型杂质，出水的电阻率在 $10^4 \sim 10^5 \, \Omega \cdot cm$ 之间，比蒸馏水纯度较低。

（3）离子交换法

离子交换法制备的纯水是使自来水或普通蒸馏水通过离子交换树脂柱后所得的水，称为"去离子水"。制备时，一般将水依次通过阳离子交换树脂柱、阴离子交换树脂柱和阴阳离子交换树脂柱。这样得到的水电导率很低，质量可达到二级或一级水指标，但不能除掉水中非离子型杂质及溶解的空气，另外也会有微量的有机物从树脂溶出。目前离子交换法常与电渗析法配合使用，先将自来水经电渗析法处理，除去大部分的杂质离子，再由离子交换法进一步纯化。如果需要纯度更高的水（电阻率在 $10^7 \sim 10^8 \, \Omega \cdot cm$）时，可将去离子水用石英亚沸蒸馏器多次蒸馏而得到。

3.6.3　实验室用水水质鉴定方法

实验室制备得到的纯水，一般需要进行常规检验。为方便起见，化学实验室以水的电导率为主要质量指标，可以采用电导率仪监测水的电导率。同时也可以通过一般化学方法进行检验。可用铬黑 T 检验 Mg^{2+}、钙指示剂检验 Ca^{2+}、$AgNO_3$ 溶液检验 Cl^-、$BaCl_2$ 溶液检验 SO_4^{2-} 等。此外，根据实际工作的需要及生化、医药化学等方面的特殊要求，有时还要进行一些特殊项目的检验。纯水的严格检验应参照国家标准（GB/T 6682—2008）方法。

3.7　试纸与滤纸

3.7.1　试纸

试纸常用于在化学实验室中定性检验溶液或气体的酸碱性以及化学反应所生成的气体物

质的存在与否，因其操作简便而被经常使用。实验室中常用的有石蕊试纸、pH 试纸、醋酸铅试纸和碘化钾-淀粉试纸等。

(1) 检验溶液酸碱性的试纸

① 石蕊试纸　用于检验溶液的酸碱性，有红色石蕊试纸和蓝色石蕊试纸两种。红色石蕊试纸用于检验碱（遇碱变成蓝色），蓝色石蕊试纸用于检验酸（遇酸变成红色）。

② pH 试纸　用以检验溶液的 pH 值，一般有两类：一类是广泛 pH 试纸，变色范围为 pH＝1～14，用来粗略检验溶液的 pH 值；另一类是精密 pH 试纸，这种试纸对较小的 pH 值变化会有显著的颜色改变，其种类很多，可用于比较精密地检验溶液的 pH 值。

使用 pH 试纸和石蕊试纸时，将一小块试纸放在干燥清洁的点滴板或表面皿上，再用玻璃棒蘸取待测的溶液，点在试纸上，试纸即被待测溶液润湿而变色。将变色的试纸与标准色板颜色对比，可以得出溶液的 pH 值。不能将试纸投入溶液中检验，用过的试纸不能倒入水槽内。

(2) 检验气体的试纸

① pH 试纸或石蕊试纸　可用于检验反应所产生气体的酸碱性。

② 醋酸铅试纸　用以定性地检验反应中是否有 H_2S 气体产生（即溶液中是否有 S^{2-} 存在）。

③ 碘化钾-淀粉试纸　用以定性地检验氧化性气体（如 Cl_2、Br_2 等）。

检验气体时，将用蒸馏水润湿的一小块试纸沾在玻璃棒的一端，然后将沾有试纸的一端放到试管口（不能接触试管壁），观察试纸的颜色变化。若反应产生的气体量较少，可将试纸端伸进试管内（不能接触试管壁和溶液），观察试纸的颜色变化。

用 $Pb(Ac)_2$ 试纸来检验 H_2S 气体，H_2S 气体遇到试纸后，生成黑色 PbS 沉淀而使试纸呈黑褐色并有金属光泽。

$$Pb(Ac)_2 + H_2S \longrightarrow PbS\downarrow + 2HAc$$

碘化钾-淀粉试纸用来检验 Cl_2、Br_2 等氧化性气体，I^- 遇到氧化性气体时被氧化为 I_2，I_2 随即与试纸上的淀粉作用，使试纸变为蓝色。

3.7.2　滤纸

化学实验室中常用的有定量分析滤纸和定性分析滤纸两类，按过滤速度和分离性能的不同，又分为快速、中速和慢速三种。在实验过程中，应当根据沉淀的性质和数量，合理地选用滤纸。

我国国家标准《化学分析滤纸》(GB/T 1914—2007) 对定量滤纸和定性滤纸产品的分类、型号、技术指标和测试方法等都有明确的规定。滤纸按质量分为 A 等（优等品）、B 等（一等品）、C 等（合格品）。滤纸的规格和部分技术指标见表 3-8～3-10。

表 3-8　滤纸规格

分类	按滤水速度再分类	适用对象	圆形滤纸直径/mm	直径偏差/mm
定性滤纸	快速定性滤纸	过滤粗大沉淀物		
	中速定性滤纸	介于快速与慢速之间		
	慢速定性滤纸	过滤细小沉淀物	55、70、90、110、125、	
定量滤纸	快速定量滤纸	过滤粗大沉淀物	150、180、230、270	<1
	中速定量滤纸	介于快速与慢速之间		
	慢速定量滤纸	过滤细小沉淀物		

表 3-9　定性滤纸部分技术指标

项　目	要　求								
	优等品			一等品			合格品		
	快速	中速	慢速	快速	中速	慢速	快速	中速	慢速
定量/g·m⁻²	80±4.0			80±4.0			80±5.0		
分离性能(沉淀物)	氢氧化铁	硫酸铅	硫酸钡(热)	氢氧化铁	硫酸铅	硫酸钡(热)	氢氧化铁	硫酸铅	硫酸钡(热)
滤水时间/s	≤35	35～70	70～140	≤35	35～70	70～140	≤35	35～70	70～140
灰分/%	≤0.11			≤0.13			≤0.15		

表 3-10　定量滤纸部分技术指标

项　目	要　求								
	优等品			一等品			合格品		
	快速	中速	慢速	快速	中速	慢速	快速	中速	慢速
定量/g·m⁻²	80±4.0			80±4.0			80±5.0		
分离性能(沉淀物)	氢氧化铁	硫酸铅	硫酸钡(热)	氢氧化铁	硫酸铅	硫酸钡(热)	氢氧化铁	硫酸铅	硫酸钡(热)
滤水时间/s	≤35	35～70	70～140	≤35	35～70	70～140	≤35	35～70	70～140
灰分/%	≤0.009			≤0.010			≤0.011		

定性滤纸经高温灼烧后，其灰分质量超过万分之一，所以定性滤纸不能用于重量分析，而定量滤纸的灰分小于万分之一，以常用的 110mm 直径的定量滤纸为例，灼烧后的灰分≤0.08mg，因此定量滤纸又称为无灰滤纸。

3.8　试剂的取用和试管操作

3.8.1　试剂的取用

（1）液体试剂的取用

液体试剂的质量可以通过称量或量体积得到（通常是量体积）。这时就要根据液体的相对密度事先换算成体积，大多数试剂瓶的外包装上都有这些数据。如果反应的产物是液体，就必须通过称量来知道液体的质量。

量取液体样品的工具很多，可以用带有刻度的烧杯、量筒或吸量管。选用何种容器进行量取，则应根据具体的实验要求而定。

①从细口瓶中取用液体试剂　a. 倾注法：取下瓶塞，手握住试剂瓶，如果是单个标签，标签面向手心，如果是两个标签，标签在手指两侧，逐渐倾斜瓶子，让试剂沿着洁净的试管壁流入试管或沿着洁净的玻璃棒注入烧杯中（图 3-22）。注出所需量后，将试剂瓶口在试管口或玻璃棒上靠一下，再逐渐竖起瓶子，以免遗留在瓶口的液滴流到瓶的外壁。b. 如用滴管从试剂瓶中取少量液体试剂时，需用专用滴管取用。装有药品的滴管不得横置或滴管口向上斜放，以免液体流入滴管的胶头中。

②从滴瓶中取用液体试剂时，先提起滴管离开液面，手指捏紧滴管上部的胶头，排除空气，再把滴管深入试剂瓶中吸取试剂。a. 滴瓶要定位，不要随便拿走。b. 滴瓶中的滴管是配套的，不能与其他滴瓶互换，滴管再放回时，切勿插错。c. 必须注意试管中滴加试剂

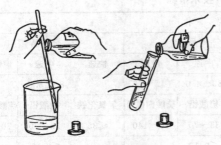
图 3-22　倾注法

图 3-23　滴液入试管的手法

时，滴管保持垂直，滴管尖头在管口上方，滴管绝不能伸入所用的容器中，以免接触器壁而沾污药品（图 3-23）。d. 如果胶头老化，要及时更换。

③ 进行某些实验时，不需要特别准确量取试剂，要学会估计取用液体的量。例如用滴管取用液体，1mL 相当多少滴，5mL 液体占一个试管容量的几分之几等。倒入试管里溶液的量，一般不超过其容积的 1/3。

④ 需要定量取用液体时，用量筒或移液管。量筒用于量度一定体积的液体，一般要求尽量选用体积相近的容器以保证精确程度，例如可以用 10mL 或 25mL 的量筒来量取 7mL 的液体，而不用 100mL 的量筒。使用量筒量取液体时，要按图 3-24 所示，使视线与量筒内液体的弯月面的最低处保持水平，偏高或偏低都会读不准而造成较大的误差。

正确　　　　　　错误　　　　　　错误

图 3-24　观看量筒内液体的容积

（2）固体试剂的取用

① 要用清洁、干净、干燥的药匙取试剂，每种试剂应配专用药匙。药匙的两端为大小两个匙，分别用于取大量固体和取少量固体。用过的药匙必须洗净擦干后才能再使用。

② 需要用天平称量，应根据不同的需要选用不同称量范围和精确度的天平。在实验室中，最常用的就是用称量纸（不可以用滤纸作为称量纸）称量，具有腐蚀性或易潮解的固体应放在表面皿上或玻璃容器内称量。但如果所称量的固体对空气或水汽较敏感，就要选择一些带塞子的容器，如称量瓶来称量。

③ 在实验过程中，除了将药品直接称量在反应容器中，大多数情况下都需要将已称量好的药品用已折好的称量纸转移到反应容器中。

（4）往试管（特别是湿试管）中加入固体试剂时，可用药匙或将取出的药品放在对折的纸片上，伸进试管约 2/3 处（图 3-25、图 3-26）。加入块状固体时，应将试管倾斜，使其沿管壁慢慢滑下（图 3-27），以免碰破管底。

（5）固体的颗粒较大时，可在清洁而干燥的研钵中研碎。研钵中所盛固体的量不要超过研钵容量的 1/3。易爆的药品要轻轻压碎，不要研磨。

（6）有毒药品要在教师指导下取用。

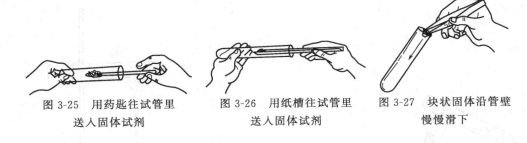

图 3-25　用药匙往试管里　　　图 3-26　用纸槽往试管里　　　图 3-27　块状固体沿管壁
　　　　送入固体试剂　　　　　　　　　　送入固体试剂　　　　　　　　　　慢慢滑下

3.8.2　取用试剂时的安全问题

无论取用何种试剂（或药品），安全至关重要。在开始化学实验之前，应当清楚地知道，所使用的药品和溶剂的某些性质，如易燃性、毒性、腐蚀性等。这些一般都标注在原装试剂瓶的标签上。具体可参考如下步骤。

① 所用的试剂或溶剂是否具有相当的腐蚀性？如有，就应戴上手套。

② 所用的试剂或溶剂是否易燃或具有较低的闪点？如有，应检查自己的周围有无明火。

③ 所用的试剂或溶剂是否有毒性或难闻的气味？如有，这些药品就应在通风橱里使用。

④ 所用的试剂或溶剂是否对空气或水敏感？如有，就应采用一些特殊的方法加以处理。

无论是从实验室、贮藏室里取药品，还是将药品从试剂架上转移到实验台上，都应该谨慎小心。在搬运或转移试剂和溶剂之前一定要检查一下药品的瓶盖等是否盖紧！

一般在实验室中分装化学试剂时，将固体试剂装在广口瓶中，液体试剂盛在细口瓶或带有滴管的滴瓶中，见光易分解的试剂（如硝酸银）盛在棕色瓶内。每一试剂瓶上都必须贴有标签，以表明试剂的名称、浓度和配制日期，并在标签外面涂上一薄层蜡或用胶带粘贴来保护它。

取用试剂前，应看清标签。取用时，先打开瓶塞，将瓶塞反放在实验台上。如果瓶塞上端不是平顶而是扁平的，可用食指和中指将瓶塞夹住（或放在清洁的表面皿上），绝不可将它横置桌上，以免沾污。不能用手接触化学试剂。应根据用量取用试剂，不必多取，这样既能节约药品，又能取得好的实验结果。取完试剂后，一定要把瓶塞盖严，绝不允许将瓶盖张冠李戴。然后把试剂瓶放回原处，以保持实验台整齐干净。

3.8.3　试管操作

试管是基础化学实验中用得最多的仪器，特别是定性反应，有时甚至只需几滴就可以完成，以减少对环境污染。它还适宜作少量试剂的反应容器，便于操作和观察实验现象，必须熟练掌握试管操作。

（1）振荡试管

用拇指、食指和中指拿住试管的中上部，试管稍稍倾斜，手腕用力振动试管，但动作幅度要小，以免试管中的液体振荡出来。

（2）试管中液体的加热

装有液体的试管一般可直接在火焰中加热。将试管外壁擦干。只需要微热的，可用手拿试管上部在火焰中加热；需要强热的，应该用试管夹夹住试管的中上部（离管口约 1/3 处），试管与桌面约成 60°倾斜，如图 3-28 所示，试管口不能对着别人或自己，先加热液体的中上部，慢慢移动试管，热及下部，然后不断地移动试管，从而使液体各部分受热均匀，避免试管内液体因局部过热沸腾而迸溅，引起烫伤。停止加热后，试管室温冷却，不可骤冷。

图 3-28　加热试管中的液体

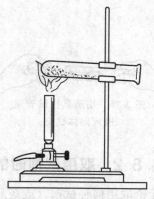

图 3-29　加热试管中的固体

（3）试管中固体试剂的加热

将少量的固体试剂装入干燥的试管底部，辅平，按图 3-29 安装装置，安装的原则是自下而上、从左至右，注意：烧瓶夹固定在离管口约 1/3 处，管口略向下倾斜，以免管口冷凝的水珠倒流到试管的灼烧处而使试管炸裂。先用火焰来回预热试管，然后固定在有固体物质的部位加强热。停止加热，待试管室温冷却后，再取下试管，以免试管被回流的冷凝水炸裂。

3.9　溶液的浓度及配制

3.9.1　常用的溶液浓度表示方法

化学实验所用的溶液可分为一般溶液和标准溶液两大类，一般溶液（也称普通溶液）只具有大致的浓度，如一般实验用的酸、碱、盐的溶液，指示剂溶液，缓冲溶液，沉淀剂、洗涤剂和显色剂等的溶液；标准溶液是指具有准确浓度的试剂溶液。

实验室中，溶液的浓度常用下列几种方法表示。

（1）物质的量浓度

物质的量浓度是指溶质 B 的物质的量 n_B 与溶液体积 V 之比，符号为 c_B，即

$$c_B = \frac{n_B}{V}$$

其中

$$n_B = \frac{m_B}{M_B}$$

式中，n_B 表示溶液中溶质 B 的物质的量，mol 或 mmol；体积 V 的单位是 m^3、dm^3 等，在分析化学中最常用的单位是升（L）或毫升（mL）；m_B 是溶质 B 的质量；M_B 是溶质 B 的摩尔质量。

（2）滴定度

在实际生产中，常用滴定度表示标准溶液的浓度。滴定度是指每毫升滴定剂溶液相当于被测物质 B 的质量（克或毫克），以字母 T 表示。例如：如每毫升 $K_2Cr_2O_7$ 标准溶液恰好能与 0.005000g Fe^{2+} 反应，则滴定度表示为：$T_{Fe/K_2Cr_2O_7} = 0.005000g \cdot mL^{-1}$。

滴定度与滴定剂物质的量浓度可以换算：

$$T_{B/T} = \frac{a}{t} c_T \frac{M_B}{1000}$$

式中，$T_{B/T}$为滴定度；c_T为滴定剂物质的量浓度；T为滴定剂；B为被测物质；a/t为反应$tT+aB\Longrightarrow cC+dD$中的反应计量系数之比；$M_B$为被测物质的摩尔质量。

（3）质量浓度

质量浓度是指溶质B的质量与溶液的体积之比，符号为ρ_B，单位为$g\cdot L^{-1}$、$mg\cdot L^{-1}$、$g\cdot mL^{-1}$、$mg\cdot mL^{-1}$、$\mu g\cdot mL^{-1}$等，仪器分析所用标准溶液常用这种表示方法。即

$$\rho_B=\frac{m_B}{V}$$

也可用100mL溶液中所含溶质B的克数表示，称为质量-体积百分浓度。实验中，如果对溶液浓度的要求不十分准确，常近似以溶剂的毫升数代替溶液的毫升数，例如0.2%的二甲酚橙溶液，是以0.2g二甲酚橙溶于100mL水中制得。

（4）质量百分比浓度（质量分数）

质量百分比浓度是指100g溶液中所含溶质B的克数，符号为$w(B)$。各种市售酸或氨水常用这种表示法。

（5）体积百分比浓度（体积分数）

体积百分比浓度指100mL溶液中所含液体溶质B的毫升数，符号为$\varphi(B)$，单位为%，习惯上常用V/V（%）表示。将原装液体试剂稀释时，多采用这种浓度表示法。例如，取70mL无水乙醇用水稀释至100mL，其浓度可用70%表示。

（6）体积比浓度

体积比浓度是指A体积液体试剂与B体积溶剂混合所得的溶液的浓度，以（A+B）或（A：B）表示。例如（1+5）HCl溶液，表示1体积市售浓盐酸与5体积水混合而成的HCl溶液。

3.9.2　溶液的配制

（1）一般溶液的配制

一般溶液的浓度不要求十分准确。配制时试剂的质量用托盘天平或电子台秤称量，所用器皿为表面皿或烧杯。液体试剂或溶剂的体积用量筒量取，有时还可根据所用的烧杯、试剂瓶的容积等来估计体积。

将称出的固体试剂，先在烧杯中用适量水溶解后，再稀释至所需的体积。溶解时若有放热现象，或以加热促使溶解时，应等其冷却后，再转移至试剂瓶中。配好的溶液，应马上贴好标签，并注明溶液的名称、浓度和配制日期。配制溶液时还需注意以下事项：

① 某些容易变质的溶液，须在使用前临时配制，或采取适当的措施防止其变质。

② 某些易腐蚀玻璃的溶液，如氟化物，应保存在聚乙烯瓶中。盛装氢氧化钠溶液的玻璃试剂瓶应使用橡皮塞，最好盛于聚乙烯瓶中。

③ 某些见光易分解的溶液，应贮存于棕色瓶中。

④ 配制一些试剂量很少的溶液时，可用分析天平称取试剂，只需读取两位有效数字即可。

⑤ 配制溶液时，应合理选择试剂的级别，不要超规格使用试剂，以免造成浪费。

⑥ 经常并大量使用的溶液，可先配制成浓度较高的储备液，用时将储备液适当稀释即可。

（2）标准溶液的配制

标准溶液的配制方法有直接法和标定法两种。

① 直接法

根据所需的用量，用分析天平准确称取一定量的基准试剂，溶解于适当溶剂后，定量转移至容量瓶中，再用溶剂稀释至刻度，根据试剂的质量和溶液的体积，计算其准确的浓度。

基准试剂应具备的条件是：a. 试剂的组成（包括结晶水）与化学式相符；b. 试剂的纯度高（质量分数在 99.9％以上），易制备和提纯；c. 试剂的性质稳定，不分解，不吸潮，不易与空气中的 O_2 及 CO_2 反应，不失结晶水等。

② 标定法

有很多试剂不满足基准试剂的要求，因此不能直接用来配制标准溶液，但可将其先配制成接近于所需浓度的溶液，然后用基准试剂或已经用基准试剂标定过的另外一种标准溶液来标定它的浓度。

在实际工作中，特别是工厂化验室中，有时采用与分析试样组成相似的"标准试样"来标定标准溶液的浓度。由于标定和测定的条件相同，分析过程的系统误差可以抵消，分析结果准确度较高。

3.10　常用度量仪器的使用

3.10.1　体积度量仪器的使用

量筒（量杯）、移液管、容量瓶和滴定管等均为化学实验室中常用于度量液体体积的仪器，一般根据需要进行选择。

（1）量筒和量杯

量筒和量杯是化学实验中直接量取体积要求不太精确的液体时最常用的玻璃量器（图 3-30）。将水注入干燥的量筒（量杯）内到所需分度线的体积即为该分度线的容量，此种为量入式的量筒（量杯），用符号"In"表示；将水注入量筒（量杯）至所需分度线，然后倒出，等待 30s 后所排出的体积即为该分度线的容量，此种为量出式的量筒（量杯），用符号"Ex"表示。量筒和量杯主要规格见表 3-11。

表 3-11　量筒、量杯的主要规格（量入式）

名称	标称容量/mL	全高/mm	最小分度/mL	容量允差/mL
量筒	5	110	0.1	±0.05
	10	135	0.2	±0.10
	25	160	0.5	±0.25
	50	195	1.0	±0.25
	100	250	1.0	±0.50
	250	300	2 或 5	±1.0
	500	350	5	±2.5
	1000	430	10	±5
	2000	500	20	±10
量杯	5	85	1.0	±0.2
	10	100	1.0	±0.4
	20	115	2.0	±0.5
	50	140	5.0	±1.0
	100	170	10.0	±1.5
	250	200	25	±3.0
	500	250	25	±6.0
	1000	315	50	±10.0

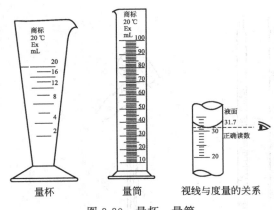

图 3-30　量杯、量筒

（2）移液管和吸量管

移液管是用来准确量取一定体积溶液的玻璃量器。移液管为中间有一膨大部分（称为球部）的细长玻璃管［见图 3-31(a)］，其管颈上部刻有一圈刻线，表明在温度为 20℃时，使量取溶液的弯月面下缘与刻线相切，然后让溶液自由流出，则流出的溶液体积与球部标明的体积相同。移液管的容量精度一般分为 A 级和 B 级。表 3-12 列出了国家规定移液管的容量允差。

表 3-12　常用移液管的容量允差

标称容量/mL		2	5	10	20	25	50	100
容量允差/mL（±）	A	0.010	0.015	0.020	0.030	0.030	0.050	0.080
	B	0.020	0.030	0.040	0.060	0.060	0.100	0.160

吸量管是具有分刻度的玻璃管［图 3-31(b)，(c)，(d)］，一般用于量取小体积或非整数体积的溶液。常用的吸量管有 1mL、2mL、5mL、10mL 等规格，吸量管的准确度不如移液管。应该注意，有些吸量管其分刻度不是刻到管尖，而是离管尖尚差 1～2cm，如图 3-31(d)所示。

① 洗涤　使用前，移液管应用洗液浸泡，自来水冲净，蒸馏水淋洗三次至内壁及外壁不挂水珠。

② 润洗　移取溶液前，用滤纸片将洗净的管的尖嘴内外的残余水分尽量吸干，然后用待移取的溶液润洗三次。方法为：左手拿洗耳球，右手的拇指和中指捏住移液管（吸量管）刻线以上的部分，无名指和小拇指辅助拿住移液管，将移液管的管尖伸入溶液液面以下，然后将洗耳球内空气排空，使其尖嘴对准移液管，溶液随洗耳球的放松沿着移液管慢慢上移，待溶液升至球部的四分之一（注意，勿使溶液回流）时，移去洗耳球，迅速用右手食指堵住移液管口，将移液管取出、放平、仔细荡洗，然后将管内溶液弃去。如此反复操作三次。注意：润洗过的溶液应从管的下端尖嘴放出。

③ 移取溶液　如图 3-32 所示，从容量瓶中移取溶液时，应将移液管管尖插入溶液液面以下约 1～2cm 处。管尖不能伸入太浅，以免吸液时，由于液面下降造成吸空；也不能伸入太深，以免移液管外壁沾的溶液太多。吸液时，移液管管尖应随溶液液面下降而下降。当管中溶液的液面上升至刻线以上时，移去洗耳球，迅速用右手食指堵住管口，同时左手改拿容量瓶。将移液管提出液面，并将刚才伸入溶液中的管尖部分沿容量瓶颈内壁转两圈，以除去

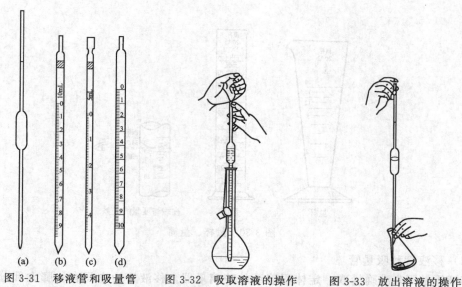

图 3-31　移液管和吸量管　　　图 3-32　吸取溶液的操作　　　图 3-33　放出溶液的操作

管外壁上沾的多余溶液。然后使容量瓶倾斜约 30°角，使移液管管尖与瓶颈内壁紧贴，轻轻松动右手食指，则管内溶液液面缓缓下降，直到溶液弯月面下缘与刻线相切时，立即用食指按紧管口。接下来，移开容量瓶，左手改拿锥形瓶，并将锥形瓶倾斜 30°左右，使锥形瓶内壁紧贴移液管管尖。松开右手食指，溶液自然地沿壁流下，如图 3-33 所示。待溶液下降到管尖后，停顿 15s 左右，取出移液管。注意：此时移液管管尖部位仍有少量溶液，只有注明了 "吹"（blow-out）字的移液管，才可将这部分剩余溶液吹到锥形瓶中，否则不能吹，因为在工厂生产校准移液管时，没有把这部分体积算在内。但由于一些移液管的管尖做得不很圆滑，因此可能会由于靠锥形瓶内壁的管尖部位不同，而造成留在管尖部位的溶液体积有所变化。为此，可以在停顿 15s 后，将移液管左右旋转一下，这样尽量使每次管尖部分留存的溶液体积相同，就不会导致平行测定有较大偏差了。

　　用吸量管移取溶液的操作方法与上述方法相同，只是在放溶液时，食指不可完全抬起，一直要轻轻按在管口，以免溶液流速过快而来不及及时按住。为了减少测量误差，吸量管的使用每次都应以最上面的刻度为起始点，往下放出所需体积，而且要尽量避免使用管尖刻度。

　　（3）容量瓶

　　容量瓶主要用于配制准确浓度的溶液或定量稀释溶液，常与分析天平和移液管配合使用。

　　容量瓶的外观为一带有磨口玻璃塞或塑料塞的细颈梨形平底玻璃瓶。瓶颈上有一圈刻线，表示在温度为 20℃时，当瓶内液体的弯月面下缘切线与刻线重合时，液体的体积恰好与瓶上标示的体积相等。常用的容量瓶有 25mL、50mL、100mL、250mL、500mL、1000mL 等。

　　容量瓶的容量精度一般分为 A 级和 B 级。表 3-13 列出了国家规定的容量允差。

表 3-13　常用容量瓶的容量允差

标称容量/mL		5	10	25	50	100	200	250	500	1000	2000
容量允差/mL （±）	A	0.02	0.02	0.03	0.05	0.10	0.15	0.15	0.25	0.40	0.60
	B	0.04	0.04	0.06	0.10	0.20	0.30	0.30	0.50	0.80	1.20

注：摘自国家标准 GB 12806—91。

① 容量瓶的准备

a. 检查刻线与瓶口的距离 若刻线离瓶口太近，不便于溶液的混匀，则不宜使用。

b. 检查是否漏水 向容量瓶中加入自来水至刻线附近，盖紧瓶塞，将瓶外壁的水珠擦净，如图 3-34 所示，用左手的食指按住瓶塞，其余手指自然握住瓶颈刻线以上部分，用右手指尖托住瓶底边缘。然后将瓶倒立 2min，观察瓶塞周围是否渗水，如不漏，则将瓶竖起，把瓶塞旋转 180° 后盖紧，再倒立 2min，如仍不漏水，即可使用。

c. 洗涤 容量瓶的洗涤原则与滴定管相同，也是尽可能只用自来水冲洗，必要时才使用铬酸洗液浸洗。

d. 在容量瓶使用时，其磨口玻璃塞不能放在桌面上，以免被污染或混淆，通常用橡皮筋或细绳将其系在瓶颈上，如图 3-35 所示。若使用的是平顶的塑料塞时，操作时可将其倒置在桌面上放置。

  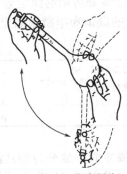

图 3-34 检查漏水和混匀溶液操作　　图 3-35 转移溶液的操作　　图 3-36 振荡容量瓶

② 溶液的配制

用容量瓶配制标准溶液或分析试液时，最常用的方法是将待溶固体称出置于小烧杯中，加水或其他溶剂将其溶解，然后将溶液定量转入容量瓶中。定量转移溶液时，右手拿玻璃棒，左手拿烧杯，使烧杯嘴紧靠玻璃棒，而玻璃棒则悬空伸入容量瓶口中，棒的下端应靠在瓶颈内壁上，使溶液沿玻璃棒和内壁流入容量瓶中，如图 3-35 所示。烧杯中溶液流完后，玻璃棒和烧杯稍微向上提起，并使烧杯直立，再将玻璃棒放回烧杯中。然后，用洗瓶吹洗玻璃棒和烧杯内壁，再将溶液转入容量瓶中。如此吹洗、转移溶液的操作，一般应重复五次以上，以保证定量转移。然后加水至容量瓶的四分之三左右容积时，用右手食指和中指夹住瓶塞的扁头，将容量瓶拿起，按同一方向摇动几周，使溶液初步混匀。继续加水至距离标度刻线约 1cm 处后，等 1~2min 使附着在瓶颈内壁上的溶液流下后，再用细而长的滴管加水至弯月面下缘与标度刻线相切（注意，勿使滴管接触溶液。也可用洗瓶加水至刻度）。无论溶液有无颜色，其加水位置均为使水至弯月面下缘与标度刻线相切为标准。当加水至容量瓶的标度刻线时，盖上干的瓶塞，用左手食指按住塞子，其余手指拿住瓶颈刻线以上部分，而用右手的全部指尖托住瓶底边缘，如图 3-36 所示，然后将容量瓶倒转，使气泡上升到顶，振荡容量瓶，混匀溶液。再将瓶直立过来，又再将瓶倒转，使气泡上升到顶部，振荡溶液。如此反复 10 次左右。

③ 稀释溶液

用移液管移取一定体积的溶液于容量瓶中，加水至标度刻线。按前述方法混匀溶液。

注意：

a. 容量瓶不宜长期保存试剂溶液（如配好的溶液需要保存时，应转移至磨口试剂瓶中，不要将容量瓶当作试剂瓶使用）。

b. 容量瓶使用完毕应立即用水冲洗干净（如长期不用，磨口处应洗净擦干，并用纸片将磨口隔开）。

c. 容量瓶不得在烘箱中烘烤，也不能在电炉等加热器上直接加热。如需使用干燥的容量瓶时，用乙醇等有机溶剂荡洗后晾干或用电吹风的冷风吹干。

（4）滴定管

滴定管是在滴定时，用来准确测量滴定剂体积的一类玻璃量器。它的主要部分是一细长的内径均匀且带有均匀刻度线的玻璃管。管的下端流液口为一尖嘴，中间通过玻璃旋塞或配有玻璃珠的乳胶管连接，用以控制滴定速度。

常量分析用的滴定管是标称容量为 50mL、25mL 和 10mL 的。此外还有 1mL、2mL 和 5mL 的微量和半微量滴定管。表 3-14 为国家规定的滴定管的容量允差。

表 3-14　常用滴定管的容量允差

标称总容量/mL		2	5	10	25	50	100
分度值/mL		0.02	0.02	0.05	0.1	0.1	0.2
容量允差(±)/mL	A	0.010	0.010	0.025	0.05	0.05	0.10
	B	0.020	0.020	0.050	0.10	0.10	0.20

滴定管一般分为酸式滴定管［图 3-37（a）］和碱式滴定管［图 3-37（b）］两种。另外还有一种自动定零位滴定管［图 3-37(c)］，它通过磨口塞将储液瓶与具塞滴定管连接在一起，具有加液方便、自动调零点的优点，主要用于常规分析中的经常性滴定操作。酸式滴定管主要盛装酸性、中性或氧化性溶液，不可盛放碱性溶液（因其会腐蚀玻璃的磨口和旋塞）。碱式滴定管主要用于盛装碱性及无氧化性溶液，凡能与乳胶管作用的溶液不能用碱式滴定管盛装，如 $KMnO_4$、$AgNO_3$、I_2 等。目前有一种新型的酸式滴定管，其旋塞由聚四氟乙烯制造，能用于盛装各种溶液。

滴定管的容量精度一般分为 A 级和 B 级。通常滴定管上喷、印的标志内容包括：制造厂商标、标准温度（20℃）、量出式符号（Ex）、精度级别（A 或 B）和标称容量（mL）等。

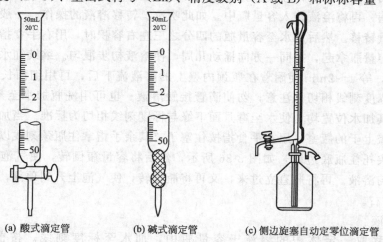

(a) 酸式滴定管　　　　(b) 碱式滴定管　　　　(c) 侧边旋塞自动定零位滴定管

图 3-37　滴定管

① 滴定管的准备

a. 检漏　滴定前首先要检查滴定管是否漏水。方法为：将酸式滴定管的旋塞旋紧，关闭旋塞，向滴定管内装水至最高刻度线，将其垂直挂在滴定台上，静置2min后，观察滴定管下端尖嘴和旋塞两端是否有水渗出。若不渗水，将旋塞转动180°，在滴定管架上静置2min再观察。碱式滴定管也采用相同方法检查。若滴定管漏液则应查找原因，采取相应对策。对于酸式滴定管通常是由于旋塞不合适或凡士林涂抹不够造成的；而对于碱式滴定管通常是由于乳胶管和玻璃珠的大小不合适造成的。

b. 涂凡士林　为了使酸式滴定管的玻璃旋塞转动灵活和防止漏液，必须在旋塞表面与塞座内壁涂少许凡士林。首先倒净滴定管中的水，将滴定管平放在实验台上。抽出旋塞，用滤纸擦去旋塞表面和塞座内壁的水及油污。然后涂凡士林，一般可采用下面两种方法：一是如图3-38所示，用手指蘸上少量凡士林，在旋塞两端均匀地涂上薄薄的一层（注意，塞座内壁不得涂凡士林）；另一种方法如图3-39所示，用手指在旋塞较粗的一端（A部）涂上薄薄的一层凡士林，另用火柴杆或玻璃棒在塞座较细的一端（对应于旋塞的B部）内壁上涂抹一层凡士林。

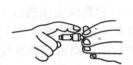 

图 3-38　旋塞涂凡士林操作　　图 3-39　旋塞涂凡士林操作　图 3-40　沿同一方向旋转旋塞
方法一　　　　　　　　　　　　方法二

涂凡士林时，不要涂得太多，以免堵塞旋塞孔，也不要涂得太少，否则达不到润滑和防止漏水的目的。凡士林涂好后，将旋塞直接插入塞座中，按紧。注意：插入时旋塞孔应与滴定管身平行，且此时不要转动旋塞，这样可以避免将凡士林挤到旋塞孔中。然后如图3-40所示，沿同一方向旋转旋塞，直至旋塞与塞座间的油膜全部呈透明状。旋转时，应有一定的向旋塞小头方向挤的力，避免旋塞来回移动，而使旋塞孔堵塞。若涂完凡士林后发现旋塞转动不灵活，或出现纹路，则表明凡士林涂得不够；若有凡士林从旋塞缝挤出，或旋塞孔被堵，则表明凡士林涂得太多，应重新涂抹凡士林。直到凡士林涂好，用橡皮圈（注意：不能用橡皮筋）套在旋塞小头部分沟槽上，以防止旋塞脱落打碎。

在前面对滴定管检漏时，若是由于凡士林涂抹不够造成的漏液，在凡士林涂好后，应重新检漏。

若酸式滴定管的旋塞孔和下端尖嘴被油垢堵塞时，可先将滴定管充满水，打开旋塞，用洗耳球在滴定管上部挤压、鼓气，可将凡士林排除；也可将旋塞拔出，将下端尖嘴插入热水中温热片刻再用水流将油垢排出；或用细金属丝将油垢慢慢剔出，此时要注意避免损坏下端尖嘴。

c. 洗涤　一般用自来水冲洗滴定管。对于较脏的滴定管，零刻度以上部位可用毛刷沾洗涤剂刷洗；零刻度以下部位一定不能使用毛刷刷洗，而应采用铬酸洗液洗涤（碱式滴定管的乳胶管应除去，用旧橡胶乳头将滴定管下口堵住），洗涤方法可参考本章第三节常用仪器的洗涤。用洗液洗完后，用自来水冲洗干净，然后用蒸馏水润洗三次，以备使用。洗净的滴定管内外壁应被水均匀润湿而不挂水珠。

d. 用滴定剂润洗　为避免加入后的滴定剂被稀释，应先用此滴定剂润洗滴定管2～3

次。操作方法：首先将试剂瓶中的滴定剂摇匀，使凝结在瓶壁上的液珠混入溶液。然后将操作液直接倒入滴定管中，不能用其他容器（如烧杯、漏斗等）转移，避免造成污染。向滴定管中倒入约 10～15mL 滴定剂，两手平端滴定管，慢慢转动，使滴定剂润湿全管，然后将溶液从滴定管下端流尽，以除去下端尖嘴内残留的水分。如此润洗 2～3 次，然后将滴定剂倒入滴定管中至零刻度线附近。

图 3-41　碱式滴定管
排气泡的方法

e. 气泡排除　在滴定之前，应将滴定管的下端尖嘴部分的气泡排出。对于碱式滴定管，可按照图 3-41 所示方法进行，用右手拿住碱式滴定管的上部，用左手拇指和食指捏住玻璃珠部位胶皮管，并使下端尖嘴向上翘起，捏挤胶管，使溶液从尖嘴喷出，即可排出气泡。

对于酸式滴定管的排气泡方法为，用右手拿滴定管零刻度线以上部位，使滴定管倾斜 30°，左手迅速转动旋塞，使溶液从尖嘴冲出，反复多次，即可以排除酸管尖嘴内的气泡，气泡排出后应立即关闭旋塞。对于尖嘴制作的不合规格要求的酸式滴定管，有时按上述方法无法排除气泡，这时可在尖嘴上接一套碱式滴定管用的胶皮管和尖嘴，按照碱式滴定管排气泡的方法进行。

f. 调零点和读数　读数误差是滴定误差的主要来源，因此，在读数时应注意以下几点。

第一，在滴定管装满或放出溶液后，应静置 1～2min，使附着在内壁的溶液流下后，再调节零点或读数。在读数前，还应注意滴定管尖嘴上是否挂着液珠，尖嘴内是否有气泡。

第二，读数时应将滴定管从滴定架上取下，不可将滴定管放在滴定架上读数（可能会使滴定管歪斜）。方法为：用大拇指和食指捏住滴定管溶液内液面上方部分，其他手指从旁辅助，使滴定管保持垂直状态，然后读数。

第三，读数时，视线应与所读的液面处于同一水平面上。溶液在滴定管内呈弯月形液面，如图 3-42 所示，由于无色和浅色溶液的弯月面比较清晰，读数时，应读弯月面下缘实线的最低点的切线所对应的刻度；而深色溶液（如 $KMnO_4$、I_2 等），由于其弯月面不清晰，读数时，应读取液面两侧最高点处对应的刻度。应注意的是，滴定前后的两次读数方法要一致。

第四，为了使弯月面下缘更清晰，可借助读数卡读数。读数卡是用贴有黑纸或涂有黑色长方形的白纸板制成的。读数时，将读数卡紧贴在滴定管后面，并将纸板上的黑色部分放在低于弯月面以下约 1mm 处，此时即可看到弯月面的下缘映成了黑色，如图 3-42(c) 所示，就可以容易地读取弯月面下缘的最低点。

第五，使用蓝带滴定管滴定时，若滴定剂为无色或浅色溶液，应读取两个弯月面上下两

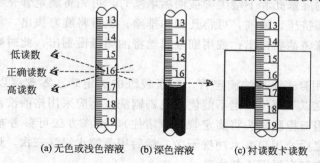

低读数
正确读数
高读数

(a)无色或浅色溶液　(b)深色溶液　(c)衬读数卡读数
图 3-42　滴定管读数

尖端相交点的位置；若滴定剂为深色溶液，依然是读取两侧最高点。

第六，读数时必须读至小数点后第二位，即要求读到0.01mL。

② 滴定操作

滴定操作一般在锥形瓶或烧杯中进行，滴定台应呈白色，这有利于观察滴定过程中溶液颜色的变化，否则可放一块白瓷板作为背景。

滴定时，将滴定管垂直固定在滴定管架上，用左手握在酸管的旋塞或碱管的玻璃珠边上的乳胶管部位，以控制滴定剂的滴速，用右手摇动锥形瓶或持玻璃棒搅拌。使用酸式滴定管时，左手的握塞方式如图3-43所示，左手的拇指在前，中指和食指在后握住旋塞，无名指和小拇指弯向手心，轻轻地贴着旋塞下的玻璃尖嘴，手心内凹，防止顶到旋塞小头而造成漏液。在旋转旋塞时，要注意应该有一稍微向手心的回力，而不要向外用力，以免推出旋塞造成漏液，当然，这个向手心的回力也不能太大，以免造成旋塞转动困难。

图 3-43　酸式滴定管
的操作

碱式滴定管的操作如图3-44所示，用左手拇指和食指捏玻璃珠部位的乳胶管，其他三个手指辅助夹住玻璃尖嘴。操作时，用拇指和食指的指尖向右捏挤玻璃珠右侧的乳胶管，即玻璃珠向手心一侧（左）移动，这样乳胶管与玻璃珠之间就形成一个小缝隙，溶液即可流出。操作时应当注意，不要用力捏玻璃珠，也不要使玻璃珠上下移动，更不要捏玻璃珠下面的乳胶管，以免进入空气而形成气泡，进而影响读数。

在锥形瓶中滴定时，左手握滴定管控制溶液滴加速度，右手向同一方向摇动锥形瓶，一边滴加溶液，一边摇动锥形瓶，应当边滴边摇配合好。两手的操作姿势如图3-45所示。右手拿锥形瓶的手势为：拇指、食指和中指拿住锥形瓶瓶颈，其余两指辅助在下侧。滴定时，锥形瓶底应离滴定台高约2～3cm，滴定管尖嘴插入锥形瓶口约1～2cm。

在烧杯中的滴定操作如图3-46所示，将烧杯放在滴定台上，使滴定管尖嘴伸进烧杯约1cm。滴定管下端尖嘴应位于烧杯中心的左后方，但不要靠烧杯内壁。左手控制滴定管滴加溶液，右手持玻璃棒在烧杯内右前方作圆周运动，搅拌溶液时不要碰烧杯壁和烧杯底。在接近滴定终点的半滴溶液加入时，可用玻璃棒下端承接滴定管尖嘴上悬挂的半滴溶液，然后将其搅入烧杯中，此时注意，玻璃棒只能接触液滴，而不能接触滴定管尖嘴。

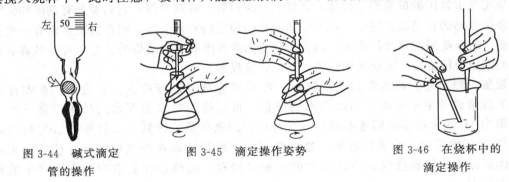

图 3-44　碱式滴定　　　图 3-45　滴定操作姿势　　　图 3-46　在烧杯中的
　　管的操作　　　　　　　　　　　　　　　　　　　　　　滴定操作

还有一些反应如溴酸钾法、碘量法等，由于被滴定物质具有挥发性，因此需要在碘量瓶中进行反应和滴定。碘量瓶是带有磨口玻璃塞和水槽的锥形瓶，如图3-47所示。在水槽中加入蒸馏水可以形成水封，从而可防止瓶中溶液反应生成的气体（Br_2、I_2）逸出。反应一段时间后，缓慢提起瓶塞，水槽中的水随即流下，还可起到冲洗瓶塞和瓶壁的作用。碘量瓶

图 3-47　碘量瓶

的磨口塞密封性非常好，使用完毕后，必须用纸条夹在瓶塞与瓶之间，以便于再次使用时容易打开瓶塞。

　　无论用哪种滴定管进行滴定，滴定速度的控制都是非常重要的。尤其在做平行试验时，滴速控制平行是提高测量精密度的关键。一般在滴定开始时，滴定速度可以稍快些"见滴成线"，而不是"水线"，这时的滴速约为 $10mL \cdot min^{-1}$，即每秒 3～4 滴左右。在临近终点时，滴速要慢下来，改为一滴一滴地加入，即滴一滴摇几下，再滴，再摇。并以少量水吹洗锥形瓶内壁，使滴到瓶壁上的溶液冲下来。最后是半滴半滴地加入，直至锥形瓶中的溶液出现明显的颜色变化为止。

　　半滴的滴加方法：对于酸管，轻轻转动旋塞，使溶液悬挂在滴定管尖嘴上，形成半滴，然后用锥形瓶内壁将其沾下，再用洗瓶吹洗锥形瓶内壁，将那半滴溶液冲下。对于碱管，则是控制玻璃珠部位的乳胶管，使滴定管尖嘴悬有半滴溶液，然后先松开拇指与食指，用锥形瓶内壁将半滴溶液沾下后，再放开无名指和小指，这样即可避免尖嘴内产生气泡。

　　在滴入半滴溶液后，为避免用水吹洗次数太多，而造成锥形瓶内溶液过度稀释。可以采用倾斜锥形瓶的方法，将沾到瓶壁上的溶液冲入瓶内。

　　滴定操作的注意事项：

　　a. 每次滴定最好都从 0.00mL 开始，或接近 0 的同一刻度开始，这样可以减少仪器所带来的滴定误差。

　　b. 在滴定前，调整滴定剂到零刻度时，切忌使用小滴管滴加滴定剂来调整液面，以免造成溶液的稀释或污染。

　　c. 在滴定过程中，左手应及时控制好滴定剂的滴速，而不能离开旋塞，任溶液自流。眼睛要仔细观察锥形瓶内滴定剂滴落点的颜色变化，从而控制好滴定剂的滴速。

　　d. 右手摇锥形瓶时，应微动腕关节，使瓶内溶液向同一方向旋转。一定不能前后摇动，以免溶液溅出。摇瓶时，应使瓶内溶液旋转出一旋涡，即摇瓶要求有一定的速度，不能摇得太慢，这会影响瓶内化学反应的进行。

　　e. 酸式滴定管若长期不使用，应在旋塞部分垫上纸，以便于下次使用时能旋动旋塞。

　　（5）常用容量仪器的校正

　　化学实验室常用的玻璃容量仪器有容量瓶、滴定管、移液管等，它们都具有刻度和标称容量。合格产品的容量误差应小于或等于国家标准规定的容量允差，但在实验室也有一些不合格产品，若在使用前不进行校正，就会对分析结果的准确度造成影响。尤其对于准确度要求较高的定量分析实验，更应使用已校正过的容量仪器。

　　容量瓶、滴定管、移液管的实际容积，可采用称量法进行校正。方法为：首先称量被校正的容量仪器中量入或量出的纯水的质量，再根据当时水温下水的校正密度（20℃标称体积为 1L 的水在不同温度时的质量计算得到的密度值）计算出此量器在 20℃ 时（通常以 20℃ 为标准温度）的实际容积。这里使用的密度为纯水在空气中的密度值，由于空气对物体的浮力作用和空气成分在水中的溶解等因素，使纯水在真空中和在空气中的密度值略有差别。

　　校正操作必须要正确、规范。若校正不当，其产生的误差可能超过量器的允差或量器本身固有的误差。因此，校正时应仔细地操作，校正次数不可少于 2 次，两次校正数据的偏差不应超过该量器允差的 1/4，然后以平均值作为校正结果。

3.10.2　质量度量仪器的使用

称量是化学实验中最基本的操作之一，天平是称量时使用的仪器。常用的天平有托盘天平、电光天平和电子天平。通常根据实验对物体质量称量准确度的要求，来选择合适的天平。

（1）托盘天平

托盘天平又叫台秤，能称准至 0.1g，常用于对称量准确度要求不高的实验。

托盘天平的横梁在其底座上，横梁左右各有一个托盘。在横梁中间的上部有一指针，根据指针在刻度盘前摆动的情况可以判断出左右两侧托盘的质量大小。

称量步骤：

① 调节空盘零点　先将游码放在刻度尺的零刻度处，左右两侧不放物体，若指针指到刻度盘的零点，则零点调好，否则可用零点调节螺丝进行调节。

② 称量　将称量物品放在左盘，砝码放在右盘。添加砝码时应从大到小。若添加 10g 以下的砝码，则可移动标尺上的游码。当指针停在刻度盘的零点时，砝码加游码的质量就是称量物的质量。

③ 称量完毕，应将砝码放回盒中，游码归零处，将天平打扫干净。

称量时应注意：称量的物体不能直接放在托盘上，应放在表面皿或纸上，潮湿的或具有腐蚀性的药品，应放在玻璃容器内；不能称量过冷或过热的物体。

（2）百分之一电子天平

① 电子天平的使用方法（图 3-48）

a. 按"ON/OFF"键，天平进行自检。

b. 将容器放到天平上。

c. 按"去皮"键，去皮重。

d. 将被称量物放入容器中称量，读取质量。

② 电子天平的维护与保养

a. 将天平置于稳定的工作台上，避免振动、气流及阳光照射。

图 3-48　百分之一电子天平

b. 在使用前调整水平仪气泡至中间位置。

c. 电子天平应按说明书的要求进行预热。

d. 称量易挥发或具有腐蚀性的物品时，要盛放在密闭的容器中，以免腐蚀和损坏天平。

e. 经常对电子天平进行自校或定期外校，保证其处于最佳状态。

f. 如果电子天平出现故障应及时检修，不可带"病"工作。

g. 天平不可过载使用以免损坏天平。

h. 若长期不用电子天平时应暂时收藏好。

（3）分析天平

在定量分析实验中，通常要求称量的准确度较高，这就需要选用精密度高的分析天平进行称量。常用的分析天平有半自动电光天平、全自动电光天平、单盘电光天平和电子天平等。

根据天平的结构特点，可分为机械式天平和电子天平两大类，其中机械式天平又可分为等臂（双盘）天平、不等臂（单盘）天平。根据分度值的大小，可分为常量（0.1mg/分度）、微量（0.01mg/分度）和超微量（0.001mg/分度）分析天平。表 3-15 列出了常用分析天平的型号及规格。

表 3-15　常用分析天平的规格型号

种　类	型　号	名　称	规　格
双盘天平	TG-328A	全机械加码电光天平	200g/0.1mg
	TG-328B	半机械加码电光天平	200g/0.1mg
	TG-332A	微量天平	20g/0.01mg
单盘天平	DT-100	单盘精密天平	100g/0.1mg
	DTG-160	单盘电光天平	160g/0.1mg
电子天平	FA-1604	上皿式电子天平	160g/0.1mg
	JA-2003	上皿式电子天平	200g/0.1mg

　　等臂机械式分析天平是根据杠杆原理设计和制造的。等臂天平的型号很多，但其基本结构和使用方法相似。现以 TG-328B 型半自动电光天平为例，介绍这类天平的基本构造和使用方法。

　　① 天平的结构

　　图 3-49 为 TG-328B 型半自动电光天平的结构示意图。

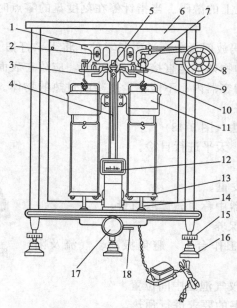

图 3-49　半自动电光天平

1—横梁；2—平衡螺丝；3—吊耳；4—指针；5—支点刀；6—天平箱；
7—环码；8—指数盘；9—承重刀；10—托梁架；11—空气阻尼
器；12—投影屏；13—秤盘；14—盘托；15—螺旋
脚；16—垫脚；17—升降旋钮；18—微调拨杆

　　a. 天平横梁。天平横梁是天平的主要部件，一般是用特殊铝合金制成的。天平梁上装有三个三棱柱形的玛瑙刀。其中一个装在横梁中间，刀口向下，称为支点刀，由固定在立柱上的玛瑙平板所支承；另外两个等距离地装在横梁上支点刀的两侧，刀口向上，为承重刀。这三个玛瑙刀的刀口棱边必须相互平行且在同一水平面上。玛瑙刀是天平的重要部件，刀口的锋利程度直接影响天平的灵敏度，从而影响称量的精确度。在天平使用过程中要注意保护，避免使其受到撞击或震动。

　　横梁两端各装有一个平衡螺丝，可以用它来调节天平的零点（即粗调零点）。

　　横梁的中间装有一根垂直向下的细长的指针，根据指针的摆动方向可以判断天平两端质量的大小。在指针的下端装有缩微标尺，缩微标尺上的刻度可以在投影屏上读出。

在横梁上支点刀的后上方装有重心螺丝，用来调节天平活动部分的重心，从而来调整天平的灵敏度。将重心螺丝向下移动，则天平的重心下移，天平的稳定性增加，而灵敏度下降。

b. 天平立柱。立柱是由金属做的中空圆柱，安装在天平箱底板上。立柱的上方嵌有一块玛瑙平板，用来支承横梁上的支点刀。

立柱的上部装有托梁架，柱的中空部分是升降旋钮控制托梁架的通道。关闭天平时，托梁架升起托住横梁，使玛瑙刀与玛瑙平板分离，以减少玛瑙刀磨损。

立柱的后上方装有气泡水平仪，用来指示天平是否处于水平位置（当气泡处于圆圈的正中央时，天平处于水平位置）。若天平不水平，可以通过天平箱底部的螺旋脚调节。

立柱的中部装有空气阻尼器的外筒。

c. 悬挂系统。在天平横梁两端各有一套悬挂系统。在承重刀上悬挂着吊耳，吊耳的上钩挂着秤盘，下钩挂着空气阻尼器内筒。吊耳的平板下面嵌有玛瑙平板，承接承重刀。

空气阻尼器是由两个特制的铝合金圆筒构成的，其外筒固定在立柱上，筒口朝上，直径较小的内筒悬挂在吊耳上，筒口朝下。内外筒间隙均匀，没有摩擦。当天平开启后，内筒随横梁而自由上下移动，由于筒内空气阻力的作用，使天平横梁很快停止摆动。

天平的两个秤盘分别挂在吊耳上，左盘放被称物体，右盘放砝码。

吊耳、空气阻尼器内筒、秤盘上一般都刻有"1"、"2"标记，在安装时要注意配套使用。

d. 升降旋钮。升降旋钮位于天平箱外、底板正中处，它连接着托梁架、盘托和光源开关。一般顺时针旋转升降旋钮为开启天平，此时托梁架下降，三个玛瑙刀与相应的玛瑙平板接触；盘托下降，秤盘能自由摆动；同时光源接通，投影屏上出现缩微标尺的投影，天平进入工作状态。称量结束时，逆时针旋转升降旋钮，则横梁、吊耳被托梁架托起，刀口与玛瑙平板脱离，秤盘被盘托托起，光源切断，天平进入休息状态。

e. 光学读数系统。在指针下端装有缩微标尺，显示 $0.1\sim10mg$ 的读数。光源通过光学系统将缩微标尺上的分度线放大，再反射到投影屏上，因此从投影屏上可看到标尺的投影，进行读数。投影屏中央有一条垂直刻线，根据此刻线与标尺投影的分度线重合位置来读数，若刻线与标尺"0"重合，则读零，若刻线位于标尺"0"的左侧，则读负数，反之则读正数，即"左负右正"。

f. 机械加码装置。机械加码装置是用来添加 $10\sim990mg$ 圆形砝码的。转动天平箱外的圈码指数盘，相应质量的圈码就会落到天平横梁右臂上的金属条上，相当于将相应质量加到了天平的右盘上。所加圈码的质量可从圈码指数盘上读出。圈码指数盘分两层，内层为 $10\sim90mg$ 组，外层为 $100\sim900mg$ 组。

g. 砝码。每台天平都有一盒与之配套使用的砝码。砝码盒内装有 1g、2g、2g*、5g、10g、20g、20g*、50g、100g 共 9 个砝码，其中面值相同的两个砝码，用 * 标记来区别。取用砝码时必须使用镊子，用完应将其及时放回盒内并盖严。砝码在使用一定时间后，应进行校准。

h. 天平箱。为了保护天平，减小灰尘、气温和气流等对称量的影响，天平应安装在天平箱中。天平箱包括底座、框罩、盘托、螺旋脚、垫脚和微调拨杆等部件。

天平箱有三个可移动的门，前门通常不开启，只在安装及修理天平时才使用，取放被称物时用左侧门，取放砝码时用右侧门。

天平箱下面装有三个脚，后脚固定，前面两个是螺旋脚，通过旋转可以改变高度，因此可以用来调节天平的水平。三个脚都放在垫脚中。

在天平箱底板下方还装有一根金属拨杆，移动拨杆则投影屏随之左右移动，从而可用来微调天平零点。

② 天平的灵敏度

灵敏度(E)是衡量天平质量的指标之一。天平的灵敏度是指在一个秤盘上增加1mg物质所引起指针偏斜的程度。指针的偏斜角度越大，则表示天平的灵敏度越高。其单位为分度/mg。实际工作中，常用灵敏度的倒数，即分度值S（或"感量"）来表示天平的灵敏度。即

$$分度值＝感量＝1/灵敏度$$

天平的灵敏度过低，会对称量的准确度有影响；而天平的灵敏度过高，则会使天平的稳定性降低，进而影响称量的准确度。对天平灵敏度的测定，通常在天平零点调节好后，向天平的左盘上加10mg标准砝码，若指针偏移至98～102格之内即合格。此时天平的灵敏度(E)为10格/mg，分度值(S)为0.1mg/格，这类天平通常也称为"万分之一"天平。若天平灵敏度检测不合格，应细心调节重心螺丝，使之达到合格要求。

天平的重心对灵敏度的影响分析如下。

设天平的臂长为l，天平横梁的重心与支点间的距离为d，梁的质量为m，在左盘上加1mg物质时所引起指针倾斜的角度为α，则它们之间的关系为：

$$\alpha=\frac{l}{md}$$

根据灵敏度定义，α即为天平的灵敏度。由上式可得，灵敏度与天平臂长(l)成正比，与梁的质量(m)和支点与重心间距离(d)成反比。由于一台天平的臂长(l)和梁的质量(m)都是固定的，所以只能通过调整重心螺丝的高度来改变d，得到合适的灵敏度。另外，在称量时，天平的臂略向下垂，实际臂长减小，梁的重心也略向下移，所以天平在称量时灵敏度会减小。

实际上，三个玛瑙刀的质量对天平的灵敏度影响很大。若刀口锋利，则天平的灵敏度高；若刀口缺损，则无论怎样调节重心螺丝都无法提高天平的灵敏度。因此在天平使用过程中，要注意保护玛瑙刀。

③ 天平的使用方法

分析天平是一种精密仪器，使用时要遵守下列步骤。

a. 称量前的准备工作。取下天平的防尘罩，叠好放在天平箱上。检查天平各部件是否正常，包括：观察气泡水平仪看天平是否水平，秤盘是否洁净，圈码指数盘是否在"000"位，圈码是否脱位，吊耳是否脱落、移位等。

b. 调节天平零点。天平零点的调节包括粗调和微调两步进行。具体做法为：接通电源，打开升降旋钮，等标尺投影稳定后，如果投影屏中央的刻线与标尺上的"0"线不重合，可移动微调拨杆，左右移动投影屏，使得投影屏中央的刻线恰好与标尺中的"0"线重合，即调定零点。如果移动微调拨杆调不到零点，需关闭天平，先调节天平横梁上的平衡螺丝来进行粗调，然后再用拨杆进行微调。天平零点调节好后关闭天平。

c. 称量。用分析天平进行称量时，在称量前一般不允许用托盘天平粗称待称物品，但对于要求快速称量，或怀疑被称物体质量可能超过最大载荷时，可用托盘天平粗称。

将待称物品置于天平左盘的中央，关上天平左侧门。然后在天平右盘放上砝码进行试

重，为了使天平尽快达到平衡，可以按照"由大到小，中间截取，逐级试重"的原则进行试重。即，先调定克以上砝码，关上天平右侧门。再依次调整圈码指数盘上的百毫克组和十毫克组圈码，且每次都从中间量（500mg 和 50mg）开始。待十毫克组圈码调定后，试重结束，可以完全开启天平，准备读数。注意：在试重过程中，天平应处于半开状态，通过判断左右盘的轻重来及时调整右盘的砝码。判断左右盘轻重的方法：指针总是偏向轻盘方向，标尺投影总是向重盘方向移动。

d. 读数。试重结束，将天平完全开启，待标尺投影停稳后，即可读数。在缩微标尺上读出 10mg 以下的质量（0.1～10mg），缩微标尺上的 1 大格为 1mg，1 小格为 0.1mg。若投影屏刻线停于 1 小格之内，则用四舍五入法读至 0.1mg。有的天平的缩微标尺只有正值刻度，有的既有正值刻度又有负值刻度。在称量时一般都使投影屏刻线落在正值范围，以防计算时有加有减而发生错误。这样，称量物的质量可表示如下：

$$称量物质量(g)=砝码质量(g)+\frac{圈码质量}{1000}(g)+\frac{光标读数}{1000}(g)$$

注意：读数时，应当快速读取光标读数，然后立即关闭天平，以保护玛瑙刀。

e. 复原。称量结束，应立即关闭天平，取出被称物品，将砝码夹回盒内，圈码指数盘回到"000"位，关闭天平的两侧门，拔掉电源，盖上防尘罩，然后在天平使用登记本上登记。

④ 天平使用注意事项

a. 旋转天平的升降旋钮，拉动天平侧门以及转动圈码指数盘等动作都要轻、缓，切忌用力过猛、过快，以免造成天平部件脱位或玛瑙刀口的损坏。

b. 调定天平零点和读取称量读数时，必须关好天平门。调定零点和称量读数后，应立即关闭天平。

c. 取、放被称物品，加、减砝码、圈码或其他可能引起天平震动的操作，必须在天平处于关闭状态下进行（单盘天平允许在半开状态下调整砝码）。砝码未调定前不可完全开启天平。

d. 不能将热的或过冷的物品放在秤盘上称量，应将其置于干燥器中，直至其温度同天平室温度一致后，才可进行称量。

e. 随时保持天平内部卫生，不要将药品落在秤盘或底板上。不要把湿的或脏的物品放在秤盘上。粉末状药品应该放在表面皿、称量瓶或坩埚内称量。吸湿性的或腐蚀性的药品，必须放在密闭的容器内称量。

f. 称量时不要打开天平的前门，通常在安装、检修和清洁时才使用前门。

g. 在天平箱内，一般放置变色硅胶作干燥剂，若变色硅胶失效，应及时更换。

h. 必须使用指定的天平及与该天平配套的砝码。如果发现天平损坏或不正常，应及时报告教师，不要擅自处理。

（4）电子天平

电子天平是根据电磁力平衡原理设计和制造的。原理为：利用电子装置完成电磁力补偿的调节，使物体在重力场中实现力的平衡，或通过电磁力矩的调节，使物体在重力场中实现力矩的平衡。而产生的电磁力大小与通电电流的大小成正比关系，从而得出电流大小与物体质量成正比的关系。

用电子天平称量不需要砝码，放上被称物品后，在几秒内即可达到稳定，显示读数。具有称量速度快、精度高的优点。电子天平的称量原理与机械天平不同，而且体积小，质量轻。它用弹性簧片作为支撑点，取代了机械天平的玛瑙刀口，用差动变压器取代了升降旋钮，用数字显示代替了砝码和指针刻度。因此，电子天平具有性能稳定、操作简便和灵敏度高等特点。此外，电子天平还有自动校准、去皮、超载显示、故障报警等功能，并且具有质量电信号的输出功能，可与打印机、计算机联用，实现称量、记录、计算的自动化。因此，电子天平的应用越来越广泛。

电子天平按结构可以分为上皿式和下皿式两种。秤盘在支架上面的称为上皿式，而秤盘吊挂在支架下面的称为下皿式。目前，应用较为广泛的是上皿式电子天平。下面以FA1004N型电子天平为例，简单介绍一下电子天平的使用方法。

① 认真阅读电子天平使用说明书，掌握各按键的功能。开显示-开启显示器键，关显示-关闭显示器键，去皮-清零、去皮键，单位-量制转换键，打印-输出模式设定键，校准-校准功能键，计数-点数功能键，积分-积分时间调整键，稳定度-灵敏度调整键。

② 调节天平水平　在使用前，观察气泡水平仪，若水平仪中气泡不位于圆圈中央，则可通过调整天平底脚使天平水平。

③ 预热　接通电源，先预热 0.5～1h，再进行称量。若在称量完毕后 2h 内还需称量，则不必切断电源，这样可省去预热时间。

④ 开启显示器　轻按一下开显示键，显示屏全亮，约 2s 后显示出天平的型号，然后显示称量模式 0.0000g。

⑤ 天平基本模式的设定　天平开启一般为"通常情况"模式，其具有断电记忆功能。使用时若改为其他模式，使用后若按"关显示"键关闭，则天平恢复为"通常情况"模式。

由单位键进行量制单位的设置，例如在显示"g"时松手，即设置单位为克。

由积分键进行积分时间的选择，对应的积分时间长短为：INT-0，快速；INT-1，短；INT-2，较短；INT-3，较长。

由稳定度键进行灵敏度的选择，所对应的灵敏度为：ASD-0，最高；ASD-1，高；ASD-2，较高；ASD-3，低（其中 ASD-0 只在生产调试时使用，用户不宜选择此模式）。通常稳定度和积分两者配合使用，情况如下：

最快称量速度	INT-1	ASD-3
通常使用情况	INT-3	ASD-2
环境不理想时	INT-3	ASD-3

⑥ 天平的校准　天平安装后，第一次使用前，应对天平进行校准。具体方法为：轻按校准键，当显示器出现"CAL"时，就松开手，显示器就出现"CAL-100"，其中"100"为闪烁码，表示需要用 100g 的标准砝码进行校准。此时把仪器配套的"100g"校准砝码放在秤盘上，显示器即出现"-----"等待状态，经较长时间后显示器出现"100.0000g"。然后拿去校准砝码，显示器出现"0.0000g"则校准完毕。若显示器出现的不是零，则清零（按去皮键），重复上面的校准操作。为了得到准确的较准结果，通常对天平反复校准两次。

若天平的存放时间较长，或有位置移动、环境变化或为进行更精确测量，在使用前，一般都应对天平进行校准。

⑦ 称量　当天平的水平调好，预热、校准等均完成后，就可以进行称量。按去皮键，当显示器显示为零后，将被称物品置于秤盘上，待显示的数字稳定时即显示器左下角的"o"标志熄灭后，该数字即为被称物的质量，将数据及时记录到实验报告本上。

⑧ 去皮称量　先按去皮键清零，然后将盛装被称物品的容器放到秤盘上，天平显示容器的质量，再按去皮键，显示重新为零，即去皮重。再将被称物品放入容器中，待显示器左

下角的"o"标志熄灭后，这时显示的数值就是被称物品的净质量。

⑨ 称量结束后，按关显示键关闭显示器。

学生在使用电子天平时，一般只允许进行开显示、关显示和去皮键的操作，严禁使用其他功能键。

3.10.3 称量方法

根据称量对象和称量要求的不同，选择合适的称量方法。常用的称量方法有以下三种。

（1）直接称量法

此法用于称量洁净干燥的不易潮解或升华的固体试样。例如，称量某小烧杯或坩埚的质量。

（2）固定质量称量法

此法又称增量法。用于称量某一指定质量的物质（如基准物质）。这种操作速度很慢，需要十分仔细。适用于不易吸潮、在空气中能稳定存在的粉末状或颗粒状（要求最小颗粒应小于 0.1mg，以便容易调节其质量）样品。

使用机械分析天平进行此称量的具体方法：先用直接称量法称出盛装试样的器皿的质量，然后将所需称量质量的砝码调整好后，用牛角匙慢慢将试样加到器皿中，使天平达到平衡，这样就称得了所需质量的试样。操作过程中，若加入的试样量超出了指定质量，应先关闭天平，然后用牛角匙取出多余试样。重复上述操作，直至所取试样质量符合要求。

（3）递减称量法

此法又称减量法，用于称量一定质量范围的样品或试剂。由于所称取试样的质量是由两次称量质量之差求得，故也称为差减法。称量时所使用的称量瓶和滴瓶都有磨口瓶塞，可以起到密闭作用，对于在称量过程中易吸水、易氧化或易与 CO_2 反应的样品，均可采用此法。

操作方法：称量瓶不可直接用手拿取，而是要用干净的纸条套在称量瓶上夹取，具体方法见图 3-50。向洁净、干燥的称量瓶中加入适量的样品（通常为所需一份样品质量的整数倍），盖上瓶盖。将称量瓶置于天平秤盘，称出称量瓶加样品后的准确质量。然后将称量瓶取出，在承接器皿的上方，倾斜称量瓶瓶身，用称量瓶盖轻敲瓶口上部，使样品缓慢落入器皿中（见图 3-51）。当倾出样品的质量接近所需质量（可从体积上估计）时，一边用瓶盖继续轻敲瓶口，一边将瓶身缓慢竖直，使黏附在瓶口上的样品落回，然后盖好瓶盖，再将称量瓶放回天平秤盘，准确称取其质量。两次质量之差，即为倒出样品的质量。按上述方法重复操作，直至倒出的样品满足要求为止。

图 3-50 称量瓶拿法

图 3-51 从称量瓶中敲出试样的操作

3.10.4 酸度计及使用方法

（1）酸度计简介

酸度计是对溶液中氢离子具有选择性响应的一种电化学传感器。酸度计通常以玻璃电极为指示电极，饱和甘汞电极为参比电极，将这两个电极浸入待测溶液中组成工作电池，测量出电池的电动势。然后以已知酸度的标准缓冲液的 pH 为基准，将待测试液组成的电池的电动势与标准缓冲溶液所组成的电池的电动势相比较，得出待测试液的 pH。

酸度计由电极和电位计两大部分组成。电极是将溶液中离子的活度转变成电位信号；电位计则将电位信号进行放大和测量，最后显示出溶液的 pH。

玻璃电极如图 3-52 所示，玻璃电极的下端是由特殊玻璃制成的玻璃球泡，它仅对氢离子具有敏感作用，玻璃管内装有一定 pH 的标准缓冲溶液，电极内还装有一个 Ag/AgCl 电极作为内参比电极，玻璃电极的电极电位随溶液 pH 的变化而改变。

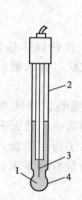

图 3-52 玻璃电极

1—含 Cl⁻ 的缓冲溶液；2—玻璃外壳；
3—Ag/AgCl 电极；4—玻璃薄膜

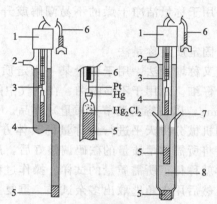

(a) 单盐桥型 (b) 电极内部结构 (c) 双盐桥型

图 3-53 饱和甘汞电极

1—绝缘帽；2—加液口；3—内电极；4—饱和 KCl 溶液；5—多孔
性物质；6—导线；7—可卸盐桥磨口套管；8—盐桥内充液

饱和甘汞电极如图 3-53 所示，它是由汞、甘汞（Hg_2Cl_2）和饱和氯化钾溶液组成的电极，其电极电位稳定，不随溶液 pH 的变化而改变。当玻璃电极与饱和甘汞电极以及待测溶液组成工作电池时，在 25℃ 下，所产生的电池电动势为：

$$E = K' + 0.059 pH$$

式中，K' 为常数。测量这一电动势就可获得待测溶液的 pH。

一般采用 pH 标准缓冲溶液对酸度计进行 pH 校正。我国目前使用的几种 pH 标准缓冲溶液在不同温度下的 pH 列于附录 3。常用的几种 pH 标准缓冲溶液的组成和配制方法见附录 4。

在使用酸度计测 pH 时，一般只要有酸性、近中性和碱性三种标准就可以了。应选用与待测溶液的 pH 相近的 pH 标准缓冲溶液来校正酸度计，这样可减小测量误差。

在电极浸入 pH 标准缓冲溶液之前，玻璃电极与甘汞电极应用蒸馏水充分冲洗，并用滤纸轻轻吸干外表面附着的水，以免标准缓冲溶液被稀释或沾污。

下面介绍 pHS-2 型和 pHS-3C 型酸度计的结构和使用方法。

（2）pHS-2 型酸度计

pHS-2 型酸度计是一种直读式酸度计，可在仪器上直接读出被测溶液的 pH，其最小分度为 0.02pH。除测量 pH 外，还可测量电动势。仪器采用了高性能的具有极高输入阻抗的集成运算放大器，使仪器具有稳定可靠、使用方便等特点。

pHS-2 型酸度计的面板结构如图 3-54 所示。仪器使用方法如下。

① 预热 接通电源，按下 pH 按键，指示灯亮，一般需预热 30min 以上，以便使仪器

零点稳定。

② 安装电极　先将玻璃电极和甘汞电极夹在电极夹子上，然后将玻璃电极插头插入离子电极插口，甘汞电极引线接在接线柱上。使用时应把电极上面的小橡皮塞和下端橡皮塞拔去，以保持液位压差，不用时要把它们套上。

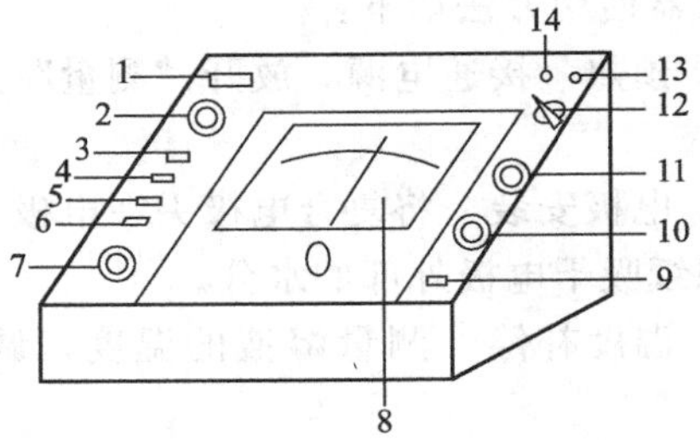

③ 定位调节（校正）　仪器附有3种标准缓冲溶液及其在不同温度下的 pH 对照表。实验时，可根据需要，选用一种与被测溶液的 pH 较为接近的缓冲溶液对仪器进行定位。操作步骤如下：

a. 于小烧杯中加入标准缓冲溶液，测量溶液的温度，并查出在该温度下溶液的 pH。

图 3-54　pHS-2 型酸度计

1—指示灯；2—温度补偿器；3—电源开关；4—pH 按键；
5—＋mV 按键；6——mV 按键；7—零点调节器；
8—指示表；9—读数开关；10—定位调节器；
11—校正调节器；12—pH-mV 分挡开关；
13—离子电极；14—甘汞电极接线柱

b. 将温度补偿器调至溶液的温度值。

c. 将分挡开关指向"0"，旋动零点调节器，使指针指在刻度中心"1"处。

d. 再将分挡开关指向"校"，旋动校正调节器，使指针指在满刻度"2.0"处。重复"c、d"操作，直至示值稳定为止。

e. 将电极浸入缓冲溶液中，轻轻摇动烧杯后静置。按所查得的 pH 将分挡开关调至相应的挡，再按下读数开关，旋转定位调节器，使指针指在溶液的 pH 处（即分挡开关示值加上表盘上的指示值）。重复调节，直至指针示值稳定为止。

f. 放开读数开关，将电极上移，撤去溶液。用蒸馏水冲洗电极并用滤纸吸干。这时，仪器已定好位，后面测量时，不得再动定位调节器。

④ 测量 pH　在洁净的小烧杯中加入待测溶液，用温度计测定其温度（应与缓冲溶液温度相同）后，将电极浸入溶液中，轻轻摇动烧杯后静置。然后按下读数开关，调节分挡开关至表盘上能读出指示值。重复读数 1 次，记录测量结果。

测量结束后，放开读数开关，移去被测溶液，用蒸馏水冲洗电极并保存好，关闭仪器电源，套上仪器罩。

（3）pHS-3C 型酸度计

pHS-3C 型酸度计是一种四位十进制数字显示的 pH 计，其测量范围宽，重复性好，测量误差小。pHS-3C 型酸度计的面板结构如图 3-55 所示。

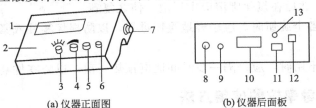

(a) 仪器正面图　　　　(b) 仪器后面板

图 3-55　pHS-3C 酸度计示意图及仪器配件

1—显示屏；2—前面板；3—温度补偿调节旋钮；4—斜率补偿调节旋钮；5—定位调节旋钮；
6—选择旋钮（pH 或 mV）；7—电极杆插座；8—测量电极插座；9—参比电极插座；
10—铭牌；11—电源插座；12—电源开关；13—保险丝

仪器使用方法如下：

① 预热　接通电源，放开"测量"开关，按下 pH 按键，指示灯亮，一般需预热 30min 以上。

② 电极安装　将复合电极夹在电极夹上，拔下电极前端的电极套，用蒸馏水清洗电极，再用滤纸吸干电极外部的水分。

③ 温度补偿　测量溶液的温度，调节"温度"调节旋钮，使白线对准被测溶液的温度值。

④ 定位　将选择旋钮调到 pH 挡；调节温度旋钮，使旋钮白线对准溶液温度值，把斜率调节旋到 100%，把清洗过且吸干的电极插入 pH＝6.86 的标准缓冲溶液中，调节定位调节旋钮，使仪器读数为 6.86。用蒸馏水清洗电极，用滤纸吸干电极外部水分，再用 pH＝4.00 或 9.18 的标准缓冲溶液重复操作，调节斜率旋钮到 pH＝4.00 或 9.18，反复定位和斜率操作，直至不用再调节定位或斜率两调节旋钮而显示缓冲值为止。至此，完成仪器的定位。定位好的仪器在 24h 内不需再定位，而且仪器的定位及斜率调节旋钮不应再有变动。

⑤ 测量溶液的 pH　用蒸馏水清洗电极头部，用滤纸吸干，将电极浸入被测溶液中，轻轻晃动溶液，使溶液均匀，在显示屏上读出溶液的 pH。

⑥ 不用时，放开测量键，移去被测溶液，用蒸馏水冲洗电极，将电极加液口封上，戴上电极头的保护套，收好。关闭仪器电源，拔去电源插头，套上仪器罩。

（4）酸度计的维护

仪器性能的好坏，除了仪器本身结构之外，和适当的维护是分不开的，特别像酸度计一类仪器，它必须具有很高的输入阻抗，而且使用环境会经常接触化学药物，因此，合理的维护更有必要。

① 仪器的输入端（插孔）必须保持干燥、清洁，不使用时应将接续器插入孔内，以防灰尘与湿气侵入。

② 玻璃电极使用前应在蒸馏水内浸泡一昼夜，有裂纹或老化（放置两年以上）的玻璃电极应停止使用，否则响应缓慢或造成大的测量误差。球泡若被沾污，可用医用棉轻擦，或用 $0.1mol \cdot L^{-1}$ HCl 溶液清洗。

③ 指示电极、参比电极在使用时，内充液中不能有气泡存在，以防断路，参比电极内充液必须充满。

④ 电极避免长期浸在蒸馏水中或蛋白质溶液和酸性氯化物溶液中，并防止和有机硅油脂接触。

⑤ 电极经过长期使用后，如发现梯度略有降低，则可把电极下端浸泡在 4% HF 中 3～5s，用蒸馏水洗净，然后在氯化钾溶液中浸泡，使之复新。

⑥ 调节仪器的各个旋钮时，应轻轻地缓慢进行，以防损坏零件或紧固螺丝位置的变动，造成测量不准。

⑦ 仪器长时间不用时，应每隔一段时间通电预热一次，以防零件潮湿发霉或漏电。

3.10.5　电导率仪的使用方法

（1）DDS-11A 型电导率仪使用方法

① 检查与准备

a. 接通电源前表头指针应指向零。若不在零位，可调节表头螺丝，使指针指向表左端的零位。

b. 按说明书选择 DJS-1 型铂黑电极 1 支，用待测溶液润洗电极头 2 次，把电极固定在电极支架上，然后插入待测溶液（浸没铂片部分）中，调节电极"常数"调节器，指向所用电极常数数值处（电极上已标明）。

c. "量程"开关转到最高挡（右旋到底）×10^4，"校正/测量"开关放在"校正"位置，"高/低周"开关放在"高周"位置。

d. 打开"电源"开关，"指示灯"亮，预热 5～10min。

② 校正与测量

a. 将电极的插头插入电极插口，拧紧插口边的小螺丝。

b. 调节"校正调节器"，使指针指向满刻度（在表的右端）。

c. 将"校正/测量"开关拨向"测量"，"量程"开关由大到小地调倍率至适当的位置，量程开关扳在黑点的挡，读表面上行刻度（0～1），扳在红点的挡，读表面下行刻度（0～3），此时，表头所指读数乘以"量程"选择开关的倍率，即为被测溶液实际电导率（测纯水的电导率时，将"量程"开关扳在×10 挡，"高/低周"开关放在"低周"，高于 30ms·m^{-1} 时，放在"高周"，重复 b、c 步，取两个读数的平均值）。

测量完毕，将"量程"开关还原到最高挡，"校正/测量"开关放在"校正"，关闭电源，拔下电极，用蒸馏水冲洗后，放回电极盒中。

(2) DDS-11D 型电导率仪使用方法

① 检查与准备

a. 接通电源，打开电源开关，指示灯亮。

b. 温度计测出被测介质温度后，把"温度"旋钮置于相应介质温度的刻度上（若把旋钮置于 25℃线上，仪器就不能进行温度补偿）。

c. 选择电极，调节"常数"旋钮，把旋钮置于与使用电极的常数数值一致的位置上。

d. "量程"开关拨在"检查"位置上，调节"校正"使电表指示满偏（在表的右端）。

② 测量

a. 把"量程"开关拨在所需的测量挡。如预先不知被测介质电导率的大小，应先把其拨到最大电导率挡，然后逐挡下降，以防表针打坏。

b. 电极插头插入插座，使插头的凹槽对准插座的凹槽，然后用食指按一下插头的顶部，即可插入（拔出时捏住插头的下部，往上一拔即可），再把电极浸入介质。

c. "量程"开关扳在黑点的挡，读表面上行刻度（0～1），扳在红点的挡，读表面下行的刻度（0～3）。

d. 测量完毕，将"量程"开关打到最大值处，关闭电源，拔下电极，用蒸馏水冲洗后，放回电极盒中。

3.10.6　分光光度计及使用方法

吸光光度法是基于被测物质对光的选择性吸收而进行分析的一种方法。吸光光度法可对被测物质进行定性、定量或结构分析。

采用吸光光度法进行定量分析的理论基础是光的吸收定律——朗伯-比耳定律，其数学表达式为

$$A = -\lg T = Kbc$$

朗伯-比耳定律的物理意义是，当一束平行单色光垂直通过某溶液时，溶液的吸光度 A 与吸光物质的浓度 c 及液层厚度 b 成正比。

当液层厚度 b 以 cm、吸光物质浓度 c 以 mol·L^{-1} 为单位时，系数 K 就以 ε 表示，称为摩尔吸收系数，其单位为 L·mol^{-1}·cm^{-1}。此时朗伯-比耳定律表示为：

$$A = -\lg T = \varepsilon b c$$

ε 的数值大小与测量波长和吸光物质的性质有关，它表示吸光物质对特定波长光的吸收能力，ε 的数值越大，则在此波长下测定吸光物质，灵敏度就越高。

吸光光度法具有较高的灵敏度和一定的准确度，特别适用于微量组分的测量。本法还具有操作简便、快速、适用范围广等特点，在分析化学中占有重要的地位。

吸光光度法使用的分光光度计，主要由图 3-56 中所示的五部分组成。

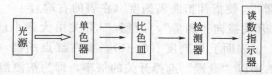

图 3-56 分光光度计主要部件示意图

由光源发出的复合光，经单色器（棱镜或光栅）色散为测量所需的单色光，然后通过盛有吸光溶液的比色皿，透射光照到检测器上，检测器将光信号转变为电信号，并在读数指示器上显示吸光度或透光率的数值。

下面简单介绍 721 型和 722 型分光光度计的结构和使用方法。

（1）721 型分光光度计

721 型分光光度计是在可见光区内使用的一种单光束型分光光度计，工作波长范围为 360～800nm，以钨丝灯为光源，玻璃棱镜为单色器，采用自准式光路，用 GD-7 型真空光电管作为光电转换器，以场效应管作为放大器，放大后的微电流用指针式微安表显示。

仪器的外形见图 3-57。在比色皿暗盒的右侧，装有一套光门部件，暗盒盖打开后，其顶杆露出盒边小孔，依靠比色皿暗盒盖的关与开，使光门相应地开启或关闭。

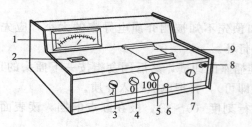

图 3-57 721 型分光光度计
1—电表；2—波长读数盘；3—波长调节；4—"0"透光率调节；5—"100％"透光率调节；6—比色皿架拉杆；7—灵敏度选择；8—电源开关；9—比色皿盒盖

721 型分光光度计测量溶液吸光度的操作步骤如下：

a. 在仪器接通电源前，检查电表的指针是否位于 "0" 刻线上，若不在零位，则调节电表上零点校正螺丝，使指针指 "0"。

b. 打开比色皿暗盒盖，插上电源插头，打开电源开关，预热 20min 使仪器稳定。

c. 将波长调节旋钮调至所需波长，将灵敏度选择预置于 "1" 挡[1]。

d. 用 "0" 透光率调节旋钮将仪器调节在透光率 "0"（电表指 0）处，称此操作为调节机械零点。

e. 将装有参比溶液和待测试液的比色皿[2]放入比色皿架中。盖上比色皿暗盒盖，将参比溶液置于光路上，用 "100％" 透光率调节旋钮使电表指针指在透光率 100％ 位置（$A = 0.00$）。

f. 重复 d、e 步骤几次，反复调整透光率 "0" 和 "100％"，直至指示稳定不变。

g. 将待测溶液推入光路，读取吸光度。读数后将比色皿暗盒盖打开。

h. 每当改变波长测量时，必须重新校正透光率"0"和"100％"。

i. 测量完毕，取出比色皿，洗净、晾干。关闭电源开关，拔下电源插头，将仪器复原（若短时间停用仪器，不必关闭电源，只需打开比色皿暗盒盖），盖上防尘罩。

（2）722型分光光度计

722型分光光度计是以碘钨灯为光源，衍射光栅为色散元件的单光束、数显式分光光度计。工作波长范围为330～800nm，吸光度显示范围为0～1.999。仪器的外形如图3-58所示。

722型分光光度计测量溶液吸光度的操作步骤如下：

a. 将灵敏度调节旋钮置于"1"挡（信号放大倍率最小），选择开关置于"T"挡。

b. 接通电源，开启电源开关。调节波长旋钮，使所需波长对准刻线。

c. 调节100％T旋钮，使透射比为70％左右，仪器预热20min。

d. 待数字显示器显示数字稳定后，打开样品室盖，调节0％T旋钮，使数字显示为"000.0"。

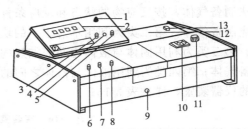

图3-58　722型分光光度计
1—选择开关；2—数字显示器；3—吸光度调节旋钮；4—斜率电位器；5—浓度旋钮；6—灵敏度调节；7—0％T旋钮；8—100％T旋钮；9—比色皿架拉杆；10—波长刻度盘；11—波长旋钮；12—光路室；13—电源开关

e. 将盛有参比溶液和待测溶液的比色皿分别置于试样架上，盖上样品室盖。将参比溶液置于光路中，调节100％T旋钮使数字显示为"100.0"（若显示不到"100.0"，则应适当增加灵敏度挡），然后再调节100％T旋钮，直到显示为"100.0"。

f. 重复操作d和e，直到显示稳定。

g. 将选择开关置于"A"挡（即吸光度），调节吸光度调零旋钮，使数字显示为".000"。将待测溶液置于光路中，显示值即为被测溶液的吸光度。读数后打开样品室盖。

h. 测量过程中，应常进行d和e的操作，以校正透光率"000.0"和"100.0"。每当改变波长或灵敏度挡时，都应重新校正透光率"000.0"和"100.0"。

i. 仪器使用完毕，关闭电源，拔下电源开关。取出比色皿洗净，擦干。复原仪器，盖上防尘罩。

【附注】

① 灵敏度调节分五挡，"1"挡的灵敏度最低，逐挡增加。其选择原则是：在能使参比溶液调节透光率100％时，尽可能采用灵敏度较低的挡。这样，仪器将有较高的稳定性。因此，调节时，一般先置于"1"挡，当灵敏度不足而调不到100％时，再逐挡增高。每当改变灵敏度后，需重新校正透光率"0"和"100％"。

② 比色皿的使用方法

a. 拿取比色皿时，手指只能捏住毛玻璃面，不能接触其透光面，以免污染。

b. 测定溶液的吸光度时，应先用该溶液润洗比色皿内壁2～3次。测定一系列溶液的吸光度时，通常是按从稀到浓的顺序测定。被测定的溶液以装至比色皿的3/4高度为宜。盛好溶液后，应先用滤纸轻轻吸去比色皿外部的液体，再用擦镜纸轻轻擦拭透光面，直至洁净透明。

c. 根据溶液浓度的不同，选择适当厚度的比色皿，使溶液的吸光度处于0.1～0.8范围内。

d. 实验完毕，比色皿要洗净、晾干，必要时可用1＋1或1＋2的硝酸或盐酸，或者适当的溶剂浸洗，忌用碱液或强氧化性洗涤剂洗涤。

3.11 气体的发生、收集、净化和干燥

3.11.1 气体的发生

实验室获取少量气体的方法一种是采用化学法制备；另一种是直接通过贮气钢瓶获得。化学法制备气体，按反应物的状态和反应条件又可分为四类：第一类为加热固体或固体混合物反应制备气体；第二类为利用不溶于水的块状或粒状固体与液体之间不需加热的反应制备气体；第三类为利用固体与液体之间需加热的反应，或粉末状固体与液体之间不需加热的反应制备气体；第四类为利用液体与液体之间的反应制备气体。不同类型的制备方法需要与之配套的仪器装置，详见表 3-16。

表 3-16　实验室获取气体的方法

序号	气体发生方法	仪器装置图	适用气体	注意事项
1	固体或固体混合物加热的反应		O_2、NH_3、N_2 等	制取气体时应注意检查气密性；试管口略向下倾斜，以免管口冷凝的水珠倒流到试管的灼烧处，导致试管炸裂
2	不溶于水的块状或粒状固体与液体之间不需加热的反应	 启普发生器	H_2、CO_2、H_2S 等	见启普发生器使用方法
3	固体与液体之间需加热的反应，或粉末状固体与液体之间不需加热的反应		SO_2、Cl_2、HCl 等	① 分液漏斗管（或接套的一段小玻璃管）应插入液体内，否则漏斗中液体不易流下来； ② 必要时可微微加热； ③ 必要时可用三通玻璃管将蒸馏烧瓶支管与分液漏斗上口相通，防止蒸馏烧瓶内气体压力太大
4	液体与液体之间的反应		CO 等	

序号	气体发生方法	仪器装置图	适用气体	注意事项
5	从贮气钢瓶直接获得气体	贮气钢瓶	N_2、O_2、H_2、NH_3、CO_2、Cl_2、C_2H_2、空气等	钢瓶使用注意事项参阅本章相关内容

（1）化学方法制备气体

① 硬质玻璃试管制备气体装置

此类装置主要由硬质试管、带玻璃导管的单孔塞、铁架台（包括夹具）及加热灯具组成，适用于在加热的条件下，利用固体反应物制备气体。（如制备氧气、氨气等）操作时应注意先将大试管烘干，冷却后装入所需试剂，然后用铁夹固定在铁架台高度适宜的位置上。装好橡皮塞及气体导管。点燃酒精灯，先用小火将试管均匀预热，再放到有试剂的部位加热进行反应，制备气体。

② 启普发生器

启普发生器是由一个葫芦状的玻璃容器和球形漏斗组成。如图3-59，葫芦状的容器上半部是球体，有一与导管旋塞相连的气体出口；下半部是半球体，有一废体出口，平常用玻璃塞（或用橡皮塞）塞紧。

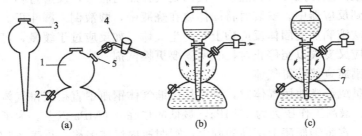

图 3-59　启普发生器的结构

1—葫芦状容器；2—废液出口；3—球形漏斗；4—旋塞导管；
5—固体进料口；6—固体药品；7—玻璃棉（或橡皮垫圈）

启普发生器的使用方法如下。

a. 装配　在球形漏斗颈和玻璃旋塞磨口处（气体出口和液体出口）涂一薄层凡士林油，插好球形漏斗和玻璃旋塞，转动几次，使其严密。在液体出口塞处用铁丝捆紧，防止压力增大脱落。在球形漏斗颈部和半球体的相接处，垫一些玻璃棉（或玻璃布、橡皮垫圈等）以防止固体试剂掉入下半球的液体中。

b. 检查气密性　开启旋塞，从球形漏斗口注水至充满半球体时，关闭旋塞。继续加水从漏斗管上升至漏斗球体内，做一记号，停止加水。静置一会，如水面不下降，证明不漏气，可以使用。如水面下降，则应重新装配。

c. 使用 从气体出口处加入块状固体试剂（加入量不要超过球体的1/3）；再从球形漏斗中加入适量酸液，加入时，先打开气体活塞，待注入的液体流至底部半球体的1/2时，关闭旋塞，继续注入液体，当液体加至球形漏斗球体的1/2便可停止（一般酸浓度约为6mol·L^{-1}）。装毕试剂后，打开气体出口的活塞，由于压力差，酸液会自动下降进入中间球体内与固体试剂反应而产生气体。停止使用时，只要关闭活塞，继续发生的气体就会把酸液从中间球体的反应部位压回到下球及球形漏斗内，使酸液和固体分离而终止反应。继续使用时，只需打开活塞即可。产生气流的速度可通过调节气体出口的活塞来控制。

d. 添加或更换试剂发生器中的酸液 酸液使用一段时间后会变稀，反应速度减慢，应重新更换。更换时可先用塞子将球形漏斗上口塞紧，然后把液体出口的塞子拔下，让废液缓缓流出，将葫芦状容器洗净，塞紧塞子，再向球形漏斗中加入酸液。对于固体试剂添加时先关闭旋塞，把液体压回到容器的半球体内，使固液分离，然后用橡皮塞塞严球形漏斗的上口，再拔下出气口塞子，将固体试剂从出气口添加。加好后，重新塞紧带导气管的塞子，再拔下球形漏斗的橡皮塞，便可重新使用。

e. 启普发生器使用过程中及用毕后的处理过程中还需注意：有时在关闭导气旋塞促使固液物料分离时，球形体中的气体因产生的气量较多，有可能将液体一直压到球形漏斗长管的下部开口处，此时气体易顺漏斗管而上，并带有一部液体飞溅冲出。这时要及时打开导气旋塞，适当放掉一部分气体。使用完毕后，从半球的出液口将废液放掉，将剩余固体倒出。仪器洗净后，应在所有的磨口处夹一纸片，以免因存放时间长，仪器的磨口部分发生粘连，影响仪器的重新使用。

③ 烧瓶-恒压漏斗简易气体发生装置

当制备反应需加热、或固体反应物是小颗粒或粉末状的情况下（如发生 HCl、Cl$_2$、SO$_2$ 等气体时）就不能使用启普发生器，而应选用烧瓶—恒压漏斗装置（该装置也可用于块状或大颗粒固体发生气体）。它由烧瓶（或锥形瓶）与带有恒压装置的滴液漏斗组成：反应器与滴液漏斗酸液的上方用导管相连接，使两处气体压力相等，反应过程中可使酸溶液靠自身的重力连续加到反应器中。安装时将固体放在烧瓶中，酸液倒入漏斗里。使用时打开恒压漏斗的旋塞，使酸液滴加到固体反应物上，产生气体。如反应过于缓慢，可微微加热。若加热一段时间后反应又变缓以至停止时，表明需要更换试剂。

（2）从贮气钢瓶直接获得气体

如果需要大量或经常使用气体时，可以从压缩气体钢瓶中直接获得气体。高压钢瓶容积一般为 40～60L，最高工作压力为 15MPa，最低的也在 0.6MPa 以上。为了避免在使用各种钢瓶时发生混淆，常将钢瓶漆上不同的颜色，写明瓶内气体名称，见表 3-17。

表 3-17 我国高压气体钢瓶常用的标记

气体类别	瓶身颜色	标字颜色	腰带颜色
氮气	黑色	黄色	棕色
氧气	天蓝色	黑色	
氢气	深绿色	红色	
空气	黑色	白色	
氨气	黄色	黑色	
二氧化碳气	黑色	黄色	
氯气	草绿色	白色	
乙炔气	白色	红色	绿色
其他一切非可燃气体	红色	白色	
其他一切可燃气体	黑色	黄色	

高压钢瓶若使用不当，会发生极危险的爆炸事故，使用者必须注意以下事项。

① 钢瓶应存放在阴凉、干燥、远离热源（如阳光、暖气、炉火）的地方。盛可燃性气体钢瓶必须与氧气钢瓶分开存放。

② 绝对不可使油或其他易燃物、有机物沾在气体钢瓶上（特别是气门嘴和减压器处），也不得用棉、麻等物堵漏，以防燃烧引起事故。

③ 使用钢瓶中的气体时，要用减压器（气压表）。可燃性气体钢瓶的气门是逆时针拧紧的，即螺纹是反扣的（如氢气、乙炔气）。非燃或助燃性气体钢瓶的气门是顺时针拧紧的，即螺纹是正扣的。各种气体的气压表不得混用。

④ 钢瓶内的气体绝不能全部用完，一定要保留 0.05MPa 以上的残留压力（表压）。可燃性气体如乙炔应剩余 0.2～0.3MPa，H_2 应保留 2MPa，以防重新充气时发生危险。

3.11.2 气体的收集

实验室常用的气体收集方法有排水集气法和排气（排空气）集气法。排气集气法分为向上排气法和向下排气法两类。适用于不与空气发生反应的且其密度与空气相差较大的气体。

（1）排水集气法

适用于难溶于水且不与水发生化学反应的气体，如 H_2、O_2、N_2、NO、CO、CH_4、C_2H_4 等。

实验室中一般使用集气瓶收集气体。集气时，先在水槽中盛半槽水，并把集气瓶灌满水，然后用毛玻璃片沿集气瓶的磨口平推以将瓶口盖严，不得留有气泡。手握集气瓶并以食指按住玻璃片把瓶子翻转倒立于盛水的水槽中。将收集气体的导管伸向集气瓶口下，气泡进入集气瓶的同时，水被排出，待瓶口有气泡排出时，说明集气瓶已装满气体。在水下用毛玻璃片盖好瓶口，将瓶从水中取出。根据气体对空气的相对密度决定将集气瓶正立或倒立在实验台上（图 3-60）。

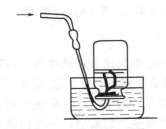

图 3-60 排水收集气体

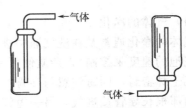

图 3-61 排气集气法

（2）排气集气法

适用于不与空气发生反应的气体。比空气密度小的气体，可用向下排空气法。如 H_2、NH_3、CH_4 等。比空气密度大的气体，可用向上排空气法。如 CO_2、Cl_2、SO_2、HCl、H_2S、NO_2 等。装置见图 3-61。

在用排气法收集气体时，进入的导管应插入瓶内接近瓶底处。同时，为了避免空气流的冲击而妨碍气体的收集，可在瓶口"塞上"少许脱脂棉或用导气管穿过的硬纸片遮挡瓶口。

一般说来，排水法收集的气体纯度高，因而凡能用排水法收集的气体尽量用此法收集。特别是收集、储备大量的易爆气体，更不易用排气法（因为其中总会含有少量空气），以免混入空气，达到爆炸极限，在点火时引起爆炸（表 3-18）。

表 3-18　可燃性气体的燃点和混合气体的爆炸范围（在 101.325kPa 压力下）

气体（蒸气）	燃点/℃	混合物爆炸限度（体积分数/%）	
		与空气混合	与氧气混合
一氧化碳（CO）	650	12.5～78	13～96
氢气（H_2）	585	4.1～75	4.5～9.5
硫化氢（H_2S）	260	4.3～45.4	
氨（NH_3）	650	15.7～27.4	14.8～79
甲烷（CH_4）	537	5.0～15	5～60
乙醇（C_2H_5OH）	558	4.0～18	

3.11.3　气体的净化和干燥

实验室通过化学反应制备的气体通常都带有酸雾、水气和其他杂质气体或固体杂质微粒。为得到纯度较高的气体还需经过净化和干燥。气体的净化和干燥通常是选用某些液体或固体试剂，分别装在洗气瓶（图 3-62）、干燥塔（图 3-63）、U 形管（图 3-64）或干燥管（图 3-65）等装置内，通过选择相应的化学反应或者吸收、吸附等物理化学过程将其去除，达到净化的目的。

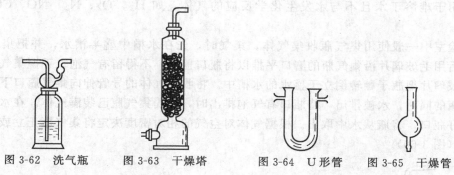

图 3-62　洗气瓶　　　图 3-63　干燥塔　　　图 3-64　U 形管　　图 3-65　干燥管

（1）气体的净化

气体的净化通常是在洗气瓶中进行。洗涤时，让气体以一定的流速通过洗涤液（可通过形成气泡的速度来控制），杂质便可去除。洗气瓶的使用应注意几点：一是不能漏气（使用前涂凡士林密封，同时注意与导管的配套使用，避免互换而影响气密性）；二是洗气时，液面下的那根长导管接进气，另一短管接出气，它们通过橡胶管连接到装置中；三是洗涤剂的装入量不要太多，以淹没导管 2cm 为宜，否则气压太低时气体出不来。

由于制备气体本身的性质及所含杂质的不同。净化方法也有所不同。一般步骤是先除去杂质与酸雾，再将气体干燥。

如用水可除去酸雾和一些易溶于水的杂质；用浓硫酸（或其他干燥剂）可除去水气；但除去气体杂质则需要利用化学反应，对于一些还原性杂质，选择适当氧化性试剂除去，如 SO_2、H_2S、AsH_3 杂质，可使用 $K_2Cr_2O_7$ 与 H_2SO_4 组成的铬酸溶液或 $KMnO_4$ 与 KOH 组成的碱性溶液洗涤而除掉。对于氧化性杂质，可选择适当的还原性试剂除去，如 O_2 杂质可利用灼热的还原 Cu 粉或 $CrCl_2$ 的酸性溶液及 $Na_2S_2O_4$（连二亚硫酸钠，保险粉）溶液来被除掉。对于酸性、碱性的气体杂质宜分别选用碱、不挥发性酸液除掉，如 CO_2 可用 NaOH；NH_3 可用稀 H_2SO_4 等。此外，许多化学反应都可以用来除去气体杂质，如选择石灰水溶液除去 CO_2，用 KOH 溶液除去 Cl_2，用 $Pb(NO_3)_2$ 溶液除掉 H_2S 等。对一些不易直接吸收除去的杂质如硫化氢、砷化氢还可以用高锰酸钾、醋酸铅等溶液来使之转化为可溶物或沉淀除去。

值得注意的是，选择去除气体杂质方法时，一定要考虑所制备气体本身的性质。能与被提纯的气体发生化学反应的洗涤剂不能选用。例如制备的 N_2 和 H_2S 气体中虽然都含有 O_2 的杂质，但去除的方法是不相同的。N_2 中的 O_2 可用灼热的还原 Cu 粉去除，而 H_2S 中的 O_2 应选择 $CrCl_2$ 酸性溶液洗涤等方法来除去。气体净化的方法还有许多，可以根据需要查阅有关的实验手册，选择适宜的方法。

（2）气体的干燥

常用的气体干燥仪器有干燥塔、U 形管及干燥管。前者装填的干燥剂较多，后两者则较少。

干燥器使用时应注意：

① 进气端和出气端都要塞上一些疏松的脱脂棉，一方面防止干燥剂流撒；另一方面起过滤作用，避免被干燥气体中的固体小颗粒进入干燥剂中，还可防止干燥剂的小颗粒被带入到干燥后的气体中。

② 干燥剂不要填充得太紧，颗粒大小要适当。颗粒太大，与气体的接触面积小，降低干燥效率；颗粒太小或填充太紧，颗粒间的孔隙小而使气体不宜通过。

③ 干燥剂要临用时填充。因为它们都宜吸潮，过早填充会影响干燥效果。

④ 使用完后应立即将干燥剂倒掉，洗刷干净后存放，以免因干燥剂在干燥器内变潮结块，不易清除，进而影响干燥器的使用。干燥器除干燥塔外，其余都应用铁夹固定。

不同性质的气体应根据其特性选择不同的干燥剂，如碱性的还原性气体（NH_3、H_2S 等），不能用浓硫酸干燥（表 3-19）。

表 3-19　常用的气体干燥剂

气体	干燥剂	气体	干燥剂
H_2	$CaCl_2$、P_2O_5、H_2SO_4（浓）	Cl_2	$CaCl_2$
O_2	同上	HCl	$CaCl_2$
SO_2	同上	NH_3	CaO，或 CaO-KOH
N_2	同上	胺类	CaO，或 CaO-KOH
O_3	同上	NO	$Ca(NO_3)_2$
CO	同上	HBr	$CaBr_2$
CO_2	同上	HI	CaI_2
H_2S	$CaCl_2$	有机气体	$CaCl_2$

3.11.4　实验装置气密性的检查

实验装置一般是由各种仪器通过不同的连接方式组合而成的。每次实验通常要组装一次，组装好的气体发生装置应作气密性检查，确保气密性良好后方可使用，气密性检查的方法如下：将组装仪器的导出一端浸入水中，用双手掌紧贴烧杯或试管的外壁，或用微火加热，使烧瓶或试管内的空气受热膨胀，若气密性好，水中的导管就有气泡冒出，否则就无；在手移开或停止加热后，冷却后，因温度降低，气压减小，水在外部大气压的作用下升入导管形成一段水柱，而且在较长的时间内不回落降低，就说明装置严密，不漏气，否则就不严密，要检查处理（图 3-66）。

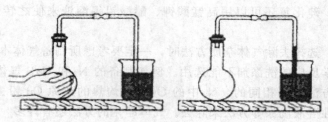

图 3-66　气密性检查

3.12　物质的分离与提纯

物质的分离是将混合物中各组分彼此分开的过程，分开后各物质要恢复到原来的状态。物质的提纯是除去混合物中的杂质以得到纯物质的过程。实际工作中分离与提纯常常同时进行。分离方法按作用原理的不同可分为物理分离法和化学分离法两大类。物理分离法是根据被分离组分的物理性质的差异进行分离的方法，如离心法、浮选法、电磁法、质谱法等；化学分离法是根据被分离组分的化学或物理化学性质的差异进行分离的方法，如沉淀和共沉淀法、溶剂萃取法、离子交换法、吸附法、挥发法、蒸馏法、重结晶法、色谱法等。在进行物质分离与提纯时，应根据各物质及所含杂质的性质选择适宜的方法。

本书着重介绍一些常用的分离和纯化方法，如沉淀分离法、蒸发分离法和离子交换分离法。其他方法见本套教材中册部分。

3.12.1　常用的分离与提纯方法

物质的分离与提纯常用的方法见表 3-20。

表 3-20　常用的分离方法

常用方法	所需仪器	适用范围	注意事项	应用示例
溶解-过滤	漏斗、滤杯、烧杯、玻璃棒、抽滤瓶、真空泵、安全瓶、布氏漏斗	分离不溶性固体和可溶性液体	一角、两低、三相靠；沉淀要洗涤；定量要无损	粗盐的提纯
蒸发、结晶、重结晶	蒸发皿、玻璃棒、酒精灯	液体中溶解性固体物质分离，溶解度差别大的物质的分离	不断搅拌；最后用小火加热；液体不超过容器的 2/3	食盐溶液蒸发制备食盐；含少量氯化钠杂质的硝酸钾的提纯
升华	烧瓶、烧杯、酒精灯	可升华与不可升华的物质的分离	控制温度防止不升华物质的分解	从粗碘中分离出碘
萃取、分液	分液漏斗、烧杯、漏斗架	互不相溶的两种液体的分离	先查漏；选择合适萃取剂；漏斗内外与大气相通；上层液体从上口倒出，下层液体从下口流出	用 C_6H_6 或 CCl_4 从溴水或碘水中提取溴或碘
离子交换	溶液中离子与液体、离子与离子的分离	离子交换柱或烧杯、试管	树脂预处理；填充柱内无气泡；流速适当	硬水的软化

3.12.2　试样的溶解

试样溶解方法主要分为两种：一是用水、酸等液体溶解法；二是高温熔融法。

（1）用液体溶剂溶解试样

将适量的试样置于烧杯中，通过玻璃棒引流，使溶剂沿玻璃棒慢慢流入烧杯中，也可把烧杯适当倾斜，将盛有溶剂的量筒靠近烧杯壁，使溶剂顺着杯壁慢慢流入，防止烧杯内溶液溅出而损失。溶剂加入后，用玻璃棒搅拌，使试样完全溶解。溶解时可能产生气体的试样，应先用少量水将其润湿成糊状，用表面皿将烧杯盖好，然后用滴管将试剂自杯嘴逐滴加入，以防生成的气体将粉状的试样带出。对需要加热溶解的试样，加热时要盖上表面皿，以防止溶液剧烈沸腾迸溅。加热后要用蒸馏水冲洗表面皿和烧杯内壁，冲洗时也应使水顺壁流下。在整个实验过程中，盛放试样的烧杯要用表面皿盖上，以防异物落入。放在烧杯中的玻璃棒不能随意取出，以免溶液损失。

（2）熔融法

熔融就是将固体物质和固体熔剂混合，在高温下加热，使固体物质转化为可溶于水或酸的物质，然后用水或酸浸提溶解。根据所用熔剂性质不同，可分为酸熔法和碱熔法。酸熔法是用酸性熔剂（如 K_2SO_4、$KHSO_4$）分解碱性物质；碱熔法是用碱性熔剂（如 Na_2CO_3、NaOH、K_2CO_3）分解酸性物质。熔融一般在很高温度下进行，因此需要根据熔剂的性质选择合适的坩埚（如铁坩埚、镍坩埚、铂坩埚等）。将固体物质与熔剂混合均匀后，送入高温炉中灼烧熔融，冷却后用水或酸浸取溶解。

3.12.3　溶液与沉淀的分离

溶液与沉淀（或不溶性固体）的分离方法有三种：倾析法，过滤法（普通过滤、减压过滤和热过滤），离心分离法。

（1）倾析法

当不溶性固体（或沉淀）的相对密度较大或晶体的颗粒较大，静置后能很快沉降至容器的底部时，常用倾析法进行分离和洗涤。倾析法操作（如图 3-67 所示）即把沉淀上部的溶液倾入另一容器中而使沉淀与溶液分离。如需洗涤沉淀时，可向盛沉淀的容器内加入少量洗涤液，将沉淀和洗涤液充分搅匀。待沉淀沉降到容器的底部后，再用倾析法倾去溶液。如此反复操作两三遍，能将沉淀洗净。

图 3-67　倾析法

（2）过滤法

过滤是最常用的分离方法之一，当溶液和沉淀（结晶）的混合物通过滤器时，沉淀（结晶）留在滤器上，溶液则通过滤器而漏入承接容器中，此操作过程即为过滤，过滤所得的溶液称为滤液。按照过滤的溶液混合物及其所要过滤物质的不同，过滤通常可以划分为常压过滤（亦称普通过滤）、减压过滤（亦称吸滤）和热过滤三种。

① 常压过滤　此法适用于过滤黏度不大的无机物沉淀（结晶），它使用的器具有普通玻璃漏斗、滤纸、漏斗架（或铁圈）、烧杯和玻璃棒。过滤之后，有时需要留下的是沉淀（结晶），有时还需要留下滤液，因此应根据过滤的目的，选用不同性质和不同规格的滤纸。常压过滤操作见 3.13（4）。

② 减压过滤　它由吸滤瓶、布氏漏斗、安全瓶和真空泵组成。真空泵减压造成吸滤瓶内与布氏漏斗液面上的压力差，因而加快了过滤速度，并把沉淀抽吸得比较干燥，但不宜用于过滤胶状沉淀和颗粒太小的沉淀。因为胶状沉淀在快速过滤时易穿透滤纸，颗粒太小的沉淀物易在滤纸上形成密实的薄层，使溶液不易透过。装置如图 3-68 所示。

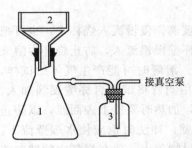

图 3-68　减压过滤的装置
1—吸滤瓶；2—布氏漏斗；3—安全瓶

吸滤瓶用来承接滤液，其支管与抽气系统相连。漏斗颈插入单孔橡胶塞，与吸滤瓶相连。橡胶塞插入吸滤瓶内的部分不能超过塞子高度的 2/3。漏斗颈下端的斜口要对准吸滤瓶的支管口，也可用橡胶垫圈代替橡皮塞连接吸滤瓶与布氏漏斗。

布氏漏斗上面有很多小孔，如要保留滤液，需在吸滤瓶和抽气管之间安装一个安全瓶，以防止关闭真空泵时，由于吸滤瓶内压力低于外界大气压而使自来水反吸入吸滤瓶内，把滤液弄脏。如发生这种情况，可将吸滤瓶与安全瓶拆开，将安全瓶中的水倒出，再重新把它们连接起来。如不要滤液，也可不用安全瓶。安装时注意安全瓶上长管和短管的连接顺序，不要连反。

减压过滤操作步骤及注意事项：

a. 按图装好仪器后，把滤纸平放入布氏漏斗内，滤纸应略小于漏斗的内径又能把全部瓷孔盖住。用少量蒸馏水润湿滤纸后，打开真空泵，抽气，使滤纸紧贴在漏斗瓷板上。

b. 转移溶液　用倾析法先转移溶液，溶液量不得超过漏斗容量的 2/3。待溶液快流尽时再转移沉淀至滤纸的中间部分。

c. 洗涤沉淀　在布氏漏斗内洗涤沉淀时，应停止吸滤（先使体系与大气相通，再关上水泵），让少量洗涤剂缓慢流过，使沉淀被全部浸润，然后再打开真空泵进行吸滤（此过程可反复进行）。为了尽量抽干漏斗上的沉淀，最后可用玻璃钉或一个平顶的试剂瓶塞挤压沉淀。

d. 停止抽滤：过滤完后，应先使体系与大气相通（打开安全瓶的活塞，或将吸滤瓶支管的橡皮管拔下），再关闭真空泵，否则水将倒灌入安全瓶。

e. 收集产品　取下漏斗，将漏斗的颈口朝上，轻轻敲打漏斗边缘，或在颈口用力一吹，即可使滤饼脱离漏斗，倾入事先准备好的滤纸上或容器中。如果是收集滤液，应将滤液从吸滤瓶的上口倒出，操作时吸滤瓶的支管应向上。

注意：吸滤瓶内的滤液面不能达到支管的水平位置，否则滤液将被水泵抽出。因此，当滤液快上升至吸滤瓶的支管处时，应拔去吸滤瓶上的橡皮管，取下漏斗，从吸滤瓶的上口倒出滤液后，再继续吸滤。

③ 热过滤（装置见图 3-69）　趁热过滤需选用短颈径粗的玻璃漏斗、折叠滤纸、热水漏斗套。把短颈玻璃漏斗置于热水漏斗套里，套的两壁间加满热水，然后在漏斗上放入折叠滤纸，用少量溶剂润湿滤纸，避免滤纸在过滤时因吸附溶剂而使结晶析出，滤液用三角烧瓶接收（用水作溶剂时可用烧杯），漏斗颈紧贴瓶壁，待过滤的溶液沿玻璃棒小心倒入漏斗中，用表面皿盖在漏斗上，以减少溶剂的挥发，过滤完毕，用少量热溶剂冲洗一下滤纸，若滤纸上析出的晶体颗粒较多时，可小心地将结晶刮回到三角烧瓶中，用少量溶剂溶解后再过滤。

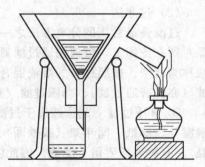

图 3-69　热过滤用漏斗

（3）离心分离法

当被分离的沉淀量很少时，应采用离心分离法，其操作简单而迅速。操作时，把盛有混合物的离心管放入离心机（图 3-70）的套管内，在这套管的相对位置上放一同样大小的试管，内装与混合物等体积的水，以保持转动平衡。盖上盖子，然后使离心机由低向高逐渐加速，1~2min 后，关闭开关，使离心机自然停下。注意起动离心机和加速都不能太快，也不能用外力强制停止，否则会使离心机损坏而且易发生危险。由于离心作用，沉淀紧密地聚集于离心管的尖端，上方的溶液是澄清的。可用滴管小心地吸出上方清液（图 3-71），也可将其倾出。如果沉淀需要洗涤，可加入少量的洗涤液，用玻璃棒充分搅动，再进行离心分离，如此重复操作两三遍即可。

图 3-70　离心机

图 3-71　用滴管吸出上层清液

3.12.4　升华

固体物质具有较高的蒸气压时，往往不经过熔融状态就直接变成蒸气，蒸气遇冷，再直接变成固体，这种物态变化过程叫做升华。容易升华的物质中含有不挥发性杂质时，可以用升华方法进行精制。用这种方法制得的产品，纯度较高，但损失也较大。

把待精制的物质放入瓷蒸发皿中。用一张穿有若干小孔的圆滤纸把锥形漏斗的口包起来，把此漏斗倒盖在蒸发皿上，漏斗颈部塞一团疏松的棉花，如图 3-72(a) 所示。

在沙浴或石棉网上将蒸发皿加热，逐渐升高温度使待精制的物质气化，蒸气通过滤纸孔，遇到冷的漏斗内壁，又凝结为晶体，附着在漏斗的内壁和滤纸上。在滤纸上穿小孔可防止升华后形成的晶体落回到下面的蒸发皿中。较大量物质的升华，可在烧杯中进行。烧杯上放置一个通冷水的烧瓶，使蒸气在烧瓶底部凝结成晶体并附着在瓶底上［图 3-72(b)］。

对于常压下不能升华或升华得很慢的一些物质，常常在减压下进行升华。为此，可使用图 3-73 所示的装置。升华前，必须把待精制的物质充分干燥。

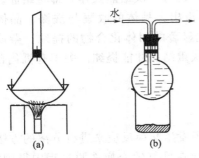

(a)　　　(b)

图 3-72　常压升华装置图

图 3-73　减压升华装置
1—冷却水；2—接真空系统

减压升华法特别适用于常压下其蒸气压不大或受热易分解的物质。

从升华空间到冷却面间的距离应尽可能短（为了获得高的升华速度）。因为升华作用是在固体的表面上发生的，所以样品通常应当磨得很细。升华时温度越高，升华速度就越快，但这样会导致微晶的生成，使升华物的纯度降低。

升华和重结晶相比，其优点是：升华通常能得到很纯净的产品，不论产品的量有多少，即使是微量也可用升华的方法提纯。

3.12.5 溶液的蒸发与结晶

（1）蒸发浓缩

为了使溶质从溶液中析出，常采用加热的方法使水分不断蒸发，溶液不断浓缩而析出晶体。蒸发一般在蒸发皿中进行，因为它的蒸发面积较大，有利于快速蒸发。蒸发皿可用水浴、蒸气浴等间接加热，也可以直接用火焰加热。选用何种加热方式主要由物质的热稳定性决定，如果物质对热是稳定的，可以直接加热，否则采用间接加热方式。

蒸发皿中所盛液体的量不得超过其容量的 2/3。若液体较多，蒸发皿一次盛不下，可随着水分的不断蒸发而逐渐添加。蒸发过程中要不断搅拌。当物质的溶解度较大时，必须蒸发到溶液表面出现晶膜时才可停止加热。当物质的溶解度较小或高温时溶解度较大而室温时溶解度较小时，不必蒸发至液面出现晶膜就可以冷却。注意蒸发皿不可骤冷，以免炸裂。

（2）结晶

结晶是指晶体自溶液中析出的过程。将溶液蒸发到一定程度后，冷却，溶质就会结晶析出。结晶时析出晶体的大小与溶液纯度、溶质的溶解度以及结晶条件有关。如果溶液的浓度较高，溶质的溶解度随温度下降而显著减小时，溶液的过饱和程度较高，晶核数较多，快速冷却并搅拌时，往往得到细小的晶体。当溶液的过饱和度较低，缓慢冷却，晶核数较少，就会得到颗粒较大的晶体。

从纯度来看，结晶速度快，晶体颗粒小，则表面积大，表面会吸附较多杂质；而缓慢冷却得到较大颗粒的晶体时，晶体夹带杂质少，纯度较高，易于洗涤，但母液中剩余的溶质较多，损失较大。因此，要得到纯度高、颗粒适中、大小均匀的结晶，还需要摸索实验条件。

实验过程中若放冷后并无结晶析出，可用玻璃棒在液面下摩擦器壁或投入该化合物的晶体作为晶种，促使晶体较快地析出；也可将过饱和溶液放置冰箱内较长时间，促使结晶析出。

（3）重结晶

如果第一次结晶所得物质的纯度不符合要求，可再进行一次结晶操作，即重结晶。操作过程一般为：选择溶剂、溶解试样、除去杂质、晶体析出、晶体的收集与洗涤、晶体的干燥。重结晶适用于杂质含量≤5％且溶解度随温度变化显著的固体化合物的提纯，杂质含量过多或溶解度随温度变化小会影响提纯效果，需经多次重结晶才能提纯。关于有机化合物的重结晶技术请参阅本套教材中册。

3.12.6 离子交换分离法

离子交换分离法是利用离子交换剂与试液中的离子发生交换反应来进行分离的方法。由于各种离子与交换剂的亲和力存在微小差别，这种差异在反复的交换洗脱过程中得到放大，宏观上显示出它们在交换柱中迁移速度上的差别，从而实现彼此的分离。离子交换分离法既可分离带相同电荷的离子，也可分离不同电荷的离子。

（1）离子交换树脂

离子交换树脂是人工合成的具有网状结构的高分子聚合物，在其网状结构的骨架上有许多可被交换的基团。根据树脂中交换基团所带电荷的不同，一般把离子交换树脂分成阳离子交换树脂和阴离子交换树脂。

① 阳离子交换树脂（又称 H 型阳离子交换树脂）

这类树脂的离子交换基团呈酸性，如—SO_3H、—OH、—COOH 等，活性基团中的 H^+ 可与溶液中阳离子进行交换。根据交换基团酸性的强弱，可进一步把阳离子交换树脂分成强酸型和弱酸型两大类。

强酸型阳离子交换树脂（—SO_3H）的酸性相当于硫酸、盐酸等无机酸，它在碱性、中性，甚至酸性介质中均能使用。以苯乙烯-二乙烯苯共聚球体为基础的强酸性阳离子交换树脂，是用途最广、用量最大的一种离子交换树脂，它是用浓硫酸或发烟硫酸、氯磺酸等磺化苯乙烯-二乙烯苯共聚球体制得的。磺化后的树脂是 H^+ 式，为贮存和运输方便，生产厂家都把它转变成 Na^+ 型。

含羧酸基（—COOH）的弱酸型阳离子交换树脂多为聚丙烯酸系骨架，常用甲基丙烯酸（或丙烯酸）与二乙烯苯直接进行悬浮共聚，或甲基丙烯酸甲酯（或丙烯酸甲酯）与二乙烯苯悬浮共聚合而后水解的方法制得。弱酸型阳离子交换树脂对 H^+ 的亲和力大，在酸性溶液中不宜使用，如 R—COOH 树脂要求溶液的 pH＞4，R—OH 树脂要求溶液的 pH＞9.5。这类树脂容易用酸洗脱，选择性高，常用于分离不同强度的有机碱。

② 阴离子交换树脂

阴离子交换树脂的交换基团呈碱性，其阴离子可被溶液中的阴离子所交换。根据交换基团碱性的强弱，可进一步把阴离子交换树脂分成强碱型和弱碱型两大类。

强碱型阴离子交换树脂含有活性基团季铵盐 [—$N(CH_3)_3Cl$]，其碱性较强相当于一般的季铵碱，它在酸性、中性、碱性介质中均可显示离子交换功能。常用的强碱型阴离子交换树脂主要以季铵基作为离子交换基团，以聚苯乙烯作骨架。制备方法是将聚苯乙烯系白球进行氯甲基化，然后利用苯环对位上的氯甲基的活泼氯，定量地与各种胺进行胺基化反应。

弱碱型阴离子交换树脂（—NH_2、—NHR、—NR_2 等，其碱性次序为—NR_2＞—NHR＞—NH_2）在中性及酸性介质中才显示离子交换功能。常用的弱碱型阴离子交换树脂是苯乙烯-二乙烯苯共聚球体经氯甲基化后由伯胺或仲胺胺化制得的。这种树脂碱性很弱，只能交换盐酸、硫酸、硝酸等无机酸的阴离子，而对硅酸等弱酸几乎没有交换吸附能力。较高的交换容量和容易再生是这类阴离子交换树脂的重要特点。

离子交换树脂对阴、阳离子的分离有一定的效果，但有时存在选择性较差等缺点。为了提高对某些离子分离的选择性，加快分离速率，节约试剂，可在合成树脂时引入一些特殊的功能基团，主要有螯合树脂、大孔树脂和萃淋树脂等。如在离子交换树脂中引入能与 M^{n+} 螯合的氨基二乙酸基团，它可与 Cu^{2+}、Co^{2+}、Ni^{2+} 作用，这类树脂称为螯合树脂。

（2）离子交换分离操作

① 树脂的预处理

为了有效地除去树脂中的杂质，并将其转换成实验所需的形式，必须对离子交换树脂进行预处理。首先把市售新树脂在蒸馏水中浸泡数天溶胀后，用 HCl 溶液浸泡 1～2 天，以除去杂质，然后用水洗至中性，可得 H^+ 型阳离子交换树脂或 Cl^- 型阴离子交换树脂。也可根据需要处理成其他形式，如 Na^+ 型或 OH^- 型。

② 装柱

取一支长短、粗细适宜的柱管，下端有滤板或玻璃纤维。先注入 1/3 体积的蒸馏水，然后将树脂从柱顶端缓缓加入让其在柱内自由沉降，分布均匀。液面应始终高于树脂面，以防柱内树脂层有气泡或干涸。

③ 交换

将欲分离的试液缓慢注入交换柱中，并以一定的流速流经柱子进行交换。试液中可交换的离子便与树脂活性基团上的离子发生交换而保留在柱上。若柱中装的是阳离子交换树脂，试液中的阳离子与 H^+ 交换后留在树脂上，阴离子在流出液中。若柱中装的是阴离子交换树脂，试液中的阴离子与 OH^- 交换后留在树脂上，阳离子在流出液中。

④ 洗涤

交换完毕后用蒸馏水洗涤，以洗涤残留的溶液及交换时形成的酸、碱、盐类。合并洗涤液与流出液。

⑤ 洗脱

选用适当的洗脱剂把交换到树脂上的离子淋洗下来的过程称为洗脱。常用一定浓度的HCl 溶液为洗脱剂用于阳离子交换树脂的淋洗；而对于阴离子交换树脂，常用适当浓度的HCl、NaCl 或 NaOH 溶液作洗脱液。

3.13　重量分析

重量分析法是一种重要的经典化学分析方法。它的优点是干扰少、准确度较高；其缺点是操作复杂，耗时较长。目前，常量的硅、硫、镍等元素仍然使用重量法进行测定。沉淀重量分析法是利用沉淀反应，将被测组分转变成一定的称量形式，然后通过称量形式的质量计算该组分含量的方法。

沉淀主要分成两类：晶形沉淀和无定形沉淀。沉淀重量分析的基本操作包括：沉淀的制备，沉淀的过滤和洗涤，烘干或灼烧，称量等。在操作中的每一步都应非常仔细，防止操作过程中沉淀的损失和被污染。为了获得纯净的沉淀，应根据沉淀的类型选择合适的操作条件。

现以 $BaSO_4$ 重量分析法为例，介绍晶形沉淀的重量分析法的操作过程。其操作的流程如下：

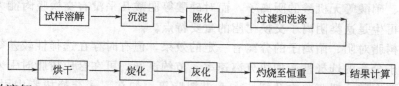

（1）试样溶解

溶解试样的方法主要有两种：一是用水、酸溶解，二是用高温熔融。在溶解过程中，为防止杂质落入溶样的烧杯中，通常在上面盖一表面皿；同时为避免溶液的损失，搅拌用的玻璃棒不要随意从烧杯中取出。

（2）沉淀

为了使制得的晶形沉淀颗粒较大同时比较纯净，晶形沉淀的制备应按照"稀、热、慢、搅、陈"五字进行，即：沉淀应在稀溶液中进行；在加热的条件下进行沉淀；沉淀剂加入的速度要慢；沉淀时应一边加入沉淀剂一边搅拌；沉淀剂加完后应将沉淀放置一段时间陈化。

（3）陈化

沉淀完全后，在制备沉淀的烧杯上盖一表面皿，将其放置过夜或在水浴上保温 1h 左右，即进行陈化。陈化的目的是让沉淀中的小颗粒溶解，大颗粒长大，不完整的晶体长成完整的晶体，同时使沉淀包藏和吸附的杂质减少。

（4）过滤和洗涤

沉淀的过滤和洗涤是相继进行的。对于晶形沉淀通常使用滤纸和漏斗进行过滤。在重量分析法中使用的是定量滤纸，也称为无灰滤纸，因为经灼烧后，每张滤纸的灰分约为0.08mg，可以忽略不计。根据滤纸的纤维孔隙，其可分为快速、中速和慢速滤纸三种。过滤 $BaSO_4$ 沉淀通常使用慢速或中速滤纸。

过滤时用的漏斗，一般选用锥体角度为60°，颈长为15～20cm，颈的直径为3～5mm，颈口为45°角的长颈漏斗，如图3-74所示。所用滤纸的大小应与漏斗的大小相适应，即折叠后滤纸锥体的上缘应低于漏斗上沿0.5～1cm。

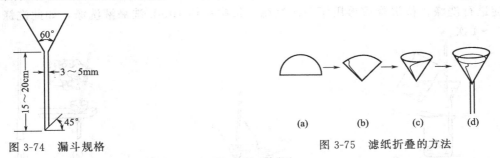

图3-74　漏斗规格　　　　　　　　　　图3-75　滤纸折叠的方法

滤纸锥体的折叠对过滤速度的影响是很大的。折叠滤纸前，应先将手洗干净，擦干，以免弄脏滤纸。滤纸的折叠方法是：先将滤纸整齐地对折［图3-75(a)］，然后把两角稍微错开再对折（注意不能折死），见图3-75(b)，将其打开后成为一个一半为一层、另一半为三层的顶角稍大于60°的圆锥体，见图3-75(c)。接下来将圆锥体放入洁净而干燥的漏斗中，如果锥体与漏斗内壁不密合，可以稍稍改变滤纸折叠的角度，直到与漏斗密合为止，这时可将第二折的折边折死。为使锥体三层那边能与漏斗贴合得更紧密，通常将三层厚的外层撕下一角，如图3-75(d) 所示，撕下的一角保存于干燥的表面皿上，留到后面擦拭烧杯内壁或漏斗上残留的沉淀时使用。

将折好的滤纸锥体放入漏斗中，并使三层的一边对着漏斗出口短的一边。用手指按住三层的一边，用少量水将滤纸润湿，然后，轻轻按压滤纸，使滤纸的锥体与漏斗内壁间的气泡排出，两者间没有空隙。此时，用洗瓶加水至滤纸边缘，漏斗颈内应全部被水充满，即使漏斗内的水全部流尽后，颈内水柱仍能保留且无气泡。若上述做法不能形成完整的水柱，则可以用左手拇指堵住漏斗下口，右手掀起滤纸三层的一边，用洗瓶向滤纸与漏斗的间隙里加水，直到漏斗颈和锥体的大部分充满水，然后按压滤纸排除气泡，再将堵住出口的手指放开，即可形成水柱。在过滤和洗涤过程中，借助水柱的重力作用可使过滤速度加快。

最后再用洗瓶吹洗一下滤纸，将准备好的漏斗放在漏斗架上，下面放一洗净的烧杯承接滤液，调整漏斗高度（其出口位于烧杯中间偏上位置，过滤时不能接触滤液），烧杯内壁与漏斗出口长的一端接触，然后在漏斗和烧杯上均盖上表面皿，准备过滤。

通常过滤分三阶段进行。第一阶段，用倾泻法尽可能地将烧杯中的清液转移至漏斗中；第二阶段，在烧杯中洗涤沉淀并将沉淀转移到漏斗上；第三阶段，清洗烧杯和洗涤漏斗上的沉淀。

倾泻法过滤是将沉淀沉降后的上层清液转移到漏斗上，而使沉淀尽可能留在烧杯底部，这样做是为了避免颗粒较小的沉淀堵塞滤纸上的空隙，影响过滤速度。如图3-76所示，转移清液时，应使溶液沿着玻璃棒流入漏斗中，而且玻璃棒的下端应对着并尽可能接近滤纸的三层一边，但不能接触滤纸。一般当一次倾入的溶液量为锥体的 2/3，或液面到达距离滤纸上边缘 5mm 时，应暂停倾泻，以避免少量沉淀因毛细管作用越过滤纸上边缘，而造成损失。如一次不能将清液转移完，应将烧杯中沉淀如图 3-77 所示进行沉降，然后再倾注。即，在烧杯下垫一块木头，使烧杯倾斜放置，这样有利于沉淀和清液的分离。放置时注意：玻璃棒应放在烧杯内，不能放在实验台上或其他地方，也不要靠在烧杯嘴上，以避免沾在玻璃棒上的少量沉淀损失。

当烧杯中的清液转移完后，应对烧杯内的沉淀进行初步洗涤。洗瓶中装洗涤液，用洗瓶螺旋向下吹洗烧杯内壁和玻璃棒，使黏附在烧杯壁上的沉淀集中于底部，然后搅起沉淀进行洗涤，待沉降后再用倾泻法过滤。每次用约 10mL 洗涤液洗涤，如此洗涤杯内沉淀 3～4 次。

图 3-76　倾泻法过滤

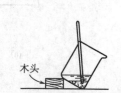

图 3-77　过滤时带沉淀和溶液的烧杯放置方法

(a)　　　(b)

图 3-78　吹洗沉淀的方法和沉淀帚

　　然后将烧杯内沉淀转移到漏斗上。加少量洗涤液于烧杯中，将沉淀搅起，立即将带有沉淀的洗涤液转移到漏斗上。再加入少量洗涤液，搅匀后再转移到漏斗上。如此重复几次，尽量使大部分沉淀转移到漏斗上。在烧杯中残余的少量沉淀，可按照图 3-78(a) 所示的吹洗方法，转移到漏斗上。即，用左手拿住烧杯，放在漏斗上方，烧杯嘴对着漏斗，用右手将玻璃棒从烧杯中取出架在烧杯口上，玻璃棒伸出烧杯嘴长约 2～3cm。同时用左手食指按住玻璃棒的靠上部分，倾斜烧杯，使玻璃棒下端对准滤纸三层一边，右手拿洗瓶吹洗整个烧杯内壁，则洗涤液和沉淀一同沿着玻璃棒流入漏斗中。如果还有少量顽固沉淀沾在烧杯壁上，吹洗不下来时，可用沉淀帚〔如图 3-78(b)，它是一头带橡皮的玻璃棒〕来处理。将烧杯放在实验台上，先用沉淀帚在烧杯内壁自上而下、自左至右擦拭，使沉淀聚集在烧杯底部。再按照图 3-78(a) 的操作，将沉淀吹洗于漏斗上。对于这样的沉淀，还可以用前面撕下的滤纸角来擦拭玻璃棒和烧杯内壁，然后将此沾有沉淀的滤纸角放在漏斗的沉淀上。当沉淀完全转移完后，应在明亮处，仔细检查玻璃棒、沉淀帚和烧杯内壁是否吹洗、擦拭干净。

　　应当注意：在过滤开始后，就应随时检查滤液是否透明，若滤液变浑浊，说明发生了穿滤。这时应立即拿另一只洁净烧杯来承接滤液，用原漏斗将穿滤的滤液进行第二次过滤。若滤液仍浑浊，说明是由于滤纸穿孔导致的穿滤，则应立即更换滤纸重新过滤。

图 3-79　沉淀的洗涤

而第一次过滤用的滤纸应保留到后面，连同第二次用的滤纸一起放入坩埚中灼烧。

　　接下来进行漏斗中沉淀的洗涤，以除去沉淀中残留的母液和表面吸附的杂质。按照图 3-79 所示的方法洗涤，即用洗瓶中的洗涤液来冲洗滤纸和沉淀，应当从滤纸的多重边缘开始，螺旋往下移动，最后到多重部分停止，此称为"从缝到缝"，这不但可以使沉淀洗得干净，而且可将沉淀聚集到滤纸的底部。在洗涤时还要注意提高洗涤效率，即要遵循"少量多次"的原则。洗涤时每次所用洗涤剂的量要少，便于尽快沥干，沥干后，再行洗涤。如此反复多次，直至沉淀洗净为止。这样还可以减少沉淀的溶解损失。

（5）烘干、炭化和灰化

通常先将沉淀用滤纸包裹好，放入已恒重的坩埚中，在煤气灯或电炉上烘干。首先用清洁的玻璃棒挑起滤纸的三层一边，将滤纸从漏斗中取出，按图 3-80 所示的方法将带有沉淀的滤纸叠好，并用滤纸将漏斗内壁可能沾有的沉淀擦净，与沉淀包在一起，放入坩埚中。若沉淀的体积较大（如胶体沉淀），则可按图 3-81 所示的方法包裹沉淀，用扁头玻璃棒将滤纸边缘挑起，向中间折叠，使其将沉淀全部盖住，再用玻璃棒轻轻转动滤纸包，以擦净漏斗内壁可能沾有的沉淀。然后，将滤纸包放入坩埚中，注意使多层滤纸部分朝上，以利烘烤。烘干时，用小火加热，盖上坩埚盖，但不要盖严，如图 3-82(a)。坩埚盖和埚身外壁可先用蓝黑墨水或 $K_4[Fe(CN)_6]$ 溶液编号。

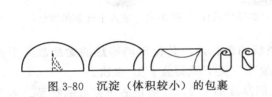
图 3-80　沉淀（体积较小）的包裹

图 3-81　沉淀（体积较大）的包裹

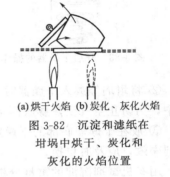
(a) 烘干火焰　(b) 炭化、灰化火焰
图 3-82　沉淀和滤纸在坩埚中烘干、炭化和灰化的火焰位置

沉淀烘干后，稍微加大火焰，进行炭化。炭化是将烘干后的滤纸烤成炭黑状。炭化时，要注意防止滤纸着火燃烧，否则会导致少许沉淀的飞散损失。一旦滤纸着火，应立即将灯火移开，将坩埚盖盖严，使坩埚内的火焰熄灭（切勿用嘴吹灭）。

炭化后，继续加大火焰，直至沉淀和滤纸变成灰白色。如图 3-82 所示，烘干、炭化、灰化的火焰，应从弱到强，一步一步加大，不可性急。

（6）灼烧至恒重

用长坩埚钳将坩埚放入马弗炉中（根据沉淀性质选择适当温度），盖上坩埚盖。在选定的温度下，灼烧 $40\sim45min$，取出，在干燥器中冷至室温（一般 30min 左右），称量。然后在相同温度下进行第二次、第三次灼烧（灼烧 20min 即可），直至坩埚和沉淀恒重为止。以两次质量的平均值作为坩埚和沉淀的总质量。所谓恒重，是指相邻两次灼烧后坩埚的质量相差不大于 0.4mg。注意，应使每次灼烧的温度、称量和放置的时间保持一致。

所使用的坩埚，在放入滤纸包之前，应当按照沉淀灼烧至恒重的步骤进行空坩埚的恒重，以得到空坩埚的质量。坩埚与沉淀的总质量与空坩埚的质量之差，即为 $BaSO_4$ 沉淀的质量。目前，在生产单位常用一次灼烧法，不用进行空坩埚的恒重，即先称恒重后沉淀与坩埚的总质量，然后，用毛笔刷出 $BaSO_4$ 沉淀，再称空坩埚的质量，两者之差即为沉淀的质量。

干燥器是用来存放干燥物品和防止物品吸湿的仪器。干燥器的下部是用来放干燥剂（常用变色硅胶或无水氯化钙）的，中间放一个带孔的白瓷板，以承放容器和物品。干燥器是磨口的，涂有凡士林以起到密封作用。

开启干燥器时，如图 3-83 所示，用左手向里按住干燥器的下部，右手握住盖子上的圆顶，向左前方平推盖，即可打开干燥器的盖子。盖子取下后应用右手拿着，或放在桌上安全的地方（磨口向上，圆顶朝下），用左手放入（或取出）物品后，及时盖上盖子。盖盖子时，左手姿势不变，右手拿住盖上圆顶，平推着将盖子盖好。

搬动干燥器的操作姿势如图 3-84 所示。不能用双手捧着干燥器下部，而应该用两手的拇指同时按住盖子，以防止盖子滑落打破。使用干燥器的注意事项：

① 装入干燥剂时，应先将干燥器内部擦干净，将多孔瓷板烘干，然后如图 3-85 所示，用一纸筒将干燥剂装入干燥器的底部，这样可避免干燥剂沾污内壁的上部。

图 3-83 开启干燥器的操作　　图 3-84 搬动干燥器的操作　　图 3-85 装入干燥剂的方法

② 将坩埚等放入干燥器时，一般应放在瓷板的圆孔内。若将坩埚等热的物品放入干燥器中，为防止空气受热膨胀而顶开盖子，应连续开、关干燥器盖子 1～2 次。

③ 放在干燥器底部的干燥剂，不能超过底部高度的 1/2，以防止沾污存放的物品。若干燥剂失效，应及时更换。

用有机试剂沉淀的重量分析法（如镍的丁二酮肟沉淀法）的一般过程是：

$$\boxed{试样溶解} \longrightarrow \boxed{沉淀} \longrightarrow \boxed{陈化} \longrightarrow \boxed{过滤和洗涤} \longrightarrow$$

$$\boxed{烘干至恒重} \longrightarrow \boxed{结果计算}$$

此过程与晶形沉淀重量分析法大致相同，其中区别在于，沉淀的恒重一般不采用灼烧的方法，因为灼烧会使其换算因子增大，不利于测定，同时这也大大缩短了分析的时间。其次，沉淀的过滤是用微孔玻璃坩埚（或漏斗）进行的。微孔玻璃漏斗和微孔玻璃坩埚如图 3-86 和图 3-87 所示。它们中间的滤板是用玻璃粉末在高温熔结而成的。按照微孔的孔径大小，它们分为 6 个规格，G1～G6（或 1～6 号）。1 号的孔径最大（80～120 μm），6 号的孔径最小（2μm 以下）。在定量分析中，一般使用 G3～G5 规格（相当于慢速滤纸）的微孔玻璃漏斗（或坩埚）过滤细小的晶形沉淀。此类滤器使用时，需与减压抽滤装置（如图 3-88 所示）配套使用。凡是烘干后即可称量或热稳定性较差的沉淀（如 AgCl），均需使用微孔玻璃漏斗（或坩埚）进行过滤。

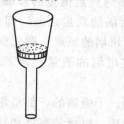 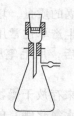

图 3-86 微孔玻璃漏斗　　图 3-87 微孔玻璃坩埚　　图 3-88 抽滤装置

注意：微孔玻璃漏斗（或坩埚）不能用来过滤强碱性溶液，因它会腐蚀坩埚或漏斗的微孔。

(7) 结果计算

根据重量分析法中换算因子的定义，钡含量的计算公式为：

$$w_{Ba} = \frac{m_{BaSO_4} \times \dfrac{M_{Ba}}{M_{BaSO_4}}}{m_s}$$

w_{Ba}可用百分数或小数表示。

第4章 基本操作训练

4.1 仪器识认、试剂的取用、玻璃工操作及塞子钻孔训练

实验1 仪器的认领、洗涤和干燥

【实验目的】

1. 牢记并遵守化学实验室规则、要求和安全守则。
2. 熟悉实验常用仪器，学会绘制仪器及实验装置简图。
3. 练习并掌握常用玻璃仪器的洗涤和干燥方法。

【实验步骤】

1. 实验室规则、安全守则、三废处理、事故预防与应急处理教育

2. 识认仪器

(1) 按"实验仪器配备清单"逐一认识并检查、清点所领仪器，要求熟悉其名称、规格、主要用途和使用注意事项。

(2) 练习绘制实验仪器图 (见 3.2.3)，正确绘制出下列仪器的简图并填写表 4-1。

表 4-1 常用仪器的识认

仪器名称	简图	用途	注意事项	仪器名称	简图	用途	注意事项
试管				烧瓶			
烧杯				漏斗			
锥形瓶				蒸发皿			
量筒				容量瓶			

3. 仪器的洗涤和干燥 (见 3.3)

(1) 将一些常规仪器 (试管、烧杯、锥形瓶、量筒、蒸发皿等) 先用自来水刷洗，然后用洗衣粉 (去污粉) 或肥皂液刷洗洗净。用去污粉或洗衣粉刷洗仪器时，应先用水将仪器内外浸湿后倒出水，再蘸取少量去污粉或洗衣粉直接刷洗，再用水冲洗。其效果比用相应的水

溶液刷洗要好得多，容易达到清洁透明，不挂水珠的要求。

（2）将洗净的试管倒置在试管架上；烧杯、锥形瓶等挂在晾板上；表面皿、蒸发皿等倒置于仪器柜内令其自然干燥。

（3）烤干两支试管，一个烧杯，交老师检查。

【思考题】

1. 常用玻璃仪器可用哪些方法洗涤？选择洗涤方法的原则是什么？怎样判断玻璃仪器是否洗涤干净？

2. 有哪些方法用于常用玻璃仪器的干燥？

3. 烤干试管时为什么要始终保持管口略向下倾斜？

4. 带有刻度的计量仪器为什么不能用加热的方法干燥？

实验2　试剂取用与试管操作

【实验目的】

1. 学习固体和液体试剂的取用方法。

2. 掌握试管振荡和加热试管中的固体和液体等基本操作方法。

3. 培养仔细观察、记录与解释实验现象的习惯。

【仪器与试剂】

1. 试管，试管夹，药匙，滴管，量筒，酒精灯，锥形瓶。

2. NaCl，NH_4NO_3，NaOH，KNO_3，$CuSO_4 \cdot 5H_2O$，锌粒，铜粉，HCl（0.2mol·L^{-1}），NaOH（0.2mol·L^{-1}），Ca(Ac)$_2$（饱和），石蕊，甲基橙，酚酞。

【实验步骤】

1. 试剂的取用

（1）用水反复练习估量液体体积的方法直到熟练掌握为止。

取 1mL 自来水，用小滴管滴入试管中，记录滴数并计算一滴大约是多少毫升，记下 1mL 在试管的大约位置；用量筒量取 10mL、20mL 水倒入 50mL 烧杯，记下 10mL、20mL 在 50mL 烧杯的位置。

（2）观察酸碱指示剂在不同酸碱性溶液中的颜色。

在两支试管中各注入 1mL 蒸馏水，在第一支试管中加入 1 滴甲基橙溶液，第二支试管中加入 1 滴酚酞溶液，记下它们在水中的颜色。然后以 0.2mol·L^{-1} HCl 和 0.2mol·L^{-1} NaOH 代替蒸馏水进行同样实验，观察颜色的变化，将颜色填入表 4-2 中。

表 4-2　甲基橙、酚酞指示剂的颜色变化

介　　质	指示剂的颜色	
	甲　基　橙	酚　　酞
纯　　水		
酸　　性		
碱　　性		

（3）在一支试管中放入一小粒锌粒，在另一支试管中加入少量铜粉和一小粒锌粒。观察

现象，在两支试管中各加入约 10 滴 0.2mol·L^{-1} HCl。比较两支试管放出气体的速度并解释其原理。

2. 试管操作

(1) 取豆粒大小 KNO$_3$ 固体于一支试管中，加入 1mL 水，加热溶解，再加入少量 KNO$_3$ 固体制成饱和溶液。清液倾入另一试管中，冷至室温，观察有无晶体析出。

(2) 用 NaCl 固体代替 KNO$_3$ 固体重复上述操作，观察是否有 NaCl 晶体析出。

(3) 在一支试管中加入 1mL 的饱和 Ca(Ac)$_2$ 溶液，然后加热，观察有没有 Ca(Ac)$_2$ 晶体析出。

比较（1）、（2）、（3），说明温度对不同物质溶解度的影响。

(4) 取 2～3 粒豆粒大小的 CuSO$_4$·5H$_2$O 晶体于干燥试管底部，铺平，管口略向下倾斜（见图 3-29），先用火焰来回预热试管，然后固定在有 CuSO$_4$·5H$_2$O 晶体的部位加强热至所有晶体变为白色时，停止加热。当试管冷却至室温后，加入 3～5 滴水（不可多加），注意颜色的变化，手摸试管底部感觉温度的变化。写出方程式，解释原因。

3. 蓝瓶子试验

称取 1g NaOH 和 1g 葡萄糖加入到 250mL 锥形瓶中，加 50mL 蒸馏水，溶解，再加入 1～2 滴 1% 的亚甲基蓝溶液，摇匀，塞住瓶口，放置一段时间，溶液由蓝色转变为无色，打开瓶塞，摇动瓶子，溶液由无色转变为蓝色，可反复进行。

这是由于：

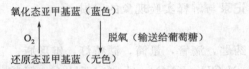

亚甲基蓝既是指示剂，又起着催化作用。

【思考题】

1. 取用固体和液体时，要注意什么？

2. 使用小滴管时，应注意什么？

实验 3   玻璃工操作和塞子钻孔

【实验目的】

1. 了解酒精喷灯（或煤气灯）的构造和原理，掌握正确的使用方法。

2. 练习玻璃管（棒）的截断、弯曲、拉细、熔光、电动搅拌棒及塞子钻孔等基本操作。

3. 制作滴管、玻璃搅棒、熔点管、点样管、沸点管和装配洗瓶。

【仪器与试剂】

1. 酒精喷灯（或煤气灯），锉刀（或小砂轮片、瓷片），石棉网，石棉板，钻孔器，烧杯，直尺，量角器，玻璃管，玻璃棒，橡胶塞，胶头，塑料瓶，小方木块。

2. 工业酒精。

【实验步骤】

1. 观察酒精喷灯（或煤气灯）的各部分构造，将喷灯放在石棉板上，点燃并调整为正常火焰。

2. 玻璃管（棒）的加工

（1）截断与熔光

取一根长玻璃管放在实验台上，以直尺量出所截的长度，用左手拇指按住，右手拿三角锉刀（或小砂轮片或废瓷片），锉与桌面约成45°角，让锉棱垂直紧压在要截断的部位，用力向前或向后（切勿来回锉！）划一挫痕，若挫痕不明显，可在原痕上再挫一次。然后，双手持玻璃管，挫痕向外，两手拇指抵住划痕的背面，向前推，同时两食指分别向外拉，玻璃管便可截断。必要时在锉痕上用水沾一下，则玻璃管更易折断。玻璃管的划痕与截断如图4-1和图4-2所示。

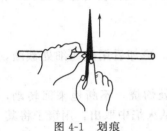

图 4-1　划痕　　　　　　　　　　　　　　　　　图 4-2　截断

注意事项：

① 锉刀的锋棱必须锋利，使得划痕清晰、深细而平直，而且与玻璃管垂直，这样截断面才平整。

② 下锉时应使锉棱压在玻璃管上，按紧用力，但用力也不能太猛，压力不能太大，以防把玻璃管压碎。

③ 锉长痕时（截较粗玻璃管或棒），锉痕应连续不断，并且始终保持与玻璃管垂直，不能斜，否则截断后也将得不到平齐的断面，折粗玻璃管（或棒）时，可用布包住管（或棒），以免划伤手指。

新截断的玻璃管（棒）截面很锋利，易划伤皮肤、割破橡胶管，也难以插入塞子的内孔。因此需要熔光，使之平滑。方法是把玻璃管（棒）截口斜插入（角度一般为45°）喷灯氧化焰中加热，并不断缓慢转动，使玻璃管受热均匀，加热一段时间后，截面红热平滑。加热时间不宜过长，以免管口口径缩小。加热后的玻璃管（棒）应放在石棉网上冷却，切不可直接放在实验台上，以免烧焦台面，更不能用手触摸玻璃管以免把手烫伤。

（2）玻璃钉的制作

选取粗细合适的玻璃棒，将玻璃棒的一端在喷灯的氧化焰处边烧边转，直到红软，然后在石棉网上垂直按下去，按成一个直径约为1cm的玻璃钉。另一端在火焰上烧圆。此玻璃钉可供测熔点时研磨样品和抽滤时挤压样品之用。

（3）玻璃弯管的制作

截取一根适当长度的玻璃管并将两端熔光。双手持玻璃管两端，将要弯曲的部位斜插入氧化焰内，以增大玻璃管受热面积，不断转动玻璃管，使玻璃管受热均匀。转动玻璃管时，两手用力要均匀，转速一致，以免玻璃管发生扭曲。当加热至玻璃管呈现黄色，且足够软（不要太软）时，从火焰中取出，先弯成一个小角度。若所需玻璃弯管的角度大于120°时，可以一次弯成。若所需玻璃弯管的角度较小时，需要分几次弯成。再加热的位置要在前一次弯曲时加热部位的稍偏左或偏右处，这样重复进行，逐步达到所需的角度（图4-3和图4-4）。弯好后稍停片刻，再置于石棉网上冷却。弯曲合格的玻璃管，要求角度准确，里外均匀平滑，整个玻璃管处于同一平面内。

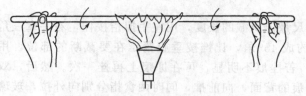

图 4-3　加热玻璃管

图 4-4　弯曲玻璃管

练习：截取 ϕ6～8mm，长 140mm 的玻璃管三根，分别在 40mm 处将玻璃管弯成 120°、90°、60°的导气管。

（4）小搅拌棒、电动搅拌棒的制作

① 截取长 200mm 玻璃棒一根，两头熔光，拉细到 ϕ1.5mm。冷却后用锉在细处截断，将细的一端熔成小球，2 根小搅拌棒即制成 ［图 4-5(a)］。

② 选取粗细合适的玻璃棒并将两端熔光，在喷灯的氧化焰处灼烧，不断地来回转动，使之受热均匀，当烧到一定程度（不可太软，以至于变形）时，从火焰中取出，用镊子将其弯制成所需的形状，如图 4-5(b) 所示。

搅拌棒弯制好后须再在弱火焰上烘烤，称为退火，否则，冷却后搅拌器易碎裂。

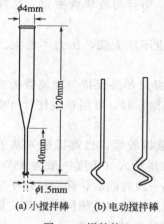

(a) 小搅拌棒　　(b) 电动搅拌棒

图 4-5　搅拌棒

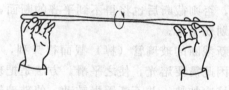

图 4-6　拉细玻璃管

（5）滴管、毛细滴管、熔点管、点样管及沸点管的制作

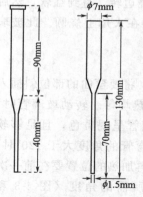

(a) 普通滴管　　(b) 毛细滴管

图 4-7　滴管和毛细滴管

① 拉细玻璃管　手持玻璃管两端，将要拉细的部位斜插入氧化焰内，在酒精喷灯上旋转加热（图 4-6），当玻璃管烧至红软时（比弯曲时要软，软到不需很费力就能改变形状，此时应尽量保持玻璃管呈水平，切勿扭曲），将玻璃管从火焰中取出，顺着水平方向均匀用力，一次拉成所需尖嘴形状。然后，手持玻璃管一端让另一端下垂，待定型后放在石棉网上冷却。如果拉细玻璃棒，还需要烧的红软些。

② 滴管的制作　截取一根长 150mm，ϕ7mm 的玻璃管，两头熔光。按图 4-7(a) 和图 4-7(b) 的规格制作 2 支滴管。将拉细的一端截断，截面在酒精灯上稍微烧一下，使之熔光。再把粗的一端在喷灯上不断转动，烧至暗红色变软时，取出垂直放在石棉网上轻轻压一下，管口即略向外翻，冷却后套上胶头即成滴管。

③ 熔点管及点样管的拉制

取一根直径 8～10mm 的洁净并干燥的薄壁玻璃管，洗净并干燥。用两手握住，使其保持水平位置在酒精喷灯火焰上加热，使玻璃管不断地缓缓向同一方向旋转。火焰由小到大，当玻璃管

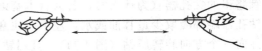

图 4-8　拉制测熔点用的毛细管

烧至红黄色变软时，从火焰中移出，边旋转边水平地向左右拉开（图 4-8）。拉长之后，立刻松开一只手，另一只手提着一端，使管靠垂直力拉直并冷却定型。待中间部分冷却之后，放在石棉网上，以防烫坏实验台面。

开始拉时要慢一些，然后再较快地拉长。要注意的是，玻璃管一定要烧得软，拉时用力要适当，初学者往往烧得不够、又怕玻璃管受冷硬化，于是就用力猛拉，这样拉成的毛细管两头粗中间极细，可截取的部分很少。为了防止中间拉得太细，而两头又太粗，当观察到中间的粗细符合要求（ϕ1.0～1.5mm）时，可稍稍停顿一下，以便中间部分冷却下来不再被拉细，然后再继续拉两端较粗的部分。

冷却后将可用部分（测熔点用的毛细管内径约 1mm，进行薄层点样用的毛细管内径约 0.5mm）截成 15cm 左右长的毛细管，两端都用小火封住，以保持管内清洁。毛细管端在灯边缘上慢慢加热，同时不断转动，当看见毛细管端有小红珠时，即已封住。要尽可能地封得越薄越好（测熔点时传热不会滞后）。

封好后，把毛细管存放于一干净的大试管中，塞上塞子备用。使用时只要将中间割断，即可得到两根熔点管。

④ 沸点管的拉制

将内径 3～4mm 的毛细管，截成 6～7cm 长，一端用小火封闭，作为沸点管的外管。另将内径约 1mm、长 7～8cm 的毛细管封闭其一端，作为内管。由此两根粗细不同的毛细管即构成沸点管（图 4-9）。

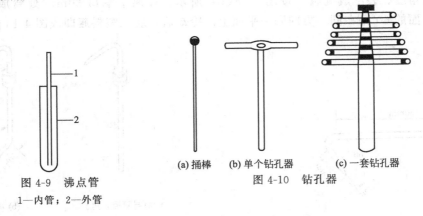

图 4-9　沸点管
1—内管；2—外管

(a) 捅棒　　(b) 单个钻孔器　　(c) 一套钻孔器
图 4-10　钻孔器

3. 塞子钻孔

有时为了组装一套实验装置，还需要在塞子中插入玻璃管、温度计、漏斗等，所以塞子需要预先钻孔。常用的钻孔器（也称打孔器）由一组口径不同的金属管和一个圆头细捅棒组成（图 4-10），一端有手柄，另一端是环形锋利的刀刃，捅棒用来捅出留在钻孔器中的橡胶芯或软木芯。

选取一个以能塞入瓶口的 1/3～1/2 为宜的橡胶塞（塞入过多或过少均不合要求，为什么？）。将选好的塞子小头朝上，放于实验台上的小木板上，选一个比要插入的温度计或玻璃

管略粗的钻孔器（为什么?），若为软木塞则相反，要选口径略小于玻璃管口径的钻孔器。将钻孔器端部蘸取少量甘油或水，左手按住塞子，右手握住钻孔器手柄，在选定的位置上垂直并向一个方向旋转压钻（图4-11），直到钻透。如果塞子很厚，先从小头打一半，再从大头同一垂直位置钻孔。若钻得的塞孔稍小或不光滑，可用圆锉打磨修整。

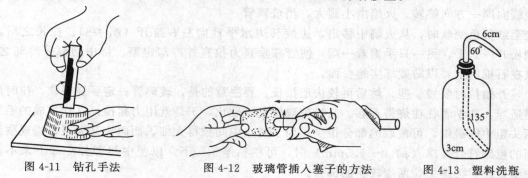

图4-11 钻孔手法　　　　图4-12 玻璃管插入塞子的方法　　　　图4-13 塑料洗瓶

左手拿塞子，右手握住玻璃管的前半部（为了安全，可用布包住），将玻璃管端部蘸取少量水或甘油，将玻璃管慢慢旋入塞孔（图4-12），切勿用力过猛或手离塞子太远，以免折断玻璃管刺伤手掌。

4. 洗瓶的装配

按图4-13要求装配一只塑料洗瓶。其喷洗管的制作顺序为：

（1）抽尖嘴和弯小角度　取1支$\phi 7\sim 8mm$、长320mm玻璃管。在距一端70mm处拉成尖嘴，在距尖嘴60mm处弯60°角，截去多余的玻璃管，熔光（图4-14）。

（2）配塞、钻孔并将喷洗管插入塞子　取250mL（或500mL）细颈塑料瓶和一只适宜的橡胶塞，按喷洗管直径选适宜的钻孔器钻一个孔，然后将喷洗管插上塞子［图4-15（a）］。

（3）弯大角度、装配成洗瓶　按图4-15（b）所示，在离下端口30mm处弯成135°角，要求此角和上面的60°角在同一方向同一平面上。冷却后，装入塑料瓶即成图4-13的洗瓶。

图4-14 喷洗管　　　　　　(a)导管插入塞子　　(b)弯成135°

图4-15 喷洗管装配

【思考题】

1. 使用酒精灯、酒精喷灯（或煤气灯）时要注意哪些事项?

2. 截断、熔光、弯曲和拉细玻璃管时要注意什么? 怎样弯曲小角度的玻璃管?

3. 塞子钻孔时，如何选择钻孔器孔径? 如何正确操作?

4.2 称量技术训练

实验 4　分析天平称量练习

【实验目的】

1. 学习分析天平的基本操作和常用称量方法，为以后的分析实验打好基础。

2. 经过称量练习后，要求达到：固定质量称量法称一个试样的时间在 8min 内；递减称量法称一个试样的时间在 12min 内，倾样次数不超过 3 次，连续称两个试样的时间不超过 15min。

3. 培养准确、整齐、简明地记录实验原始数据的习惯，不可涂改数据，不可将测量数据记录在实验记录本以外的任何地方，注意有效数字。

【仪器与试剂】

1. 分析天平，电子天平，台秤，表面皿，称量瓶，烧杯（50mL），牛角匙。

2. Na_2SO_4（粉末），镁条。

【实验步骤】

1. 递减称量法（差减法）

称取 0.3～0.4g Na_2SO_4 试样两份。

(1) 取两个洁净、干燥的小烧杯，分别在分析天平上称准至 0.1mg。记录为 m_0 和 m_0'。

(2) 取一个洁净、干燥的称量瓶，先在台秤上粗称其大致质量，然后加入约 1.2g 试样。在分析天平上准确称量其质量，记录为 m_1；估计一下样品的体积，转移 0.3～0.4g 试样（约占试样总体积的 1/3）至第一个已知质量的空的小烧杯中，称量并记录称量瓶和剩余试样的质量 m_2。以同样方法再转移 0.3～0.4g 试样至第二个小烧杯中，再次称量称量瓶的剩余质量 m_3。

(3) 分别准确称量两个已有试样的小烧杯，记录其质量为 m_1' 和 m_2'。

(4) 参照表 4-3 的格式认真记录实验数据并计算实验结果。

(5) 若称量结果未达到要求，应寻找原因，再做称量练习，并进行计时，检验自己称量操作的正确、熟练程度。

表 4-3　称量练习记录格式

称量编号	I	II
$m_{称瓶+试样}$/g	$m_1=$ $m_2=$	$m_2=$ $m_3=$
$m_{称出试样}$/g	$m_{s1}=$	$m_{s2}=$
$m_{空烧杯}$/g	$m_0=$	$m_0'=$
$m_{烧杯+试样}$/g	$m_1'=$	$m_2'=$
$m_{烧杯中试样}$/g	$m_{s1}'=$	$m_{s2}'=$
|偏差|/mg		

2. 直接称量法

称取 0.0300～0.0350g 镁条两份。称量方法如下：

(1) 先在台秤上粗称一根镁条,计算截取多少为 0.030~0.035g 镁条;

(2) 在分析天平上准确称出洁净干燥称量纸的质量,记录数据(表 4-4);

(3) 在称量纸上放入镁条,准确称量,记录称量数据和计算镁条的准确质量;

(4) 再重复上述操作,称取第 2 根镁条质量。

(5) 把镁条包好,留记号,以备镁的相对原子质量的测定实验时使用。

表 4-4 称取镁条的质量

称量编号	I	II
$m_{称量纸}$/g	$m_1=$	$m_3=$
$m_{称量纸+镁条}$/g	$m_2=$	$m_4=$
$m_{镁条}$/g	$\Delta m_1=$	$\Delta m_2=$

【思考题】

1. 用分析天平称量的方法有哪几种?固定质量称量法和递减称量法各有何优缺点?在什么情况下选用这两种方法?

2. 在实验中记录称量数据应准至几位?为什么?

3. 称量时,每次均应将砝码和物体放在天平盘的中央,为什么?

4. 使用称量瓶时,如何操作才能保证试样不致损失?

4.3 溶液配制技术训练

实验5 溶液粗配和精确配制

【实验目的】

1. 掌握一般溶液的配制方法和基本操作。

2. 明确粗配和精配的意义和用途;熟悉粗配溶液和精确配制溶液的仪器。

3. 学习并练习移液管、容量瓶及相对密度计的正确使用方法。

4. 巩固天平称量操作,练习递减称量法称量并配制标准溶液,注意有效数字。

【仪器与试剂】

1. 电子台秤,分析天平,相对密度计,烧杯,量筒,移液管,容量瓶(50mL、250mL),吸量管(5mL),洗耳球,称量瓶,试剂瓶,滴管。

2. 浓氨水,$H_2C_2O_4 \cdot 2H_2O$,NaOH,H_2SO_4(浓),HAc(浓,$2.000mol \cdot L^{-1}$)。

【基本操作】

1. 容量仪器的使用

(1) 量筒(杯)的使用

量筒是常用粗量液体体积的量具,有不同规格,如:5mL、10mL、100mL、1000mL等。实验中可根据所量取液体的体积不同来选用不同规格的量筒。量取液体时,应左手持量筒或把量筒放一平台上使量筒垂直,并以大拇指指示所需体积的刻度处,右手持试剂瓶(试剂瓶标签应对手心),瓶口紧靠量筒口边缘,慢慢注入液体至所需刻度,读取刻度时应手拿量筒上部无刻度处，让量筒竖直（或将其平放桌上），使视线与量筒内液面的弯月形最低处相切，偏高或偏低都会造成误差。

（2）容量瓶[1]的使用　见 3.10.1。

（3）移液管和吸量管的使用　见 3.10.1。

2. 递减法称量（见 3.10.3）

【实验步骤】

1. 粗配溶液

（1）粗配 $6mol \cdot L^{-1}$ 50mL 的 NaOH 溶液　计算固体 NaOH 的质量，用电子台秤称取，置于干燥、洁净的小烧杯内，量筒量取 50mL 的蒸馏水于小烧杯内搅拌，溶解，冷却后倒入试剂瓶中备用。

（2）用 $6mol \cdot L^{-1}$ HAc 配制 $2mol \cdot L^{-1}$ 50mL 的 HAc 溶液　先计算出所需浓 HAc 和水的用量，用小量筒量取所需的浓 HAc 加到烧杯中，再用量筒将所需蒸馏水的大部分加到烧杯中，边加边搅拌，再用剩余的水分次洗涤量筒，一并倒入烧杯中，搅拌，冷却。然后将溶液倒入试剂瓶，备用。

（3）配制 $3mol \cdot L^{-1}$ 50mL 的 H_2SO_4 溶液（浓硫酸的浓度是 $18.0mol \cdot L^{-1}$）　计算所需浓 H_2SO_4（相对密度 1.84，浓度 98%）和水的体积，用量筒量取蒸馏水，其中 2/3 加到烧杯中。再用小量筒小心量取所需的浓 H_2SO_4，将浓 H_2SO_4 缓慢加到水中，边加边搅拌，再用剩余的 1/3 蒸馏水分次洗涤量筒，一并倒入烧杯中。冷却后，将溶液倒入量筒中，（观察混合后体积发生什么变化？）加水至 50mL 刻度线，搅拌均匀后用相对密度计测定此溶液的相对密度[2,3]，最后将溶液倒入试剂瓶中，备用。

（4）仿照（2）粗配 $6mol \cdot L^{-1}$ 50mL 氨水（浓氨水的浓度是 $14.8mol \cdot L^{-1}$）　写出配制过程。

2. 精配溶液

（1）准确配制 250mL 草酸标准溶液（浓度范围为 $0.04900 \sim 0.05100 mol \cdot L^{-1}$）　计算所需 $H_2C_2O_4 \cdot 2H_2O (M = 126.07 g \cdot mol^{-1})$ 质量，用减量法准确称取一定量的试样于 100mL 烧杯中，蒸馏水溶解后，将草酸溶液定量转入 250mL 容量瓶中，最后用滴管慢慢滴加蒸馏水至刻线，摇匀。然后倒入试剂瓶中（有何要求？）。计算出该标准溶液的浓度，贴好标签留作酸碱滴定时备用。

（2）用稀释法配制 $0.2000 mol \cdot L^{-1}$ 的 HAc 溶液 50mL　用 5mL 吸量管吸取已知浓度为 $2.000 mol \cdot L^{-1}$ 的 HAc 溶液 5mL，放入 50mL 容量瓶中，用蒸馏水稀至刻度，摇匀后倒入试剂瓶中，贴好标签备用。

此方法也可适用于对某一未知浓度溶液的准确定量稀释。

【思考题】

1. 如何稀释浓硫酸？

2. 用容量瓶和移液管配制溶液时，需要把它们干燥吗？需要用被稀释溶液润洗吗？为什么？

3. 用容量瓶稀释溶液时，能否用量筒取浓溶液？

4. 粗配溶液和精配溶液的浓度表示有何区别？

【附注】

[1] 容量器皿上常注明两种符号：一种为"In"表示为"量入"容器；另一种为

"Ex", 表示"量出"容器。

[2] 测定相对密度时, 应把几个人所配硫酸溶液倒入 250mL 量筒, 再在此量筒中测定相对密度。

[3] 相对密度计（比重计）的使用

比重的正确叫法为相对密度, 因此, 比重计也应称为相对密度计。顾名思义, 相对密度计是用来测定溶液相对密度的仪器。它是一支中空的玻璃浮柱, 上部有刻线, 下部为一重锤, 内装铅粒, 通常分为两种, 一种用于测量相对密度大于1的液体, 称作重表；另一种用于测量相对密度小于1的液体, 称作轻表。

测定液体的相对密度时, 将欲测液体注入大量筒中, 将清洁干燥的相对密度计轻轻放入待测液体内, 等其平稳浮起时, 才能放开手。当其不再在液面上摇动而且不与器壁相碰时, 即可读数。其刻度从上而下增大, 一般可读准至小数点后第三位。

有些相对密度计有两行刻度, 一行是相对密度, 一行是波美度（°Bé）。二者的换算公式为：

重表 $$d=\frac{145}{145-°Bé} \text{ 或 } °Bé=145-\frac{145}{d}$$

轻表 $$d=\frac{145}{145+°Bé} \text{ 或 } °Bé=\frac{145}{d}-145$$

相对密度计用完要洗净, 擦干, 放回盒内。精密相对密度计盒内装有若干支成套相对密度计, 每支都有一定的测量范围, 可根据溶液相对密度不同而选用不同量程的相对密度计。还应注意：待测液体要有足够深度, 放平稳后再松手, 否则相对密度计有可能会撞到容器底部而破损, 另外使用时也不要甩动相对密度计, 以免损坏。

4.4 体积度量仪器的校准

实验6 容量仪器的校准

【实验目的】

1. 了解容量仪器校准的意义和方法。

2. 初步掌握称量法和相对校准法分别校准滴定管、容量瓶和移液管。

【实验原理】

滴定管、移液管和容量瓶是实验中常用的玻璃量器, 它们的准确度是实验测定结果准确程度的前提, 国家对这些量器作了 A、B 级标准规定（参考 3.10.1）。对准确度要求较高的分析测试, 应使用经过校准的仪器。

校准的方法有称量法和相对校准法。称量法的原理是, 用分析天平称量被校量器中量入或量出的纯水的质量, 再根据测定温度下纯水的密度, 计算出被校量器的实际容量。

由于玻璃的热胀冷缩, 在不同温度下, 量器的容积也不同。各种量器上标出的刻度和容量, 是在标准温度 20℃ 时量器的标称容量。但是, 在实际校准工作中, 容器中水的质量是在室温下和空气中称量的。因此必须考虑：(1) 空气浮力对质量的影响；(2) 水的密度受温度的影响；（3）玻璃容器的容积受温度的影响。

为了方便计算，综合考虑上述的影响，可得出 20℃ 容量为 1L 的玻璃容器，在不同温度时所盛水的质量（见表 4-5）。由此可计算出在不同温度时的校正密度。

表 4-5　不同温度下 1L 水的质量（在空气中用黄铜砝码称量）

$t/℃$	m/g	$t/℃$	m/g	$t/℃$	m/g
10	998.39	19	997.34	28	995.44
11	998.33	20	997.18	29	995.18
12	998.24	21	997.00	30	994.91
13	998.15	22	996.80	31	994.64
14	998.04	23	996.60	32	994.34
15	997.92	24	996.38	33	994.06
16	997.78	25	996.17	34	993.75
17	997.64	26	995.93	35	993.45
18	997.51	27	995.69		

如：某 25mL 移液管在 18℃ 放出的纯水质量为 24.921g，校正密度为 0.99751g·mL^{-1}，计算该移液管在 20℃ 时的实际容积。

$$V_{20℃} = \frac{24.921}{0.99751} = 24.98 \text{mL}$$

则这支移液管的校正值为 24.98mL－25.00mL＝－0.02mL。

需要特别指出的是：校准不当和使用不当都是产生容量误差的主要原因，其误差甚至可能超过允差或量器本身的误差。因而在校准时务必正确、仔细地进行操作，尽量减小校准误差。凡是使用校准值的，其校准次数不应少于两次，且两次校准数据的偏差应不超过该量器容量允许的 1/4，并取其平均值作为校准值。

有时，在实验中只要求两种容器之间有一定的比例关系，而无需知道它们各自的准确容积，这时可用相对校准法进行校正。例如，用 25mL 移液管移取蒸馏水，注入干净且倒立晾干的 100mL 容量瓶中，转移 4 次后，观察容量瓶瓶颈处水的弯月面下缘是否刚好与刻线相切。若不相切，应作一记号为标线，以后此移液管和容量瓶配套使用时就用校准的标线。

为了更全面、详细地了解容量仪器的校准，可参考 JJG 196—2006《常用玻璃量器检定规程》。

【仪器与试剂】

1. 分析天平，滴定管（50mL），容量瓶（50mL），移液管（10mL），锥形瓶（50mL，带磨口玻璃塞）。

2. 蒸馏水。

【实验步骤】

1. 滴定管的校准（称量法）

取一只洗净并且外表干燥的带磨口玻璃塞的锥形瓶，放在分析天平上称量，得空瓶质量 $m_瓶$，记录至 0.001g。

再向一洗净的滴定管中装满蒸馏水，将液面调至 0.00mL 刻度处，从滴定管向锥形瓶中放出一定体积（记为 V_0）如 5.00mL 的纯水，盖紧塞子，称出"瓶＋水"的质量 $m_{瓶+水}$，$m_{瓶+水}$ 与 $m_瓶$ 之差即为放出水的质量 $m_水$。用上述方法称量并计算出表 4-7 中所列的刻度间的 $m_水$，并测量水温，查表 4-5 得该温度下水的密度，即可计算滴定管各部分的实际容量 V_{20}。重复校准一次，两次相应区间的水质量相差应小于 0.02g（为什么？），求出平均值，并

计算校准值 $\Delta V = V_{20} - V_0$。以 V_0 为横坐标，ΔV 为纵坐标，绘制滴定管校准曲线。

现将一支 50mL 滴定管在水温 21℃校准的部分实验数据列于表 4-6。

表 4-6　50mL 滴定管校正表（水温 21℃，$\rho = 0.99700\mathrm{g \cdot mL^{-1}}$）

V_0/mL	$m_{瓶+水}$/g	$m_{瓶}$/g	$m_{水}$/g	V_{20}/mL	$\Delta V_{校正值}$/mL
0.00～5.00	34.148	29.207	4.941	4.96	−0.04
0.00～10.00	39.317	29.315	10.002	10.03	+0.03
0.00～15.00	44.304	29.350	14.954	15.00	0.00
0.00～20.00	49.395	29.434	19.961	20.02	+0.02
0.00～25.00	54.286	29.383	24.903	24.98	−0.02
……					

移液管和容量瓶也可用称量法进行校准。校准容量瓶时，只需称准至 0.01g 即可。

表 4-7　50mL 滴定管校正表（水温＿＿＿℃，$\rho =$＿＿＿＿＿$\mathrm{g \cdot mL^{-1}}$）

V_0/mL	$m_{瓶}$/g	$m_{瓶+水}$/g	$m_{水}$/g	$m_{水}$(平均)/g	V_{20}/mL	$\Delta V_{校正值}$/mL
0.00～10.00						
0.00～20.00						
0.00～30.00						
0.00～40.00						
0.00～50.00						

2. 移液管和容量瓶的相对校准

取一只洗净且晾干的 50mL 容量瓶，用洁净的 10mL 移液管移取 10mL 纯水 5 次于容量瓶中，观察液面的弯月面下缘是否恰好与刻线上边缘相切，若不相切且间距超过 1mm，则用胶布在瓶颈上另作标记，以后实验中，此移液管和容量瓶配套使用时，应以新标记为准。

【思考题】

1. 校准滴定管时，为什么锥形瓶和水的质量只需称准到 0.001g？

2. 容量瓶校准时为什么需要晾干？在用容量瓶配制标准溶液时是否要晾干？

3. 在实际分析工作中如何应用滴定管的校准值？

4. 分段校准滴定管时，为什么每次都要从 0.00mL 开始？

5. 试写出以称量法对移液管（单刻线吸量管）进行校准的简要步骤。

第5章

元素、化合物、离子的性质与检验

5.1 元素及其化合物的性质

实验7 p区重要非金属及其化合物的性质

【实验目的】

1. 熟悉 p 区非金属及其化合物的性质。

2. 验证 p 区重要非金属及其化合物的性质。

【仪器与试剂】

1. 试管，离心管，酒精灯，支管试管，点滴板，坩埚，胶塞。

2. HCl（$2mol \cdot L^{-1}$，$6mol \cdot L^{-1}$，浓），HNO$_3$（$2mol \cdot L^{-1}$，浓），KI（$0.2mol \cdot L^{-1}$），NaOH（$2mol \cdot L^{-1}$），H$_2$SO$_4$（$1mol \cdot L^{-1}$，浓），KIO$_3$（饱和），NaHSO$_3$（$0.2mol \cdot L^{-1}$），KMnO$_4$（$0.2mol \cdot L^{-1}$），MnSO$_4$（$0.2mol \cdot L^{-1}$，$0.002mol \cdot L^{-1}$），Pb（NO$_3$）$_2$（$0.2 mol \cdot L^{-1}$），CuSO$_4$（$0.2mol \cdot L^{-1}$），Hg（NO$_3$）$_2$（$0.2mol \cdot L^{-1}$），Na$_2$S（$0.1mol \cdot L^{-1}$），Na$_2$S$_2$O$_3$（$0.2mol \cdot L^{-1}$），AgNO$_3$（$0.1mol \cdot L^{-1}$），NaNO$_2$（饱和，$0.5mol \cdot L^{-1}$），Na$_3$PO$_4$（$0.1mol \cdot L^{-1}$），Na$_2$HPO$_4$（$0.1mol \cdot L^{-1}$），NaH$_2$PO$_4$（$0.1mol \cdot L^{-1}$），CaCl$_2$（$0.1 mol \cdot L^{-1}$），NH$_3 \cdot$H$_2$O（$2mol \cdot L^{-1}$），Na$_4$P$_2$O$_7$（$0.1mol \cdot L^{-1}$），Na$_2$CO$_3$（$0.5mol \cdot L^{-1}$），Al$_2$（SO$_4$）$_3$（$0.5mol \cdot L^{-1}$），FeCl$_3$（$0.2mol \cdot L^{-1}$），BaCl$_2$（$0.2mol \cdot L^{-1}$），Na$_2$SiO$_3$（20%），NH$_4$Cl（饱和），品红溶液，NaClO 溶液，CCl$_4$，氯水，碘水，淀粉溶液，KClO$_3$（s），碘，红磷，NaCl（s），NaBr（s），NaI（s），K$_2$S$_2$O$_8$（s），硫黄，铜屑，锌粒，KNO$_3$（s），FeS（s），Pb(NO$_3$)$_2$（s），AgNO$_3$（s），CaCl$_2$（s），CuSO$_4$（s），Co（NO$_3$）$_2$（s），NiSO$_4$（s），MnSO$_4$（s），FeCl$_3$（s），镍铬丝，硼砂（s），Cr$_2$O$_3$（s），pH 试纸，KI-淀粉试纸，Pb(Ac)$_2$ 试纸。

【实验步骤】

1. 卤素及其含氧酸盐的性质

(1) 卤素单质的氧化性

① 氯水与碘离子的反应 取 2 滴 $0.2mol \cdot L^{-1}$ KI 和 5 滴 CCl$_4$ 溶液，边滴加氯水边振荡，观察颜色的变化情况。解释 CCl$_4$ 层由无色变粉红又变无色的原因，写出反应方程式。

② 碘的歧化反应　取 1 滴碘水（什么颜色？）于试管中，加 1 滴 $2mol\cdot L^{-1}$ NaOH 溶液，振荡试管，观察有什么现象发生。再加入 2 滴 $2mol\cdot L^{-1}$ HCl，又有什么现象出现？写出反应方程式。

（2）卤化氢的生成和性质

① HI 的生成　分别取少许碘和红磷，混合均匀，放在干燥的带支管的试管里，滴 2 滴水，塞上胶塞，连通带尖嘴的导管，微热支管试管。检验生成气体的酸碱性，并用干燥的试管收集 HI 气体供下面实验用。

② HCl 的生成　取少许 NaCl 于干燥的支管试管中，注入 1 滴管浓硫酸，塞上胶塞，连通导管，微热支管试管，检验气体的酸性，并用干燥的试管收集氯化氢气体供下面的实验用。

③ 比较 HCl 与 HI 的热稳定性　分别将烧热的玻璃棒插入收集有 HCl 和 HI 气体的试管中，观察现象有何不同，总结卤化氢热稳定性有什么规律。

④ 比较 HCl、HBr、HI 的还原性　分别取米粒大小的 NaCl、NaBr、NaI 固体于三支干燥的试管中，各加入 3 滴浓 H_2SO_4，在各试管口分别放浸湿的 pH 试纸、KI-淀粉试纸和 $Pb(Ac)_2$ 试纸，微热试管，观察试管中的现象和试纸颜色变化情况，写出反应方程式。通过实验，比较 HCl、HBr、HI 的还原性变化规律。

（3）卤素含氧酸盐的性质

① 次氯酸盐的氧化性　取四支试管，分别加入 4 滴浓 HCl、2 滴 $0.2mol\cdot L^{-1}$ $MnSO_4$ 溶液、2 滴 $0.2mol\cdot L^{-1}$ KI 溶液和 3 滴 $1mol\cdot L^{-1}$ H_2SO_4，2 滴品红溶液，再向每支试管中滴加 NaClO 溶液，解释发生的现象，写出前三个实验的反应方程式。

② $KClO_3$ 的氧化性

a. 取少许 $KClO_3$ 晶体加 1mL 水溶解，分成 3 份。一份中加 2 滴 $0.2mol\cdot L^{-1}$ KI 溶液，另一份加 2 滴 $0.2mol\cdot L^{-1}$ KI 溶液和 2 滴 $1mol\cdot L^{-1}$ H_2SO_4，振荡试管，观察溶液的颜色变化。继续往第二支试管中滴加 $KClO_3$ 溶液又有何变化？写出有关的反应方程式。

b. 与红磷的反应：在点滴板上，取豆粒大小的红磷和 $KClO_3$ 晶体，滴加 1～2 滴水，小心混合。在一粉笔头上挖一小洞，将湿润的混合物填在小洞中，用纸包好，放置。待实验完毕后拿到室外，用力在硬地面上摔（有药的部位着地），会发生摔炮一样的爆炸效果。（混合两种物质时，很容易爆炸、起火。注意：一是要用量少；二是要小心操作。）

主要反应式为：$16P+21KClO_3 \Longrightarrow 8P_2O_5+7Cl_2+8O_2+7K_2O+7KCl$

③ KIO_3 的氧化性　在试管中加入 3 滴 KIO_3 饱和溶液、2 滴淀粉溶液和 2 滴 $1mol\cdot L^{-1}$ H_2SO_4 溶液，然后滴加 $0.2mol\cdot L^{-1}$ $NaHSO_3$ 溶液，边加边振荡。观察溶液颜色的变化，解释实验现象。

2. 硫化物的性质

（1）H_2S 的制备和性质

① 制备　在支管试管中放入一小块 FeS，连接带尖嘴的导管，注入 1 滴管 $6mol\cdot L^{-1}$ HCl 溶液，盖上胶塞，导出 H_2S 气体。（加入 HCl 溶液之前，要做好检测 H_2S 性质的准备工作：一支试管中加 3 滴 $0.2mol\cdot L^{-1}$ $KMnO_4$ 溶液和 2 滴 $1mol\cdot L^{-1}$ H_2SO_4 酸化；另一试管中加入 3mL 蒸馏水。）

② 性质

a. H_2S 的可燃性。在导管的尖嘴处点燃气体，观察 H_2S 气体燃烧的情况，写出反应方程式。将坩埚或烧杯底部放在尖嘴的上方，点燃气体，观察 H_2S 气体的不完全燃烧情况，写出反应方程式。

b. H₂S 的还原性。将熄灭后的导管通入事先准备好的 KMnO₄ 溶液中，观察溶液颜色变化和产物的状态，写出反应方程式。（若 H₂S 气量不足时，可微热支管试管或重新制取气体。）

c. H₂S 水溶液的酸碱性。将 H₂S 气体通入事先准备好的蒸馏水中，制成饱和溶液，用 pH 试纸检测其 pH 值（溶液在下面实验用）。

注意：H₂S 与空气的混合气体具有爆鸣气的性质，应在通风条件下实验。H₂S 气体有毒，实验后要吸收尾气并迅速处理掉发生装置中的残留物（如何处理？），以免气体外逸。

（2）硫化物的溶解性　分别取 1 滴 0.2mol·L⁻¹ MnSO₄、0.2mol·L⁻¹ Pb(NO₃)₂、0.2mol·L⁻¹ CuSO₄、0.2mol·L⁻¹ Hg(NO₃)₂ 溶液，然后各加 1 滴 0.1mol·L⁻¹ Na₂S 溶液，振荡，观察现象。洗涤沉淀，试验这些沉淀在 2mol·L⁻¹ HCl、6mol·L⁻¹ HCl、浓 HNO₃、王水（自配，浓 HNO₃ 与浓 HCl 的体积比为 1∶3）中的溶解情况，写出反应方程式。查资料总结金属硫化物的溶解规律。

（3）硫代硫酸盐的性质

① 氧化性　往 3 滴碘水中滴加 0.2mol·L⁻¹ Na₂S₂O₃ 溶液，振荡，观察碘水褪色，写出反应方程式。

② 还原性　往 3 滴 0.2mol·L⁻¹ Na₂S₂O₃ 溶液中，边滴加氯水边振荡，如有沉淀，继续加氯水，直至沉淀消失。设法证明 SO₄²⁻ 的生成。写出反应方程式。

③ 不稳定性　向 3 滴 0.2mol·L⁻¹ Na₂S₂O₃ 溶液加入 1～2 滴 6mol·L⁻¹ HCl 溶液，有何现象？写出有关反应方程式。

（4）过二硫酸盐的氧化性　取 5 滴 1mol·L⁻¹ H₂SO₄、10 滴蒸馏水和 1 滴 0.002mol·L⁻¹ MnSO₄，混合均匀后分成两份，一份中加豆粒大小固体 K₂S₂O₈ 和 1 滴 0.1mol·L⁻¹ AgNO₃ 溶液，另一份中只加等量的 K₂S₂O₈ 固体，加热试管观察溶液颜色变化，与第一份相比，反应速率有何不同？说明 K₂S₂O₈ 的性质和 Ag⁺ 的作用。

3. 亚硝酸、硝酸及其盐的主要性质

（1）HNO₂ 的合成和分解　取 2 支试管，分别加 1mL 饱和 NaNO₂ 溶液和 1mL 1mol·L⁻¹ H₂SO₄ 溶液，将 2 支试管在冰水中冷却，然后混合溶液。在冰水中观察溶液的颜色。从冰水中取出试管，在常温下观察亚硝酸的分解。解释现象。

$$2HNO_2 \underset{冷}{\overset{热}{\rightleftharpoons}} H_2O + N_2O_3(蓝色) \underset{冷}{\overset{热}{\rightleftharpoons}} H_2O + NO\uparrow + NO_2\uparrow$$

（2）HNO₂ 的氧化性和还原性　取 3 滴 0.5mol·L⁻¹ NaNO₂ 溶液和 1 滴 0.2mol·L⁻¹ KI 溶液，振荡，观察有无变化？再加入 1 滴 1mol·L⁻¹ H₂SO₄ 溶液，有何现象？产物如何检验？写出反应方程式。

用 0.2mol·L⁻¹ KMnO₄ 溶液代替 0.2mol·L⁻¹ KI 溶液，进行同样的试验，观察有何现象？写出反应方程式。

上述 2 个试验，HNO₂ 各起什么作用？

（3）HNO₃ 的氧化性

① 浓 HNO₃ 与非金属的反应　取米粒大小的硫黄粉于试管中，加入 5 滴浓 HNO₃，加热，观察现象，有何气体产生？冷却后，检验产物中的 SO₄²⁻。写出反应方程式。

② 浓 HNO₃ 与金属的反应　取米粒大小铜屑与 5 滴浓 HNO₃ 反应，观察气体和溶液的颜色。写出反应方程式。

③ 稀 HNO_3 与金属的反应

a. 与铜反应。取米粒大小铜屑与 5 滴 $2mol \cdot L^{-1}$ HNO_3 溶液反应，微热，与前一结果比较，观察两者有何不同。

b. 与锌反应。往 1 粒锌粒中加入 5 滴 $2mol \cdot L^{-1}$ HNO_3 溶液，放置片刻后，检验有无 NH_4^+ 生成（用气室法或奈氏法）。

写出上述反应的方程式，总结 HNO_3 与金属、非金属反应的规律。

（4）硝酸盐的热分解 取三支干燥的试管，分别加入豆粒大小的 KNO_3、$Pb(NO_3)_2$、$AgNO_3$ 固体，加热，观察反应情况和产物的颜色，检验气体产物，写出有关反应方程式。总结硝酸盐热分解的规律。

4. 磷酸盐的性质

（1）酸碱性

① 用 pH 试纸测定 $0.1mol \cdot L^{-1}$ Na_3PO_4、Na_2HPO_4、NaH_2PO_4 溶液的 pH 值。

② 分别取 5 滴 $0.1mol \cdot L^{-1}$ 的 Na_3PO_4、Na_2HPO_4、NaH_2PO_4 溶液于三支试管中，再各滴入适量的 $0.1mol \cdot L^{-1}$ $AgNO_3$ 溶液，振荡，观察是否有沉淀产生。试验溶液的酸碱性有无变化？解释之。写出有关的反应方程式。

（2）溶解性 分别取 3 滴 $0.1mol \cdot L^{-1}$ Na_3PO_4、Na_2HPO_4、NaH_2PO_4 溶液于三支试管中，各加入 2 滴 $0.5mol \cdot L^{-1}$ $CaCl_2$ 溶液，观察有何现象。测定它们的 pH 值。各滴加 5 滴 $2mol \cdot L^{-1}$ $NH_3 \cdot H_2O$ 溶液，有何变化？再滴加 5 滴 $2mol \cdot L^{-1}$ HCl 溶液，又有何变化？

比较 $Ca_3(PO_4)_2$、$CaHPO_4$、$Ca(H_2PO_4)_2$ 的溶解性，说明它们之间相互转化的条件，写出有关反应的方程式。

（3）配位性 向 2 滴 $0.2mol \cdot L^{-1}$ 的 $CuSO_4$ 溶液中，滴加 $0.1mol \cdot L^{-1}$ $Na_4P_2O_7$ 溶液，边滴加边振荡，观察沉淀的生成。继续滴加 $Na_4P_2O_7$ 溶液，观察沉淀是否溶解。写出相应的反应方程式。

5. 碳、硅、硼含氧酸盐的性质

（1）碳酸盐的水解性 用 pH 试纸测定 $0.5mol \cdot L^{-1}$ Na_2CO_3 溶液的 pH 值。在试管中加入 3 滴 $0.5mol \cdot L^{-1}$ Na_2CO_3 和 3 滴 $0.5mol \cdot L^{-1}$ $Al_2(SO_4)_3$ 溶液，观察有什么现象。写出反应方程式。

（2）碳酸盐的微溶性 取三支试管均加入 2 滴 $0.5mol \cdot L^{-1}$ Na_2CO_3 溶液，然后分别滴入 2 滴 $0.2mol \cdot L^{-1}$ $FeCl_3$、$BaCl_2$ 和 $CuSO_4$ 溶液，观察沉淀的颜色和状态。写出反应方程式。

通过实验总结 Na_2CO_3 作沉淀剂时，会产生哪三种沉淀。为什么？

（3）硅酸盐的水解 测定 20% Na_2SiO_3 溶液的 pH 值。在试管中加入 5 滴 20% Na_2SiO_3 和 5 滴饱和的 NH_4Cl 溶液，微热，观察有什么现象。用 pH 试纸检验气体的酸碱性。写出反应方程式。

（4）微溶性硅酸盐的生成——"水中花园" 多数金属的硅酸盐难溶或微溶，颜色各异。当把某些金属盐晶体投入到硅酸钠溶液中时，立即在晶体表面形成一层硅酸盐难溶膜，此膜有半透膜性质。当水渗入膜内，使金属盐溶解，就会撑破硅酸盐膜，当盐溶液遇到硅酸钠又立即生成一层难溶膜。如此往复进行，就形成了绮丽的"水中花园"。

在 100mL 小烧杯中加入约 60mL 的 20% Na_2SiO_3 溶液，然后取小粒的 $CaCl_2$、$CuSO_4$、$Co(NO_3)_2$、$NiSO_4$、$MnSO_4$、$FeCl_3$ 晶体投入杯内，半小时后，观察现象。（注意：晶体要分开放。反应过程中，不要挪动烧杯，以免破坏景观。实验完毕，立即洗净烧杯，以免溶液腐蚀烧杯。）

（5）硼砂珠试验　铂丝的代用品镍铬丝的处理方法：取一小段镍铬丝，中间拉直，两端各留一小圈。在点滴板上加几滴 $6mol \cdot L^{-1}$ HCl 溶液，用坩埚钳夹住镍铬丝，镍铬丝一端在氧化焰上灼烧片刻后浸入酸中，取出再灼烧，如此重复 3～4 次即可。

① 硼砂珠制备　用上述方法处理过的镍铬丝的一端蘸取一些硼砂固体，在氧化焰上灼烧并熔融成圆珠（若一次不成珠可反复蘸取硼砂再烧）。观察硼砂珠的颜色和状态。

② 用硼砂珠鉴定钴和铬盐　用烧热的硼砂珠分别蘸上少量 $Co(NO_3)_2$ 和 Cr_2O_3 固体，烧融后观察它们在热和冷时的颜色[1]。

反应方程式如下：

$$2Co(NO_3)_2 =\!=\!= 2CoO + 4NO_2\uparrow + O_2\uparrow$$
$$Na_2B_4O_7 + CoO =\!=\!= Co(BO_2)_2 \cdot 2NaBO_2（蓝宝石色）$$
$$2Na_2B_4O_7 + Cr_2O_3 =\!=\!= 2Cr(BO_2)_3 \cdot 2NaBO_2（草绿色）+ Na_2O$$

【思考题】

1. 用碘化钾-淀粉试纸检验 Cl_2 时，试纸先呈蓝色，当在 Cl_2 中放置时间较长时，蓝色褪去。为什么？

2. 为何不能用 NaCl 与浓 H_2SO_4 反应制取 HCl 同样的方法制取 HBr 和 HI？

3. 久置的 Na_2S 溶液会有什么变化？常用什么试剂代替 Na_2S 溶液来提供 H_2S 或 S^{2-}？

4. 为什么一般情况下不用 HNO_3 作为酸性反应介质？稀 HNO_3 与金属反应和稀 H_2SO_4 或稀 HCl 与金属反应有何不同？

5. NaH_2PO_4 溶液显酸性，那么是否所有的酸式盐溶液都显酸性？为什么？举例说明。

6. 在 HCl、H_2SO_4 和 HNO_3 中，选用哪一种酸最适宜溶解 Ag_3PO_4 沉淀？为什么？

7. 下列两个反应有无矛盾？为什么？

$$CO_2 + Na_2SiO_3 + H_2O =\!=\!= H_2SiO_3 + Na_2CO_3$$
$$Na_2CO_3 + SiO_2 =\!=\!= Na_2SiO_3 + CO_2\uparrow$$

【附注】

[1] 几种金属的硼砂珠颜色见表 5-1。

表 5-1　几种金属的硼砂珠颜色

样品元素	氧　化　焰		还　原　焰	
	热时	冷时	热时	冷时
铬	黄色	黄绿色	绿色	绿色
钼	淡黄色	无色～白色	褐色	褐色
锰	紫色	紫红色	无色～灰色	无色～灰色
铁	黄色～淡褐色	黄色～褐色	绿色	淡绿色
钴	蓝色	蓝色	蓝色	蓝色
镍	紫色	黄褐色	无色～灰色	无色～灰色
铜	绿色	黄绿色～淡蓝色	灰色～绿色	红色

实验8　主族重要金属及其化合物的性质

【实验目的】

1. 熟悉主族金属的电子结构与化合物性质的关系。

2. 通过实验验证金属 Na、Mg、Ca、Ba、Al、Sn、Pb、Sb、Bi 及其化合物的性质。

【仪器与试剂】

1. 试管，离心管，镊子，足刀，酒精灯，三脚架，泥三角，坩埚，离心机。

2. H_2SO_4（$1mol \cdot L^{-1}$，浓），$KMnO_4$（$0.02mol \cdot L^{-1}$），$MgCl_2$（$0.5mol \cdot L^{-1}$），$NH_3 \cdot H_2O$（$6mol \cdot L^{-1}$），NH_4Cl（饱和），HCl（$2mol \cdot L^{-1}$，浓），HNO_3（$6mol \cdot L^{-1}$），$NaOH$（$2mol \cdot L^{-1}$，$6mol \cdot L^{-1}$），$MgCl_2$（$0.5mol \cdot L^{-1}$），$CaCl_2$（$0.5mol \cdot L^{-1}$），$BaCl_2$（$0.5mol \cdot L^{-1}$），Na_2SO_4（$0.1mol \cdot L^{-1}$），$CaSO_4$（饱和），$HgCl_2$（$0.1mol \cdot L^{-1}$），$Al_2(SO_4)_3$（$0.5mol \cdot L^{-1}$），$SnCl_2$（$0.2mol \cdot L^{-1}$），$Bi(NO_3)_3$（$0.5mol \cdot L^{-1}$），$MnSO_4$（$0.002mol \cdot L^{-1}$），$Pb(NO_3)_2$（$0.5mol \cdot L^{-1}$），KI（$1mol \cdot L^{-1}$），K_2CrO_4（$0.5mol \cdot L^{-1}$），$SbCl_3$（$0.1mol \cdot L^{-1}$），Na_2S（$0.5mol \cdot L^{-1}$），H_2S（饱和），氯水，$NaAc(s)$，$Na_2BiO_3(s)$，钠，铝片，PbO_2，pH 试纸，碘化钾-淀粉试纸，砂纸。

【实验步骤】

1. 钠在空气中与氧的反应和过氧化钠的生成和性质

（1）钠与空气中氧反应和过氧化钠的生成　用镊子取一小块（黄豆大）金属钠，用滤纸吸干煤油并切去表面的氧化膜，立即置于坩埚内加热。当钠刚开始燃烧时，停止加热。观察反应情况和产物的颜色、状态。

（2）过氧化钠的性质　待上面坩埚中的产物冷却后，加入 1mL 蒸馏水溶解产物，然后将溶液转移至试管中，检验溶液的酸碱性。溶液分成两份。

① 将一份溶液微热，观察是否有气体放出，并检验气体是否是氧气，写出反应方程式。

② 将另一份溶液用 $1mol \cdot L^{-1}$ H_2SO_4 酸化，滴加 1～2 滴 $0.02mol \cdot L^{-1}$ 的 $KMnO_4$ 溶液。观察紫色是否褪去。由此说明水溶液是否有 H_2O_2，从而推知钠在空气中燃烧是否有 Na_2O_2 生成。

总结过氧化钠的性质。

2. 碱土金属氢氧化物的溶解性

（1）$Mg(OH)_2$ 的生成和性质　向 10 滴 $0.5mol \cdot L^{-1}$ 的 $MgCl_2$ 溶液中，加入 6 滴 $6mol \cdot L^{-1}$ $NH_3 \cdot H_2O$，观察 $Mg(OH)_2$ 沉淀的生成。分成三份，然后分别试验它们与饱和 NH_4Cl 溶液、$2mol \cdot L^{-1}$ HCl 溶液和 $2mol \cdot L^{-1}$ $NaOH$ 溶液的反应情况。写出各反应的方程式。

（2）镁、钙、钡氢氧化物的溶解性　在三支试管中各加入 2 滴 $0.5mol \cdot L^{-1}$ 的 $MgCl_2$、$CaCl_2$、$BaCl_2$ 溶液，然后分别加入 5 滴新配制的 $2mol \cdot L^{-1}$ $NaOH$ 溶液（为什么要新配制?），观察是否有沉淀生成，比较它们的溶解度。

3. 镁、钙、钡硫酸盐溶解性比较

取三支试管各加入 2 滴 $0.5mol \cdot L^{-1}$ 的 $MgCl_2$、$CaCl_2$、$BaCl_2$ 溶液，然后分别注入 5 滴 $0.1mol \cdot L^{-1}$ Na_2SO_4 溶液，观察有无沉淀生成。若 $MgCl_2$、$CaCl_2$ 溶液中加入 Na_2SO_4 溶液后无沉淀生成，可用玻璃棒摩擦试管壁，再观察有无沉淀生成。比较生成沉淀情况。分别检验沉淀与浓 H_2SO_4 的作用，写出反应方程式。

用 $0.5mol \cdot L^{-1}$ $CaCl_2$、$BaCl_2$ 溶液分别试验与饱和硫酸钙溶液生成沉淀的情况。

比较 $MgSO_4$、$CaSO_4$、$BaSO_4$ 溶解度的大小。

4. Al、$Al(OH)_3$ 的性质

（1）金属 Al 在空气中氧化以及与水的反应　取一小块铝片，用砂纸擦净表面氧化膜。在清洁的表面上滴 2 滴 $0.1mol \cdot L^{-1}$ $HgCl_2$ 溶液。当与溶液接触的金属表面呈灰色时，用棉

花或软纸将液体擦去，然后将此金属在空气中放置，发现铝片表面有大量蓬松的物质（水合氧化铝 $Al_2O_3 \cdot xH_2O$）生成，将铝片置入盛水的试管中，观察 H_2 的放出。微热试管可以加快放出气体的速度。有关反应式如下：

$$2Al + 3Hg^{2+} == 2Al^{3+} + 3Hg \downarrow (Al-Hg \text{ 齐})$$

$$4Al(Hg) + 3O_2 + xH_2O == 2Al_2O_3 \cdot xH_2O(\text{白毛}) + 4(Hg)$$

$$2Al(Hg) + 6H_2O == 2Al(OH)_3 \downarrow + 3H_2 + 2(Hg)$$

（2）$Al(OH)_3$ 的酸碱性　在 0.5mL 0.5mol·L^{-1} $Al_2(SO_4)_3$ 溶液中，滴加 2mol·L^{-1} NaOH 溶液（不可多加）至有大量浑浊生成，把浑浊溶液分成三份，分别将它们与 2mol·L^{-1} NaOH 溶液、2mol·L^{-1} HCl 和 6mol·L^{-1} $NH_3 \cdot H_2O$ 作用，观察现象，写出反应式。

5. 锡和铅的化合物的性质

（1）$Sn(II)$ 的还原性和 $Pb(IV)$ 的氧化性

① $Sn(II)$ 的还原性　试管中滴加 3 滴 0.2mol·L^{-1} $SnCl_2$ 溶液和 2 滴 2mol·L^{-1} NaOH 溶液，即得白色的 $Sn(OH)_2$ 沉淀，继续滴加 NaOH 溶液至沉淀溶解，然后在溶液中加几滴 0.5mol·L^{-1} $Bi(NO_3)_3$，观察金属铋黑色沉淀的生成。反应方程式如下：

$$3Sn(OH)_3^- + 2Bi^{3+} + 9OH^- == 3Sn(OH)_6^{2-} + 2Bi \downarrow$$

这一反应可用于鉴定 Sn^{2+} 和 Bi^{3+}。

② $Pb(IV)$ 的氧化性　取少许 PbO_2 于试管中，加入 10 滴 1mol·L^{-1} H_2SO_4 及 1 滴 0.002mol·L^{-1} 的 $MnSO_4$ 溶液，微热。观察实验现象并写出反应方程式。

（2）铅的难溶盐

① $PbCl_2$ 和 PbI_2　取 2 滴 0.5mol·L^{-1} $Pb(NO_3)_2$ 溶液，滴加 2mol·L^{-1} HCl，观察沉淀生成；加热，观察沉淀是否溶解。冷却溶液，又有什么变化？根据实验现象说明 $PbCl_2$ 的溶解度与温度的关系。取少量 $PbCl_2$ 沉淀，试验在浓盐酸中的溶解情况。写出相关反应方程式。

用 1mol·L^{-1} 的 KI 溶液代替 2mol·L^{-1} HCl 重复上述实验，会得到什么实验结果？分取少量碘化铅沉淀继续滴加 1mol·L^{-1} 的 KI 溶液，观察沉淀是否溶解？写出相关反应方程式。

② $PbCrO_4$　在 5 滴 0.5mol·L^{-1} $Pb(NO_3)_2$ 溶液中，滴加 0.5mol·L^{-1} K_2CrO_4 溶液，观察 $PbCrO_4$ 沉淀的生成和颜色。试验它在 6mol·L^{-1} HNO_3 和 6mol·L^{-1} NaOH 溶液中的溶解情况。写出有关的反应方程式。

③ $PbSO_4$　在 1 滴 0.5mol·L^{-1} $Pb(NO_3)_2$ 溶液中，滴入 0.1mol·L^{-1} Na_2SO_4 溶液，即得白色 $PbSO_4$ 沉淀。加入少许固体 NaAc，注入 1mL 蒸馏水，微热，并不断搅拌，观察沉淀是否溶解。解释现象并写出有关的反应方程式。

6. 锑和铋化合物的性质

（1）$Sb(OH)_3$、$Bi(OH)_3$ 的酸碱性　2 滴 0.1mol·L^{-1} $SbCl_3$ 溶液和 2 滴 2mol·L^{-1} NaOH 溶液混合，振荡，生成白色沉淀。沉淀分成两份，一份加几滴 6mol·L^{-1} HCl 溶液，另一份加入几滴 6mol·L^{-1} NaOH 溶液，观察沉淀的溶解情况。解释现象，写出反应方程式。

用 $Bi(NO_3)_3$ 溶液代替 $SbCl_3$ 溶液重复上述实验。观察并解释实验现象，写出反应方程式。

总结 $Sb(OH)_3$、$Bi(OH)_3$ 酸碱性变化规律。

（2）$Sb(III)$ 和 $Bi(III)$ 盐的水解作用　取 2 滴 0.1mol·L^{-1} $SbCl_3$ 溶液，加水稀释，观察有何现象发生。再滴加 6mol·L^{-1} HCl 溶液到沉淀刚好溶解，再稀释又有什么变化？写出反应方程式并加以解释。

以 0.5mol·L^{-1} Bi(NO$_3$)$_3$ 溶液代替 SbCl$_3$ 溶液，进行上述试验，观察现象，写出反应方程式。

（3）Bi（Ⅲ）的还原性和 Bi（Ⅴ）的氧化性

① Bi（Ⅲ）的还原性　在试管中加入 5 滴 Bi(NO$_3$)$_3$ 溶液，加入 3 滴 6mol·L^{-1} NaOH 溶液和几滴氯水，微热并观察棕黄色沉淀的生成，倾去溶液，再加浓 HCl 于沉淀物中，用浸湿的碘化钾-淀粉试纸检验氯气的生成，写出反应方程式。

② Bi（Ⅴ）的氧化性　取 1 滴 0.002mol·L^{-1} MnSO$_4$ 溶液和 1mL 6mol·L^{-1} HNO$_3$，然后再加入绿豆大小的固体 NaBiO$_3$，微热试管，观察现象，写出反应式。

7. 锑、铋的硫化物和硫代酸盐

（1）Sb$_2$S$_3$ 和 Na$_3$SbS$_3$ 的生成和性质

① 在 10 滴 0.1mol·L^{-1} SbCl$_3$ 溶液中加入数滴饱和硫化氢水溶液，观察沉淀的颜色和状态，写出反应方程式。

② 离心分离，弃去溶液，洗涤沉淀，将沉淀分成三份，分别加入几滴浓 HCl、2mol·L^{-1} NaOH 和 0.5mol·L^{-1} Na$_2$S 溶液，观察沉淀各自的溶解状况，写出有关反应方程式。

（2）Bi$_2$S$_3$ 的生成和性质　以 Bi(NO$_3$)$_3$ 溶液代替 SbCl$_3$ 溶液，进行上述试验，观察现象，写出反应方程式。

【思考题】

1. 如何检测钠在空气中与氧的反应产物为过氧化钠？

2. 氯化镁溶液遇氨水时能生成氢氧化镁沉淀和氯化铵，而氢氧化镁沉淀又能溶于饱和氯化铵溶液，两者是否矛盾？如何解释？

3. 实验室中如何配制氯化亚锡、三氯化锑和硝酸铋溶液？与它们的哪些性质有关？

实验9　ds 区元素重要化合物的性质

【实验目的】

1. 熟悉 ds 区元素电子结构以及与化合物的性质关系。

2. 验证 ds 区元素重要化合物的性质。

【仪器与试剂】

1. 试管，离心管，酒精灯，三脚架，离心机，点滴板，滴管。

2. H$_2$SO$_4$（3mol·L^{-1}，浓），HCl（2mol·L^{-1}，浓），NaOH（2mol·L^{-1}，6mol·L^{-1}，40%），NH$_3$·H$_2$O（2mol·L^{-1}，6mol·L^{-1}，浓），HNO$_3$（2mol·L^{-1}，6mol·L^{-1}），KI（0.5mol·L^{-1}），CuSO$_4$（0.2mol·L^{-1}），AgNO$_3$（0.1mol·L^{-1}），ZnSO$_4$（0.1mol·L^{-1}），CdSO$_4$（0.1mol·L^{-1}），Hg(NO$_3$)$_2$（0.1mol·L^{-1}），Hg$_2$(NO$_3$)$_2$（0.1mol·L^{-1}），葡萄糖（10%），CuCl$_2$（0.5mol·L^{-1}），Na$_2$S$_2$O$_3$（0.2mol·L^{-1}），SnCl$_2$（0.2mol·L^{-1}），NaCl（0.1mol·L^{-1}），NaBr（0.1mol·L^{-1}），Na$_2$S（0.1mol·L^{-1}），NH$_4$Cl（0.1mol·L^{-1}），NaCl(s)，汞，铜屑。

【实验步骤】

1. 氢氧化物的酸碱性和稳定性

分别在试管中加入 $0.2mol \cdot L^{-1}$ $CuSO_4$、$0.1mol \cdot L^{-1}$ $AgNO_3$、$0.1mol \cdot L^{-1}$ $ZnSO_4$、$0.1mol \cdot L^{-1}$ $CdSO_4$、$0.1mol \cdot L^{-1}$ $Hg(NO_3)_2$、$0.1mol \cdot L^{-1}$ $Hg_2(NO_3)_2$ 溶液，使用 $2mol \cdot L^{-1}$ $NaOH$、$2mol \cdot L^{-1}$ HNO_3，设计一个实验方案，通过实验比较氢氧化物的酸碱性、氢氧化物在室温和沸水浴中的稳定性。列表（表 5-2）记录实验现象（沉淀、溶解、颜色），写出对应的反应方程式。

表 5-2　氢氧化物的酸碱性和稳定性

项　　目		Cu^{2+}	Ag^+	Zn^{2+}	Cd^{2+}	Hg^{2+}	Hg_2^{2+}
盐＋NaOH							
氢氧化物或氧化物	＋NaOH						
	＋HNO₃						
结论	酸碱性						
	热稳定性						

2. 氧化性

（1）Cu（Ⅱ）的氧化性和 Cu（Ⅰ）与 Cu（Ⅱ）的转化

① 氧化亚铜的生成和性质　10 滴 $0.2mol \cdot L^{-1}$ $CuSO_4$ 溶液中，加入过量的 $6mol \cdot L^{-1}$ $NaOH$ 溶液，使生成的沉淀全部溶解，得到斐林试剂。再往此溶液中加入几滴 10% 葡萄糖溶液，振荡，微热，观察有何现象。写出有关反应方程式。

离心分离沉淀并用蒸馏水洗涤沉淀，取 2 份少量沉淀，一份加几滴 $3mol \cdot L^{-1}$ H_2SO_4 加热，观察实验现象。另一份加入几滴浓 $NH_3 \cdot H_2O$，振摇后观察清液的颜色，静置后颜色有何变化？解释有关实验现象。

② CuCl 的生成和性质　取 5mL $0.5mol \cdot L^{-1}$ $CuCl_2$ 溶液，加少量铜屑和 2mL 浓 HCl，加热至沸，待到溶液绿色完全消失变成深棕色为止。用滴管取几滴溶液于 5mL 蒸馏水中，如有白色沉淀产生，则迅速把全部溶液倒入 200mL 蒸馏水中，观察沉淀的生成。静置，用倾析法洗涤白色沉淀至无蓝色为止。取出少许沉淀，分别进行下列试验：

　a. 将少量白色沉淀置于空气中；

　b. 将沉淀加入浓 HCl 中；

　c. 将沉淀加入浓 $NH_3 \cdot H_2O$ 中；

观察与记录实验现象，写出有关的反应方程式。

③ CuI 的生成　取 5 滴 $0.2mol \cdot L^{-1}$ 的 $CuSO_4$ 溶液于试管中，边滴加 $0.5mol \cdot L^{-1}$ 的 KI 溶液边振荡试管，观察有何变化。再滴入少量 $0.2mol \cdot L^{-1}$ $Na_2S_2O_3$ 溶液，以除去反应中生成的 I_2（加入 $Na_2S_2O_3$ 不能过量，否则就会使 CuI 溶解，为什么?）。观察 CuI 的颜色和状态，写出反应方程式。

（2）银镜反应　在一洁净的试管中加入 10 滴 $0.1mol \cdot L^{-1}$ $AgNO_3$ 和 10 滴 $2mol \cdot L^{-1}$ $NaOH$ 溶液，滴入 $6mol \cdot L^{-1}$ $NH_3 \cdot H_2O$ 至沉淀溶解，再多滴两滴。然后滴入 5 滴 10% 葡萄糖溶液，摇匀后放在 80～90℃ 热水中静置。观察管壁银镜的生成（在试管内壁生成的银可用 $6mol \cdot L^{-1}$ HNO_3 溶解后回收）。写出反应方程式。

（3）汞（Ⅱ）的氧化性及汞（Ⅱ）与汞（Ⅰ）的相互转化

① 汞（Ⅱ）的氧化性　往 $0.1mol \cdot L^{-1}$ $Hg(NO_3)_2$ 溶液中，滴入 $0.2mol \cdot L^{-1}$ $SnCl_2$ 溶液（先适量，再过量），观察有何种现象发生。写出反应方程式。

此为检验 Hg^{2+} 的实验。

② 汞（Ⅱ）转化为汞（Ⅰ）和汞（Ⅰ）的歧化　向 5 滴 $0.1mol \cdot L^{-1}$ $Hg(NO_3)_2$ 溶液中，

滴入 1 滴金属汞（汞盐和汞蒸气均有剧毒，切勿侵入伤口！也可事先由教师在硝酸汞溶液的滴瓶中加数滴汞，振摇后供学生使用），充分振荡。用滴管把清液转入两支试管（余下的汞要回收），在一支试管中加入 0.1mol·L^{-1} NaCl，另一支试管中滴入 2mol·L^{-1} NH$_3$·H$_2$O，观察实验现象，写出反应式。

3. 配合物

（1）铜的配合物

① 取数滴 0.2mol·L^{-1} CuSO$_4$ 溶液，加入适量 6mol·L^{-1} NH$_3$·H$_2$O，生成天蓝色沉淀，加入过量 6mol·L^{-1} NH$_3$·H$_2$O，沉淀溶解，得到深蓝色 [Cu(NH$_3$)$_4$]SO$_4$ 溶液，将溶液分装入两试管，在一支试管中加入数滴 2mol·L^{-1} NaOH，另一支加入数滴 0.1mol·L^{-1} Na$_2$S 溶液，记录现象，写出反应方程式。

② 取 1mL 0.5mol·L^{-1} CuCl$_2$ 溶液，加入固体 NaCl，振荡试管使之溶解，观察溶液颜色变化，加水稀释溶液颜色又有何变化？写出离子反应方程式。

（2）银的配合物

① 取数滴 0.1mol·L^{-1} AgNO$_3$，加入等量 0.1mol·L^{-1} NaCl 溶液，静置片刻，弃去清液。将沉淀分成两份，一份加入 2mL 6mol·L^{-1} NH$_3$·H$_2$O，沉淀溶解，滴加 6mol·L^{-1} HNO$_3$，又产生白色沉淀，为什么？另一份加入少量 0.2mol·L^{-1} Na$_2$S$_2$O$_3$ 溶液，沉淀溶解，为什么？写出反应方程式。

② 制取少量 AgBr 沉淀，按上述实验方法试验它们在 NH$_3$·H$_2$O 和 Na$_2$S$_2$O$_3$ 溶液中的溶解情况，写出有关反应方程式。

（3）汞的配合物

① 2 滴 0.1mol·L^{-1} HgCl$_2$ 溶液中，滴加 0.5mol·L^{-1} KI 溶液，观察沉淀颜色，继续加入过量 0.5mol·L^{-1} KI 溶液，沉淀溶解，为什么？写出离子反应方程式。

在上述溶液中，加入数滴 40% NaOH 溶液，即得奈斯勒试剂。在点滴板上加 2 滴 0.1mol·L^{-1} NH$_4$Cl 溶液，再加入自制的奈斯勒试剂 2 滴，观察现象，写出离子方程式，此为 NH$_4^+$ 或 NH$_3$ 的鉴定反应。

$$NH_4^+ + 2[HgI_4]^{2-} + 4OH^- = \left[O{<}^{Hg}_{Hg}{>}NH_2 \right] I\downarrow + 3H_2O + 7I^-$$

② 在 2 滴 0.1mol·L^{-1} Hg$_2$(NO$_3$)$_2$ 溶液中，滴加 0.5mol·L^{-1} KI 溶液，观察沉淀颜色，继续加入过量 0.5mol·L^{-1} KI，记录现象，写出离子反应方程式。

【思考题】

1. 什么是斐林试剂？它在医疗上有什么用途？

2. 土红色的氧化亚铜溶于氨水得到什么配合物？为什么它很快变成深蓝色呢？

3. 加入过量 Na$_2$S$_2$O$_3$ 能使 CuI 溶解，为什么？

4. 举例说明 Cu(Ⅰ) 与 Cu(Ⅱ)、Hg(Ⅰ) 和 Hg(Ⅱ) 相互转化的条件是什么？

实验 10　d 区元素（铬、锰、铁、钴、镍）化合物的性质

【实验目的】

1. 熟悉 d 区元素电子结构及其与性质的关系。

2. 掌握 d 区元素主要氢氧化物的酸碱性及氧化还原性。

3. 掌握 d 区元素主要化合物的氧化还原性。

4. 掌握 Fe、Co、Ni 配合物的生成和性质及其在离子鉴定中的应用。

【仪器与试剂】

1. 试管，离心管，酒精灯，滴管。

2. H_2SO_4（3mol·L^{-1}），NaOH（2mol·L^{-1}，6mol·L^{-1}），HCl（2mol·L^{-1}，浓），$NH_3 \cdot H_2O$（2mol·L^{-1}，6mol·L^{-1}，浓），$Cr_2(SO_4)_3$（0.1mol·L^{-1}），H_2O_2（3%），$MnSO_4$（0.2mol·L^{-1}），$(NH_4)_2Fe(SO_4)_2$（0.1mol·L^{-1}，s），$CoCl_2$（0.1mol·L^{-1}），氯水，KSCN（0.5mol·L^{-1}），$NiSO_4$（0.1mol·L^{-1}），$K_2Cr_2O_7$（0.1mol·L^{-1}），Na_2SO_3（0.1mol·L^{-1}），KI（0.5mol·L^{-1}）K_2CrO_4（0.5mol·L^{-1}），$AgNO_3$（0.1mol·L^{-1}），$Pb(NO_3)_2$（0.2mol·L^{-1}），$BaCl_2$（0.1mol·L^{-1}），$KMnO_4$（0.02mol·L^{-1}），$K_4[Fe(CN)_6]$（0.5mol·L^{-1}），碘水，$FeCl_3$（0.2mol·L^{-1}），CCl_4，戊醇，二乙酰二肟（1%），碘化钾-淀粉试纸，MnO_2(s)，KSCN(s)。

【实验步骤】

1. 低价氢氧化物的酸碱性及还原性

(1) $Cr(OH)_3$ 的生成和性质　取 2 滴 0.1mol·L^{-1} 的 $Cr_2(SO_4)_3$ 溶液于试管中，逐滴加入 2mol·L^{-1} NaOH 溶液，观察生成物的颜色和状态。将沉淀分为两份：一份加入稀硫酸，观察沉淀溶解情况，写出相关方程式；另一份加入过量的 2mol·L^{-1} NaOH 溶液，观察沉淀溶解情况。然后在此溶液中加入足量 3% H_2O_2 溶液微热，颜色如何变化？继续加热以赶走氧气，观察实验现象并写出反应方程式。

(2) $Mn(OH)_2$ 的生成和性质

① 2 滴 0.2mol·L^{-1} $MnSO_4$ 和 2 滴 2mol·L^{-1} NaOH 溶液反应生成 $Mn(OH)_2$ 沉淀，观察沉淀的颜色，放置后再观察现象。

② 用上述方法制备 $Mn(OH)_2$ 沉淀，继续加入过量的 NaOH 溶液，观察沉淀是否溶解。

③ 在新制备的 $Mn(OH)_2$ 沉淀中迅速滴加 2mol·L^{-1} HCl 溶液，观察实验现象。

写出有关反应方程式，由实验结果说明 $Mn(OH)_2$ 的性质。

(3) Fe(Ⅱ)、Co(Ⅱ)、Ni(Ⅱ) 的氢氧化物的酸碱性和还原性

① Fe(Ⅱ)、Co(Ⅱ)、Ni(Ⅱ) 的氢氧化物的酸碱性　用 0.1mol·L^{-1} $(NH_4)_2Fe(SO_4)_2$（硫酸亚铁铵）溶液、0.1mol·L^{-1} $CoCl_2$ 溶液、0.1mol·L^{-1} $NiSO_4$ 溶液、2mol·L^{-1} NaOH 溶液及 2mol·L^{-1} HCl 溶液，试验 Fe(Ⅱ)、Co(Ⅱ) 及 Ni(Ⅱ) 氢氧化物的酸碱性，观察沉淀的颜色，写出有关的反应方程式。

② Fe(Ⅱ) 的还原性

a. 酸性介质。往盛有 5 滴氯水的试管中加入 3 滴 3mol·L^{-1} H_2SO_4 溶液，然后滴加 0.1mol·L^{-1} $(NH_4)_2Fe(SO_4)_2$ 溶液，观察现象（如现象不明显，可滴加 1 滴 KSCN 溶液，出现红色，证明有 Fe^{3+} 存在），写出反应方程式。

b. 碱性介质。在一试管中加入 10 滴蒸馏水和 1 滴 3mol·L^{-1} H_2SO_4 溶液，煮沸，以赶尽溶于其中的空气，然后溶入少量 $(NH_4)_2Fe(SO_4)_2$ 晶体。在另一试管中加入 10 滴 6mol·L^{-1} NaOH 溶液，煮沸。冷却后，用一长滴管吸取 NaOH 溶液，插入 $(NH_4)_2Fe(SO_4)_2$ 溶液（直至试管底部）内，慢慢放出 NaOH 溶液，观察产物颜色和状态。振荡后放置一段时间，观察又有何变化。写出反应方程式。产物留作下面实验用。

③ Co（Ⅱ）、Ni（Ⅱ）的还原性

a. 往两支分别盛有 5 滴 $0.1mol \cdot L^{-1}$ $CoCl_2$、5 滴 $0.1mol \cdot L^{-1}$ $NiSO_4$ 溶液的试管中滴加氯水，观察有何变化。

b. 在两支各盛有 5 滴 $0.1mol \cdot L^{-1}$ $CoCl_2$ 溶液的试管中分别加入 3 滴 $2mol \cdot L^{-1}$ NaOH 溶液，所得沉淀一份置于空气中，一份加入新配制的氯水，观察有何变化，第二份留作下面实验用。

c. 用 $0.1mol \cdot L^{-1}$ $NiSO_4$ 溶液按 b 操作，观察现象，第二份沉淀留作下面实验用。

由此比较铁（Ⅱ）、钴（Ⅱ）、镍（Ⅱ）还原性的递变规律以及酸碱性对还原性的影响。

2. 高价化合物的氧化性

（1）Cr（Ⅵ）的氧化性　取 2 滴 $0.1mol \cdot L^{-1}$ $K_2Cr_2O_7$ 溶液，滴加 2 滴 $3mol \cdot L^{-1}$ H_2SO_4 溶液，再加入 2 滴 $0.1mol \cdot L^{-1}$ Na_2SO_3 溶液，观察溶液颜色变化，写出反应方程式。

（2）Mn（Ⅳ）和 Mn（Ⅵ）的氧化性

① 在盛有少量（米粒大小）MnO_2 固体的试管中，加入 1 滴 $3mol \cdot L^{-1}$ H_2SO_4 溶液和少量 $0.1mol \cdot L^{-1}$ Na_2SO_3 溶液，观察沉淀是否溶解。写出有关的反应方程式。

② 在三支试管中分别加入数滴 $6mol \cdot L^{-1}$ NaOH（强碱性）、蒸馏水（近中性）和 $3mol \cdot L^{-1}$ H_2SO_4（酸性），分别试验 $0.1mol \cdot L^{-1}$ Na_2SO_3 与 $0.02mol \cdot L^{-1}$ $KMnO_4$ 溶液的作用，观察紫红色溶液分别变为何色，根据实验结果说明在不同介质中，$KMnO_4$ 的还原产物是什么。写出有关反应方程式。

（3）Fe（Ⅲ）、Co（Ⅲ）、Ni（Ⅲ）的氧化性

① 在 1（3）实验保留下来的 $Fe(OH)_3$、$CoO(OH)$ 和 $NiO(OH)$ 沉淀里各加入几滴浓盐酸，振荡后观察各有何变化，并用碘化钾-淀粉试纸检验所放出的气体。各反应方程式为：

$$Fe(OH)_3 + 3HCl = FeCl_3 + 3H_2O$$
$$2CoO(OH) + 6HCl = 2CoCl_2 + Cl_2 \uparrow + 4H_2O$$
$$2NiO(OH) + 6HCl = 2NiCl_2 + Cl_2 \uparrow + 4H_2O$$

② 在上述制得的 $FeCl_3$ 溶液中滴入 $0.5mol \cdot L^{-1}$ KI 溶液，再加几滴 CCl_4，振荡，观察实验现象并写出反应方程式。

3. 重铬酸盐和铬酸盐的溶解性

取三支试管，各加 3 滴 $0.1mol \cdot L^{-1}$ $K_2Cr_2O_7$ 溶液中，再分别加入 1 滴 $0.2mol \cdot L^{-1}$ $Pb(NO_3)_2$、$0.1mol \cdot L^{-1}$ $BaCl_2$ 和 $0.1mol \cdot L^{-1}$ $AgNO_3$ 溶液，观察产物的颜色和状态。试验 K_2CrO_4 溶液与 $Pb(NO_3)_2$、$BaCl_2$、$AgNO_3$ 溶液的反应，比较 2 次实验并解释实验结果，写出有关反应方程式。

4. Fe^{2+}、Fe^{3+}、Co^{2+}、Ni^{2+} 配合物的生成和应用

（1）铁的配合物

① 往盛有 5 滴 $0.5mol \cdot L^{-1}$ $K_4[Fe(CN)_6]$（黄血盐，亚铁氰化钾）溶液的试管里，加入 2 滴碘水，摇动试管后，加入 2 滴 $0.1mol \cdot L^{-1}$ $(NH_4)_2Fe(SO_4)_2$ 溶液，有何现象发生？此为 Fe^{2+} 的鉴定反应。

$$2[Fe(CN)_6]^{4-} + I_2 = 2[Fe(CN)_6]^{3-} + 2I^-$$
$$2[Fe(CN)_6]^{3-} + 3Fe^{2+} = Fe_3[Fe(CN)_6]_2$$

② 向盛有 10 滴新配制的 $0.1\text{mol}\cdot\text{L}^{-1}(\text{NH}_4)_2\text{Fe}(\text{SO}_4)_2$ 溶液的试管里加入 5 滴碘水。摇动试管后，将溶液分成两份，并各滴入 3 滴 $0.5\text{mol}\cdot\text{L}^{-1}$ KSCN 溶液，然后向其中一支试管中注入约 5 滴 3% H_2O_2 溶液，观察实验现象。

$$2\text{Fe}^{2+}+2\text{H}^++\text{H}_2\text{O}_2 =\!=\!= 2\text{Fe}^{3+}+2\text{H}_2\text{O}$$
$$\text{Fe}^{3+}+n\text{CNS}^- =\!=\!= [\text{Fe}(\text{NCS})_n]^{3-n}\,(n=1\sim6)$$

此为 Fe^{3+} 的鉴定反应。

试从配合物的生成对电极电势的影响来解释为什么 $[\text{Fe}(\text{CN})_6]^{4-}$ 能把 I_2 还原成 I^-，而 Fe^{2+} 则不能。

③ 往 3 滴 $0.2\text{mol}\cdot\text{L}^{-1}$ FeCl_3 溶液中滴加 $0.5\text{mol}\cdot\text{L}^{-1}$ $\text{K}_4[\text{Fe}(\text{CN})_6]$ 溶液，观察现象，写出反应方程式。这也是鉴定 Fe^{3+} 的一种常用方法。

④ 往盛有 3 滴 $0.2\text{mol}\cdot\text{L}^{-1}$ FeCl_3 的试管中，滴入浓 $\text{NH}_3\cdot\text{H}_2\text{O}$ 直至过量，观察实验现象。

(2) 钴的配合物

① 往盛有 5 滴 $0.1\text{mol}\cdot\text{L}^{-1}$ CoCl_2 溶液的试管中加入米粒大小的固体 KSCN，观察固体周围的颜色，再注入 5 滴戊醇，振荡后，观察水相和有机相的颜色 ｛蓝色 $[\text{Co}(\text{SCN})_4]^{2-}$ 在有机相中可以稳定存在｝，这个反应可用来鉴定 Co^{2+}。

② 往 3 滴 $0.1\text{mol}\cdot\text{L}^{-1}$ CoCl_2 溶液中逐滴加浓 $\text{NH}_3\cdot\text{H}_2\text{O}$，至生成的沉淀刚好溶解为止，静置一段时间后，观察溶液的颜色有何变化。写出有关的反应方程式。

(3) 镍的配合物

① 往盛有 10 滴 $0.1\text{mol}\cdot\text{L}^{-1}$ NiSO_4 溶液中加入过量的 $6\text{mol}\cdot\text{L}^{-1}$ $\text{NH}_3\cdot\text{H}_2\text{O}$，观察现象。静置片刻，再观察现象。写出反应方程式。把溶液分成四份：一份加入 $2\text{mol}\cdot\text{L}^{-1}$ NaOH 溶液，一份加入 $3\text{mol}\cdot\text{L}^{-1}$ H_2SO_4 溶液，一份加水稀释，一份煮沸，观察现象并解释。

② 在 3 滴 $0.1\text{mol}\cdot\text{L}^{-1}$ NiSO_4 溶液中，加入 3 滴 $2\text{mol}\cdot\text{L}^{-1}$ $\text{NH}_3\cdot\text{H}_2\text{O}$，再加入一滴 1% 二乙酰二肟，由于 Ni^{2+} 与二乙酰二肟生成稳定的红色螯合物沉淀，可用来鉴定 Ni^{2+} 的存在。

【思考题】

1. 总结铬、锰的各种氧化态之间相互转化的条件，注明反应在什么介质中进行，何者是氧化剂，何者是还原剂。

2. 比较游离的铁（Ⅱ）、钴（Ⅱ）、镍（Ⅱ）还原性的递变规律；由此推出铁（Ⅲ）、钴（Ⅲ）、镍（Ⅲ）氧化性的递变规律，形成配合物后对氧化还原性有何影响？

3. 为什么制取 $\text{Fe}(\text{OH})_2$ 时要首先将有关溶液煮沸？

5.2 常见离子的检验

实验 11 常见金属阳离子的分离与鉴定

【实验目的】

1. 熟悉和巩固金属化合物有关性质（氧化还原性、酸碱性和配位性等）。

2. 掌握分离和个别鉴定常见阳离子混合液的方法。熟悉离子检出的基本操作。

【实验原理】

根据离子对试剂的不同反应进行离子的分离、鉴定。这些反应常伴随发生一些特殊的现象，如沉淀的生成或溶解、气体的产生、特殊颜色的出现等等。常用于阳离子分离、鉴定的试剂主要有：HCl、H_2SO_4、$NaOH$、$NH_3 \cdot H_2O$、$(NH_4)_2CO_3$、H_2S 及一些与阳离子有特殊反应的试剂。常见阳离子与这些试剂反应的条件及生成物特点见表 5-3。离子的分离和鉴定需要在一定条件下进行。这主要指反应物的浓度、溶液的酸碱性、反应温度、干扰物是否存在等等。为达到预期的目的，就要严格控制反应条件。

当多种离子共存时，阳离子的定性分析多采用系统分析法，首先利用它们的某些共性，按照一定顺序加入若干种试剂，将离子一组一组地分批沉淀出来，分成若干组，然后在各组内根据它们的差异性进一步分离和鉴定。

例如两酸两碱系统是以最普通的两酸（盐酸、硫酸）、两碱（氨水、氢氧化钠）作组试剂，根据各离子氯化物、硫酸盐、氢氧化物的溶解度不同，将阳离子分为五个组，然后在各组内根据它们的差异性进一步分离和鉴定。

具体的分析步骤是，在混合离子溶液中加入第一组组试剂盐酸，使第一组离子沉淀下来。将沉淀分离后，在剩余溶液中加入第二组组试剂硫酸，使第二组离子沉淀下来。将沉淀分离后，在剩余溶液中加入第三组组试剂，即在弱碱性条件下加氨水，使第三组离子沉淀下来。将沉淀分离后，在剩余溶液中加入第四组组试剂氢氧化钠，使第四组离子沉淀下来。将第四组分离后，溶液中剩余的离子即为第五组。分离后第三组的离子种类仍较多，可根据它们的氢氧化物沉淀是否溶于过量氢氧化钠溶液而进一步分为两个小组。由于 Pb^{2+} 的氯化物沉淀溶解度较大，往往在第一组中不能沉淀完全。故 Pb^{2+} 也同时属于第二组。分组后每组所含离子种类均较少，互相干扰也较少，因此可以比较容易地进行组内各离子的分别鉴定。由于在整个分析过程中需要加入 $NaOH$ 和 NH_4Cl，故 Na^+ 和 NH_4^+ 需另行单独鉴定。具体步骤见图 5-1。

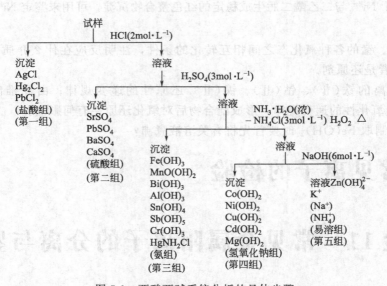

图 5-1　两酸两碱系统分析的具体步骤

表 5-3　常见阳离子与常见试剂的反应

试剂	Ag^+	Pb^{2+}	Cd^{2+}	Cu^{2+}	Hg^{2+}	Bi^{3+}	Sb^{3+}	Sn^{2+}	Al^{3+}	Fe^{3+}	Zn^{2+}	Ba^{2+}	Ca^{2+}	Mg^{2+}
HCl	$AgCl\downarrow$ 白色	$PbCl_2\downarrow$ 白色												
H_2S 0.3mol·L^{-1}	$Ag_2S\downarrow$ 黑色	$PbS\downarrow$ 黑色	$CdS\downarrow$ 亮黄色	$CuS\downarrow$ 黑色	$HgS\downarrow$ 黑色	$Bi_2S_3\downarrow$ 暗褐色	$Sb_2S_3\downarrow$ 橙色	$SnS\downarrow$ 褐色						
硫化物沉淀加 Na_2S	不溶	不溶	不溶	不溶	HgS_2^{2-}	不溶	SbS_3^{3-}	不溶						
$(NH_4)_2S$	$Ag_2S\downarrow$ 黑色	$PbS\downarrow$ 黑色	$CdS\downarrow$ 亮黄色	$CuS\downarrow$ 黑色	$HgS\downarrow$ 黑色	$Bi_2S_3\downarrow$ 暗褐色	$Sb_2S_3\downarrow$ 橙色	$SnS\downarrow$ 褐色	$Al(OH)_3\downarrow$ 白色	$FeS\downarrow$ 黑色	$ZnS\downarrow$ 白色			
$(NH_4)_2CO_3$	$Ag_2CO_3\downarrow$ 白,过量→	碱式盐 白色	碱式盐 白色	碱式盐 浅蓝色	碱式盐 白色	碱式盐 白色	$HSbO_2\downarrow$ 白色	$Sn(OH)_2\downarrow$ 白色	$Al(OH)_3\downarrow$ 白色	碱式盐 红褐色	碱式盐 白色	$BaCO_3\downarrow$ 白色	$CaCO_3\downarrow$ 白色	碱式盐 NH_4^+ 浓度
NaOH 适量	$Ag_2O\downarrow$ 褐色	$Pb(OH)_2\downarrow$ 白色	$Cd(OH)_2\downarrow$ 白色	$Cu(OH)_2\downarrow$ 浅蓝色	$HgO\downarrow$ 黄色	$Bi(OH)_3\downarrow$ 白色	$HSbO_2\downarrow$ 白色	$Sn(OH)_2\downarrow$ 白色	$Al(OH)_3\downarrow$ 白色	$Fe(OH)_3\downarrow$ 红棕色	$Zn(OH)_2\downarrow$ 白色		$Ca(OH)_2\downarrow$ 少量白色	$Mg(OH)_2\downarrow$ 白色
NaOH 过量	不溶	PbO_2^{2-}	不溶	CuO_2^{2-}	不溶	不溶	不溶	SnO_2^{2-}	AlO_2^-	不溶	ZnO_2^{2-}		不溶	不溶
NH_3 适量	$Ag_2O\downarrow$ 褐色	$Pb(OH)_2\downarrow$ 白色	$Cd(OH)_2\downarrow$ 白色	$Cu(OH)_2\downarrow$ 浅蓝色	$NH_2HgCl\downarrow$ 白色	$Bi(OH)_3\downarrow$ 白色	$HSbO_2\downarrow$ 白色	$Sn(OH)_2\downarrow$ 白色	$Al(OH)_3\downarrow$ 白色	$Fe(OH)_3\downarrow$ 红棕色	$Zn(OH)_2\downarrow$ 白色			$Mg(OH)_2\downarrow$ 部分,白色
NH_3 过量	$Ag(NH_3)_2^+$	不溶	$Cd(NH_3)_4^{2+}$	$Cu(NH_3)_4^{2+}$	不溶	不溶	不溶	不溶	不溶	不溶	$Zn(NH_3)_4^{2+}$			
H_2SO_4	$Ag_2SO_4\downarrow$ 白色	$PbSO_4\downarrow$ 白色										$BaSO_4\downarrow$ 白色	$CaSO_4\downarrow$ 白色	

【仪器与试剂】

1. 试管（10mL），烧杯（250mL），离心机，离心试管，玻璃棒，pH试纸。

2. 亚硝酸钠，HCl（2mol·L⁻¹、6mol·L⁻¹、浓），H_2SO_4（3mol·L⁻¹），HNO_3（6mol·L⁻¹），HAc（2mol·L⁻¹、6mol·L⁻¹），NaOH（2mol·L⁻¹、6mol·L⁻¹），$NH_3·H_2O$（6mol·L⁻¹），NaCl（1mol·L⁻¹），KCl（1mol·L⁻¹），$MgCl_2$（0.5mol·L⁻¹），$CaCl_2$（0.5mol·L⁻¹），$BaCl_2$（0.5mol·L⁻¹），$AlCl_3$（0.5mol·L⁻¹），$SnCl_2$（0.5 mol·L⁻¹），$Pb(NO_3)_2$（0.5mol·L⁻¹），$SbCl_3$（0.1mol·L⁻¹），$HgCl_2$（0.2mol·L⁻¹），$Hg(NO_3)_2$（0.2mol·L⁻¹），KSCN（0.2mol·L⁻¹），$Bi(NO_3)_3$（0.1mol·L⁻¹），$CuCl_2$（0.5mol·L⁻¹），$AgNO_3$（0.1mol·L⁻¹），$ZnSO_4$（0.2mol·L⁻¹），$Cd(NO_3)_2$（0.2mol·L⁻¹），$Al(NO_3)_3$（0.5mol·L⁻¹），$NaNO_3$（0.5mol·L⁻¹），$Ba(NO_3)_2$（0.5mol·L⁻¹），Na_2S（0.5mol·L⁻¹），$KSb(OH)_6$（饱和），$NaHC_4H_4O_6$（饱和），$(NH_4)_2C_2O_4$（饱和），NaAc（2mol·L⁻¹），K_2CrO_4（1mol·L⁻¹），Na_2CO_3（饱和），NH_4Ac（2mol·L⁻¹），$K_4[Fe(CN)_6]$（0.5mol·L⁻¹），镁试剂，铝试剂（0.1%），罗丹明，苯，硫脲（2.5%）。

【实验步骤】

1. s区离子的鉴定

（1）Na^+的鉴定　取5滴1mol·L⁻¹ NaCl溶液于试管中，滴加0.5mL饱和六羟基锑（Ⅴ）酸钾$KSb(OH)_6$溶液，观察实验现象。如无白色结晶生成，用玻璃棒摩擦试管内壁，放置片刻，再观察。写出反应方程式。

（2）K^+的鉴定　取5滴1mol·L⁻¹ KCl溶液于试管中，滴加0.5mL饱和酒石酸氢钠$NaHC_4H_4O_6$溶液，观察实验现象。如无白色结晶生成，可用玻璃棒摩擦试管内壁，放置片刻，再观察。写出反应方程式。

（3）Mg^{2+}的鉴定　取2滴0.5mol·L⁻¹ $MgCl_2$溶液，滴加6mol·L⁻¹ NaOH溶液，有$Mg(OH)_2$絮状沉淀生成，再加入1滴镁试剂，振荡，如有蓝色沉淀生成，表示有Mg^{2+}存在。

（4）Ca^{2+}的鉴定　取5滴0.5mol·L⁻¹ $CaCl_2$溶液和5滴饱和草酸铵$(NH_4)_2C_2O_4$溶液，生成白色沉淀。离心分离，保留沉淀。将沉淀分别与6mol·L⁻¹ HAc和2mol·L⁻¹ HCl溶液反应，若白色沉淀不溶于6mol·L⁻¹ HAc溶液而溶于2mol·L⁻¹ HCl溶液，表明有Ca^{2+}存在。

（5）Ba^{2+}的鉴定　取2滴0.5mol·L⁻¹ $BaCl_2$溶液于试管中，然后加2mol·L⁻¹ HAc溶液和2mol·L⁻¹ NaAc溶液各2滴，再滴加2滴1mol·L⁻¹ K_2CrO_4溶液，有黄色沉淀生成，表明有Ba^{2+}存在。

2. p区部分离子的鉴定

（1）Al^{3+}的鉴定　在试管中加入2滴0.5mol·L⁻¹ $AlCl_3$溶液、2滴2mol·L⁻¹ HAc及2滴0.1%铝试剂，振荡，水浴中加热片刻，再加入2滴6mol·L⁻¹ $NH_3·H_2O$溶液，有红色絮状沉淀生成，表示有Al^{3+}。

（2）Sn^{2+}的鉴定　在试管中加入3滴0.2mol·L⁻¹ $HgCl_2$溶液，逐滴加入0.5 mol·L⁻¹ $SnCl_2$溶液，边滴加边振荡，产生的沉淀由白色变为灰色，又变为黑色，表示有Sn^{2+}存在。

（3）Pb^{2+}的鉴定　向离心试管中加5滴0.5mol·L⁻¹ $Pb(NO_3)_2$溶液和2滴1mol·L⁻¹ K_2CrO_4溶液，有黄色沉淀生成，离心分离，在沉淀上滴加2mol·L⁻¹ NaOH溶液，边滴加边振荡，沉淀溶解，表示有Pb^{2+}存在。

（4）Sb^{3+} 的鉴定　在离心试管中取 5 滴 $0.1mol \cdot L^{-1}$ $SbCl_3$ 溶液，加 3 滴浓 HCl 及大米粒大小 $NaNO_2$，将 Sb（Ⅲ）氧化为 Sb（Ⅴ），当无气体放出时，加 3～4 滴苯及 2 滴罗丹明溶液，苯层显紫色，表示有 Sb^{3+} 存在。

（5）Bi^{3+} 的鉴定　在白色点滴板上滴加 1 滴 $0.1mol \cdot L^{-1}$ $Bi(NO_3)_3$ 溶液和 1 滴 2.5% 的硫脲，生成鲜黄色溶液，表示有 Bi^{3+} 存在。

3. ds 区部分离子的鉴定

（1）Cu^{2+} 的鉴定　在白色点滴板上滴加 1 滴 $0.5mol \cdot L^{-1}$ $CuCl_2$ 溶液于试管中，加 1 滴 $6mol \cdot L^{-1}$ HAc 酸化，再加 1 滴 $0.5mol \cdot L^{-1}$ 亚铁氰化钾 $K_4[Fe(CN)_6]$ 溶液，生成红棕色 $Cu_2[Fe(CN)_6]$ 沉淀，表示有 Cu^{2+} 存在。

（2）Ag^+ 的鉴定　取 1 滴 $0.1mol \cdot L^{-1}$ $AgNO_3$ 溶液于离心试管中，滴加 $2mol \cdot L^{-1}$ HCl，边滴加边振荡，直到产生白色沉淀为止。离心分离，在沉淀中滴加 $6mol \cdot L^{-1}$ 氨水，边滴加边振荡，至沉淀完全溶解，再用 $6mol \cdot L^{-1}$ HNO_3 酸化，有白色沉淀生成，表示有 Ag^+ 存在。

（3）Zn^{2+} 的鉴定　往 2 滴 $0.2mol \cdot L^{-1}$ $Hg(NO_3)_2$ 溶液中，逐滴加入 $0.2mol \cdot L^{-1}$ KSCN 溶液，最初生成白色的 $Hg(SCN)_2$ 沉淀，继续滴加 KSCN 溶液，沉淀溶解并生成无色的 $[Hg(SCN)_4]^{2-}$ 配离子。再在该溶液中加几滴 $0.2mol \cdot L^{-1}$ $ZnSO_4$ 溶液，观察白色 $Zn[Hg(SCN)_4]$ 沉淀的生成，必要时可用玻璃棒摩擦试管壁。该反应可用于定性鉴定 Zn^{2+}。

（4）Cd^{2+} 的鉴定　在白色点滴板上滴加 1 滴 $0.2mol \cdot L^{-1}$ $Cd(NO_3)_2$ 溶液和 1 滴 $0.5mol \cdot L^{-1}$ Na_2S，生成亮黄色沉淀，表示有 Cd^{2+} 存在。

（5）Hg^{2+} 的鉴定　取 2 滴 $0.2mol \cdot L^{-1}$ $HgCl_2$ 溶液于试管中，逐滴加入 $0.5mol \cdot L^{-1}$ $SnCl_2$ 溶液，边加边振荡，沉淀为灰色，表示有 Hg^{2+} 存在。

4. 部分混合离子的分离和鉴定（画流程图，并写出相应的方程式）

（1）取 Pb^{2+}、Ba^{2+}、Al^{3+}、Cd^{2+}、Na^+ 的硝酸盐混合溶液 1mL 于离心试管中，加入 1 滴 $2mol \cdot L^{-1}$ HCl，振荡，生成沉淀后，离心分离，再滴加 $2mol \cdot L^{-1}$ 盐酸，至沉淀完全，离心分离，清液转移至另一离心试管。沉淀上滴加 $1mol \cdot L^{-1}$ K_2CrO_4 溶液，按 2（3）进行 Pb^{2+} 的鉴定。

（2）清液中滴加 $6mol \cdot L^{-1}$ $NH_3 \cdot H_2O$，振荡，生成沉淀后，离心分离，清液转移至另一离心试管。沉淀上加入 2 滴 $2mol \cdot L^{-1}$ HAc 和 2 滴 $2mol \cdot L^{-1}$ NaAc，按 2（1）进行 Al^{3+} 的鉴定。

（3）清液中滴加 $0.5mol \cdot L^{-1}$ Na_2S 溶液，产生亮黄色沉淀，表示有 Cd^{2+} 存在，搅拌后离心分离，再滴加 $0.5mol \cdot L^{-1}$ Na_2S，至沉淀完全，离心分离，清液转移至另一离心试管。

（4）取少量清液于一试管中，加入 $2mol \cdot L^{-1}$ HAc 和 $2mol \cdot L^{-1}$ NaAc 各 2 滴，按 1（5）进行 Ba^{2+} 的鉴定。

（5）取少量清液于另一试管中，加入几滴饱和六羟基锑（Ⅴ）酸钾溶液，产生白色沉淀，表示有 Na^+ 存在。

【思考题】

1. 由碳酸盐制取铬酸盐沉淀时，为什么可用乙酸溶液洗涤沉淀而不用盐酸溶液？

2. 选用一种试剂区别下列离子：Cu^{2+}，Zn^{2+}，Hg^{2+}，Cd^{2+}。

3. 设计分离和鉴定下列混合离子的方案，画流程图、并写出相应的方程式。

① K^+、Ba^{2+}、Mg^{2+}。

② Cu^{2+}、Zn^{2+}、Pb^{2+}。

实验12　常见非金属阴离子的分离与鉴定

【实验目的】

1. 熟悉和巩固非金属阴离子的有关性质。
2. 掌握分离和个别鉴定常见非金属阴离子混合液的方法。

【实验原理】

同一非金属元素的中心原子往往能形成多种类型的阴离子，例如：由 S 元素可以形成 S^{2-}、SO_3^{2-}、SO_4^{2-}、$S_2O_3^{2-}$、$S_2O_7^{2-}$、$S_2O_8^{2-}$ 和 $S_4O_6^{2-}$ 等常见的阴离子；由 P 元素可以构成 PO_4^{3-}、HPO_4^{2-}、$H_2PO_4^-$、$P_2O_7^{4-}$、HPO_3^{2-} 和 $H_2PO_2^-$ 等阴离子。

有的非金属阴离子易与酸作用生成挥发性的物质，有的可与某些试剂作用生成沉淀，也有的呈现氧化还原性质。利用这些特点，根据溶液中离子共存情况，先通过初步试验或进行分组试验以排除不可能存在的离子，然后鉴定可能存在的离子。

预先做初步检验，可以排除某些离子存在的可能性，从而简化分析步骤。初步性质检验一般包括试液的酸碱性试验，与酸反应产生气体的试验，各种阴离子的沉淀性质、氧化还原性质。

1. 试液的酸碱性试验

在强酸性条件下，CO_3^{2-}、NO_2^-、$S_2O_3^{2-}$ 等阴离子易被酸分解，在强酸性试样中不存在。

2. 产生气体的试验

向试液中加入稀 H_2SO_4 或稀 HCl 溶液，若有气体产生，则表示试液中可能存在 CO_3^{2-}、SO_3^{2-}、$S_2O_3^{2-}$、S^{2-}、NO_2^- 等离子。再根据生成气体的颜色和气味以及生成气体具有某些特征反应，进一步确证其含有的阴离子，如 CO_3^{2-} 被酸分解后生成的 CO_2 可使石灰水变浑浊；SO_3^{2-} 被酸分解后产生的 SO_2 可使品红褪色；NO_2^- 被酸分解后生成的红棕色 NO_2 气体，能将湿润的碘化钾-淀粉试纸变蓝；S^{2-} 被酸分解后产生的 H_2S 气体可使乙酸铅试纸变黑，等等。

3. 氧化性阴离子的试验

酸化试液，加入 KI 溶液和 CCl_4，若振荡后 CCl_4 层呈紫色，则有氧化性离子存在，如 NO_2^-、卤素的含氧酸离子等。

4. 还原性阴离子的试验

在酸化的试液中，加入 $KMnO_4$ 稀溶液，若紫色褪去，则可能存在还原性阴离子，如 S^{2-}、SO_3^{2-}、$S_2O_3^{2-}$、Br^-、I^-、NO_2^- 等离子中的一种或几种；若紫色不褪，则上述还原性阴离子都不存在。试液经酸化后，若加入碘-淀粉溶液，蓝色褪去，则表示存在 S^{2-}、SO_3^{2-}、$S_2O_3^{2-}$ 等离子中的一种或几种。

5. 难溶盐阴离子的试验

(1) 钡组阴离子　在中性或弱碱性条件下，$BaCl_2$ 能沉淀 SO_4^{2-}、SO_3^{2-}、$S_2O_3^{2-}$、CO_3^{2-}、PO_4^{3-} 等阴离子，稀 HCl 酸化，$BaSO_4$ 沉淀不溶解，其余沉淀溶解。

（2）银组阴离子　用 $AgNO_3$ 能沉淀 Cl^-、Br^-、S^{2-}、I^-、$S_2O_3^{2-}$ 等阴离子，稀 HNO_3 酸化，沉淀不溶解。

根据 Ba^{2+} 和 Ag^+ 相应盐类的溶解性，加入一种阳离子（例如 Ag^+）可以试验整组阴离子是否存在，这种试剂就是相应的组试剂。

由表 5-4 可以对试液中可能存在的阴离子作出初步试验判断，然后根据阴离子的特征反应进行鉴定。

表 5-4　阴离子的初步试验

阴离子	气体放出试验 (稀 H_2SO_4)	还原性阴离子试验		氧化 KI 试验 (稀 H_2SO_4、CCl_4)	$BaCl_2$ (中性或弱碱性)	$AgNO_3$ (稀 HNO_3)
		$KMnO_4$ (稀 H_2SO_4)	碘-淀粉 (稀 H_2SO_4)			
CO_3^{2-}	+				+	
NO_3^-				(+)		
NO_2^-	+	+		+		
SO_4^{2-}					+	
SO_3^{2-}	(+)	+	+		+	
$S_2O_3^{2-}$	(+)	+	+		(+)	+
PO_4^{3-}					+	+
S^{2-}	+	+				+
Cl^-		+				+
Br^-		+				+
I^-		+				+

注：（+）表示试验现象不明显，只有在适当条件下（例如浓度大时）才发生反应。

【仪器与试剂】

1. 试管，支管试管，离心试管，点滴板，离心机。

2. Na_2SO_4（0.1mol·L^{-1}），Na_2S（0.1mol·L^{-1}），Na_2SO_3（0.1mol·L^{-1}），$Na_2S_2O_3$（0.1mol·L^{-1}），Na_3PO_4（0.1mol·L^{-1}），$NaCl$（0.1mol·L^{-1}），$NaBr$（0.1mol·L^{-1}），NaI（0.1mol·L^{-1}），$NaNO_3$（0.1mol·L^{-1}），Na_2CO_3（0.1mol·L^{-1}），$NaNO_2$（0.1 mol·L^{-1}），$(NH_4)_2MoO_4$（0.1mol·L^{-1}），$BaCl_2$（0.1mol·L^{-1}），$KMnO_4$（0.01mol·L^{-1}），$ZnSO_4$（饱和），$K_4[Fe(CN)_6]$（0.5mol·L^{-1}），$AgNO_3$（0.1mol·L^{-1}），H_2SO_4（浓，1mol·L^{-1}），HNO_3（6mol·L^{-1}），HCl（6mol·L^{-1}），HAc（2mol·L^{-1}），$NaOH$（2mol·L^{-1}），$Ba(OH)_2$（饱和），石灰水（新配制），氨水（6mol·L^{-1}），H_2O_2（3%），氯水，CCl_4，对氨基苯磺酸（1%），α-萘胺（0.4%），亚硝酰铁氰化钠（9%），硫酸亚铁铵，碳酸镉，锌粉（或镁粉）。

3. pH 试纸，$Pb(Ac)_2$ 试纸，碘-淀粉试纸，碘化钾-淀粉试纸。

【实验步骤】

1. 常见阴离子的鉴定

（1）CO_3^{2-} 阴离子的鉴定[1]　先测定 0.1mol·L^{-1} Na_2CO_3 溶液的 pH，然后取 10 滴 Na_2CO_3 溶液于支管试管中，连接导管，再加 10 滴 6mol·L^{-1} HCl 溶液，盖上塞子，导出气体，立即将气体插入新配制的石灰水或饱和 $Ba(OH)_2$ 溶液中[1]，仔细观察，若变为白色浑浊液，结合溶液的 pH 值，可以判断有 CO_3^{2-} 存在。

（2）NO_3^- 的鉴定　取 2 滴 0.1mol·L^{-1} $NaNO_3$ 溶液于点滴板上，在溶液的中央放一粒硫酸亚铁铵 $(NH_4)_2Fe(SO_4)_2$ 晶体，然后在晶体上加一滴浓 H_2SO_4。如晶体周围有棕色出现，表示有 NO_3^- 存在。

也可以通过下面的实验验证：取米粒大小 $(NH_4)_2Fe(SO_4)_2$ 晶体于试管中，加少量水溶解（如余有固体，取上层清液），再加入 5 滴 $0.1mol \cdot L^{-1}$ $NaNO_3$ 试液，将试管倾斜固定，沿试管壁缓慢注入半滴管浓 H_2SO_4。如在界面处出现棕色环，则表示有 NO_3^- 存在。

(3) NO_2^- 的鉴定　取 2 滴 $0.1mol \cdot L^{-1}$ $NaNO_2$ 溶液于点滴板上，加一滴 $2mol \cdot L^{-1}$ HAc 溶液酸化，再加一滴对氨基苯磺酸和一滴 α-萘胺。如有玫瑰色出现，表示有 NO_2^- 存在。

(4) SO_4^{2-} 的鉴定　在试管中加 5 滴 $0.1mol \cdot L^{-1}$ Na_2SO_4 溶液，加 2 滴 $6mol \cdot L^{-1}$ HCl 溶液和 1 滴 $0.1mol \cdot L^{-1}$ $BaCl_2$ 溶液，如有白色沉淀出现，表示有 SO_4^{2-} 存在。

(5) SO_3^{2-} 的鉴定　在试管中加 5 滴 $0.1mol \cdot L^{-1}$ Na_2SO_3 溶液和 2 滴 $1mol \cdot L^{-1}$ H_2SO_4 溶液，迅速加入一滴 $0.01mol \cdot L^{-1}$ $KMnO_4$ 溶液，如紫色褪去，表示有 SO_3^{2-} 存在。

(6) $S_2O_3^{2-}$ 的鉴定　在试管中注入 5 滴 $0.1mol \cdot L^{-1}$ $AgNO_3$ 溶液，加 2 滴 0.1 $mol \cdot L^{-1}$ $Na_2S_2O_3$ 溶液，振荡，如有白色沉淀迅速变棕变黑，表示有 $S_2O_3^{2-}$ 存在。

(7) PO_4^{3-} 的鉴定　在试管中加 3 滴 $0.1mol \cdot L^{-1}$ Na_3PO_4 溶液和 5 滴 $6mol \cdot L^{-1}$ HNO_3 溶液，再加 $8\sim10$ 滴 $0.1mol \cdot L^{-1}$ $(NH_4)_2MoO_4$ 溶液，加热试管，如有黄色沉淀出现，表示有 PO_4^{3-} 存在。

反应方程式为：

$$PO_4^{3-} + 3NH_4^+ + 12MoO_4^{2-} + 24H^+ \Longrightarrow (NH_4)_3PO_4 \cdot 12MoO_3 \cdot 6H_2O \downarrow + 6H_2O$$

(8) S^{2-} 的鉴定　在试管中加 1 滴 $0.1mol \cdot L^{-1}$ Na_2S 溶液和 1 滴 $2mol \cdot L^{-1}$ NaOH 溶液，再加一滴亚硝酰铁氰化钠溶液，如溶液变成紫色，表示有 S^{2-} 存在。

(9) Cl^- 的鉴定　在离心试管中加 3 滴 $0.1mol \cdot L^{-1}$ NaCl 溶液和 1 滴 $6mol \cdot L^{-1}$ HNO_3 溶液酸化，再滴加 $0.1mol \cdot L^{-1}$ $AgNO_3$ 溶液，生成白色沉淀，离心分离，弃去清液，在沉淀上加入 $3\sim5$ 滴 $6mol \cdot L^{-1}$ $NH_3 \cdot H_2O$，用细玻璃棒搅拌，如沉淀溶解，再加 5 滴 $6mol \cdot L^{-1}$ HNO_3 酸化后重新生成白色沉淀，表示有 Cl^- 存在。

(10) Br^- 的鉴定　在试管中加 3 滴 $0.1mol \cdot L^{-1}$ NaBr 溶液、3 滴 $1mol \cdot L^{-1}$ H_2SO_4 溶液和 2 滴 CCl_4，然后逐滴加入 5 滴氯水并振荡试管，如 CCl_4 层出现黄色或橙红色表示有 Br^- 存在。

(11) I^- 的鉴定[2]　在试管中加 3 滴 $0.1mol \cdot L^{-1}$ NaI 溶液、1 滴 $1mol \cdot L^{-1}$ H_2SO_4 溶液和 2 滴 CCl_4，然后逐滴加入氯水并振荡试管，如 CCl_4 层出现紫色然后褪至无色[2]，表示有 I^- 存在。

2. 混合离子的鉴定

(1) Cl^-、Br^-、I^- 混合物的分离与鉴定　取 1mL Cl^-、Br^-、I^- 混合离子，滴加 $0.1mol \cdot L^{-1}$ $AgNO_3$ 溶液完全转化为卤化银 AgX，离心分离，弃去清液。

用 $6mol \cdot L^{-1}$ $NH_3 \cdot H_2O$ 将 AgCl 溶解。离心分离，清液倒入试管中，滴加 $6mol \cdot L^{-1}$ HNO_3 酸化后重新生成白色沉淀，表示有 Cl^- 存在。

在余下的 AgBr、AgI 混合物中加入稀 H_2SO_4 酸化，再加入米粒大小锌粉或镁粉，并加热，将 Br^-、I^- 转入溶液。酸化后再加入氯水和 CCl_4，振荡，CCl_4 层显紫红色表示有 I^-，继续加入氯水，CCl_4 层显棕黄色表示有 Br^- 存在。

(2) S^{2-}、SO_3^{2-}、$S_2O_3^{2-}$ 混合物的鉴定　取 5 滴含有 S^{2-}、SO_3^{2-}、$S_2O_3^{2-}$ 的溶液，滴

加 2 滴 2mol·L^{-1} NaOH，再加入 1 滴亚硝酰铁氰化钠，若有特殊红紫色出现，表示有 S^{2-} 存在。

另取 1mL 含有 S^{2-}、SO$_3^{2-}$、S$_2$O$_3^{2-}$ 的溶液，用固体 CdCO$_3$ 除去 S^{2-}，离心分离，将滤液分为两份，在一份中加入亚硝酰铁氰化钠、过量饱和 ZnSO$_4$ 溶液及 K$_4$[Fe(CN)$_6$] 溶液，如有红色沉淀，表示有 SO$_3^{2-}$ 存在。在另一份溶液中滴加过量 AgNO$_3$ 溶液，若有沉淀生成且由白→棕→黑色，表示有 S$_2$O$_3^{2-}$ 存在。

【思考题】

1. 有一混合物是下列盐中的两种，加水溶解时有沉淀产生。将沉淀分为两份，一份溶于 HCl 溶液，另一份溶于 HNO$_3$ 溶液，指出是下列哪两种盐。

BaCl$_2$、AgNO$_3$、Na$_2$SO$_4$、(NH$_4$)$_2$CO$_3$、KCl

2. 一个含 Ag$^+$ 和 Ba^{2+} 能溶于水的混合物，下列阴离子哪几个可不必鉴定？

SO$_3^{2-}$、Cl$^-$、NO$_3^-$、SO$_4^{2-}$、CO$_3^{2-}$、I$^-$

3. 某阴离子未知液经初步试验结果如下：

(1) 试液呈酸性时无气体产生；

(2) 酸性溶液中加入 BaCl$_2$ 溶液无沉淀；

(3) 加入稀硝酸和 AgNO$_3$ 溶液产生黄色沉淀；

(4) 酸性溶液中加入 KMnO$_4$，紫色褪去；

(5) 加 I$_2$-淀粉溶液，蓝色不褪去；

(6) 与 KI 无反应。

由以上初步实验结果，推测哪些阴离子可能存在。说明理由并提出进一步验证的步骤。

4. 现有可溶性的溶液，含有 NO$_2^-$、SO$_4^{2-}$ 和 PO$_4^{3-}$，请设计方案，分离并鉴定。

【附注】

[1] CO$_3^{2-}$ 的鉴定中，用 Ba(OH)$_2$ 溶液检验时，SO$_3^{2-}$、S$_2$O$_3^{2-}$ 会有干扰，因为酸化时产生的 SO$_2$ 也会使 Ba(OH)$_2$ 溶液浑浊：SO$_2$+Ba(OH)$_2$ ══ BaSO$_3$↓+H$_2$O，所以初步试验时检出有 SO$_3^{2-}$、S$_2$O$_3^{2-}$ 阴离子，在酸化前要加入 3% H$_2$O$_2$，用氧化的方法除去这些干扰离子：

$$SO_3^{2-}+H_2O_2 ══ SO_4^{2-}+H_2O$$
$$S_2O_3^{2-}+4H_2O_2+H_2O ══ 2SO_4^{2-}+2H^++4H_2O$$

[2] I$_2$ 能与过量的氯水反应生成无色溶液，其反应为：

$$I_2+5Cl_2+6H_2O ══ 2HIO_3+10HCl$$

实验 13 动植物中 Fe、Ca、P 元素的鉴定

【实验目的】

熟悉植物或动物体内某些重要元素的简单检出方法。

【实验原理】

人体主要是由元素周期表中较轻的元素所组成的。这些元素大体可分作四类——必需元素、有益元素、沾染元素和污染元素。氢、钠、钾、镁、钙、锰、钼、铁、钴、铜、锌、碳、氮、磷、氧、硫、氯、碘等 18 种元素为必需元素，它们存在于所有的健康组织中，在

各种物质中都有一个相当恒定的浓度范围。而在比较"近代"、比较高级的有机生命体中，硅、钒、铬、镍、硒、溴、氟等8种元素被认为是有益元素。像血液中浓度比较低的铅、镉、汞，有毒害作用，称为污染元素。

人体中，18种必需元素的含量，若以体重70kg的人的平均元素组成计，其结果如下：

元素	g/人	元素	g/人
钠	70	钼	<1
钾	250	氢	6580
镁	42	碳	12590
钙	1700	氮	1815
锰	<1	氧	43550
铁	6	磷	680
钴	<1	硫	100
铜	<1	氯	115
锌	1～2	碘	<1

微量元素的定性鉴定常用的方法有化学法、原子发射光谱法、原子荧光光谱法、质谱法、离子色谱法等。

本次实验要检出的钙、铁、磷等元素是维持生命的重要元素。像钙在体内含量很高，它的重要作用是作为骨头中羟基磷灰石的组成部分，人体缺钙会导致骨骼畸形、痉挛。铁作为微量元素，存在于各种各样的代谢活性分子中，血红蛋白、肌红蛋白、血红素中都含有铁，缺铁会造成贫血。磷不仅是骨头的重要成分，也是核酸的重要组成元素。这些元素不但存在于动物体中，也存在于植物体中。比如，磷是原生质和细胞核的组成部分，在植物碳水化合物的代谢中起重要作用。磷直接参与呼吸和发酵过程，具有中和植物有机酸、减少毒害的作用。铁能参与植物的氧化和还原过程，并且是某些氧化酶的成分，在呼吸过程中起重要作用，如果缺铁，植物叶子会发黄。本实验通过对原料处理，将磷转化为 PO_4^{3-}，铁转化为 Fe^{3+}，钙转化为 Ca^{2+}，然后将每种离子用其特效反应——鉴别出来。

【仪器与试剂】

1. 试管，漏斗，石棉网，坩埚，坩埚钳，泥三角，烧杯。

2. 磷酸钠，石灰石，HNO_3（0.1mol·L^{-1}，6mol·L^{-1}，浓），$(NH_4)_2MoO_4$，$K_4[Fe(CN)_6]$，KSCN，$(NH_4)_2C_2O_4$，浓氨水，硫酸铁铵，树叶（枯叶、青叶均可）。

【实验步骤】

1. 配制钼酸铵、亚铁氰化钾、硫氰化钾、草酸铵溶液

分别取米粒大小的钼酸铵、亚铁氰化钾、硫氰化钾、草酸铵于4个试管中，加入2mL的蒸馏水溶解，配成钼酸铵、亚铁氰化钾、硫氰化钾、草酸铵溶液。留待检测和对照实验使用。

2. 实验过程

（1）原材料的灰化 取枯叶2～3枚（约0.5g）。用坩埚钳子夹取树叶（包括梗）直接在酒精灯上加热燃烧，待炭化后，将已炭化的叶子放在石棉网上或坩埚中，继续加热至灰化完全。

（2）硝化和分解 将灰分移入小烧杯中，加入浓硝酸0.2mL，浸泡反应3～5min。灰分中磷变成磷酸，铁变成 Fe^{3+}，钙变成 Ca^{2+}。再加入5mL水，浸润3～5min，过滤，用1mL水洗涤滤纸（可稍多加水洗涤，但是需浓缩至5mL）。

（3）检测 将滤液分成四等份，分别加入钼酸铵（A管）、亚铁氰化钾（B管）、硫氰化钾（C管）、草酸铵（D管）试剂。观察现象。判断四个试管中各检出何物，写出反应方

程式。

（4）对照实验 取少量 Na_3PO_4，加 1～2mL 水溶解，加入几滴 $6mol \cdot L^{-1}$ 硝酸至酸性（pH＝3～4），再加入几滴钼酸铵试剂观察颜色。若现象不明显，可微热，并与 A 管颜色比较。

取少量硫酸铁铵，加入 5mL 水，分成两份。一份中加入亚铁氰化钾，另一份中加入硫氰化钾，与 B 管、C 管颜色比较。

取一小块石灰石，加 $0.1mol \cdot L^{-1}$ 硝酸溶解，加入 2mL 水，再加 $6mol \cdot L^{-1}$ 氨水成碱性后，加入草酸铵与 D 管比较。

也可以对植物的种子、动物的骨骼等进行定性鉴定。

【思考题】

原材料在灰化时若燃烧不完全，对实验结果有何影响？

化学原理与物理化学常数的测定

实验 14   化学反应速率和活化能的测定

【实验目的】

1. 探究影响化学反应速率的因素（浓度、温度及催化剂）。
2. 测定 $(NH_4)_2S_2O_8$ 与 KI 的反应速率、反应级数和速率系数。
3. 根据 Arrhenius 方程，掌握作图法求反应活化能的方法。
4. 培养综合应用基础知识的能力。

【实验原理】

1. $(NH_4)_2S_2O_8$ 与 KI 反应的速率方程

在水溶液中，$(NH_4)_2S_2O_8$ 与 KI 发生如下的氧化还原反应

$$S_2O_8^{2-} + 3I^- \Longrightarrow 2SO_4^{2-} + I_3^- \quad （慢反应） \tag{6-1}$$

根据速率方程，该反应的反应速率可表示为

$$v = kc_{S_2O_8^{2-}}^m \cdot c_{I^-}^n$$

式中，v 反应的瞬时速率，若 $c_{S_2O_8^{2-}}$ 和 c_{I^-} 是初始浓度，则 v 表示初始速率；k 为反应速率常数；m 与 n 之和为反应级数。

实际上难以直接测定反应的瞬时速率，但是可以测定在一段时间 Δt 内反应的平均速率 $\overline{v}$。如果在 Δt 时间内 $S_2O_8^{2-}$ 的浓度变化值为 $\Delta c_{S_2O_8^{2-}}$，则该反应的平均速率为

$$\overline{v} = -\frac{\Delta c_{S_2O_8^{2-}}}{\Delta t}$$

因为 $(NH_4)_2S_2O_8$ 与 I^- 的反应为慢反应，在 Δt 时间段内反应物浓度的变化很小，因此可以近似地用平均速率代替初始速率，即

$$\overline{v} = -\frac{\Delta c_{S_2O_8^{2-}}}{\Delta t} = kc_{S_2O_8^{2-}}^m \cdot c_{I^-}^n$$

2. Δt 时间内 $S_2O_8^{2-}$ 的浓度变化值

为了测出 Δt 时间内 $S_2O_8^{2-}$ 的浓度变化值，可在 $(NH_4)_2S_2O_8$ 与 KI 混合之前，在 KI 溶液中加入一定体积的已知浓度的 $Na_2S_2O_3$-淀粉溶液，然后再加入 $(NH_4)_2S_2O_8$ 溶液。这样在反应（6-1）进行的同时，生成的 I_3^- 可与 $S_2O_3^{2-}$ 迅速发生如下反应

$$2S_2O_3^{2-} + I_3^- \!=\!=\! S_4O_6^{2-} + 3I^- \quad \text{（快反应）} \tag{6-2}$$

反应从开始到 $S_2O_3^{2-}$ 耗尽之前的一段时间，由于反应（6-1）生成的 I_3^- 被 $S_2O_3^{2-}$ 迅速还原，看不到碘与淀粉作用而显示出的蓝色。而一旦 $S_2O_3^{2-}$ 耗尽，反应（6-1）生成的 I_3^- 就会与淀粉作用，使溶液显蓝色。

3. 反应速率的测定

当溶液出现蓝色时，表示在 Δt 时间内 $S_2O_3^{2-}$ 已全部反应，所以 $-\Delta c_{S_2O_3^{2-}} = c_{0,S_2O_3^{2-}}$。根据反应（6-1）和反应（6-2）的化学计量关系可知

$$\frac{1}{2}\Delta c_{S_2O_3^{2-}} = \Delta c_{S_2O_8^{2-}}$$

所以 $S_2O_8^{2-}$ 在 Δt 时间内的浓度变化值可以由下式求出

$$\Delta c_{S_2O_8^{2-}} = \frac{c_{0,S_2O_3^{2-}}}{2}$$

因此，只要固定 KI 的浓度即可测定 $(NH_4)_2S_2O_8$ 与 KI 反应的速率

$$\bar{v} = -\frac{\Delta c_{S_2O_8^{2-}}}{\Delta t} = \frac{c_{0,S_2O_3^{2-}}}{2 \times \Delta t}$$

4. 反应级数（$m+n$）与反应速率常数 k 的测定

将反应速率方程式两边取对数

$$\lg v = m \lg c_{S_2O_8^{2-}} + n \lg c_{I^-} + \lg k \tag{6-3}$$

由上式可知，当 I^- 浓度 c_{I^-} 一定时，改变 $S_2O_8^{2-}$ 的浓度 $c_{S_2O_8^{2-}}$，分别测得反应速率，并以 $\lg v$ 对 $\lg c_{S_2O_8^{2-}}$ 作图，可得斜率为 m 的一条直线。

同理，当 $S_2O_8^{2-}$ 的浓度 $c_{S_2O_8^{2-}}$ 一定时，改变 I^- 浓度 c_{I^-}，分别测得反应速率，并以 $\lg v$ 对 $\lg c_{I^-}$ 作图，可得斜率为 n 的一条直线。

该反应的反应级数为 $m+n$。

将测得的反应速率 v、m 和 n 代入速率方程即可求得反应速率常数 k。

5. 活化能的测定

根据 Arrhenius 方程式，反应速率常数 k 与反应温度 T 有如下关系

$$\lg k = A - \frac{E_a}{2.303RT} \tag{6-4}$$

式中，E_a 为反应活化能；R 为气体常数（8.314J·K^{-1}·mol^{-1}）；T 为热力学温度；A 为积分常数，对同一反应为定值。

通过实验测定不同温度下的反应速率常数，以 $\lg k$ 对 $1/T$ 作图可得一直线，其斜率为 $\dfrac{E_a}{2.303RT}$，然后计算可得反应的活化能。

【仪器与试剂】

1. 数显恒温水浴，温度计，秒表，烧杯，量筒，大试管，冰水浴。

2. 试剂见表 6-1。

表 6-1 试剂及浓度

试剂名称	浓度	试剂名称	浓度
$(NH_4)_2S_2O_8$	0.20mol·L^{-1}	KNO$_3$	0.20mol·L^{-1}
KI	0.20mol·L^{-1}	$(NH_4)_2SO_4$	0.20mol·L^{-1}
Na$_2$S$_2$O$_3$	0.010mol·L^{-1}	Cu(NO$_3$)$_2$	0.020mol·L^{-1}
淀粉溶液	0.2%		

【实验步骤】

1. 浓度对反应速率的影响

在室温下，用量筒按照表 6-2 给出的用量分别量取 KI 溶液、$Na_2S_2O_3$ 溶液和淀粉溶液于烧杯中，混匀。再用量筒量取 $(NH_4)_2S_2O_8$ 溶液迅速倒入烧杯中，同时按动秒表计时，并不断用玻璃棒搅动溶液。当溶液刚刚出现蓝色时，立即停表，记录反应时间和室温。将实验数据和数据处理结果填写在表 6-2 中。

表 6-2　浓度对反应速率的影响　　　　　　　　　　室温：_____℃

实　验　编　号		1#	2#	3#	4#	5#
试剂用量/mL	$0.20mol\cdot L^{-1}(NH_4)_2S_2O_8$	20.0	10.0	5.0	20.0	20.0
	$0.20mol\cdot L^{-1}$ KI	20.0	20.0	20.0	10.0	5.0
	$0.010mol\cdot L^{-1}$ $Na_2S_2O_3$	8.0	8.0	8.0	8.0	8.0
	0.2% 淀粉	4.0	4.0	4.0	4.0	4.0
	$0.20mol\cdot L^{-1}$ KNO_3	0	0	0	10.0	15.0
	$0.20mol\cdot L^{-1}(NH_4)_2SO_4$	0	10.0	15.0	0	0
反应物初始浓度 /mol·L^{-1}	$(NH_4)_2S_2O_8$					
	KI					
	$Na_2S_2O_3$					
反应时间/s						
$\Delta c_{S_2O_8^{2-}}$ /mol·L^{-1}						
反应速率 v/mol·$L^{-1}\cdot s^{-1}$						

2. 温度对反应速率的影响

按表 6-2 中实验编号为 4# 中各试剂的用量，把 KI 溶液、$Na_2S_2O_3$、淀粉溶液和 KNO_3 溶液加入到烧杯中，分别在高于室温 5℃、10℃、15℃的温度下进行实验，各温度的实验编号依次记为 6#、7# 和 8#。把各实验数据以及 4# 数据填写在表 6-3 中。

表 6-3　温度对反应速率的影响

实　验　编　号		4#	6#	7#	8#
试剂用量/mL	试剂溶液	加入体积/mL			
	$0.20mol\cdot L^{-1}(NH_4)_2S_2O_8$	20.0	20.0	20.0	20.0
	$0.20mol\cdot L^{-1}$ KI	10.0	10.0	10.0	10.0
	$0.010mol\cdot L^{-1}$ $Na_2S_2O_3$	8.0	8.0	8.0	8.0
	0.2% 淀粉	4.0	4.0	4.0	4.0
	$0.20mol\cdot L^{-1}$ KNO_3	10.0	10.0	10.0	10.0
混合液中反应物初始浓度/mol·L^{-1}	$(NH_4)_2S_2O_8$				
	KI				
	$Na_2S_2O_3$				
反应温度/℃		室温			
反应时间/s					
$\Delta c_{S_2O_8^{2-}}$ /mol·L^{-1}					
反应速率 v/mol·$L^{-1}\cdot s^{-1}$					

3. 催化剂对反应速率的影响

按表 6-2 实验编号为 4# 中各试剂的用量，把 KI 溶液、$Na_2S_2O_3$、淀粉溶液和 KNO_3 溶液加入到烧杯中，滴加 2 滴 $Cu(NO_3)_2$ 溶液，摇匀，迅速加入 $(NH_4)_2S_2O_8$ 溶液，同时按下秒表计时，并不断搅拌溶液至刚好出现蓝色时迅速停表。将反应时间与表 6-2 中 4# 实验的反应时间进行比较，数据填入表 6-4 中，得出定性结论。

表 6-4　催化剂对反应速率的影响

实　验　编　号	4#	9#
加入 0.02mol·L^{-1} $Cu(NO_3)_2$ 溶液的量	未加入	2 滴
反应时间/s		

【数据处理】

1. 反应级数与反应速率常数的计算

(1) 根据表 6-2 中 1#、2#、3# 的数据，用作图法求出 m；

(2) 根据用 3#、4#、5# 数据，用作图法求出 n；

(3) 计算反应级数，$m+n$；

(4) 将求得的 m 和 n 代入速率方程式中分别求得反应速率常数。把结果填入表 6-5 中。

表 6-5　温度对反应速率的影响

实　验　编　号	4#	6#	7#	8#
T/K				
$\Delta t/s$				
$v/mol·L^{-1}·s^{-1}$				
m				
n				
$k/(mol·L^{-1})^{1-m-n}·s^{-1}$				
$\lg k$				
$\dfrac{1}{T}/K^{-1}$				
$E_a/kJ·mol^{-1}$				

2. 反应活化能的计算

利用表 6-5 中各次实验的 k 和 T，绘制 $\lg k$-$1/T$ 曲线，求出直线的斜率，进而计算反应的活化能 E_a。

【思考题】

1. 实验中为什么必须迅速向 KI、$Na_2S_2O_3$、淀粉混合液中加入 $(NH_4)_2S_2O_8$ 溶液？

2. 实验中 $Na_2S_2O_3$ 溶液的用量过多或过少对实验结果有何影响？

3. 本实验为什么可以由反应液出现蓝色的时间长短来计算反应速度？溶液出现蓝色后反应是否就终止了？

4. 若先加 $(NH_4)_2S_2O_8$ 溶液，后加 KI 溶液，对实验结果有何影响？

【附注】

1. 为了使每次实验中溶液的离子强度和总体积保持不变，在实验中所鉴定的 KI 或

$(NH_4)_2S_2O_8$的用量可分别用KNO_3和$(NH_4)_2SO_4$溶液来补足。

2. 本实验对试剂有一定的要求。KI溶液应为无色透明溶液，不能使用有I_2析出的浅黄色溶液。$(NH_4)_2S_2O_8$溶液要临时新配。如果所配制的$(NH_4)_2S_2O_8$溶液的pH小于3，表明固体$(NH_4)_2S_2O_8$已有分解，不适合本实验使用。

3. 在做温度对反应速率影响实验时，如果室温过高，可以做低于室温5℃和10℃的实验。

实验15　阿伏加德罗常数的测定

【实验目的】

1. 了解电解法测定阿伏加德罗常数的原理。
2. 掌握电解的基本操作。

【实验原理】

阿伏加德罗常数是一个十分重要的物理常数，有多种测定方法。本实验采用电解法，用铜片作电极，以$CuSO_4$溶液为电解质进行电解。Cu^{2+}在阴极上得到电子被还原析出金属铜，使铜片质量增加，而阳极被氧化，铜片的质量减少。反应如下：

阴极：　　　　　　　　　　　$Cu^{2+} + 2e^- \longrightarrow Cu$

阳极：　　　　　　　　　　　$Cu \longrightarrow Cu^{2+} + 2e^-$

电解时，当电流强度为$I(A)$，在时间$t(s)$内阴极铜片的质量增加为$m(g)$，则电解所需的电量$Q(C)$为：

$$Q = It \tag{6-5}$$

已知1个电子的所带的电量为$1.60 \times 10^{-19}C$，1个Cu^{2+}所带电量为$2 \times 1.60 \times 10^{-19}C$，则析出铜的总原子数为：

$$N_{Cu} = \frac{Q}{2 \times 1.60 \times 10^{-19}} = \frac{It}{2 \times 1.60 \times 10^{-19}} \tag{6-6}$$

根据阴极铜片增加的质量$m(g)$，可得析出铜的物质的量n_{Cu}为

$$n_{Cu} = \frac{m}{M_{Cu}}$$

式中，M_{Cu}为铜单质的摩尔质量。因此，析出1mol Cu时所含铜原子个数即为阿伏加德罗常数N_A：

$$N_A = \frac{N_{Cu}}{n_{Cu}} = \frac{N_{Cu} M_{Cu}}{m} = \frac{It \times M_{Cu}}{2 \times 1.60 \times 10^{-19} m} \tag{6-7}$$

理论上，Cu^{2+}从阴极得到的电子和阳极Cu失去的电子数应相等，即阴极质量的增加与阳极质量的减少相等。但由于铜片不纯等原因，阳极失去的质量一般比阴极增加的质量偏高，所以由阴极增加的质量计算N_A结果比较准确。

【仪器与试剂】

1. 台秤，天平，直流稳压电源，毫安表，滑线电阻，导线，砂纸，铜片，电极板。
2. $CuSO_4$溶液（1L中含硫酸铜125g和浓$H_2SO_4$25mL），乙醇。

【实验步骤】

取两块纯铜片（约5cm×3cm），用砂纸擦去表面的氧化物。用水洗净后，再用乙醇漂

洗，晾干。用天平准确称量铜片质量（精确至 0.1mg），准备作阴极和阳极进行电解。

按图 6-1 连接好线路，打开直流稳压电源预热 10min 左右。在 100mL 烧杯中加入 $CuSO_4$ 溶液，取另两块铜片（不用称重）作为两极将其 2/3 左右浸入 $CuSO_4$ 溶液中，两极间距约 1.5cm，调节稳压电源使输出电压为 10V，调节滑线电阻使电流强度为 100mA。

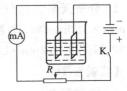

图 6-1　电解装置示意图

调节好电流强度后，关闭开关 K，换上准确称量过质量的两个铜片。按下开关 K，同时记录时间 t 和电流强度 I。在电解过程中，电流如有变化应随时调节电阻以保持电流强度恒定。

通电 1h 后，停止电解，取下两极铜片，用水漂洗后，再用乙醇漂洗，晾干后称重。硫酸铜溶液回收。

根据电解时的电流强度 I、电解时间 t 以及阴极铜片增加的质量 m，由公式（6-7）计算阿伏加德罗常数。

【思考题】
1. 若所用铜片不纯或电解过程中电流不稳定对实验结果有什么影响？
2. 电解法测定的主要指标什么？阿伏加德罗常数是怎样计算的？

实验16　镁的相对原子质量的测定

【实验目的】
1. 了解测定镁相对原子质量的原理和方法，掌握理想气体状态方程式和气体分压定律。
2. 熟练使用分析天平，学会正确使用量气管和检验仪器装置气密性的方法。
3. 了解气压计的结构，学习气压计的使用方法。

【实验原理】
应用理想气体状态方程式和气体分压定律测定镁的相对原子质量。一定质量的金属镁与过量稀硫酸反应生成 H_2：
$$Mg + H_2SO_4（稀） == MgSO_4 + H_2 \uparrow$$

测得氢气的体积（含水蒸气），根据理想气体状态下的气体分压定律（常压下的 H_2 可近似看成理想气体）就可以计算出氢气的物质的量（n_1）：
$$n_1 = \frac{p_{H_2}V}{RT} \tag{6-8}$$

由化学反应方程式可知产生氢气的物质的量（n_1）等于与酸作用的镁的物质的量（n_2），镁的物质的量是：$n_2 = m/M$，由 $n_1 = n_2$，可推算得镁的相对原子质量：
$$M = \frac{mRT}{p_{H_2}V} \tag{6-9}$$

式中，M 为 Mg 的摩尔质量，数值上等于相对原子质量；m 为镁条的质量；p_{H_2} 为产生的氢气的分压，由环境压力和该温度下水的饱和蒸气压计算得到，$p_{H_2} = p_{大气压} - p_{H_2O}$；$V$ 为氢气和水蒸气的混合体积；T 为实验室当时的热力学温度；R 为气体常数，$8314\ L\cdot Pa\cdot mol^{-1}\cdot K^{-1}$。

【仪器与试剂】

1. 分析天平，量气管（可用 50mL 碱式滴定管代替），气压计，长颈玻璃漏斗，试管（15mm×150mm），铁架台，蝶形夹，砂纸，带有玻璃管的小胶塞，胶管。

2. H_2SO_4（$2mol \cdot L^{-1}$），镁条。

【实验步骤】

1. 准备镁条

用细砂纸细心地打磨镁条表面黑点，以擦去氧化膜，直到全部露出镁条表面的金属光泽。截取两段镁条，在分析天平上准确称其质量（要求每份质量均在 $0.0300 \sim 0.0350g$ 之间）。

2. 安装仪器

（1）按图 6-2 装配好仪器并排气泡。打开量气管的塞子，由长颈漏斗往量气管内注水至略低于量气管"0.00"刻度的位置；将漏斗移近量气管的"0.00"刻度处，漏斗中水的液面应在漏斗颈中，不要太高。上下移动漏斗使量气管和胶管内的气泡逸出。

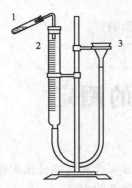

图 6-2　实验仪器装置
1—试管；2—量气管；3—漏斗

（2）检查装置气密性。将量气管的塞子塞紧，固定漏斗，使漏斗与量气管两液面存在一定液面差，保持 $2 \sim 3min$，如果量气管中水面只在开始时稍有移动，以后即保持不变，表明装置不漏气；如果液面持续变化致两个液面相平，说明装置漏气，需要检查各接口是否严密，重新安装，直到检测不漏气为止。

3. 装入镁条和稀硫酸

将试管取下，保持量气管内液面在刻度"$0.00 \sim 5.00$"范围内，用一长颈漏斗或小滴管将 $4mL$ $2mol \cdot L^{-1}$ 的稀硫酸注入试管底部（注意：勿使酸沾在试管内壁的上部），在镁条上滴一滴水稍微湿润，贴在试管壁内并确保镁条不与酸接触。将试管倾斜固定[1]，塞紧胶塞，再次检查装置气密性，直至确认气密性良好。把漏斗移近量气管，使两边液面处于同一水平面，记下量气管中的液面刻度。

4. 开始反应

略抬高小试管底部，使镁条与酸接触反应，这时产生的 H_2 把管中的水压入漏斗内，为防止管内压力过大而造成漏气，在量气管内液面下降的同时向下移动漏斗，使其液面与管内液面基本保持在同一水平面。

镁条反应完毕，待试管冷至室温（约 $10min$），将漏斗移近量气管，使两者液面处于同一水平面，记下量气管的刻度。稍等 $2 \sim 3min$，再次记录液面读数，多次读数，直至两次读数相等，说明管内温度与室温相同。

5. 记录数据

记录反应前后量气管的两次数据，读取实验室气压计[2]的温度、压力数据，并将数据填入表 6-6 中。

6. 用第二根镁条重复以上实验。

7. 数据处理

根据实验原理，计算镁的相对原子质量和实验的相对误差，并分析产生误差的原因。

表 6-6   数据记录及处理

项　目	1	2
镁条质量 m/g		
反应前量气管内液面位置/mL		
反应后量气管内液面位置/mL		
得到的气体体积 V/mL		
室温 $t/℃$		
大气压力 p/Pa		
该温度下的水的饱和蒸气压 p_{H_2O}/Pa		
氢气的分压 p_{H_2}/Pa		
镁的相对原子质量 M		
镁的相对原子质量 M(平均值)		
相对偏差/%		
相对误差/%		

【思考题】

1. 检查实验装置是否漏气的原理是什么？你知道哪些检查仪器气密性的方法？

2. 讨论下列情况对实验结果有何影响？

① 量气管内气泡没有赶净；

② 反应过程中实验装置漏气；

③ 金属表面氧化物未除净；

④ 装酸时，酸沾到了试管内壁上部，使镁条提前接触到了酸；

⑤ 记录液面读数时，量气管和漏斗的液面不在同一水平面；

⑥ 反应过程中，从量气管压入漏斗的水过多，造成水从漏斗中溢出；

⑦ 量气管中，气体温度没有冷却到室温就读取量气管刻度。

3. 提高本实验准确程度的关键何在？

【注意事项】

1. 注意试管上的玻璃管最好是如图所示用 60°弯管（也可以用两头连接玻璃管的硬胶管代替），不然有可能造成连接用的乳胶管折叠，使产生的 H_2 不能顺利到达量气管内，使试管内压力增大，把塞子崩掉，导致实验失败。

2. 气压计的使用方法（图 6-3）

气压计的种类很多，常用的是定槽水银气压计，即福廷式气压计。福廷式气压计结构是一根一端密封的长玻璃管，里面装满水银。开口的一端插入水银槽内，玻璃管内顶部水银面以上是真空。当松开通气螺钉，大气压强就作用在水银槽内的水银面上，玻璃管中的水银高度即与大气压相平衡。调节游尺调节手柄使游尺零线基面与玻璃管内水银弯月面相切，即可进行读数。附属温度表是用来测定玻璃管内水银柱和外管的温度，以便对气压计的值进行温度校正。

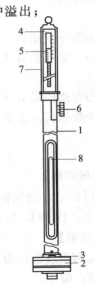

图 6-3　水银气压计

1—玻璃管；2—水银槽；3—通气螺钉；
4—外管（带标尺）；5—游尺；6—游尺
调节手柄；7—玻璃套管；8—温度计

气压计的观测按下列步骤进行。

① 用手指轻敲外管，使玻璃管内水银柱的弯月面处于正常状态。

② 转动游尺调节手柄，使游尺移到稍高水银柱顶端的位置，然后慢慢移下游尺，使游尺基面与水银柱弯月面顶端刚好相切。

③ 在外管的标尺上读取游尺零线以下最接近的整数，再读游尺上正好与外管标尺上某一刻度相吻合的刻度线的数值，即为十分位小数。

④ 读取附属温度计的温度，准确到 0.1℃。水银气压计因受温度和悬挂地区等影响，有一定的误差，当需要精密的气压数值时，则需要做温度、器差、重力（纬度的高度）等项校正，但由于校正后的数值和气压表读数相差甚微，故在通常情况下可不进行校正。

实验 17　摩尔气体常数的测定

【实验目的】

1. 熟悉天平的操作。
2. 掌握理想气体状态方程和气体分压定律的应用。
3. 掌握测定气体体积和摩尔气体常数的方法。

【实验原理】

在理想气体状态方程中：

$$pV = nRT, R = \frac{pV}{nT}$$

本实验通过金属镁和稀硫酸反应置换出氢气，通过测定氢气的体积来测定摩尔气体常数 R 的值。反应如下：

$$Mg + H_2SO_4 \rightleftharpoons MgSO_4 + H_2 \uparrow$$

准确称取一定质量（m）的镁条，使之与过量的稀硫酸作用，在一定温度和压力下测出氢气的体积。氢气的分压 p_{H_2} 为实验时大气压 p 减去该温度下水的饱和蒸气压 p_{H_2O}，即

$$p_{H_2} = p - p_{H_2O}$$

氢气的物质的量 n 可由镁条质量求得。

将各项数据代入上式中，即可求得摩尔气体常数 R 的值：

$$R = \frac{p_{H_2} V}{n_{H_2} T} \tag{6-10}$$

【仪器与试剂】

1. 分析天平，量气管（或 50mL 碱式滴定管），玻璃漏斗，铁架台，砂纸。
2. 镁条，H_2SO_4（$3mol \cdot L^{-1}$），乙醇。

【实验步骤】

（1）取两条质量约为 0.03～0.04g 的镁条，用砂纸擦去表面氧化膜，用水漂洗干净，再用乙醇漂洗，晾干。

（2）用分析天平准确称量出两份干净、干燥的镁条的质量（每份约 0.03g 为宜）。

（3）按实验 16 中的图 6-2 将反应装置连接好，先不接反应试管，从漏斗加水，使量气管、胶管充满水，量气管水位略低于"0"刻度。上下移动漏斗，以赶尽附在量气管和胶管内壁的气泡。然后，接上反应管检查系统的气密性：将漏斗向上或向下移动一段距离后停

止，如开始时漏斗水面有变化而后维持不变，说明系统不漏气。如果漏斗内的水面不断变化，说明系统漏气，应检查系统并使其不漏气为止。

（4）从装置上取下反应试管，调整漏斗高度，使量气管水面略低于"0"刻度。用量筒取 $3mol \cdot L^{-1}$ 的 H_2SO_4 溶液约 3mL，倒入试管中。将镁条沾少许水后贴在没沾酸的试管内壁上部，将反应试管安装好。塞紧塞子后再检查一次系统，确保不漏气。

移动漏斗使漏斗中液面与量气管液面在同一水平上，记录液面位置。左手将反应试管底部略微抬高，使镁条进入酸中。右手拿漏斗随同量气管水面下降，保持量气管中水面与漏斗中水面在同一水平位置，量气管受的压力与外界压力相同。

反应结束后，待试管冷至室温保持漏斗液面和量气管液面处在同一水平上。过一段时间记录量气管液面高度，过 1~2min 再读一次，如果两次读数相同，表明管内温度与室温相同。记录室温和大气压数据。

取下反应管，换另一片镁条重复实验一次，如实验结果误差较大，经查找原因再重复实验一次。

（5）数据记录与结果处理（表 6-7）

表 6-7　数据记录与结果处理

项　目	1	2
镁条质量/g		
反应前量气管液面读数/mL		
反应后量气管液面读数/mL		
室温/℃		
大气压/Pa		
氢气体积/L		
室温下水的饱和蒸气压/Pa		
氢气分压/Pa		
氢气的物质的量/mol		
摩尔气体常数/$Pa \cdot L \cdot mol^{-1} \cdot K^{-1}$		
相对偏差/%		
相对误差/%		

【思考题】

1. 反应过程中，如果由量气管压入漏斗的水过多而溢出，对实验结果有无影响？

2. 如果没有擦净镁条的氧化膜，对实验结果有什么影响？

3. 如果没有赶尽量气管中的气泡，对实验结果有什么影响？

实验 18　有机酸摩尔质量的测定

【实验目的】

1. 掌握以滴定分析法测定酸碱物质摩尔质量的基本原理和方法。

2. 巩固用误差理论处理分析结果的理论知识。

【实验原理】

根据滴定分析原理，当以滴定剂 T（标准溶液）滴定被测物质 B 时，滴定反应如下：

$$tT + bB \Longrightarrow cC + dD$$

当上述反应达到化学计量点时，可以根据下式计算被测物质 B 的质量

$$m_B = \frac{b}{t} c_T V_T M_B \tag{6-11}$$

式中，c_T 为滴定剂的浓度，$mol \cdot L^{-1}$；V_T 为计量点时消耗滴定剂的体积，L；M_B 为被滴物质的摩尔质量；t 和 b 分别为滴定剂与被测物的化学计量系数。

以 NaOH 滴定多元有机弱酸的反应方程式为

$$nNaOH + H_nA \Longrightarrow Na_nA + nH_2O$$

当多元有机酸的逐级解离常数均符合准确滴定的要求时，可以用酸碱滴定法测得所配制的有机酸的浓度并计算出有机酸的物质的量。与式（6-11）比较，T 为 NaOH，B 为 H_nA，$b = 1$，$t = n$，然后根据式（6-11）可得有机酸摩尔质量 M_{H_nA} 的计算公式

$$M_{H_nA} = n \frac{m_{H_nA}}{c_{NaOH} V_{NaOH}} \tag{6-12}$$

式中，c_{NaOH} 及 V_{NaOH} 分别为 NaOH 的物质的量浓度及滴定所消耗的体积；m_{H_nA} 为称取的有机酸的质量。

【仪器与试剂】

1. 分析天平，烧杯（50mL），容量瓶（250mL），锥形瓶（250mL），碱式滴定管（50mL）。

2. NaOH 溶液（0.1mol·L^{-1}），酚酞指示剂（2g·L^{-1}，乙醇溶液），邻苯二甲酸氢钾（$KHC_8H_4O_4$）基准物质（在 105～110℃干燥 1h 后，置于干燥器中备用），有机酸试样（如草酸、酒石酸、柠檬酸、乙酰水杨酸，苯甲酸等）。

【实验步骤】

1. 0.1mol·L^{-1} NaOH 溶液的配制及标定

（1）0.1mol·L^{-1} NaOH 溶液的配制　称取 2g 固体 NaOH 于烧杯中，加入新鲜的或煮沸除去 CO_2 的蒸馏水，溶解完全后，转入带橡皮塞的试剂瓶中，加水稀释至 500mL，充分摇匀。

（2）用邻苯二甲酸氢钾（$KHC_8H_4O_4$）基准物质标定 NaOH 溶液　准确称量 3 份 0.4～0.6g $KHC_8H_4O_4$，于 250mL 锥形瓶中，加入 40～50mL 蒸馏水，摇动锥形瓶使之溶解，加入 2～3 滴酚酞指示剂，用待标定的 NaOH 溶液滴定至呈微红色，并保持半分钟不褪色即为终点，计算 NaOH 溶液的浓度。

2. 有机酸摩尔质量的测定

（1）用差减法准确称取有机酸试样 1 份于 50mL 烧杯中，加水溶解，定量转入 250mL 容量瓶中，用水稀释至刻度，摇匀。

（2）用移液管平行移取 3 份 25mL 试样溶液，分别放入 250mL 锥形瓶中，加酚酞指示剂 2 滴，用 NaOH 标准溶液滴定至溶液由无色变为微红色，30s 内不褪色即为终点。根据公式计算有机酸摩尔质量 $M_{有机酸}$（表 6-8）。

表 6-8　有机酸摩尔质量的测定

实 验 序 号	1	2	3
NaOH 标准溶液浓度/mol·L^{-1}			
有机酸的用量/mL			

实 验 序 号		1	2	3
NaOH 的用量/mL				
有机酸的质量/g				
有机酸的摩尔质量 /g·mol^{-1}	测定值			
	平均值			
相对误差/%				

【思考题】

1. 在用 NaOH 滴定有机酸时能否使用甲基橙作指示剂？为什么？

2. 草酸、柠檬酸、酒石酸等多元有机酸能否用 NaOH 溶液分步滴定？

3. Na$_2$C$_2$O$_4$ 能否作为酸碱滴定的基准物质？为什么？

实验 19　直接电位法测定乙酸的电离度和电离常数

【实验目的】

1. 进一步巩固滴定操作。

2. 学习使用酸度计测定 pH 值。

3. 掌握测定电离平衡常数的方法，加深对电离平衡常数的理解。

【实验原理】

乙酸（CH$_3$COOH，简写成 HAc）是弱电解质，在水溶液中存在如下电离平衡：

$$HAc \Longrightarrow H^+ + Ac^-$$

其电离常数表达式为：

$$K_c = \frac{[H^+][Ac^-]}{[HAc]} \tag{6-13}$$

设 HAc 的起始浓度为 c，达到平衡时 $[H^+]=[Ac^-]$，$[HAc]=c-[H^+]$

代入式(6-13)，K_c 可表示：

$$K_c = \frac{[H^+]^2}{c-[H^+]} \tag{6-14}$$

用标准 NaOH 溶液滴定 HAc 溶液的总浓度 c，并准确稀释一系列不同浓度的乙酸溶液。在一定温度下用酸度计测定溶液 pH 值，根据 pH = $-\lg[H^+]$，换算出 $[H^+]$，代入式(6-14)中，可求得一组 K_c 值，取其平均值，即为该温度下乙酸的电离常数。

当电离度 $\alpha < 5\%$ 时，式(6-14)可简化为：

$$K_c = \frac{[H^+]^2}{c} \tag{6-15}$$

【仪器与试剂】

1. 酸度计，复合电极，温度计，碱式滴定管，滴定管夹，铁架台，移液管，吸管，烧杯，锥形瓶，容量瓶，滤纸，试剂瓶。

2. $H_2C_2O_4 \cdot 2H_2O$，HAc($2mol \cdot L^{-1}$)，NaOH($0.1000mol \cdot L^{-1}$)，酚酞指示剂（1%），邻苯二甲酸氢钾标准缓冲溶液（pH 4.01/25℃），$Na_2HPO_4 + KH_2PO_4$ 标准缓冲溶液（pH 6.86/25℃）。

【实验步骤】

1. 乙酸溶液浓度的标定

（1）准确配制 250mL 浓度为 $0.05000mol \cdot L^{-1}$ 的草酸（$C_2H_2O_4 \cdot 2H_2O$，$M=126.07$）标准溶液。见实验 5。

（2）粗配 $0.1mol \cdot L^{-1}$ NaOH 溶液 1000mL，注意摇匀，待标定。

（3）草酸标准液标定 $0.1mol \cdot L^{-1}$ NaOH 溶液　用移液管取 25.00mL 草酸标准液放入 250mL 的锥形瓶中，滴加 3 滴酚酞指示剂，用待标定的 NaOH 溶液滴定草酸至终点，即溶液呈现粉红色，静置约半分钟不褪色。记下所用 NaOH 溶液的体积。重复做两次，把结果填入表 6-9 中。

表 6-9　NaOH 溶液浓度的标定

项　　目		1	2	3
草酸标准溶液浓度/mol·L^{-1}				
草酸的用量/mL				
NaOH 溶液的用量/mL				
NaOH 溶液的浓度/mol·L^{-1}	测定值			
	平均值			

（4）由 $2mol \cdot L^{-1}$ 乙酸粗配 $0.1mol \cdot L^{-1}$ 乙酸 350mL，转移至一洁净的试剂瓶中摇匀待标定。

（5）乙酸溶液浓度的标定　用移液管取 25.00mL 待标定的 HAc 溶液，放入 250mL 的锥形瓶中，滴加 3 滴酚酞指示剂，用标准 NaOH 溶液滴定 HAc 至终点。记下所用标准 NaOH 溶液的体积。重复两次，把结果填入表 6-10 中，并计算出乙酸溶液的准确浓度，注意有效数字。

表 6-10　HAc 溶液浓度的标定

项　　目		1	2	3
NaOH 标准溶液浓度/mol·L^{-1}				
HAc 的用量/mL				
NaOH 标准溶液的用量/mL				
HAc 溶液的浓度/mol·L^{-1}	测定值			
	平均值			

2. 酸度计的准备与定位

酸度计的使用详见 3.10.4。

3. 乙酸电离度和电离常数的测定

（1）配制不同浓度的乙酸溶液　分别准确移取 5.00mL、10.00mL、25.00mL 已经测得浓度的乙酸溶液（原溶液），放入三个 50mL 的容量瓶中，稀释至刻度，摇匀，编号，计算其准确浓度。

（2）测定乙酸溶液的 pH　取上述三种溶液和原溶液各 30mL，分别放入四只标有序号的干燥洁净（或用被测溶液淋洗）的 50mL 烧杯中，按从稀到浓的顺序在酸度计上测其 pH，记录温度和所测数据，填入表 6-11，计算乙酸的电离度和电离平衡常数。

表 6-11　HAc 溶液电离度和电离平衡常数的测定　　　　　温度：＿＿＿℃

HAc 溶液顺序号	$c/mol \cdot L^{-1}$	pH	$[H^+]/mol \cdot L^{-1}$	$\alpha/\%$	K_c	
					测定值	平均值
1						
2						
3						
4（原溶液）						

【思考题】

1. 总结浓度、温度对电离度、K_c 的影响。

2. 实验中 ［HAc］ 和 ［Ac$^-$］ 是如何测得的？操作时的关键是什么？

3. 本实验用的小烧杯是否必须烘干？还可以作怎样的处理？

4. 测定 pH 时，为什么要按溶液的浓度由稀到浓的次序进行？

5. 可以用哪些方法得到溶液的准确浓度？

6. NaOH 标定 HAc 时，下列情况对 HAc 结果有何影响？

① 滴定完后，滴定管尖嘴外留有液滴。

② 滴定完后，滴定管尖嘴内留有气泡。

③ 滴定过程中，锥形瓶内壁上部溅有碱液。

实验 20　电位滴定法测定乙酸的电离常数

【实验目的】

1. 学习电位滴定法的基本原理和操作技术。

2. 应用 pH-V 曲线法确定滴定终点。

3. 学习弱酸离解常数的测定方法。

【实验原理】

根据乙酸的电离常数表达式

$$K_{HAc} = \frac{[H^+][Ac^-]}{[HAc]} \tag{6-16}$$

当 ［Ac$^-$］＝［HAc］ 时，有

$$K_{HAc} = [H^+], \quad \lg K_{HAc} = -pH$$

所以，只要测得一定温度下乙酸溶液中 ［Ac$^-$］＝［HAc］ 时的 pH，即可得到其电离常数。

用复合玻璃电极插入试液中构成工作电池：

Ag,AgCl｜HCl(0.1mol·L^{-1})｜玻璃膜｜HAc 试液‖KCl(饱和)｜Hg$_2$Cl$_2$,Hg

以酸度计显示该电池的电动势，并表示为滴定过程 pH 的数值。

记录加入标准溶液的体积 V 和相应溶液的 pH 值，然后绘制 pH-V 曲线，从滴定曲线上求出拐点处（滴定终点）对应的 NaOH 的体积记为 V_{ep}，然后查出体积相当于 $V_{ep}/2$ 的 pH 值，即可得到乙酸的离解常数。

【仪器与试剂】

1. pHS-3C 型酸度计，复合 pH 玻璃电极，容量瓶（50mL），吸量管（5mL），烧杯（50mL），碱式滴定管，磁力搅拌器。

2. NaOH 溶液（0.1mol·L^{-1}），乙酸溶液（约 0.1mol·L^{-1}），邻苯二甲酸氢钾标准缓冲溶液（pH 4.01/25℃），Na$_2$HPO$_4$-KH$_2$PO$_4$ 标准缓冲溶液（pH 6.86/25℃）。

【实验步骤】

1. 酸度计的准备与定位（见 3.10.4）

2. 乙酸电离常数的测定

准确吸取 5.00mL 乙酸溶液于 50mL 烧杯中，加水至约 30mL。放入搅拌磁子。将 NaOH 溶液装入滴定管，调好零点。

开启搅拌器，滴定。开始时每加入 0.5mL 记录一次滴定剂体积和 pH 值，终点附近每加入 0.1mL 记录一次滴定剂体积和 pH 值。

3. 实验记录与数据处理

绘制 NaOH 滴定乙酸溶液的滴定曲线（pH-V），从曲线中求出终点时消耗 NaOH 溶液的体积 V_{ep}，再查出 $V_{ep}/2$ 时的 pH 值，即为乙酸的 pK_a 值。数据列入表 6-12。

表 6-12　数据记录与处理

项　　目	1	2	3	4	5	6	7	8	9	10	11	12	13
V/mL													
pH 值													
V_{ep}/mL													
$V_{ep}/2$													
pK_a 值													

【思考题】

1. 如果本实验要测定乙酸溶液的浓度，需要增加什么内容？如何测定？

2. 为什么要在终点附近增加滴定剂体积和 pH 值读数的密度？

实验 21　电导率法测定乙酸的电离常数

【实验目的】

1. 掌握利用电导率法测定电解质电离度和电离常数的原理及方法。

2. 学习电导率仪的使用方法。

3. 进一步熟悉溶液的配制与标定。

【实验原理】

1. 乙酸的电离平衡

设分析浓度为 c 的乙酸溶液中 HAc 的电离度为 α，则根据乙酸的离解平衡可以得到：

项　　目	HAc $\rightleftharpoons$ H$^+$ + Ac$^-$		
起始浓度/mol·L^{-1}	c	0	0
平衡浓度/mol·L^{-1}	$c-c\alpha$	$c\alpha$	$c\alpha$
平衡常数表达式	$K_c=\dfrac{[\text{H}^+][\text{Ac}^-]}{[\text{HAc}]}=\dfrac{(c\alpha)^2}{c-c\alpha}=\dfrac{c\alpha^2}{1-\alpha}$		

由上式可知，只要能测定出一定浓度乙酸溶液的电离度，就可求出其电离常数。

2. 电导率与电离度的关系

(1) 电导率　物质导电能力的大小，通常以电阻 R 或电导 G 表示，电导是电阻的倒数。电阻的单位是 Ω，电导的单位是 S，$1\text{S}=1\Omega^{-1}$。

$$G=\frac{1}{R} \tag{6-17}$$

同金属导体一样，电解质溶液的电阻也符合欧姆定律。温度一定时，两电极间溶液的电阻 R 与距离 L 成正比，与电极面积 A 成反比。

$$R\propto\frac{L}{A} \quad 或 \quad R=\rho\frac{L}{A} \tag{6-18}$$

式中，L/A 为电极常数或电导池常数，因为在电导池中，所用的电极距离和面积是一定的，所以对某一电极来说为常数，由电极标出；ρ 为电阻率，其倒数称为电导率，以 γ 表示，对于电解质溶液是指电极面积为 1cm^2 且两个电极相距 1cm 时溶液的电导。

$$\gamma=\frac{1}{\rho}(\text{S}\cdot\text{cm}^{-1}) \tag{6-19}$$

将式(6-18) 和式(6-19) 代入式(6-17)，可得

$$G=\gamma\frac{A}{L} \quad 或 \quad \gamma=\frac{L}{A}G$$

一定温度下，不同浓度的同一电解质溶液的电导与溶液中电解质的总量和电离度有关。

(2) 摩尔电导　为了对不同浓度或不同类型的电解质的导电能力进行比较，定义了摩尔电导，用 Λ_m 表示。其定义是将含有 1mol 电解质的溶液置于相距 1cm 的两个电极之间时的电导。溶液的浓度以 c 表示（mol·L^{-1}），含有 1mol 电解质溶液的体积为 $V(\text{L})$，则溶液的摩尔电导等于电导率乘以溶液的体积。

$$\Lambda_m=\gamma V=\gamma\frac{1000}{c}(\text{S}\cdot\text{cm}^2\cdot\text{mol}^{-1})$$

(3) 极限摩尔电导　对弱电解质来说，在无限稀释时，可看作完全电离，这时溶液的摩尔电导称为极限摩尔电导，记为 Λ_∞。在一定温度下弱电解质的 Λ_∞ 是一定的，表 6-13 列出了乙酸溶液的 Λ_∞。

表 6-13　乙酸溶液的 Λ_∞

温度/℃	0	18	25	30
Λ_∞/S·cm^2·mol^{-1}	245	349	390.7	421.8

(4) 电离度与摩尔电导及极限摩尔电导的关系　对于弱电解质而言，某浓度时的电离度等于该浓度时的摩尔电导与极限摩尔电导之比。

即
$$\alpha = \frac{\Lambda_m}{\Lambda_\infty} \tag{6-20}$$

将式(6-20)代入平衡常数表达式,得

$$K_c = \frac{c\alpha^2}{1-\alpha} = \frac{c\Lambda_m^2}{\Lambda_\infty(\Lambda_\infty - \Lambda_m)} \tag{6-21}$$

已知在 25℃ 时 HAc 的 $\Lambda_\infty = 3.907 \times 10^2 \, S \cdot cm^2 \cdot mol^{-1}$,由公式可见测定 K_c 的关键是测定 Λ_m。而 Λ_m 可由 $\Lambda_m = 1000\gamma/c$ 得到,其中 γ 为电导率,其单位是 $S \cdot cm^{-1}$,c 为浓度,单位为 $mol \cdot L^{-1}$,因此在低浓度范围内通过测定不同浓度 HAc 溶液的 γ,以 $\Lambda_m = 1000\gamma/c$ 计算得到 Λ_m,然后利用式(6-21)计算得到乙酸的电离常数。

【仪器与试剂】

1. DDS-11A 型电导率仪,DJS-1 型铂黑电导电极,超级恒温槽,移液管(5mL、10mL),容量瓶(50mL)。

2. $0.100 \, mol \cdot L^{-1}$ 的乙酸标准溶液。

【实验步骤】

1. 将恒温槽温度调至 25.0℃ ± 0.1℃。

2. 用容量瓶将 $0.100 \, mol \cdot L^{-1}$ 的乙酸标准溶液稀释成浓度为 $5.00 \times 10^{-2} \, mol \cdot L^{-1}$、$2.00 \times 10^{-2} \, mol \cdot L^{-1}$、$1.00 \times 10^{-2} \, mol \cdot L^{-1}$、$5.00 \times 10^{-3} \, mol \cdot L^{-1}$、$2.00 \times 10^{-3} \, mol \cdot L^{-1}$、$1.00 \times 10^{-3} \, mol \cdot L^{-1}$ 的稀溶液。

3. 倾去电导池中的蒸馏水,用少量待测溶液洗涤电导池和电极[1]。然后分别注入待测溶液(按照浓度从小到大的顺序),待恒温后用电导率仪测定其电导率。测定数据填入表 6-14 中。

4. 实验结束后,切断电源,倒掉电导池中的溶液,洗净电导池,并用蒸馏水洗涤后,注入蒸馏水,并将铂黑电极浸没在蒸馏水中。

5. 数据记录及处理

(1)记录室温、大气压、湿度及恒温槽温度。

(2)由所测得的电导率值 γ 计算各被测溶液的摩尔电导率 Λ_m。

(3)根据极限摩尔电导率 $\Lambda_\infty = 3.907 \times 10^2 \, S \cdot cm^2 \cdot mol^{-1}$ 和 Λ_m 计算电离常数。

表 6-14 实验数据与处理

HAc 浓度/mol·L^{-1}	电导率/S·cm^{-1}	摩尔电导率/S·cm^2·mol^{-1}	电离度 α	电离常数 K
1.00×10^{-3}				
2.00×10^{-3}				
5.00×10^{-3}				
1.00×10^{-2}				
2.00×10^{-2}				
5.00×10^{-2}				

【思考题】

1. 解释名词:电导、电导率、摩尔电导。

2. 稀释 HAc 溶液时,平衡常数 K 是怎样变化的?

【附注】

[1] 在测量高纯水时应避免污染。为确保测量精度,电极使用前应用小于 $0.5 \mu S \cdot cm^{-1}$ 的蒸馏水冲洗 2 次,然后用被测试样冲洗 3 次后方可测量。电极插座绝对禁止沾水,以防造成不必要的测量误差。注意保护好电极头,防止损坏。电极要全部浸入溶液中。

实验 22　$I^- + I_2 \Longrightarrow I_3^-$ 平衡常数的测定

方法一　水相滴定法

【实验目的】

1. 测定 $I^- + I_2 \Longrightarrow I_3^-$ 的平衡常数。

2. 加强对化学平衡、平衡常数的理解。

3. 了解平衡移动的原理。

4. 练习滴定分析操作。

【实验原理】

碘溶于碘化钾溶液中形成 I_3^-，并存在 $I^- + I_2 \Longrightarrow I_3^-$ 平衡。

本实验采取在一定浓度 KI（浓度设为 c_0）溶液中，加入过量碘，然后利用 $Na_2S_2O_3$ 标准溶液滴定平衡体系中 I_3^- 和 I_2 的总量（设 I_3^- 和 I_2 的总浓度为 c_1），平衡体系中 I_2 的浓度（设为 c_2）利用 $Na_2S_2O_3$ 标准溶液滴定碘-水平衡溶液求出。

设 KI 起始浓度 c_0，根据以上所述可有如下关系：

平衡 1　　　　　　　　I_2（固相）$\Longrightarrow$　　　　I_2（水相）

　　　　　　　　　　　　　　　　　　　　　　　　　　　c_2

平衡 2　　　　　I^-　　$+$　　I_2　$\Longrightarrow$　　I_3^-

　　　　　$[I^-] = c_0 - (c_1 - c_2)$　　$[I_2] = c_2$　　　$[I_3^-] = c_1 - c_2$

根据滴定反应方程式：$2Na_2S_2O_3 + I_2 \Longrightarrow 2NaI + Na_2S_4O_6$

设在一定浓度的 KI 溶液中加入固定量的 I_2，平衡后，取上层清液（体积为 V_1），用标准硫代硫酸钠（$c_{Na_2S_2O_3}$）滴定，消耗体积为 $V_{2,Na_2S_2O_3}$，则有：

$$c_{Na_2S_2O_3} V_{2,Na_2S_2O_3} = 2c_1 V_1$$

$$c_1 = \frac{c_{Na_2S_2O_3} V_{2,Na_2S_2O_3}}{2V_1} \tag{6-22}$$

然后在与上述方法相同体积的水中，加入固定量的 I_2，平衡后取上层清液（体积为 V_3），用标准硫代硫酸钠 $c_{Na_2S_2O_3}$ 滴定，消耗体积为 $V_{4,Na_2S_2O_3}$，设水相中 I_2 的浓度为 c_{2,I_2}，则有：

$$c_{Na_2S_2O_3} V_{4,Na_2S_2O_3} = 2c_{2,I_2} V_3$$

$$c_{2,I_2} = \frac{c_{Na_2S_2O_3} V_{4,Na_2S_2O_3}}{2V_3}$$

$$[I_2] = c_{2,I_2} = \frac{c_{Na_2S_2O_3} V_{4,Na_2S_2O_3}}{2V_3} \tag{6-23}$$

因为　　　　　$[I_3^-] = c_1 - c_2 = \frac{c_{Na_2S_2O_3} V_{2,Na_2S_2O_3}}{2V_1} - \frac{c_{Na_2S_2O_3} V_{4,Na_2S_2O_3}}{2V_3} \tag{6-24}$

所以

$$[I^-] = c_0 - (c_1 - c_2) = c_0 - \left[\frac{c_{Na_2S_2O_3} V_{2,Na_2S_2O_3}}{2V_1} - \frac{c_{Na_2S_2O_3} V_{4,Na_2S_2O_3}}{2V_3} \right] \tag{6-25}$$

在一定温度下，其平衡常数为：

$$K = \frac{a_{I_3^-}}{a_{I^-} a_{I_2}} = \frac{\gamma_{I_3^-}}{\gamma_{I^-} \gamma_{I_2}} \times \frac{[I_3^-]}{[I^-][I_2]} \tag{6-26}$$

如果体系的离子强度不大，则：$\dfrac{\gamma_{I_3^-}}{\gamma_{I^-} \gamma_{I_2}} \approx 1$

所以

$$K \approx \frac{[I_3^-]}{[I^-][I_2]} \tag{6-27}$$

只要通过实验测定出 $[I_3^-]$、$[I^-]$ 和 $[I_2]$，代入上式，即可计算出平衡常数。

【仪器与试剂】

1. 量筒（10mL、100mL），吸量管（10mL），移液管（50mL），碱式滴定管，碘量瓶（100mL、250mL），洗耳球。

2. 碘（研细），KI（0.0100mol·L^{-1}、0.0200mol·L^{-1}），Na$_2$S$_2$O$_3$ 标准溶液（0.0050 mol·L^{-1}），淀粉指示剂（0.2%）。

【实验步骤】

1. c_1 的测定

取两只干燥的 250mL 碘量瓶，分别加入 200mL 0.0100mol·L^{-1} 和 0.0200mol·L^{-1} 的 KI 溶液，然后各加入 1.50g 碘，盖好瓶塞。在室温下剧烈振荡 30min，静置 10min。用 10mL 吸量管取上层清液（$V_1 = 10.0$mL），分别注入 250mL 锥形瓶中，再加入 40mL 水，迅速用 Na$_2$S$_2$O$_3$ 标准溶液滴定至淡黄色，然后加入 4mL 0.2% 的淀粉指示剂，继续滴定至蓝色刚好消失，记录 Na$_2$S$_2$O$_3$ 标准溶液的体积 V_2（mL），每瓶平行做 3 份。计算 c_1。

$$c_1 = \frac{0.005 V_{2,\text{Na}_2\text{S}_2\text{O}_3}}{2 \times 10.0} \tag{6-28}$$

2. c_2 的测定

在 250mL 干燥的碘量瓶中注入 200mL 水，然后加入 1.50g 碘，盖上瓶塞。在室温下剧烈振荡 30min，静置 10min。用 50mL 移液管取上层清液（$V_3 = 50.0$mL），迅速用 Na$_2$S$_2$O$_3$ 标准溶液滴定至淡黄色，然后加入 4mL 0.2% 的淀粉指示剂，继续滴定至蓝色刚好消失，记录 Na$_2$S$_2$O$_3$ 标准溶液的体积 V_4（mL），平行做 3 份。计算 c_2。

$$[I_2] = c_2 = \frac{0.0050 V_{4,\text{Na}_2\text{S}_2\text{O}_3}}{2 \times 50.0} \tag{6-29}$$

3. 实验记录与数据处理

项　　目	取样体积	Na$_2$S$_2$O$_3$ 标液的消耗体积/mL					
		1 号瓶			2 号瓶		
		I	II	III	I	II	III
c_1 的测定	10.00mL						
c_1/mol·L^{-1}							
c_1 的平均值/mol·L^{-1}							
c_2 的测定	50.00mL	I		II		III	
c_2/mol·L^{-1}							

项　　目	取样体积	$Na_2S_2O_3$标液的消耗体积/mL	
c_2 的平均值/mol·L^{-1}			
[I$^-$]/mol·L^{-1}			
[I$_3^-$]/mol·L^{-1}			
K			
$\overline{K}$			

【思考题】

1. 本实验中, 碘的用量是否要求准确称取? 为什么?

2. 出现下列情况, 将会对本实验产生何种影响?

(1) 所取碘的量不够;

(2) 三只碘量瓶没有充分振荡;

(3) 在吸取清液时, 不注意将沉在溶液底部或悬浮在溶液表面的少量固体碘带入吸量管。

方法二　分光光度法

【实验目的】

学习分光光度法测定平衡常数的方法, 熟悉分光光度计的使用。

【实验原理】

I_2、I^- 和 I_3^- 在紫外光区有灵敏的光吸收。I_2 吸收峰出现在 203nm、288nm 和 350nm, I_2 在 288nm 和 350nm 处的吸收较弱; I^- 的吸收峰为 193nm 和 226nm; I_3^- 的吸收峰为 288nm 和 350nm。三者的吸收曲线见图 6-4。

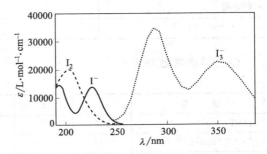

图 6-4　碘、碘离子和碘三离子的吸收光谱

本实验中配制一定浓度的 I_2 和 KI 溶液, 设分析浓度分别为 c_1 和 c_2(mol·L^{-1}), 然后在 350nm 波长处, 用 1cm 比色皿测定 I_3^- 的吸光度, 根据比耳定律计算出 [I$_3^-$]。

$$A=\varepsilon b[I_3^-] \quad (\varepsilon \text{ 值可由实验测定})(6\text{-}30)$$

则 [I$_2$]=c_1－[I$_3^-$],[I$^-$]=c_2－[I$_3^-$], 将 [I$_3^-$]、[I$_2$]、[I$^-$] 代入平衡常数表达式中即可计算出平衡常数。

$$K_c=\frac{[I_3^-]}{(c_1-[I_3^-])(c_2-[I_3^-])} \tag{6-31}$$

【仪器与试剂】

1. VIS-7200 紫外可见分光光度计 (北京瑞利分析仪器公司), 容量瓶 (25mL、500mL、1000mL), 移液管 (1mL、2mL、5mL、10mL)。

2. I_2 溶液 (5.00×10^{-4} mol·L^{-1} 水溶液), KI 溶液 (5.00×10^{-2} mol·L^{-1} 水溶液, 2.50×10^{-3} mol·L^{-1} 水溶液)。

3. I_2-KI 混合溶液: 称取 0.127g 研细的 I_2 和 0.166gKI 溶于水中, 定容至 1000mL。其中 I_2 的分析浓度为 5.00×10^{-4} mol·L^{-1}, KI 的分析浓度为 1.00×10^{-3} mol·L^{-1}。

【实验步骤】

1. I_3^- 摩尔吸光系数的测定

用吸量管向 6 个 25mL 的容量瓶中分别加入 0.0mL、0.5mL、0.7mL、0.9mL、1.1mL、1.3mL 浓度为 $5.00\times10^{-4}mol\cdot L^{-1}$ 的 I_2 水溶液,再分别加入 10mL 浓度为 $5.00\times10^{-2}mol\cdot L^{-1}$ 的 KI 水溶液,然后加水稀释至刻度,以未加 I_2 的 KI 溶液作参比,用 1cm 比色皿,在 350nm 波长下分别测定吸光度。绘制 A-$c(I_2)$ 标准曲线,求出 I_3^- 在 350nm 下的摩尔吸光系数。

2. 测量溶液的配制

在 7 支 25mL 容量瓶中,分别加入 5.00mL 的 I_2-KI 溶液,然后用吸量管分别加入 0.50mL、1.00mL、1.50mL、2.00mL、2.50mL、3.00mL、3.50mL 浓度为 $2.50\times10^{-3}mol\cdot L^{-1}$ 的 KI 溶液,以水稀释至刻度,摇匀。

3. 吸光度的测定

以水为参比,用 1cm 比色皿在 350nm 波长下测定吸光度。

4. 实验记录与数据处理

(1) I_3^- 摩尔吸光系数的测定

测定波长_____nm

项 目	1	2	3	4	5	6
V_{I_2}/mL	0.0	0.5	0.7	0.9	1.1	1.3
c_{I_2}/$\times10^{-5}mol\cdot L^{-1}$	0.00	1.00	1.40	1.80	2.20	2.60
吸光度 A						
回归方程						
$\varepsilon_{I_3^-}$/L·mol^{-1}·cm^{-1}						

(2) 平衡常数测定

实验室温度_____℃, _____气压

项 目	1	2	3	4	5	6	7
V_{KI}/mL	0.5	1.00	1.50	2.00	2.50	3.00	3.50
c_1/$\times10^{-4}mol\cdot L^{-1}$	1.00	1.00	1.00	1.00	1.00	1.00	1.00
c_2/$\times10^{-4}mol\cdot L^{-1}$	2.50	3.00	3.50	4.00	4.50	5.00	5.50
吸光度 A							
$\varepsilon_{I_3^-}$/L·mol^{-1}·cm^{-1}	由 (1) 计算得到,约为 2.30×10^4						
$[I_3^-]=A/\varepsilon$							
$[I^-]=c_2-[I_3^-]$							
$[I_2]=c_1-[I_3^-]$							
$\lg K$							
K							
$\overline{K}$							

【思考题】

1. I_3^- 摩尔吸光系数还可用何种方法测定?

2. 此实验中为什么要配制 I_2-KI 混合溶液?

方法三　萃取滴定法

【实验目的】

1. 学习萃取滴定法测定分配系数的方法。
2. 学习萃取滴定法测定平衡常数的方法。

【实验原理】

恒温恒压下，碘与碘离子在水溶液中建立反应平衡：$I_2 + I^- \rightleftharpoons I_3^-$。

当体系的离子强度不大时，其平衡常数：

$$K_c = \frac{c_{I_3^-}}{c_{I^-} c_{I_2, H_2O}} \approx K_a \tag{6-32}$$

只要测定反应组分的浓度，即可计算反应平衡常数。

当上述平衡达到时，若用 $Na_2S_2O_3$ 标准溶液直接滴定平衡体系中 I_2 的浓度，由于反应的可逆性，平衡会发生移动，则只能测得 I_2 和 I_3^- 的总量。为了解决这个问题，可使反应系统在水和 CCl_4 共存的两相溶液中进行，当温度和压力一定时，上述化学平衡及 I_2 在四氯化碳层和水层的分配平衡同时建立。测得四氯化碳层中 I_2 的浓度，即可根据分配系数求得水层中 I_2 的浓度。

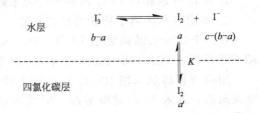

设水层中 I_3^- 和 I_2 的总浓度为 b，KI 的初始浓度为 c，水层中 I_2 的浓度为 a，四氯化碳层中 I_2 的浓度为 a'，I_2 在水层及四氯化碳层的分配系数为 K_d。由实验测得分配系数及四氯化碳层中 I_2 的浓度 a' 后，则根据公式：

$$K_d = \frac{a'}{a} \tag{6-33}$$

即可求得水层中 I_2 的浓度 a。

再根据已知的 c 值及测得的 b 值，即可计算出平衡常数。

$$a = \frac{a'}{K_d}$$

$$c_{I_3^-} = b - a = b - \frac{a'}{K_d}$$

$$c_{I^-} = c - \left[b - \frac{a'}{K_d} \right]$$

$$K_c = \frac{c_{I_3^-}}{c_{I^-} a} = \frac{b - \dfrac{a'}{K_d}}{\left[c - \left(b - \dfrac{a'}{K_d} \right) \right] \times \dfrac{a'}{K_d}} \tag{6-34}$$

【仪器与试剂】

1. 恒温槽，碘量瓶（250mL），锥形瓶（250mL），移液管（50mL、25mL、10mL、5mL），碱式滴定管，量筒（25mL、10mL、5mL）。

2. $Na_2S_2O_3$ 标准溶液（$0.0100mol \cdot L^{-1}$），KI 标准溶液（$0.1000mol \cdot L^{-1}$），I_2 的 CCl_4 饱和溶液，淀粉溶液（1%）。

【实验步骤】

1. I_2 在 H_2O 和 CCl_4 两相中分配系数的测定

在一个 250mL 的碘量瓶（1号）中加入 200mL 水和 25mL I_2 的 CCl_4 饱和溶液（CCl_4 有毒，所有 CCl_4 溶液都应回收）。剧烈摇动 10min，然后放入恒温槽中恒温并不时摇动，恒温 30min。

用移液管移取水相 50.00mL 于 250mL 锥形瓶中，用 $0.01mol \cdot L^{-1}$ $Na_2S_2O_3$ 标准溶液滴定至淡黄色，加入 2mL 淀粉溶液，继续滴定至蓝色消失，记录消耗的体积，平行滴定三份。

另取一锥形瓶，加入 5~10mL 水、2mL 淀粉溶液。然后取一支 5mL 的移液管，用洗耳球使移液管尖鼓泡通过水层进入 CCl_4 层，移取 5.00mL CCl_4 溶液，加入到锥形瓶中，用 $0.01mol \cdot L^{-1}$ $Na_2S_2O_3$ 标准溶液滴定，滴定过程中必须充分振荡，以使四氯化碳层中的 I_2 进入水层（为加快 I_2 进入水层，可加入适量 KI）。细心滴至水层蓝色消失，CCl_4 层不再显红色。记录消耗 $Na_2S_2O_3$ 标准溶液的体积，平行滴定三份。

计算 I_2 在水相和 CCl_4 两相中分配系数 K_d。

2. 测定碘和碘离子反应的平衡常数

在一个 250mL 的碘量瓶（2号）中加入 25mL I_2 的 CCl_4 饱和溶液、100mL $0.1000mol \cdot L^{-1}$ KI 标准溶液。剧烈摇动 10min，然后放入恒温槽中恒温并不时摇动，恒温 30min。

用移液管移取水相 10mL 于 250mL 锥形瓶中，用 $0.01mol \cdot L^{-1}$ $Na_2S_2O_3$ 标准溶液滴定至淡黄色，加入 2mL 淀粉溶液，继续滴定至蓝色消失，记录消耗的体积，平行滴定三份。计算水相中 I_2 和 I_3^- 的总浓度 b。

按照前述方法取 2 号碘量瓶中的 CCl_4 相进行滴定。平行滴定三份，计算 I_2 在 CCl_4 相中的浓度 a'。

3. 实验记录与数据处理

(1) I_2 在 H_2O 和 CCl_4 两相中的分配系数　　　　　　　温度_____℃

记 录 内 容	计 算 公 式	水　　相			CCl_4 相		
滴定次数		1	2	3	1	2	3
取液体积/mL		50.00	50.00	50.00	5.00	5.00	5.00
$V_{Na_2S_2O_3}$/mL	$c_{I_2} = \dfrac{0.0100 V_{Na_2S_2O_3}}{2V_{水或CCl_4}}$						
c_{I_2}/mol·L^{-1}							
$\overline{c_{I_2}}$/mol·L^{-1}							
分配系数 K_d	$K_d = a'/a$						

(2) 碘和碘离子反应的平衡常数　　　　　　　温度_____℃

记 录 内 容	水　　相			CCl_4 相		
滴定次数	1	2	3	1	2	3
取液体积/mL	10	10	10	5.0	5.0	5.0
$V_{Na_2S_2O_3}$/mL						
a'/mol·L^{-1}						
$\overline{a'}$/mol·L^{-1}						
b/mol·L^{-1}						
$\overline{b}$/mol·L^{-1}						
KI 的初始浓度 c/mol·L^{-1}						
平衡常数 K_c						

1. 测定平衡常数和分配系数为什么要求恒温？
2. 碘量瓶中的 KI 水溶液的浓度是否要准确知道？
3. 离子反应能否在非极性的有机溶剂中存在？为什么？
4. 影响反应平衡常数 K_c 的因素有哪些？

方法四　萃取光度法

【实验目的】

了解萃取光度法测定平衡常数的方法，熟悉分光光度计的使用。

【实验原理】

恒温恒压下，碘与碘离子在水溶液中建立反应平衡：$I_2 + I^- \rightleftharpoons I_3^-$。

通常，在反应体系中不能直接用化学分析法测定各物质的平衡浓度，而必须用间接的实验和计算方法得到。

本实验采用配有一定量 I_2 的 CCl_4 稀溶液和不同浓度的 KI 水溶液混合振荡，在一定温度和压力下达到复相平衡后，用分光光度法测定 CCl_4 层中 I_2 的浓度。

$$A = \varepsilon b c_{I_2, CCl_4} \tag{6-35}$$

I_2 在四氯化碳和水中的分配常数表达式为：$K_d = c_{I_2, CCl_4} / c_{I_2, H_2O}$。

根据上式，只要测定复相平衡体系中的 c_{I_2, CCl_4}、c_{I_2, H_2O}，则可通过计算求出 K_d。

设：I_2 的 CCl_4 溶液的起始浓度为 c_0，体积为 V_{CCl_4}；起始 KI 水溶液的浓度为 c_{KI}，体积为 V_{H_2O}。I_2 在两相间达到络合与分配复相平衡后，I_2 在 CCl_4 相中的平衡浓度为 c_{I_2, CCl_4}，令其为 a'；I_2 在水相中的浓度为 c_{I_2, H_2O}，令其为 a；I^- 的平衡浓度为 c_{I^-, H_2O}；I_3^- 的平衡浓度为 $c_{I_3^-, H_2O}$；碘在水相中的总浓度（I_2 和 I_3^-）为 b，则有以下关系存在：

$$c_0 V_{CCl_4} = a' V_{CCl_4} + b V_{H_2O}$$

$$b = [c_0 - a'] \times \frac{V_{CCl_4}}{V_{H_2O}}$$

$$b = c_{I_2, H_2O} + c_{I_3^-, H_2O} = \frac{a'}{K_d} + c_{I_3^-, H_2O}$$

$$c_{I_3^-, H_2O} = b - \frac{a'}{K_d} = (c_0 - a') \times \frac{V_{CCl_4}}{V_{H_2O}} - \frac{a'}{K_d}$$

$$c_{KI} = c_{I_3^-, H_2O} + c_{I^-, H_2O}$$

$$c_{I^-, H_2O} = c_{KI, H_2O} - c_{I_3^-, H_2O} = c_{KI} - \left[\left(c_0 - a' \right) \times \frac{V_{CCl_4}}{V_{H_2O}} - \frac{a'}{K_d} \right]$$

$$c_{I_2, H_2O} = a = \frac{a'}{K_d} \tag{6-36}$$

根据平衡常数表达式

$$K_c = \frac{[I_3^-]}{[I^-][I_2]} = \frac{c_{I_3^-, H_2O}}{c_{I^-, H_2O} c_{I_2, H_2O}}$$

得到：

$$K_c = \frac{(c_0 - a') \times \dfrac{V_{CCl_4}}{V_{H_2O}} - \dfrac{a'}{K_d}}{\left\{ c - \left[(c_0 - a') \times \dfrac{V_{CCl_4}}{V_{H_2O}} + \dfrac{a'}{K_d} \right] \right\} \times \dfrac{a'}{K_d}} \tag{6-37}$$

从上式可见，当 I_2 在 CCl_4 和 H_2O 相的分配系数已知时，配制已知浓度为 c_0 的 I_2 的 CCl_4 溶液和浓度为 c_{KI} 的 KI 水溶液，当络合与分配达到复相平衡后，只要利用分光光度法测定出 a' 后，即可计算出络合反应的平衡常数。

【仪器与试剂】

1. 容量瓶（100mL），棕色容量瓶（1000mL），分液漏斗，碘量瓶（250mL），移液管（5mL）。

2. 碘（A.R.），四氯化碳（A.R.），碘化钾（A.R.），KI 水溶液（0.100mol·L^{-1})，I_2 的 CCl_4 溶液（5.0×10^{-4}mol·L^{-1}）。

【实验步骤】

1. I_2 的 CCl_4 溶液标准曲线的绘制

分别移取 5.0×10^{-4} mol·L^{-1} I_2 的 CCl_4 溶液 0.50mL、1.5mL、2.5mL、3.5mL、4.5mL 于 25mL 容量瓶中，用 CCl_4 稀释至刻度。用 3cm 比色皿，以 CCl_4 为参比，在 520nm 处测定吸光度，绘制标准曲线，并计算其摩尔吸光系数。

2. I_2 在 H_2O 和 CCl_4 两相中分配系数的测定

取 4.0mL 5.0×10^{-4}mol·L^{-1} I_2 的 CCl_4 溶液于 250mL 分液漏斗中，加入 6.0mL CCl_4 和 200mL 水。每隔 10min 充分振荡 3min，1h 后，将 CCl_4 层放入 3cm 比色皿中，以 CCl_4 为参比，在 520nm 处测定吸光度，由标准曲线求出 CCl_4 层中 I_2 的浓度 a'，然后根据下式计算分配系数（平行做 3 份）。

$$K_d=\frac{200a'}{5.0\times10^{-4}\times4.0-a'\times10}$$

3. $I_2+I^- \rightleftharpoons I_3^-$ 反应平衡常数的测定

取一碘量瓶，加入 10.0mL 5.0×10^{-4} mol·L^{-1} I_2 的 CCl_4 溶液，加入 50.0mL 0.100mol·L^{-1} 的 KI 水溶液、50mL 水，每隔 10min 振摇 1min，1h 后，通过分液漏斗将 CCl_4 层放入到 3cm 比色皿中，以 CCl_4 为参比，在 520nm 处测定吸光度，根据比耳定律计算在 CCl_4 层中 I_2 的浓度 $c(I_2, CCl_4)$，然后计算反应平衡常数。平行做 3 份。

4. 实验记录与数据处理

（1）A-$c(I_2, CCl_4)$ 曲线和摩尔吸光系数

项　目	1	2	3	4	5
5.0×10^{-4}mol·L^{-1} I_2 的 CCl_4 溶液的体积/mL	0.5	1.5	2.5	3.5	4.5
吸光度 A					
回归方程					
摩尔吸光系数/L·mol^{-1}·cm^{-1}					

（2）分配系数与反应平衡常数

编号	5.0×10^{-4}mol·L^{-1} I_2 的 CCl_4 溶液体积/mL	CCl_4体积/mL	水体积/mL	0.100mol·L^{-1}的 KI 溶液体积/mL	A	a'/mol·L^{-1}	K_d	K_c
1	4.0	6.0	200	×				
2	10.0	×	50	50				

【思考题】

1. 测定吸光度时为什么要用 3cm 比色皿？

2. 参比溶液的作用是什么？

第7章 物质的分离与提纯

实验23 去离子水的制备

【实验目的】

1. 掌握用离子交换法制备去离子水的原理和操作方法。
2. 熟悉离子交换树脂的再生处理。
3. 学会使用电导率仪。
4. 掌握水中杂质离子的检验方法。

【实验原理】

离子交换树脂是一类有机高分子化合物，含有能与其他物质进行离子交换的活性基团。含有酸性活性基团且能与其他物质进行阳离子交换的树脂叫做阳离子交换树脂；含有碱性活性基团且能与其他物质交换阴离子的树脂叫做阴离子交换树脂。按活性基团酸性（碱性）的强弱，又分为强酸（碱）性、弱酸（碱）性阳（阴离子）离子交换树脂。常用的是强酸性磺酸型（R—SO₃H）阳离子交换树脂和季铵型 [R—N(CH₃)₃OH] 强碱性阴离子交换树脂。离子交换法是目前广泛采用的制备去离子水的一种方法。此净化水的过程是在离子交换树脂上进行的。

当自来水通过阳离子交换树脂时，水中的如 Ca^{2+}、Mg^{2+}、Na^+ 等阳离子被树脂吸附，发生如下的交换反应：

$$2R-SO_3H + Ca^{2+} \longrightarrow (R-SO_3)_2Ca + 2H^+$$
$$R-SO_3H + Na^+ \longrightarrow R-SO_3Na + H^+$$

当自来水通过阴离子交换树脂时，水中的 Cl^-、SO_4^{2-}、CO_3^{2-} 等阴离子被树脂吸附，并发生如下的交换反应：

$$R-N(CH_3)_3OH + Cl^- \longrightarrow R-N(CH_3)_3Cl + OH^-$$
$$2R-N(CH_3)_3OH + SO_4^{2-} \longrightarrow [R-N(CH_3)_3]_2SO_4 + 2OH^-$$

经阳、阴离子交换树脂交换后产生的 H^+ 与 OH^- 发生中和反应，就得到了去离子水。

离子交换树脂的交换量是一定的，使用到一定程度后即失效。失效的阳、阴离子交换树脂可分别用稀 HCl、稀 NaOH 溶液再生。

【仪器与试剂】

1. 烧杯，试管，铁架台，DDS-11A 型电导率仪，离子交换柱。

2. HCl（2mol·L^{-1}），HNO$_3$（2mol·L^{-1}），NaOH（2mol·L^{-1}，6mol·L^{-1}），AgNO$_3$（0.1mol·L^{-1}），BaCl$_2$（0.2mol·L^{-1}），NaCl（饱和），NH$_3$-NH$_4$Cl缓冲溶液（pH＝10），铬黑T指示剂。

3. 玻璃纤维，碱式滴头，pH试纸，732$^\#$强酸性阳离子交换树脂，717$^\#$强碱性阴离子交换树脂。

【实验步骤】

1. 去离子水的制备

（1）树脂处理　取约4g 732$^\#$强酸性阳离子交换树脂于50mL烧杯中，用20mL 2mol·L^{-1} HCl溶液浸泡24h。倾去酸液，再用20mL 2mol·L^{-1} HCl溶液浸泡并搅拌约3min，待树脂沉降后倾去酸液（回收），用蒸馏水洗树脂数次，每次约用20mL，洗至pH值为4～5。

取约4g 717$^\#$强碱性阴离子交换树脂于小烧杯中，用20mL 2mol·L^{-1} NaOH溶液浸泡24h。倾去碱液，再用20mL 2mol·L^{-1} NaOH溶液浸泡并搅拌约3min，待树脂沉降后倾去碱液（回收），用适量蒸馏水冲洗树脂数次，洗至pH值为8～9。

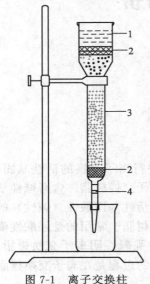

图7-1　离子交换柱
1—水；2—玻璃纤维；
3—树脂；4—碱式滴头

将处理好的阳、阴离子交换树脂充分混合，搅拌均匀至无气泡。

（2）装柱　取一支长约300mm、直径10mm的离子交换柱，在交换柱的下端填入少许玻璃纤维（以防止离子交换树脂随流出液流出），再连接一碱式滴头，然后将交换柱固定在铁架台上（图7-1）。在柱内注入蒸馏水至2/3高度，通过排水排出柱内、底部的玻璃纤维中及尖嘴玻璃管中的空气，然后将已处理并混合好的树脂同蒸馏水搅匀，一起慢慢注入柱中，同时缓慢排水，使树脂沉聚均匀，防止带入气泡。当树脂距离交换柱顶部10～20mm高度时，在柱顶部也装入一小团玻璃纤维，防止注入自来水时将树脂冲起。在装柱和以后交换的整个操作过程中，树脂要始终被水覆盖，避免空气进入树脂层，以致影响交换效果。

（3）制备去离子水　将自来水缓慢加入交换柱中（勿使水从管外流出），控制排水速度，成滴滴出。待水流出约50mL以后，再制取50mL去离子水，并做如下水质检验。

2. 水质检验[1]

（1）化学检验（与自来水做对比，写出相应的方程式）

① Ca^{2+}、Mg^{2+}检验　取2mL交换水，加入5滴NH$_3$-NH$_4$Cl缓冲溶液[2]及铬黑T指示剂，呈蓝色为合格。自来水呈现红紫色。

② Cl$^-$检验　10滴交换水中加入1滴2mol·L^{-1} HNO$_3$溶液，再滴入0.1mol·L^{-1} AgNO$_3$溶液，不出现白色浑浊为合格。

③ SO$_4^{2-}$检验　10滴交换水中加入1滴2mol·L^{-1} HCl，滴入1滴0.2mol·L^{-1} BaCl$_2$溶液，不出现白色浑浊为合格。

（2）物理检验　物理学上，电导率常用电阻率的倒数来表示。用电导率仪测得电导率可间接表示水的纯度，可溶性杂质的总含量。水中杂质离子越少，水的电导率就越小。理想纯水的电导率很小，25℃时为0.056μS·cm^{-1}，电阻率很大，其电阻率在18×10^{6}Ω·cm。普通化学实验用水电导率是10μS·cm^{-1}，若交换水电导率≤10μS·cm^{-1}，即合乎要求。本实验使用的电导率仪为DDS-11A型，使用方法见3.10.5。

3. 离子交换树脂的再生

将交换柱中的阳、阴离子交换树脂的混合物倒入小烧杯中，先用饱和 NaCl 浸泡，二者因密度不同（阳离子交换树脂的密度约为 0.8，阴离子交换树脂的密度约为 0.7）而分层。分别取出来，阴、阳离子交换树脂用去离子水冲洗至检测无 Cl^- 为止，然后分别用 $2mol \cdot L^{-1}$ NaOH、HCl 溶液浸泡 24h，使其再生。

【思考题】

1. 离子交换法制备去离子水的基本原理是什么？
2. 装柱时为什么要赶净柱中的气泡？
3. 为什么可用测量水样的电导率来检查水质的纯度？

【附注】

[1] 本实验所用的所有玻璃仪器都必须洁净，并用去离子水充分淋洗过。

[2] NH_3-NH_4Cl 缓冲溶液的配制：称 10g NH_4Cl 溶于适量水中，加入 50mL 氨水（密度 $0.9g \cdot cm^{-3}$），混合后将溶液稀释至 500mL，即为 pH＝10 的缓冲溶液。

实验 24 氯化钠的提纯

【实验目的】

1. 熟悉物质提纯的原理和方法。
2. 通过氯化钠的提纯实验，练习并掌握溶解、过滤、蒸发、结晶等基本操作。

【实验原理】

粗盐中除含有泥沙等不溶性杂质外，还含有钙、镁、钾的卤化物和硫酸盐等可溶性杂质。不溶性杂质可通过过滤除去；可溶性杂质可加入某些沉淀剂使之沉淀去除。

粗盐水溶液中的杂质离子 Ca^{2+}、Mg^{2+}、Fe^{3+}、SO_4^{2-} 等，用 Na_2CO_3、$BaCl_2$、NaOH 和盐酸等试剂就可以使它们生成难溶化合物的沉淀而滤除。首先，在食盐溶液中加入 $BaCl_2$ 溶液，除去 SO_4^{2-}：

$$Ba^{2+} + SO_4^{2-} = BaSO_4 \downarrow$$

此时溶液中引入了 Ba^{2+}，再往溶液中加入 Na_2CO_3 和 NaOH 溶液，可除去 Ca^{2+}、Mg^{2+} 和引入的 Ba^{2+}（过量的）：

$$Mg^{2+} + 2OH^- = Mg(OH)_2 \downarrow$$
$$Ca^{2+} + CO_3^{2-} = CaCO_3 \downarrow$$
$$Ba^{2+} + CO_3^{2-} = BaCO_3 \downarrow$$
$$Fe^{3+} + 3OH^- = Fe(OH)_3 \downarrow$$

过量的 Na_2CO_3 和 NaOH 溶液可用盐酸中和除去。

$$CO_3^{2-} + 2H^+ = CO_2 + H_2O$$
$$H^+ + OH^- = H_2O$$

K^+ 仍留在溶液中，由于 KCl 的溶解度大于 NaCl 的溶解度，而且在粗盐中的含量较少，所以在蒸发和浓缩食盐溶液时，NaCl 先结晶出来，而 KCl 则留在溶液中，从而达到提纯 NaCl 的目的。

【仪器与试剂】

1. 烧杯，量筒，蒸发皿，水循环真空泵，吸滤瓶，布氏漏斗，三脚架，石棉网，台秤，表面皿，铁架台，滤纸，pH 试纸。

2. NaCl(粗)，Na_2CO_3($2mol \cdot L^{-1}$)，$BaCl_2$($1mol \cdot L^{-1}$、$0.2mol \cdot L^{-1}$)，$Na_2C_2O_4$(饱和)，HCl($2mol \cdot L^{-1}$)，NaOH($2mol \cdot L^{-1}$)，对硝基偶氮间苯二酚(镁试剂[1])。

【实验步骤】

1. 粗盐的提纯(写出每一步相应的方程式)

(1) 粗盐的溶解　将粗盐研细，称取 10g 粗盐于 100mL 烧杯中，加 40mL 水，加热搅拌，使粗盐溶解。

(2) 除去 SO_4^{2-}　加热溶液近沸，充分搅拌，并逐滴加入约 2mL $1mol \cdot L^{-1}$ $BaCl_2$ 溶液，盖上表面皿小火保温 5min，使沉淀颗粒长大，易于沉降、过滤。停止加热，烧杯里的溶液静置。取少许上层清液并加入 1 滴 $2mol \cdot L^{-1}$ HCl 溶液和几滴 $1mol \cdot L^{-1}$ $BaCl_2$ 溶液，如出现浑浊现象，表示溶液中尚存在 SO_4^{2-}，需要再补加 $BaCl_2$ 溶液，直至清液中滴加 $BaCl_2$ 溶液，不再发生浑浊。稍冷，过滤，保留滤液。

(3) 除 Ca^{2+}、Mg^{2+}、Fe^{3+}、Ba^{2+}　将上面滤液加热近沸，边搅拌边滴加 1mL $2mol \cdot L^{-1}$ 的 NaOH 和 2mL $2mol \cdot L^{-1}$ 的 Na_2CO_3 溶液，用 pH 试纸测试，直至 pH＝8～9 为止。然后静置。检测 Ca^{2+}、Mg^{2+} 是否除尽并使之沉淀完全(如何操作?)。过滤，保留滤液。

(4) 用盐酸溶液调节滤液酸度，除去剩余的 CO_3^{2-}　往溶液中滴加 $2mol \cdot L^{-1}$ HCl 溶液，加热搅拌，中和到 pH＝3～4 为止(为什么?)。

(5) 结晶，除去 KCl　将溶液转移至蒸发皿中，加热，浓缩，出现晶膜后，小火加热，不断搅拌，以防止迸溅，浓缩到稠粥状，冷却至室温，减压过滤，将晶体抽干。再把 NaCl 晶体放在蒸发皿中，小火炒干，冷却后称量。计算其回收率。

2. 产品纯度的检验(与粗盐对比)(写出现象和方程式)

取少量粗盐和提纯后的 NaCl 分别加入两支试管中，并使其溶于少量蒸馏水，用下列方法检验和比较它们的纯度[2]。

(1) SO_4^{2-} 的检验　分别取两种试液少许，向其中加入 1 滴 $2mol \cdot L^{-1}$ HCl 溶液和几滴 $0.2mol \cdot L^{-1}$ $BaCl_2$ 溶液，观察现象并说明。

(2) Ca^{2+} 的检验　另取两种试液少许，向其中加入几滴饱和的 $Na_2C_2O_4$ 溶液，充分振荡后，观察现象并加以说明。

(3) Mg^{2+} 的检验　再取两种试液少许，向其中滴入 $2mol \cdot L^{-1}$ NaOH 溶液，使呈碱性，再滴入几滴镁试剂溶液，溶液呈蓝色时，表示 Mg^{2+} 存在。试比较粗盐和提纯的 NaCl 中 Mg^{2+} 含量有何不同。

【思考题】

1. 在除去 Ca^{2+}、Mg^{2+}、SO_4^{2-} 等时，为什么要先加入 $BaCl_2$ 溶液，然后再加入 Na_2CO_3 溶液?

2. 检查 SO_4^{2-} 是否存在时，要在试液中先加 HCl 溶液，然后加 $BaCl_2$，只加 $BaCl_2$ 为什么不行?

3. 如果 NaCl 的回收率过高，可能的原因是什么?

【附注】

[1] 镁试剂是对硝基偶氮间苯二酚，它在碱性环境中是红色或红紫色溶液，当它被

$Mg(OH)_2$沉淀吸附后，便呈天蓝色，是检验Mg^{2+}的试剂。

[2] 在化学试剂和医用氯化钠的产品检验中，常用容量沉淀法（吸附指示剂滴定法）测定NaCl含量和进行产品纯度检验，用容量沉淀法测定NaCl含量时，一般使用吸附指示剂荧光黄，其变色原理是，Ag^+滴定氯化物溶液的过程中，由于加入淀粉溶液，导致形成胶态AgCl，溶液中若含有高浓度的Cl^-被胶体吸附为第一层。吸附指示剂是一种有机弱酸，它部分地离解为H^+和带负电的荧光黄阴离子，荧光黄阴离子被Cl^-吸附层所排斥。但是，在到达滴定终点时，溶液中的Cl^-被定量沉淀，如过量滴入1滴$AgNO_3$标准溶液，使溶液体系中有了过量的Ag^+，AgCl胶状沉淀就吸附Ag^+为第一吸附层了，这层Ag^+又吸附荧光黄阴离子作为第二吸附层。在溶液中带负电的荧光黄离子使溶液呈黄绿色，但当它被Ag^+层吸附时，就呈现淡红色。还可以根据Mg^{2+}和Fe^{3+}的比色分析结果确定NaCl产品的纯度级别。

实验25　海带中提取碘

【实验目的】

掌握海带中提取碘的方法，复习灰化、浸取、浓缩、升华操作。

【实验原理】

碘有极其重要的生理作用，人体中的碘主要存在于甲状腺内。甲状腺内的甲状腺球蛋白是一种含碘的蛋白质，是人体的碘库。一旦人体需要时，甲状腺球蛋白就很快水解为有生物活性的甲状腺素，并通过血液到达人体的各个组织。甲状腺素是一种含碘的氨基酸，它具有促进体内物质和能量代谢、促进身体生长发育、提高精神系统的兴奋性等生理功能。人体中如果缺碘，甲状腺就得不到足够的碘，甲状腺素的合成就会受到影响，使得甲状腺组织产生代偿性增生，形成甲状腺肿（即大脖子病）。碘缺乏病给人类的智力与健康造成了极大的损害，对婴幼儿的危害尤其严重。因为严重缺碘的妇女，容易生出患有克汀病和智力低下的婴儿，克汀病的患儿身体矮小、智力低下、发育不全，甚至痴呆，即使轻症患儿也多有智力低下的表现。人体一般每日摄入$0.1\sim0.2mg$碘就可以满足需要。在正常情况下，人们通过食物、饮水及呼吸即可摄入。但在一些地区，由于各种原因，水和土壤中缺碘，食物中含碘量也较少，造成人体摄碘量少，有的地区由于在食物中含有阻碍人体吸收碘的某些物质，也会造成人体缺碘。有人称海带为"碘之王"，在每100g海带中含碘量为240mg，常吃海带可纠正由缺乏碘而引起的甲状腺肿，促进新陈代谢，使甲状腺能维持正常功能。海带所含碘化物内服吸收后，还能促进病理产物和渗出物被吸收，并能使病变的组织崩溃和溶解，可纠正缺碘而引起的甲状腺机能不足，对癌症有一定的抑制作用，同时也可以暂时抑制甲状腺机能亢进的新陈代谢。

本实验通过灼烧、灰化、浸取、炒干操作，将海带中的碘转化为I^-，在酸性条件下用氧化剂将I^-氧化为I_2，通过升华分离。

$$Fe_2(SO_4)_3+2KI \Longrightarrow 2FeSO_4+I_2+K_2SO_4$$

【仪器与试剂】

1. 烧杯，试管，铁架台，坩埚，蒸发皿，布氏漏斗，抽滤瓶，真空循环水泵，玻璃漏斗，试剂瓶（棕色）。

2. 硫酸（1mol·L⁻¹），无水硫酸铁。

3. 海带丝。

【实验步骤】

1. 称取 10g 干燥的海带丝，剪碎，研磨，再放在坩埚中灼烧，反复多次研磨、灼烧，使海带完全灰化。

2. 将海带灰倒在烧杯中，加入 25mL 蒸馏水熬煮 5min 后，抽滤。重复加入 25mL 蒸馏水熬煮一次，过滤，最后用少量水洗涤滤渣，将滤液合并。

3. 滤液里加 1mol·L⁻¹ H_2SO_4 酸化至 pH 值显中性。（海带灰里含有 K_2CO_3，酸化使其呈中性或弱酸性对下一步氧化析出碘有利。但 H_2SO_4 加多了则易使碘离子提前氧化为碘而损失。）

4. 将滤液在蒸发皿中蒸发，并炒至糊状，调 pH≈1，然后尽量炒干，研细，并且加入 1.2g 研细的无水 $Fe_2(SO_4)_3$ 固体与之混合均匀。

5. 在蒸发皿上盖一张刺有许多小孔且孔刺向上的滤纸，取一只大小合适的玻璃漏斗，颈部塞一小团棉花，扣在蒸发皿上面（见装置图 3-72）。小心加热蒸发皿使生成的碘升华。碘蒸气在滤纸上凝聚，并在漏斗中看到紫色碘蒸气。当再无紫色碘蒸气产生时，停止加热。取下滤纸。将新得到的碘回收在棕色试剂瓶中。

【思考题】

1. 哪些因素影响产率？

2. 能用其他氧化剂替代硫酸铁吗？选择氧化剂时需要注意什么？

3. 设计实验验证产物为 I_2。

无机物的制备与检验

第**8**章

实验 26　三草酸合铁(Ⅲ)酸钾的制备和性质

【实验目的】

1. 了解三草酸合铁(Ⅲ)酸钾的性质。

2. 掌握水溶液中制备无机物的一般方法。

3. 练习溶解、沉淀和沉淀洗涤、过滤、浓缩、蒸发结晶等基本操作。

【实验原理】

以铁(Ⅱ)盐为起始原料，首先通过氧化将铁(Ⅱ)转变为铁(Ⅲ)，再将铁(Ⅲ)沉淀，然后通过酸碱、配位反应，制得三草酸合铁(Ⅲ)酸钾 $K_3[Fe(C_2O_4)_3] \cdot 3H_2O$ 配合物。主要反应式为：

$$6Fe^{2+} + 3H_2O_2 = 4Fe^{3+} + 2Fe(OH)_3 \downarrow$$

$$2H_2O_2 = 2H_2O + O_2 \uparrow$$

$$Fe^{3+} + 3NH_3 \cdot H_2O = Fe(OH)_3 \downarrow + 3NH_4^+$$

$$KOH + H_2C_2O_4 = KHC_2O_4 + H_2O$$

$$Fe(OH)_3 + 3KHC_2O_4 = K_3[Fe(C_2O_4)_3] + 3H_2O$$

三草酸合铁(Ⅲ)酸钾为翠绿色单斜晶系晶体，易溶于水 [0℃ 时，$4.7g \cdot (100g\ H_2O)^{-1}$；100℃，$117.7g \cdot (100g\ H_2O)^{-1}$]，难溶于乙醇等有机溶剂，极易感光，室温光照变黄色，它在日光直射或强光下进行下列光化学反应：

$$2[Fe(C_2O_4)_3]^{3-} = 2FeC_2O_4 + 3C_2O_4^{2-} + 2CO_2 \uparrow$$

光解生成的草酸亚铁遇六氰合铁(Ⅲ)酸钾生成滕氏蓝：

$$3FeC_2O_4 + 2K_3[Fe(CN)_6] = Fe_3[Fe(CN)_6]_2 \downarrow + 3K_2C_2O_4$$

因此，三草酸合铁(Ⅲ)酸钾在实验室中可做成感光纸，进行感光实验。另外由于它的光化学活性，能定量进行光化学反应，常用作化学光量计。

三草酸合铁(Ⅲ)配离子是较稳定的，$K_稳 = 1.58 \times 10^{20}$。

【仪器与试剂】

1. 烧杯，量筒，漏斗，抽滤瓶，布氏漏斗，蒸发皿，试管，表面皿，真空泵，锥形瓶(250mL)，定量滤纸。

2. $(NH_4)_2Fe(SO_4)_2 \cdot 6H_2O(s)$，$KOH(s)$，$H_2C_2O_4(s)$，$K_3[Fe(CN)_6](s)$，$H_2O_2$（30%），氨水（$6mol \cdot L^{-1}$），$NH_4CNS$（$0.1mol \cdot L^{-1}$），$BaCl_2$（$0.1mol \cdot L^{-1}$），$HCl$（$1mol \cdot L^{-1}$）。

【实验步骤】

1. 三草酸合铁（Ⅲ）酸钾 $K_3[Fe(C_2O_4)_3]$ 的制备

称 $5g(NH_4)_2Fe(SO_4)_2 \cdot 6H_2O$（或 $FeCl_2$、$FeSO_4$）放入 $250mL$ 锥形瓶中，加入 $100mL$ 水，摇动使固体完全溶解。加入 $5mL$ 新开封的 30% H_2O_2，搅拌。溶液变成棕红色并有少量棕色沉淀生成（何物？何故？）。往此锥形瓶中再缓慢滴入 $10mL$ $6mol \cdot L^{-1}$ $NH_3 \cdot H_2O$（按计算量过量 50%）至溶液中，使 $Fe(OH)_3$ 沉淀完全，加热，不断搅拌，煮沸 $5min$，静置，倾去上层清液。向沉淀中加入 $100mL$ 水洗涤沉淀，然后进行抽滤，重复洗 1 次。再用 $50mL$ 热水洗沉淀，检测 SO_4^{2-}，抽干，重复洗涤，直到检测滤液中无 SO_4^{2-} 为止，得 $Fe(OH)_3$ 沉淀。

称取 $2g$ KOH 和 $4.2g$ $H_2C_2O_4 \cdot 2H_2O$ 溶解在 $100mL$ 水中，加热使其完全溶解后，在搅动下，将 $Fe(OH)_3$ 沉淀加入此溶液中。加热，使 $Fe(OH)_3$ 溶解。过滤，除去不溶物，将滤液收集在蒸发皿中，在水浴上浓缩至 $20 \sim 25mL$[1]，转移至 $50mL$ 小烧杯中，杯口覆纸自然冷却，$2 \sim 3$ 天便析出翠绿色晶体，将晶体先用少量水洗，后用 95% 乙醇洗，用滤纸吸干。

2. 性质

将少许产品放在表面皿上，在日光下观察晶体颜色变化[2]。与放在暗处的晶体比较。

配感光液：取 $0.3 \sim 0.5g$ $K_3[Fe(C_2O_4)_3] \cdot 3H_2O$ 配成 $5mL$ 溶液，用滤纸条做成感光纸。曝光后用约 3.5% 六氰合铁（Ⅲ）酸钾溶液润湿或漂洗即显影映出图案来。

制感光纸：按 $0.3g$ $K_3[Fe(C_2O_4)_3] \cdot 3H_2O$、$0.4g$ $K_3[Fe(CN)_6]$、加水 $5mL$ 的比例配成溶液，在滤纸上画上图案，遮挡一部分，在日光直照下（数秒钟）或红外灯光下，曝光部分呈深蓝色，被遮盖没有曝光部分即显黄绿色。

【思考题】

1. 为什么在此制备中用过氧化氢作氧化剂，用氨水作沉淀剂？它们与其他氧化剂或沉淀剂比有何优点？

2. 制氢氧化铁沉淀时为什么必须洗涤多次？如不洗涤对产品有何影响？

3. 如何证明你所制得的产品不是单盐而是配合物？设法用实验证明。

4. 写出各步实验现象和反应方程式，并根据摩尔盐的量计算理论产量和产率。

【附注】

[1] 若浓缩的绿色溶液带褐色，则含有氢氧化铁沉淀，应趁热过滤除去。

[2] 三草酸合铁（Ⅲ）酸钾见光变黄色应为草酸亚铁与碱式草酸铁的混合物。

实验27　明矾的制备、大晶体的培养及含量测定

【实验目的】

1. 学会利用身边易得的废铝材料制备明矾的方法。

2. 巩固溶解度概念及其应用。

3. 学习从溶液中培养晶体的原理和方法。

4. 了解 EDTA 标准溶液的配制和标定原理。

5. 了解明矾中铝含量测定的方法。

【实验原理】

1. 明矾的制备与晶体培养

晶体的特征之一是具有规则的几何外形。如明矾〔铝钾矾，$KAl(SO_4)_2 \cdot 12H_2O$〕是八面体晶形，$NaCl$ 是立方体晶形。本实验要从溶液中培养铝钾矾晶体。首先用废铝与 KOH 反应生成 $KAl(OH)_4$，然后加入硫酸得到明矾溶液，培养明矾大晶体。

铝钾矾溶解度和过饱和曲线如图 8-1 所示，BB' 曲线是物质的溶解度曲线，曲线下方为不饱和区，在此区域内不会有晶体析出，因此又称为稳定区。CC' 曲线是过饱和曲线，此线上方为不稳定区，将此区域里的溶液稍加振荡或在其中投入晶种或某种物质（甚至灰尘掉入）就会立即析出大量晶体。两线之间的区域叫准稳定区，在此区域内，晶体可以缓慢地生长成大块的具有规则外形的晶体。

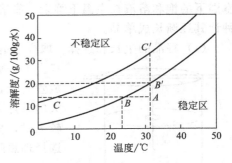

图 8-1　铝钾矾溶解度和过饱和曲线

欲从不饱和溶液中制得晶体，有两种途径：一是 $A \rightarrow B \rightarrow C$ 的途径，即保持溶液的浓度不变，降低温度；另一途径是 $A \rightarrow B' \rightarrow C'$，即在保持温度不变时，蒸发溶剂使溶液浓度增大，前一种方法叫冷却法，后一种方法叫蒸发法。这两种方法都可以使溶液从稳定区进入准稳定区或不稳定区，从而析出晶体。在不稳定区，晶体生长的速度快，晶粒多，但晶体细小。要想得到大的外形完美的晶体，应使溶液处于准稳定区，让晶体慢慢地生长。

2. 铝含量的测定

Al^{3+} 可以采用络合返滴定法进行测定。

由于 Al^{3+} 易形成一系列多核羟基络合物，这些多核羟基络合物与 EDTA 络合缓慢，故通常采用返滴定法测定铝。加入定量且过量的 EDTA 标准溶液，在 $pH \approx 3.5$ 煮沸几分钟，使 Al^{3+} 与 EDTA 络合完全。然后在 pH 为 5～6 时，以二甲酚橙为指示剂，用 Zn^{2+} 标准溶液返滴定过量的 EDTA 而得铝的含量。

【仪器与试剂】

1. 烧杯，量筒，温度计，酒精灯，电子台秤，分析天平，容量瓶（250mL），移液管（25mL），滴定管，涤纶线，玻璃棒。

2. KOH(s)，H_2SO_4（$3 mol \cdot L^{-1}$），废铝（可用铝制牙膏壳、铝合金罐头盒、易拉罐、铝导线），锌片（99.99%），乙二胺四乙酸二钠（$Na_2H_2Y \cdot 2H_2O$，简称 EDTA，$M = 372.2$），六亚甲基四胺（$300 g \cdot L^{-1}$），二甲酚橙水溶液（$2 g \cdot L^{-1}$），HCl 溶液（1+1，1+3），氨水（1+1，1+2），甲基红指示剂（$1 g \cdot L^{-1}$，60% 乙醇溶液）。

【实验步骤】

制备工艺路线：

废铝 → KOH溶解 → 过滤 → 硫酸酸化 → 浓缩 → 结晶 → 分离 → 单晶培养 → 明矾单晶

1. $KAl(SO_4)_2 \cdot 12H_2O$ 的制备

在 500mL 烧杯中放入 4.2g KOH 溶于 50mL 蒸馏水中得 50mL $1.5 mol \cdot L^{-1}$ KOH 溶液，加入 2g 废铝，加热（反应剧烈，小心，不要溅入眼内），反应完毕后用布氏漏斗抽滤，取滤液，在不断搅拌下，滴加 $3mol \cdot L^{-1}$ H_2SO_4（按化学反应式计量），加热至沉淀完全溶解，并适当浓缩溶液（剩 2/3 体积），用自来水冷却结晶，冷至室温。过滤，晶体回收（用于测定铝含量），饱和液留用培养籽晶和大晶体。

2. 产品的定性检测

取少量晶体，设计方案，鉴定产品为硫酸盐、铝盐及钾盐。

3. 明矾单晶的培养

$KAl(SO_4)_2 \cdot 12H_2O$ 为正八面体晶形。应让籽晶（晶种）有足够的时间长大，而籽晶能够长大的前提是溶液浓度应处于适当过饱和的准稳定区（图 8-1 的 $C'B'BC$）。本实验通过将室温下的饱和溶液在室温下静置，靠溶剂的自然挥发来创造溶液的不稳定状态。人工投放晶种让其逐渐长成单晶。

（1）籽晶的生长和选择　取少量饱和液做晶种培养的清液，放在不易振动的地方，烧杯口上架一玻璃棒，然后在烧杯口上盖一块滤纸，以免灰尘落下，放置一天，杯底会有小晶体析出（制备晶体最好是在温差不太大的条件下进行，用冷却法制备，温差以 10℃ 左右为宜。温差较大时，析出细小的晶体并有裂痕，不透明的晶体较多，难以选择理想的晶体作为晶种），从中挑选出晶形完整的籽晶待用。

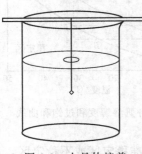

图 8-2　大晶体培养

（2）晶体的生长　以缝纫用的涤纶线把籽晶系好，剪去余头，缠在玻璃棒上悬吊在已过滤的饱和溶液中（图 8-2），观察晶体的缓慢生长。数天后可得到棱角齐全、晶莹透明的大块晶体。

在晶体生长过程中，应经常观察，若发现籽晶上又长出小晶体，应及时去掉。

4. EDTA 的标定

按照实验 44 所述标定 EDTA，并将结果填入表 8-1。

表 8-1　EDTA 浓度的标定

内　容	1	2	3
m_{Zn}/g			
$c_{Zn^{2+}}/mol \cdot L^{-1}$			
$V_{Zn^{2+}}/mL$			
V_{EDTA}/mL			
$c_{EDTA}/mol \cdot L^{-1}$			
$\overline{c}_{EDTA}/mol \cdot L^{-1}$			
平均偏差			
相对平均偏差/%			

5. 明矾中铝的测定

准确称取 1.0～1.2g 明矾试样于小烧杯中，加少量水溶解，然后定量转入 250mL 容量瓶中，稀释至刻度，摇匀，备用。

准确移取上述试液 25mL 于 250mL 锥形瓶中，准确加入 40mL EDTA、2 滴二甲酚橙，此时试液为黄色，加氨水至溶液呈紫红色，再加 HCl(1＋3) 溶液，使溶液呈现黄色。煮沸

3min，冷却。加 15mL 六亚甲基四胺，此时溶液应为黄色，如果溶液呈红色，还须滴加 HCl(1＋3) 溶液，使其变黄。用 Zn^{2+} 标准溶液滴定，当溶液由黄恰好转变为紫红色时即为终点，根据消耗的 Zn^{2+} 标准溶液体积计算 Al 的质量分数。

6. 数据处理（表 8-2）

表 8-2 明矾中铝含量的测定

项　　目		1	2	3
明矾质量/g				
EDTA 浓度/mol·L^{-1}				
EDTA 体积/mL				
Zn^{2+} 浓度/mol·L^{-1}				
Zn^{2+} 体积/mL				
Al^{3+} 质量分数/%	测定值			
	平均值			
平均偏差				
相对平均偏差/%				

【思考题】

1. 下列哪些条件有利于生成大晶体？

(1) 温度下降快，致使结晶速度快；

(2) 搅拌溶液；

(3) 温度缓慢下降；

(4) 结晶速度很慢；

(5) 100℃时的饱和溶液冷却至室温；

(6) 室温时溶液刚好饱和。

2. 画出铝钾矾的晶体图。

3. 滴定为什么要在缓冲溶液中进行？如果没有缓冲溶液存在，将会导致什么现象发生？

4. 为什么配位滴定法测铝含量时要使用返滴定法？

5. 明矾中 Al^{3+} 的质量分数理论值是多少？你测得的误差是多少？分析误差原因。

实验28　含铜废液制备五水硫酸铜及结晶水的测定

【实验目的】

1. 了解由含铜废液制取五水硫酸铜的方法。

2. 进一步练习和掌握溶解、蒸发、浓缩、结晶、抽滤及重结晶等基本操作。

3. 初步测定五水硫酸铜的结晶水含量。

【实验原理】

化学实验过程中常会生成含铜溶液，作为废液丢弃会引起环境污染，本实验以废铁丝（或废铁皮和铁钉，事先在酸中除去铁丝外面的铁锈）和含铜废液为原料制取铜粉。

$$Fe_2O_3 + 3H_2SO_4 = Fe_2(SO_4)_3 + 3H_2O$$
$$Cu^{2+} + Fe = Cu + Fe^{2+}$$

由于铜是不活泼金属，不能与稀 H_2SO_4 直接反应。金属铜与浓 H_2SO_4 作用时，铜表面会生成黑色的 CuS 或 Cu_2S 阻碍 H_2SO_4 与 Cu 进一步反应，所以可先把 Cu 转化成 CuO 后再与稀 H_2SO_4 作用。

$$2Cu + O_2 = 2CuO$$
$$CuO + H_2SO_4 = CuSO_4 + H_2O$$

【仪器与试剂】

1. 烧杯，蒸发皿，漏斗架，研钵，吸滤瓶，布氏漏斗，分析天平，坩埚，泥三角，坩埚钳，干燥器，真空泵，量筒。

2. H_2SO_4（3mol·L^{-1}），铁丝，含铜废液。

【实验步骤】

1. 五水硫酸铜的制取（粗制品）

（1）称取 3g 铁丝圈成扁平状，放入小烧杯内，加入 10mL 3mol·L^{-1} H_2SO_4 溶液，反应 2s 后用倾析法回收溶液，将铁丝用蒸馏水洗净。

（2）将铁丝迅速放入 100mL $CuSO_4$ 废液中（调 pH≈1），小火加热 10～15min，边加热边搅拌，蓝色逐渐褪去，生成的疏松铜末从铁丝上脱落下来，反应完全后用倾析法倒掉溶液，将剩余的铁丝取出洗净，得到的铜末用蒸馏水倾析法洗 3 次，然后抽滤得到铜末（尽量抽干）。

（3）将铜末放在坩埚内先用小火加热，快速搅拌，炒干，再用大火灼烧，并不断搅拌，使铜末充分氧化得黑色 CuO，反应 30min 后，放置冷却。

（4）在蒸发皿内加入 20mL 3mol·L^{-1} H_2SO_4 溶液，边搅拌边将 CuO 粉末慢慢加入其中。把蒸发皿放在石棉网上小火加热 3min，并不断搅拌，得到蓝色溶液。反应中如出现结晶现象，可以补充适量的蒸馏水。

（5）得到的 $CuSO_4$ 溶液冷却后抽滤，回收剩余的铜末。将滤液转移到蒸发皿内，小火加热，浓缩至液面出现结晶膜，转移至小烧杯用冷水冷却使其结晶，减压过滤，得到 $CuSO_4·5H_2O$ 粗晶体，回收。

2. 重结晶法提纯五水硫酸铜

将粗制品放入烧杯中，加入经计算所需的蒸馏水（$CuSO_4·5H_2O$ 的溶解度见表 8-3），加热使其溶解，趁热过滤，滤液收集在蒸发皿中，再加热浓缩至表面有晶膜出现，停止加热。冷却后用倾析法倒去母液（倒入指定容器内），晶体用滤纸吸干，得到较纯的 $CuSO_4·5H_2O$ 晶体 [$M(CuSO_4·H_2O) = 249.69$g·mol^{-1}]。

表 8-3 $CuSO_4·5H_2O$ 的溶解度

温度 t/℃	0	20	40	60	80
溶解度/g·(100g H_2O)$^{-1}$	14.3	20.7	28.5	40	55

3. 测定硫酸铜晶体里结晶水的含量

取干燥洁净的瓷坩埚放在分析天平上称量，准确至 0.1mg。然后向坩埚中加入自制晾干并研细的蓝色硫酸铜晶体粉末 5g，再在天平上称量。将坩埚放在泥三角上，用酒精灯小心缓慢地加热，边加热边用玻璃棒搅拌晶体粉末，当蓝色硫酸铜晶体接近完全变白时，加热要特别小心，必要时可间歇地移开火焰，趁热搅拌，直到晶体完全变白色。高温时 $CuSO_4$ 亦要分解。

$$CuSO_4 \cdot 5H_2O \xrightarrow{\triangle} CuSO_4 + 5H_2O$$

$$CuSO_4 \xrightarrow{\triangle} CuO + SO_3 \uparrow$$

当加热完毕后，趁热立即将坩埚放入公用的干燥器中。待冷却后，取出坩埚，称量记下瓷坩埚和无水硫酸铜的总质量。反复加热，冷却称重，直到误差不超过 0.1g 时为止。将各次数据记录于表 8-4 中。

表 8-4　$CuSO_4 \cdot 5H_2O$ 结晶水含量测定

实　验　内　容	数据与结果
坩埚质量/g	
坩埚＋硫酸铜晶体质量/g	
坩埚＋无水硫酸铜质量/g	
结晶水质量/g	
结晶水的物质的量/mol	
无水硫酸铜质量/g	
无水硫酸铜的物质的量/mol	
1mol 硫酸铜晶体中所含结晶水的物质的量/mol	
蓝色硫酸铜晶体中的结晶水质量分数/%	

【思考题】

1. 为什么铁丝的铁锈要尽量除去？
2. 在实验过程中发生如下情况对测定硫酸铜结晶水的准确性有什么影响？
(1) 硫酸铜晶体未晾干。
(2) 坩埚内粘有其他杂质。
(3) 加热失水时，硫酸铜晶体爆出坩埚外边。
(4) 加热搅拌时，玻璃棒上沾有硫酸铜。
(5) 加热无水硫酸铜后，不放入干燥器中冷却。
(6) 蓝色硫酸铜晶体未全部变白就停止加热，冷却，称量。
(7) 蓝色硫酸铜晶体变成黑色时，停止加热，冷却，称量。

实验 29　硫酸亚铁铵的制备

【实验目的】

1. 了解复盐硫酸亚铁铵的制备原理。
2. 练习水浴加热、过滤（常压、减压）、蒸发、浓缩、结晶和干燥等技术。
3. 学习用目测比色法[1]检验产品质量的技术。

【实验原理】

硫酸亚铁铵 $(NH_4)_2SO_4 \cdot FeSO_4 \cdot 6H_2O$ 又称摩尔盐，它是透明、浅蓝绿色单斜晶体，比一般的亚铁盐稳定，在空气中不易被氧化。实验中常用摩尔盐来配制亚铁离子溶液。

硫酸亚铁铵可由等物质的量的 $FeSO_4$ 和 $(NH_4)_2SO_4$ 反应制得，其反应如下：

$$FeSO_4 + (NH_4)_2SO_4 + 6H_2O = (NH_4)_2SO_4 \cdot FeSO_4 \cdot 6H_2O$$

从硫酸铵、硫酸亚铁和硫酸亚铁铵在水中的溶解度数据（表 8-5）可知，在一定温度范围内，$FeSO_4 \cdot (NH_4)_2SO_4 \cdot 6H_2O$ 的溶解度比组成它的每一组分的溶解度都小。因此，很容易从硫酸亚铁和硫酸铵混合溶液制得并结晶出摩尔盐 $FeSO_4 \cdot (NH_4)_2SO_4 \cdot 6H_2O$。

表 8-5　几种盐的溶解度　　　　　　单位：$g \cdot (100g\ H_2O)^{-1}$

盐 ＼ 温度/℃	0	10	20	30	40	50	60
$FeSO_4 \cdot 7H_2O$	28.6	37.5	48.5	60.2	73.6	88.9	100.7
$(NH_4)_2SO_4$	70.6	73.0	75.4	78.0	81.0	—	88.0
$FeSO_4 \cdot (NH_4)_2SO_4 \cdot 6H_2O$	12.5	17.2	—	—	33.0	40.0	—

本实验利用铁钉溶于稀 H_2SO_4，先制得 $FeSO_4$ 溶液，然后在 $FeSO_4$ 溶液中加入固体 $(NH_4)_2SO_4$。

Fe 通常选用金属切削的废铁屑。而在炼铁过程中，铁矿石中的磷酸钙、硫化亚铁等杂质发生一系列变化：

$$Ca_3(PO_4)_2 + 3SiO_2 + 5C = 3CaSiO_3 + 2P + 5CO \uparrow$$

$$FeS + CaO + CO = Fe + CaS + CO_2 \uparrow$$

在溶解铁钉的过程中常会产生刺激性气体。

$$Ca_3P_2 + 3H_2SO_4 = 3CaSO_4 + 2PH_3 \uparrow$$

$$CaS + H_2SO_4 = CaSO_4 + H_2S \uparrow$$

建议在通风橱中进行或者加一尾气吸收装置，用氧化剂或碱液吸收。

硫酸亚铁在中性溶液中能被溶于水中的少量氧气所氧化，并进一步发生水解，甚至析出棕黄色的碱式硫酸铁（或氢氧化铁）沉淀，所以制备过程中溶液应保持足够的酸度。

$$4FeSO_4 + O_2 + 6H_2O = 2[Fe(OH)_2]_2SO_4 \downarrow + 2H_2SO_4$$

产品中 Fe^{3+} 的含量可用比色法来确定。Fe^{3+} 能与 SCN^- 生成血红色的 $[Fe(SCN)_n]^{3-n}$ 等，产品溶液加入 SCN^- 后显较深的红色，则表明产品中含 Fe^{3+} 较多；反之则表明产品含 Fe^{3+} 较少。因而可将所制备的硫酸亚铁铵与 KSCN 在比色管中配成待测溶液，将它所呈现的红色与 $[Fe(SCN)_n]^{3-n}$ 标准溶液色阶进行比较，找出与之红色深浅程度一致的那支标准溶液，则该支标准溶液所示 Fe^{3+} 含量即为产品的杂质 Fe^{3+} 含量。

【仪器与试剂】

1. 台秤，锥形瓶，表面皿，量筒，真空泵，减压抽滤装置，电热恒温水浴锅，目视比色管（25mL），蒸发皿。

2. $(NH_4)_2SO_4$，H_2SO_4（$3mol \cdot L^{-1}$），HCl（$2.0mol \cdot L^{-1}$），Na_2CO_3 溶液（10%），酒精（95%），Fe^{3+} 标准溶液（$10\mu g \cdot mL^{-1}$），KSCN 溶液（$1.0mol \cdot L^{-1}$）。

3. 铁钉，滤纸，吸水纸。

【实验步骤】

1. 铁钉去油污

称取 4g 铁钉，放在锥形瓶中，加 20mL Na_2CO_3 溶液，小火加热约 10min，用倾析法倒掉碱液，并用水洗净铁钉。

2. 硫酸亚铁的制备

往盛铁钉的锥形瓶中加入 25mL 3mol·L^{-1} H$_2$SO$_4$，在水浴中加热，使铁钉与 H$_2$SO$_4$ 反应，此反应过程应在通风橱或通风处进行（为什么？）。在加热过程中，应适当添加少量水，以补充失水。加热 30min 后再加入 1mL 3mol·L^{-1} H$_2$SO$_4$（为什么？），趁热过滤。滤液转移至蒸发皿中，用少量热水洗涤锥形瓶及漏斗上的残渣（过滤，与前边滤液合并）。将残渣取出，并收集在一起，用滤纸吸干后称量，算出已反应的铁的质量和理论上溶液中 FeSO$_4$ 的含量。

3. 硫酸亚铁铵的制备

根据溶液中 FeSO$_4$ 的理论含量，按 FeSO$_4$：(NH$_4$)$_2$SO$_4$＝1：1（摩尔比），称取分析纯 (NH$_4$)$_2$SO$_4$ 加到 FeSO$_4$ 溶液中，然后在水浴上加热搅拌，使 (NH$_4$)$_2$SO$_4$ 全部溶解。继续加热蒸发，浓缩直至溶液表面刚出现晶膜为止。静置让溶液自然冷却至室温，即有硫酸亚铁铵晶体析出。减压过滤，用少量酒精洗涤晶体两次（为什么？）。将晶体取出，在表面皿上自然晾干（外观如何？），称量，计算理论产量与产率。

4. 目测比色法检验产品

(1) [Fe(SCN)$_n$]$^{3-n}$ 标准溶液配制（现用现配）　先配制 0.01mg·mL^{-1} 的 Fe^{3+} 标准溶液，然后用移液管吸取该标准溶液 5.00mL、10.00mL 和 20.00mL 分别放入 3 支 25mL 比色管中，各加入 2.00mL 2.0mol·L^{-1} HCl 溶液和 0.50mL 1.0mol·L^{-1} KSCN 溶液。用备用的含氧较少的去离子水将溶液稀释到刻度，摇匀得到 25mL 溶液中含 Fe^{3+} 0.05mg、0.10mg 和 0.20mg 三个级别 Fe^{3+} 标准溶液，它们分别为 I 级、II 级和 III 级试剂中 Fe^{3+} 的最高允许含量。

(2) 样品测定　用上述相似的方法配制 25mL 含 1.00g 摩尔盐的溶液（如何配制？），若溶液颜色与 I 级试剂的标准溶液的颜色相同或略浅，便可确定为 I 级产品。

其中 Fe^{3+} 的质量分数 $=\dfrac{0.05\times10^{-3}\text{g}}{1.00\text{g}}\times100\%=0.005\%$。

II 级和 III 级产品依此类推。

【思考题】

1. 什么叫复盐？复盐与形成它的简单盐相比，有什么特点？
2. 硫酸亚铁铵的制备原理是什么？如何提高其产率与质量？
3. 在蒸发、浓缩过程中，若发现溶液变黄色，是什么原因？应如何处理？
4. 硫酸亚铁铵的产率如何计算？

【附】
目测比色法技术简介

用眼睛观察比较溶液颜色深浅来确定物质含量的分析方法称为目测比色法。其原理是用标准溶液和被测溶液在同样条件下进行比较，当溶液层厚度相同，颜色的深度一样时，两者的浓度相等。

应用目测比色法时先要配制系列标准溶液。以 Fe^{3+} 含量测定为例，在测定之前，先要配制一组含 Fe^{3+} 量不同的标准色阶。做法是先确定显色剂（如选用 KSCN 等）和测量条件，准备好一组同样的比色管，然后在管中依次加入一系列不同量的 Fe^{3+} 标准溶液，再分别加入等量的显色剂及其他辅助试剂（如 HCl），最后用蒸馏水稀释定容，然后按与上相同的条件对样品进行显色并稀释到相同的体积。

比色操作时，可在比色管下衬以白瓷板，然后从管口垂直向下观察，将被测样品管逐支与标准色阶对比，确定颜色深浅程度相同者。若被测样品的颜色介于相邻的两色之间，则两色阶含量的平均值就为样品中该物质含量的测定值。

实验 30   硫酸亚铁铵中铁含量的测定

【实验目的】

掌握重铬酸钾法测铁的原理和方法。

【实验原理】

在酸性溶液中，硫酸亚铁铵中的亚铁可与 $K_2Cr_2O_7$ 定量反应，其反应式为：

$$Cr_2O_7^{2-} + 6Fe^{2+} + 14H^+ \mathbf{=\!=\!=} 2Cr^{3+} + 6Fe^{3+} + 7H_2O$$

依据此反应，可以二苯胺磺酸钠为指示剂，用 $K_2Cr_2O_7$ 标准溶液滴定溶液中的铁。根据 $K_2Cr_2O_7$ 溶液的体积和浓度可计算出试样中硫酸亚铁铵中铁（Ⅱ）的含量。

滴定时须加入 H_3PO_4，目的一则是使之与 Fe^{3+} 配位形成无色的 $Fe(HPO_4)_2^-$ 配离子，结果使 Fe^{3+}/Fe^{2+} 的电势降低，突跃范围增大，使二苯胺磺酸钠指示剂在突跃范围内变色；二则是消除了 Fe^{3+} 的黄色对终点颜色的干扰。

【仪器与试剂】

1. 分析天平，烧杯（100mL），容量瓶（250mL），移液管（25mL），锥形瓶（250mL），酸式滴定管（50mL）。

2. H_2SO_4（$3mol \cdot L^{-1}$），二苯胺磺酸钠（0.2％水溶液）。

3. $K_2Cr_2O_7$ 标准溶液（$0.020mol \cdot L^{-1}$）：准确称取经 150～180℃烘干的 $K_2Cr_2O_7$ 基准试剂 1.1～1.3g，置于小烧杯中，加水溶解后，定量转入 250mL 容量瓶中，用水稀释至刻度，摇匀。根据实际称取量计算准确浓度。

4. H_3PO_4 溶液：取一定体积的浓 H_3PO_4，用等体积水稀释即得。

【实验步骤】

准确称取实验 29 制备的硫酸亚铁铵样品 9～12g 于 100mL 烧杯中，加少量水和 10mL $3mol \cdot L^{-1}$ H_2SO_4 溶液，溶解后定量转入 250mL 容量瓶中，用水稀释至刻度，摇匀。移取该溶液 25.00mL 三份，分别置于 250mL 锥形瓶内，再向其中加入 10mL $3mol \cdot L^{-1}$ H_2SO_4 溶液、10mL H_3PO_4 溶液、50mL 水和 6～7 滴二苯胺磺酸钠指示剂，用 $K_2Cr_2O_7$ 标准溶液滴定至溶液呈紫红色。记下消耗的 $K_2Cr_2O_7$ 溶液的体积，列表计算试样中铁的含量（见表 8-6）。（注意：不要过早加入磷酸，滴定前加入。为什么？）

表 8-6   硫酸亚铁铵中铁含量的测定

项 目		1	2	3
硫酸亚铁铵质量/g				
$K_2Cr_2O_7$ 浓度/mol·L⁻¹				
$K_2Cr_2O_7$ 体积/mL				
硫酸亚铁铵中铁质量分数/％	测定值			
	平均值			
相对平均偏差/％				

理论上硫酸亚铁铵中铁质量分数是多少？计算测得的相对误差，分析产生误差的原因。

实验 31　硝酸钾的制备与提纯

【实验目的】

1. 用复分解反应制备盐类，掌握利用物质溶解度随温度变化的差异进行分离的方法。
2. 进一步练习溶解、过滤、结晶等操作。
3. 掌握重结晶法提纯物质的原理和操作。

【实验原理】

在本实验中，我们以 $NaNO_3$ 和 KCl 为原料，将它们溶解混合后，存在下述可逆复分解反应：

$$NaNO_3 + KCl \rightleftharpoons NaCl + KNO_3$$

溶液中同时有 Na^+、Cl^-、K^+、NO_3^- 四种离子，这些离子组成的四种盐 $NaNO_3$、KCl、$NaCl$、KNO_3 同时存在，如果设法将产物中 $NaCl$ 或 KNO_3 结晶分离，平衡向右移动，即可得到 KNO_3 产物。

表 8-7 列出四种盐在不同温度下的溶解度，分析数据可以看出，由 10℃→100℃，$NaCl$ 的溶解度随温度变化最小，而 KNO_3 的溶解度却随着温度变化最大。如果将一定浓度的 $NaNO_3$ 和 KCl 混合液加热至沸腾后浓缩，溶剂水在减少，同时 KNO_3 的溶解度增加很多，达不到饱和，不会析出晶体；而 $NaCl$ 的溶解度增加很少，$NaCl$ 饱和析出。在此较高温度下，通过热过滤除去 $NaCl$。将滤液冷却至 10℃ 以下，KNO_3 就会大量析出，亦有少量的 $NaCl$ 随 KNO_3 一起析出。粗产品 KNO_3 经重结晶提纯，即可得到较纯的 KNO_3 晶体。

表 8-7　KNO_3 等四种盐在不同温度下的溶解度　　单位：$g \cdot (100g\ H_2O^{-1})$

盐 \ 温度/℃	0	10	20	30	40	50	60	80	100
$NaNO_3$	73	80	88	96	104	114	124	148	180
$NaCl$	35.7	35.8	36.0	36.3	36.6	36.8	37.3	38.4	39.8
KNO_3	13.3	20.9	31.6	45.8	63.9	83.5	110.0	169	246
KCl	27.6	31.0	34.0	37.0	40.0	42.6	45.5	51.1	56.7

【仪器与试剂】

1. 烧杯，量筒，台秤，表面皿，酒精灯，石棉网，三脚架，循环水泵，吸滤瓶，热滤漏斗，布氏漏斗，试管，药匙，滤纸。

2. 硝酸钠，氯化钾，HNO_3（$2mol \cdot L^{-1}$），$AgNO_3$（$0.1mol \cdot L^{-1}$），冰。

【实验步骤】

1. 硝酸钾的制备

（1）溶解、浓缩　在台秤上称取 8.5g $NaNO_3$ 和 7.5g KCl 于 50mL 烧杯中，加入 15mL 蒸馏水，搅拌下，小火加热至沸，使固体溶解，记下此时的体积，蒸发至体积减小到约为原来的 2/3 时，$NaCl$ 逐渐析出。

（2）趁热用热滤漏斗过滤[1]或减压过滤[2]（动作要快，如滤液中有晶体析出，也可用少量温水冲洗抽滤瓶，合并滤液后，须浓缩至过滤前的体积）。

（3）结晶　滤液转移至小烧杯中，冷至室温后再用冰-水浴冷却至 10℃ 以下，用减压过滤法将 KNO_3 晶体尽量抽干。然后把晶体转移到已称量的表面皿中，晾干后称量。计算 KNO_3 粗产品的产率。

2. 重结晶法提纯

保留少量（米粒大小）粗产品做纯度检验实验，其余均按粗产品：水＝2：1（质量比）的比例加入蒸馏水，搅拌，小火加热[3]至晶体全部溶解（若溶液沸腾时晶体还未全部溶解，可再加极少量蒸馏水使其溶解），停止加热。将滤液冷至室温后，再用冰-水浴冷却至 10℃ 以下，待大量晶体析出后抽滤，将晶体放在表面皿上晾干，称量，计算产率。

3. 产品纯度检验

分别取少量粗产品和重结晶得到的产品放入两支小试管中，各加入 1mL 蒸馏水使其溶解，然后分别加入 2 滴 $2mol \cdot L^{-1}$ 的 HNO_3，再加 2 滴 $0.1mol \cdot L^{-1}$ $AgNO_3$ 溶液，观察现象，进行对比。

【思考题】

1. 根据溶解度计算，本实验应有多少 NaCl 和 KNO_3 晶体析出（不考虑其他盐存在时对溶解度的影响）？

2. 依据什么控制所加入的溶剂量和浓缩后的体积？

3. 本实验制备 KNO_3 晶体时，为什么要加热浓缩溶液和热过滤？

4. 何谓重结晶？它的适用条件是什么？

【附注】

[1] 热滤漏斗中的水不要太满，以免水沸腾后溢出。

[2] 事先将布氏漏斗和抽滤瓶放在水浴中预热。

[3] 小火加热反应液，防止液体溅出。

实验32　碳酸钡晶体的制备与晶形观察（微型合成实验）

【实验目的】

1. 了解碳酸钡不同晶形的用途和微型实验制备过程。

2. 了解晶体形成及生长过程，培养观察能力。

3. 掌握均相沉淀法和复分解法制备针状和球状碳酸钡的过程。

4. 掌握显微镜的使用方法。

【实验原理】

碳酸钡是重要的化工原料，主要应用在建材、冶金、电子和化工等众多行业。碳酸钡的多种晶形应用于不同领域，常见的有球形、针形、柱形等。柱状：多用于一般工业行业，如烧制重质陶瓷、发热元件或掺杂的热敏元件、高介电容器。针状：作为微电子工业及塑料、橡胶涂料等的填充料。球状：目前在 PTC 热敏电阻元件的生产中使用较多，它可使电容器具有较高的介电常数和温度特征，从而使其具有小型化、高频率、大容量等特点。

碳酸钡的制备有多种方法：纯碱法、碳化法、复分解法、毒重石转化法和均相沉淀法。制备方法和条件不同对晶体形状影响较大。本实验采用均相沉淀法，以 $BaCl_2$、$NaOH$ 和 $CO(NH_2)_2$ 为原料，制备针状碳酸钡晶体；采用复分解法，以 $BaCl_2$ 和 Na_2CO_3 为原料，制备球状碳酸钡晶体。

均相沉淀法可使沉淀剂均匀缓慢地产生，有利于得到晶形完整、分散性好的晶体。当温度高于 60℃ 时，尿素在酸性、中性和碱性溶液中均可水解（水解速度随温度的升高而加快）。

尿素的水解机理为：

$$CO_2 + NH_4^+ \xleftarrow{H_2O, H^+} CO(NH_2)_2 \xrightarrow{H_2O, OH^-} CO_3^{2-} + NH_3$$

利用它在碱性条件下水解产生的 CO_3^{2-} 与 Ba^{2+} 反应生成针状碳酸钡晶体。较长的反应时间和较慢的搅拌速度（或不搅拌）以及较高的反应温度，均有利于针状碳酸钡晶体的生成。

$$Ba^{2+} + CO_3^{2-} = BaCO_3 \downarrow$$

由于反应物的浓度较大，晶体的成核速度大于晶体的生长速度，定向速度大于聚集速度，故得到粒径较小的球状晶体（粒径为 μm 级）。在实验中，搅拌和较低的反应温度有利于球状碳酸钡晶体的生成。

【仪器与试剂】

1. 烧杯，试管，量筒，滴管，漏斗，玻璃棒，石棉网，酒精灯，铁架台，显微镜，离心机，离心试管，电子天平，恒温水浴锅，超声波清洗机。

2. $BaCl_2 \cdot 2H_2O$，$Na_2CO_3 \cdot 10H_2O$，$CO(NH_2)_2$，$BaCl_2$（$1mol \cdot L^{-1}$），$NaOH$（$1mol \cdot L^{-1}$），$AgNO_3$（$0.01mol \cdot L^{-1}$），无水乙醇，HNO_3（$2mol \cdot L^{-1}$）。

【实验步骤】

1. 针状 $BaCO_3$ 晶体的制备

(1) 母液的制备　称取 $1.1g$ $CO(NH_2)_2$，置于 $50mL$ 烧杯中，然后加入 $7.5mL$ $1mol \cdot L^{-1}$ 的 $NaOH$ 溶液，搅拌至尿素完全溶解。再加入 $3.0mL$ $1mol \cdot L^{-1}$ 的 $BaCl_2$ 溶液，混合，摇匀。用酒精灯加热至 50℃ 左右，过滤。将清液转移到大试管中。

(2) 晶体的生成与培养　将装有清液的大试管置于 85℃ 的恒温水浴锅内加热保温，至有沉淀生成（约为 1h）。

(3) 晶体的洗涤与观察　将大试管中的沉淀完全转移到离心试管中，用蒸馏水离心洗涤至清液中不含 Cl^-（取清液，加入 $2mol \cdot L^{-1}$ HNO_3 和 $0.01mol \cdot L^{-1}$ $AgNO_3$ 溶液，目视无白色沉淀生成）。取少量沉淀样品于小试管内加 $1mL$ 无水乙醇，超声振荡 5～6min，用小滴管在载玻片上滴 2～3 滴，晾干，用显微镜观察，并绘制晶形。

(4) 晶体的干燥与产率的计算　将离心试管中的固体沉淀物完全转移到蒸发皿中，炒干，称量，计算产率，回收针状碳酸钡晶体。

2. 球状 $BaCO_3$ 晶体的制备

称取 $1.2g$ $BaCl_2 \cdot 2H_2O$ 和 $1.4g$ $Na_2CO_3 \cdot 10H_2O$ 分别配制成 $0.5mol \cdot L^{-1}$ 的溶液。用两支滴管分别取等量溶液，同时缓慢滴入一空烧杯中，边滴加边搅拌。将所得沉淀陈化 20min。

然后同 1 中的 (3)、(4) 操作。制备出的晶体如图 8-3 所示。

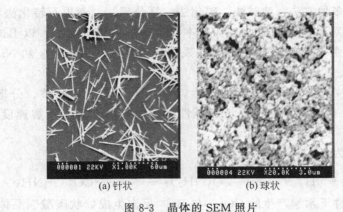

(a) 针状   (b) 球状

图 8-3   晶体的 SEM 照片

【思考题】

1. 针状 $BaCO_3$ 晶体的制备为什么选择在碱性条件下进行？

2. 试分析总结影响晶体形状的主要条件因素。

实验 33   碘酸铜的制备及溶度积的测定

【实验目的】

1. 了解分光光度法测定碘酸铜溶度积的原理和方法。

2. 了解分光光度计的使用方法。

3. 学习难溶电解质沉淀的制备、洗涤、过滤等基本操作方法。

4. 学习工作曲线的绘制。

【实验原理】

碘酸铜是难溶强电解质，在其水溶液中，已溶解的 Cu^{2+}、IO_3^- 与未溶解的 $Cu(IO_3)_2$ 固体之间，在一定温度下可达到动态平衡：

$$Cu(IO_3)_2(s) \rightleftharpoons Cu^{2+} + 2IO_3^-$$

这种平衡称为沉淀溶解平衡，仅在饱和溶液中才能形成这种平衡。在一定温度下，碘酸铜饱和溶液中 Cu^{2+} 浓度与 IO_3^- 浓度（严格地说是活度）平方的乘积为一常数。

设碘酸铜的摩尔溶解度为 S_0，则 Cu^{2+} 的浓度为 S_0，IO_3^- 的浓度为 $2S_0$，根据溶度积公式可得：

$$K_{sp} = [Cu^{2+}][IO_3^-]^2 = S_0(2S_0)^2 = 4S_0^3 = 4[Cu^{2+}]^3$$

从公式可知，只要测出 $Cu(IO_3)_2$ 饱和溶液中的 $[Cu^{2+}]$，即可计算出 $Cu(IO_3)_2$ 的溶度积。

在 $Cu(IO_3)_2$ 饱和溶液中，加入过量氨水，使 Cu^{2+} 生成蓝色的 $[Cu(NH_3)_4]^{2+}$，由于反应定量进行，所以 $[Cu^{2+}] \approx [Cu(NH_3)_4]^{2+}$，设其浓度为 c_x。

根据 Lambert-Beer 定律，当一单色光通过一定厚度（b）的有色溶液时，吸光度（A）与有色物质浓度（c）成正比。

$$A = \varepsilon bc$$

本实验选择单色光波长为 620nm，以蒸馏水为参比，测定待测溶液（c_x）的吸光度，则：

$$A_x = \varepsilon b c_x$$

对已知准确浓度（c_s）的 [Cu(NH$_3$)$_4$]$^{2+}$ 标准溶液，测其吸光度（A_s），则：

$$A_s = \varepsilon b c_s$$

因为测定的是同种物质，且用同一台仪器在相同波长下使用相同厚度的比色皿测定，故：

$$\frac{A_x}{A_s} = \frac{c_x}{c_s}, \qquad c_x = \frac{A_x}{A_s} c_s$$

计算出 c_x 后，即可求出碘酸铜的 K_{sp}。

【仪器与试剂】

1. 滴定管（50mL），移液管（25mL），吸量管（2mL），量筒（100mL，10mL），容量瓶（50mL），烧杯，玻璃漏斗，分光光度计，比色皿。

2. CuSO$_4$（0.25mol·L^{-1}，0.1mol·L^{-1}），氨水（2mol·L^{-1}），NaIO$_3$（0.5mol·L^{-1}）。

【实验步骤】

1. 固体碘酸铜的制备

用量筒量取 15mL 0.25mol·L^{-1} 的 CuSO$_4$ 溶液，置于 100mL 烧杯中，再加入 15mL 0.5mol·L^{-1} NaIO$_3$ 溶液，此时，有白色碱式碘酸铜 [Cu(OH)IO$_3$] 形成。微热后，沉淀溶解，冷却，搅拌，至析出大量蓝色碘酸铜沉淀。静置，弃去清液。用 20mL 蒸馏水洗涤沉淀 2 次，过滤。再用少量蒸馏水淋洗 3～4 次，得到纯蓝色 Cu(IO$_3$)$_2$ 沉淀。

2. Cu(IO$_3$)$_2$ 饱和溶液的制备

取上述 Cu(IO$_3$)$_2$ 沉淀置于 100mL 烧杯中，加入 50mL 蒸馏水，加热到近沸（边加热边搅拌），冷却至室温（冷却过程中不断搅拌）。用干燥的漏斗和滤纸把溶液过滤到 100mL 烧杯中（滤液要澄清）。

3. 未知测定液的配制

用移液管准确量取 25.00mL 上述滤液，置于 50mL 容量瓶中，准确加入 20.00mL 2mol·L^{-1} 的氨水，用蒸馏水稀释至刻度，摇匀，备测。

4. 标准 [Cu(NH$_3$)$_4$]$^{2+}$ 溶液的配制

用吸量管分别精确量取 0.1mol·L^{-1} 的 CuSO$_4$ 溶液 0.00mL、0.20mL、0.60mL、1.00mL、1.40mL 于 5 个 50mL 容量瓶中，再准确加入 20.00mL 2mol·L^{-1} 的氨水，用蒸馏水稀释至刻度，摇匀备用。

5. 吸光度的测定

选择适宜厚度的比色皿（使吸光度在 0.2～0.8 之间），测定波长为 620nm，以蒸馏水为参比，分别在分光光度计上测定标准溶液系列和待测溶液的吸光度。

以浓度为横坐标、吸光度为纵坐标绘制标准曲线，根据待测溶液的吸光度由标准曲线中查出待测溶液的浓度，将待测溶液的浓度换算成原始液的浓度后计算碘酸铜的溶度积。

6. 实验记录与数据处理

项　　目	1	2	3	4	5	待测液
Cu^{2+} 标液浓度/mol·L^{-1}						
吸光度						
饱和溶液中 Cu^{2+} 的浓度/mol·L^{-1}						
碘酸铜的溶度积						

【思考题】

1. 为什么必须对沉淀进行多次洗涤？

2. 加入氨水的量多少是否对测定结果有影响？为什么？

3. 假设碘酸铜固体透过滤纸或者未达到沉淀-溶解平衡，对实验结果有何影响？

4. 过滤饱和溶液时，为何漏斗、滤纸、承接溶液的烧杯都需是干燥的？若是湿的，对实验结果有何影响？

第9章 化学分析实验

9.1 酸碱滴定法

实验34 滴定操作练习

【实验目的】

1. 学习并掌握滴定分析常用仪器的洗涤和正确使用方法。

2. 通过练习滴定操作，初步掌握甲基橙、酚酞指示剂终点的确定。

【实验原理】

$0.1mol \cdot L^{-1}$ HCl 溶液（强酸）和 $0.1mol \cdot L^{-1}$ NaOH（强碱）相互滴定时，化学计量点的 pH 为 7.0，滴定的 pH 突跃范围为 4.3～9.7，选取在突跃范围内变色的指示剂，可保证测定有足够的准确度。甲基橙（简写为 MO）的 pH 变色范围是 3.1(红)～4.4(黄)，酚酞（简写为 PP）的 pH 变色范围是 8.0(无色)～9.6(红)。

在指示剂不变的情况下，一定浓度的 HCl 溶液和 NaOH 溶液相互滴定时，所消耗的体积的比值 V_{HCl}/V_{NaOH} 应是一定的，即使改变被滴定溶液的体积，该体积比也不变。借此，可以检验滴定操作技术和判断终点的能力。

【仪器与试剂】

1. 量筒（10mL），试剂瓶（500mL，1000mL），烧杯（250mL），碱式滴定管（50mL），酸式滴定管（50mL），移液管（25mL），锥形瓶（250mL）。

2. HCl 溶液（$6mol \cdot L^{-1}$），固体 NaOH，甲基橙指示剂（$1g \cdot L^{-1}$），酚酞指示剂（$2g \cdot L^{-1}$，乙醇溶液），百里酚蓝-甲酚红混合指示剂。

【实验步骤】

1. 溶液配制

(1) $0.1mol \cdot L^{-1}$ HCl 溶液 用量筒量取约 8.5mL $6mol \cdot L^{-1}$ HCl 溶液，倒入装有约 490mL 水的 1L 试剂瓶中，加水稀释至 500mL，盖上玻璃塞，摇匀。

(2) $0.1mol \cdot L^{-1}$ NaOH 溶液 称取 NaOH 固体 2g 于 250mL 烧杯中，加入蒸馏水使之溶解，稍冷后转入试剂瓶中，加水稀至 500mL，用橡皮塞塞好瓶口，充分摇匀。

2. 酸碱溶液的相互滴定

（1）用 0.1mol·L⁻¹ NaOH 溶液润洗碱式滴定管 2～3 次，每次用 5～10mL 溶液润洗。然后将 NaOH 溶液倒入碱式滴定管中，排出碱管尖嘴的气泡，将滴定管液面调节至 0.00 刻度。

（2）用 0.1mol·L⁻¹盐酸溶液润洗酸式滴定管 2～3 次，每次用 5～10mL 溶液，然后将盐酸溶液倒入滴定管中，排出酸管尖嘴的气泡，将液面调节到 0.00 刻度。

（3）在 250mL 锥形瓶中加入约 20mL NaOH 溶液、2 滴甲基橙指示剂，用酸管中的 HCl 溶液进行滴定操作练习。练习过程中，可以不断补充 NaOH 和 HCl 溶液，反复进行，直至操作熟练后，再进行（4）、（5）、（6）的实验步骤。

（4）从碱管放出体积在 20～25mL 范围内的 NaOH 溶液于锥形瓶中，控制放液速率为每秒约 3～4 滴，准确读数。加入 2 滴甲基橙指示剂，用 0.1mol·L⁻¹ HCl 溶液滴定至溶液由黄色变为橙色。记下读数。平行滴定三份。数据按下列表格记录。计算体积比 V_{HCl}/V_{NaOH}，要求相对偏差在±0.3% 以内。

（5）用移液管吸取 25.00mL 浓度为 0.1mol·L⁻¹ 的 HCl 溶液于 250mL 锥形瓶中，加 2～3 滴酚酞指示剂，用 0.1mol·L⁻¹ NaOH 溶液滴定至溶液呈微红色，静置 30s 不褪色即为终点。平行测定三份，要求三次之间所消耗 NaOH 溶液的体积的最大差值不超过±0.04mL。

（6）同（5）操作，改变指示剂，选用百里酚蓝-甲酚红混合指示剂。平行测定三份，同样要求三次之间所消耗 NaOH 溶液的体积的最大差值不超过±0.04mL。

3. 数据记录与处理

（1）HCl 溶液滴定 NaOH 溶液（指示剂：甲基橙）（表 9-1）

表 9-1 HCl 溶液滴定 NaOH 溶液数据和处理结果

滴定序号〔记录项目〕	Ⅰ	Ⅱ	Ⅲ
V_{NaOH}/mL			
V_{HCl}/mL			
V_{HCl}/V_{NaOH}			
平均值 V_{HCl}/V_{NaOH}			
偏差			
相对平均偏差/%			

（2）NaOH 溶液滴定 HCl 溶液（指示剂：酚酞）（表 9-2）

表 9-2 NaOH 溶液滴定 HCl 溶液数据和处理结果

滴定序号〔记录项目〕	Ⅰ	Ⅱ	Ⅲ
V_{HCl}/mL			
V_{NaOH}/mL			
n 次间 V_{NaOH} 最大绝对差值/mL			

【思考题】

1. 配制 NaOH 溶液时，应选用何种天平称取试剂？为什么？

2. 能否采用直接法配制准确浓度的 HCl 和 NaOH 溶液？为什么？

3. 在滴定分析实验中，为何要用滴定剂润洗滴定管、用待移取的溶液润洗移液管？锥形瓶是否也要用滴定剂润洗？为什么？

4. HCl 与 NaOH 反应生成 NaCl 和水，为什么用 HCl 滴定 NaOH 时以甲基橙作为指示剂，而用 NaOH 滴定 HCl 溶液时使用酚酞（或其他适当的指示剂）？

实验 35　NaH_2PO_4-Na_2HPO_4 混合溶液浓度的测定

【实验目的】

了解双指示剂法测定 NaH_2PO_4-Na_2HPO_4 混合溶液的原理。

【实验原理】

以酚酞（或百里酚酞）为指示剂，用 NaOH 标准溶液滴定 $H_2PO_4^-$ 至 HPO_4^{2-}，终点由无色变为微红色，反应式为：

$$NaH_2PO_4 + NaOH = Na_2HPO_4 + H_2O$$

以甲基橙（或溴酚蓝）为指示剂，用 HCl 标准溶液滴定 HPO_4^{2-} 至 $H_2PO_4^-$，终点由黄色变为橙色，反应式为：

$$Na_2HPO_4 + HCl = NaH_2PO_4 + NaCl$$

根据消耗 NaOH 标准溶液和 HCl 标准溶液的体积分别计算 NaH_2PO_4 和 Na_2HPO_4 的量。

测定时可以分别滴定，也可以在同一份溶液中连续滴定。

【仪器与试剂】

1. 试剂瓶（500mL），量筒（10mL），分析天平，锥形瓶（250mL），滴定管（50mL），烧杯（100mL），移液管（25mL）。

2. NaH_2PO_4-Na_2HPO_4 混合溶液（7.8g·L^{-1} NaH_2PO_4·$2H_2O$，14.3g·L^{-1} Na_2HPO_4·$12H_2O$），甲基橙（1g·L^{-1}），酚酞（0.1g·L^{-1}，乙醇溶液），浓盐酸，固体 NaOH，无水 Na_2CO_3，$KHC_8H_4O_4$。

【实验步骤】

1. 0.1mol·L^{-1} HCl 标准溶液的配制及标定

（1）0.1mol·L^{-1} HCl 溶液的配制　用量筒量取原装浓盐酸约 4.5mL，倒入试剂瓶中，加水稀释至 500mL，充分摇匀。

（2）用无水 Na_2CO_3 基准物质标定 HCl 溶液　准确称取 0.15～0.20g 无水 Na_2CO_3 3 份，分别倒入 250mL 锥形瓶中。加入 20～30mL 水，摇动锥形瓶使之溶解，再加入 1～2 滴甲基橙指示剂，用待标定的 HCl 溶液滴定至溶液由黄色恰变为橙色即为终点。计算 HCl 溶液的浓度。

2. 0.1mol·L^{-1} NaOH 标准溶液的配制及标定

（1）0.1mol·L^{-1} NaOH 溶液的配制　称取 2g 固体 NaOH 于烧杯中，加入新鲜的或煮

沸除去 CO_2 的蒸馏水，溶解完全后，转入带橡皮塞的试剂瓶中，加水稀释至 500mL，充分摇匀。

（2）用邻苯二甲酸氢钾（$KHC_8H_4O_4$）基准物质标定 NaOH 溶液 准确称量 0.4～0.6g $KHC_8H_4O_4$ 3 份于 250mL 锥形瓶中，加入 40～50mL 蒸馏水，摇动锥形瓶使之溶解，加入 2～3 滴酚酞指示剂，用待标定的 NaOH 溶液滴定至呈微红色，并保持半分钟不褪色即为终点，计算 NaOH 溶液的浓度。

3. NaH_2PO_4 浓度的测定

用移液管移取 25.00mL NaH_2PO_4-Na_2HPO_4 混合溶液 3 份，于 250mL 锥形瓶中，加入 1～2 滴酚酞指示剂，用 NaOH 标准溶液滴定，当溶液由无色恰好变微红色即为终点。记下消耗 NaOH 的体积为 V_1，并计算 NaH_2PO_4 的量。

4. Na_2HPO_4 浓度的测定

在步骤 3 滴定完的溶液中加入甲基橙，用 HCl 标准溶液滴定 HPO_4^{2-}，当溶液由黄色变橙色即为终点，记下体积为 V_2，由 V_2-V_1 计算原溶液中 Na_2HPO_4 的量。

【思考题】

1. 滴定 NaH_2PO_4 和 Na_2HPO_4 的终点 pH 值各为多少？应选择何种指示剂？

2. 设计一个采用分别滴定法测定 NaH_2PO_4-Na_2HPO_4 混合溶液的方案。

实验36 蛋壳中碳酸钙含量的测定

【实验目的】

1. 了解实际试样的处理方法（如粉碎、过筛等）。

2. 掌握返滴定的方法原理。

【实验原理】

蛋壳的主要成分为 $CaCO_3$，将其研碎后，加入已知浓度的过量 HCl 标准溶液，即发生下述反应：

$$CaCO_3 + 2HCl = CaCl_2 + CO_2\uparrow + H_2O$$

用 NaOH 标准溶液返滴定过量的 HCl 溶液，由所加入 HCl 的物质的量与返滴定所消耗的 NaOH 的物质的量之差，即可求得试样中 $CaCO_3$ 的含量。

【仪器与试剂】

1. 标准筛（80 目），锥形瓶（250mL），酸式滴定管（50mL），分析天平，研钵。

2. HCl 标准溶液（0.1mol·L^{-1}，见实验 35），NaOH 标准溶液（0.1mol·L^{-1}，见实验 35），甲基橙（1g·L^{-1}）。

【实验步骤】

将蛋壳去内膜并洗净，烘干后在研钵中研碎，然后将其通过 80 目的标准筛得到蛋壳粉末。

准确称取 3 份 0.1g 蛋壳粉末试样，分别置于 250mL 锥形瓶中，用滴定管逐滴加入 HCl 标准溶液 40.00mL，并放置 30min，再加入 2～3 滴甲基橙指示剂，以 NaOH 标准溶液返滴定锥形瓶中剩余的 HCl，直至溶液由红色恰好刚变为黄色即为终点。列表（表 9-3）计算蛋壳试样中 $CaCO_3$ 的质量分数。

表 9-3　蛋壳试样中 CaCO₃ 的质量分数的测定

项　　目		1	2	3
蛋壳质量/g				
NaOH 浓度/mol·L⁻¹				
NaOH 体积/mL				
HCl 体积/mL				
HCl 浓度/mol·L⁻¹				
CaCO₃ 的质量分数/%	测定值			
	平均值			
偏差				
相对平均偏差/%				

【思考题】

1. 蛋壳试样为什么要经过研碎和筛分再进行测试？通过 80 目标准筛后的试样粒度为多少？

2. 为什么向试样中加入 HCl 溶液时要逐滴加入，加入 HCl 溶液后为什么要放置 30min 后再以 NaOH 返滴定？

3. 本实验能否使用酚酞指示剂？

实验 37　工业纯碱总碱度的测定

【实验目的】

1. 了解基准物质碳酸钠及硼砂的分子式和化学性质。

2. 掌握 HCl 标准溶液的配制及标定过程。

3. 掌握强酸滴定二元弱碱的滴定原理及指示剂的选择。

【实验原理】

工业纯碱也称为苏打，其主要成分为碳酸钠，可能还含有少量 NaCl、Na₂SO₄、NaOH 及 NaHCO₃ 等成分。常采用酸碱滴定法测定其总碱度，以此来衡量产品的质量。Na₂CO₃ 与 HCl 的滴定反应为

$$Na_2CO_3 + 2HCl \rule[0.5ex]{1.5em}{0.4pt} 2NaCl + H_2CO_3$$
$$H_2CO_3 \rule[0.5ex]{1.5em}{0.4pt} CO_2\uparrow + H_2O$$

反应产物 H₂CO₃ 易形成过饱和溶液并分解为 CO₂ 逸出。化学计量点的 pH 为 3.8～3.9，因此可选用甲基橙为指示剂。用 HCl 标准溶液滴定时，试样中的 NaHCO₃ 同样被中和。

由于试样易吸收水分和 CO₂，在测定前应在 270～300℃将试样烘干 2h，以除去吸附水并使 NaHCO₃ 全部转化为 Na₂CO₃。工业纯碱的总碱度通常以 $w(Na_2CO_3)$ 或 $w(Na_2O)$ 表示，由于试样均匀性较差，取样时应称取较多试样，使其更具代表性。测定的允许误差可适当放宽。

【仪器与试剂】

1. 称量瓶，锥形瓶（250mL），酸式滴定管（50mL），容量瓶（250mL），移液管（25mL）。

2. HCl 溶液（0.1mol·L^{-1}）：在通风橱中，用量筒量取浓盐酸约 9mL，倒入试剂瓶中，加水稀释至 1L，充分摇匀。

3. 无水 Na$_2$CO$_3$：于 180℃ 干燥 2～3h。也可将 NaHCO$_3$ 置于瓷坩埚内，在 270～300℃ 的烘箱内干燥 1h，使之转变为 Na$_2$CO$_3$。然后放入干燥器内冷却后备用。

4. 甲基橙（1g·L^{-1}），甲基红（2g·L^{-1}，60％的乙醇溶液）。

5. 硼砂（Na$_2$B$_4$O$_7$·10H$_2$O）：应在置有 NaCl 和蔗糖的饱和溶液的干燥器内保存，以使相对湿度为 60％，防止结晶水失去。

【实验步骤】

1. 0.1mol·L^{-1} HCl 溶液的标定（表 9-4）

（1）用无水 Na$_2$CO$_3$ 基准物质标定（见实验 35）。

表 9-4　HCl 浓度的标定

项　目		1	2	3
Na$_2$CO$_3$ 的质量/g				
HCl 体积/mL				
HCl 溶液 浓度/mol·L^{-1}	测定值			
	平均值			
偏差				
相对平均偏差/％				

（2）用硼砂（Na$_2$B$_4$O$_7$·10H$_2$O）标定　准确称取硼砂 0.4～0.6g 3 份，分别倒入 250mL 锥形瓶中，然后加水 50mL 使之溶解，加入 2 滴甲基红指示剂，用待标定 HCl 溶液滴定，当溶液由黄色恰好变为浅红色即为终点。根据硼砂的质量和滴定时所消耗的 HCl 溶液的体积，列表计算 HCl 溶液的浓度。

2. 总碱度的测定

准确称取试样约 2g 倾入烧杯中，加少量水使其溶解，必要时可稍加热促进溶解。冷却后，将溶液定量转入 250mL 容量瓶中，加水稀释至刻度，充分摇匀。移取试液 25.00mL 放入 250mL 锥形瓶中，然后加入 20mL 水、1～2 滴甲基橙指示剂，用 HCl 标准溶液滴定，当溶液由黄色恰好变为橙色即为终点。平行测定 3～5 次，计算试样中 Na$_2$O 或 Na$_2$CO$_3$ 含量，即为总碱度。测定的各次相对偏差应在 ±0.5％ 以内。数据列入表 9-5。

表 9-5　工业碱总碱度的测定

项　目	1	2	3
工业碱质量/g			
HCl 浓度/mol·L^{-1}			

项　目		1	2	3
HCl 体积/mL				
工业碱总碱度质量分数/%	测定值			
	平均值			
偏差				
相对平均偏差/%				

【思考题】

1. 若无水 Na_2CO_3 保存不当，吸收了 1% 的水分，用其标定 HCl 溶液浓度时，对结果会产生何种影响？

2. 标定 HCl 的两种基准物质 Na_2CO_3 和 $Na_2B_4O_7 \cdot 10H_2O$ 各有哪些优缺点？

3. 以 HCl 溶液为滴定剂，如何使用甲基橙及酚酞两种指示剂来判别试样是由 $NaOH$-Na_2CO_3 或 Na_2CO_3-$NaHCO_3$ 组成的？

实验 38　食用白醋中 HAc 浓度的测定

【实验目的】

1. 了解基准物质邻苯二甲酸氢钾（$KHC_8H_4O_4$）的性质。

2. 掌握 NaOH 标准溶液的配制和标定方法。

3. 掌握强碱滴定弱酸的原理及指示剂的选择原理。

【实验原理】

乙酸为有机弱酸（$K_a = 1.8 \times 10^{-5}$），它与 NaOH 的反应式为：

$$HAc + NaOH = NaAc + H_2O$$

反应产物 NaAc 为强碱弱酸盐，滴定突跃在碱性范围内，因此可选用酚酞等碱性范围变色的指示剂。食用白醋中乙酸含量大约在 $30 \sim 50 g \cdot L^{-1}$。

【仪器与试剂】

1. 电子台秤，试剂瓶（1000mL），称量瓶，锥形瓶（250mL），容量瓶（250mL），移液管（25mL，50mL），碱式滴定管（50mL）。

2. NaOH 溶液：$0.1 mol \cdot L^{-1}$，用烧杯在电子台秤上称取 4g 固体 NaOH，加入新鲜的或煮沸除去 CO_2 的蒸馏水，溶解完全后，转入带橡皮塞的试剂瓶中，加水稀释至 1L，充分摇匀。

3. 酚酞指示剂（$2g \cdot L^{-1}$，乙醇溶液），邻苯二甲酸氢钾（$KHC_8H_4O_4$，基准物质，在 $100 \sim 125℃$ 干燥 1h 后，置于干燥器中备用）。

【实验步骤】

1. $0.1 mol \cdot L^{-1}$ NaOH 标准溶液浓度的标定

见实验 35，以邻苯二甲酸氢钾为基准物。数据列于表 9-6。

表 9-6　NaOH 标准溶液浓度的标定

项　　目		1	2	3
KHC$_8$H$_4$O$_4$ 的质量/g				
NaOH 体积/mL				
NaOH 溶液浓度/mol·L^{-1}	测定值			
	平均值			
偏差				
相对平均偏差/%				

2. 食用白醋含量的测定

准确移取食用白醋 50.00mL 置于 250mL 容量瓶中，用蒸馏水稀释至刻度，摇匀。用 25mL 移液管平行移取 3 份上述溶液，分别置于 250mL 锥形瓶中，加入 2～3 滴酚酞指示剂，用 NaOH 标准溶液滴定至溶液呈微红色并在 30s 内不褪色即为终点。计算每升食用白醋中含乙酸的质量。

3. 数据记录与处理（表 9-7）

表 9-7　食用白醋中乙酸含量的测定

项　　目		1	2	3
白醋的体积/mL				
NaOH 浓度/mol·L^{-1}				
NaOH 体积/mL				
白醋中乙酸的含量/g·L^{-1}	测定值			
	平均值			
偏差				
相对平均偏差/%				

【思考题】

1. 用什么天平称取 NaOH 及 KHC$_8$H$_4$O$_4$？为什么？

2. 测定食用白醋含量时，为什么选用酚酞为指示剂？能否选用甲基橙或甲基红为指示剂？

3. 已标定的 NaOH 标准溶液在保存时吸收了空气中的 CO$_2$，以它测定 HCl 溶液的浓度，若用酚酞为指示剂，对测定结果产生何种影响？改用甲基橙为指示剂，结果又如何？

实验39　硫酸铵肥料含氮量的测定（甲醛法）

【实验目的】

1. 了解弱酸强化的基本原理。

2. 掌握甲醛法测定铵态氮的原理及方法。

【实验原理】

硫酸铵是常用的氮肥之一。物质中的氮含量可以用总氮、铵态氮、硝酸态氮、酰胺态氮等方法表示。由于铵盐中 NH_4^+ 的酸性太弱（$K_a=5.6\times10^{-10}$），不能满足直接滴定的判据 $cK_a\geqslant10^{-8}$，因此不能用 NaOH 标准溶液直接滴定，一般采用蒸馏法（又称凯氏定氮法）或甲醛法将其强化后进行测定。

甲醛与 NH_4^+ 作用生成质子化的六亚甲基四胺和 H^+，反应式为：

$$4NH_4^+ + 6HCHO \Longrightarrow (CH_2)_6N_4H^+ + 3H^+ + 6H_2O$$

生成的 $(CH_2)_6N_4H^+$ 的 $K_a=7.1\times10^{-6}$，也可以被 NaOH 准确滴定，因而该反应称为弱酸的强化，这里 $4mol$ NH_4^+ 在反应中生成了 $4mol$ 可被准确滴定的酸，故氮与 NaOH 的化学计量数比为 $1:1$。

若试样中含有游离酸，在加甲醛之前应事先以甲基红为指示剂，用 NaOH 溶液预中和至甲基红变为黄色（pH≈6），然后再加入甲醛，以酚酞为指示剂用 NaOH 标准溶液滴定强化后的产物。

【仪器与试剂】

1. 烧杯（50mL），容量瓶（250mL），锥形瓶（250mL），移液管（25mL），碱式滴定管（50mL）。

2. NaOH 溶液（$0.1mol\cdot L^{-1}$），甲基红指示剂（$2g\cdot L^{-1}$，60%乙醇溶液或其钠盐的水溶液），酚酞指示剂（$2g\cdot L^{-1}$，乙醇溶液），甲醛（18%，即 1+1），$KHC_8H_4O_4$（基准试剂），$(NH_4)_2SO_4$。

【实验步骤】

1. NaOH 溶液的标定（见实验 35）

2. 甲醛溶液的处理

甲醛中常含有微量酸，应事先将其中和。具体方法为：取原瓶装甲醛的上层清液置于烧杯中，加入蒸馏水稀释一倍，再加入 2～3 滴酚酞指示剂，用标准 NaOH 溶液滴定甲醛溶液至溶液呈现微红色即可。

3. $(NH_4)_2SO_4$ 试样中氮含量的测定

准确称取 2～3g $(NH_4)_2SO_4$ 试样于小烧杯中，加入少量蒸馏水，用玻璃棒搅拌溶解，然后将溶液定量转移至 250mL 容量瓶中，用蒸馏水稀释至刻度，摇匀。

准确移取 25mL 试液，置于 250mL 锥形瓶中，加入 1 滴甲基红指示剂，用 NaOH 溶液中和至溶液恰变黄色，然后加入 10mL(1+1) 甲醛溶液，再加 1～2 滴酚酞指示剂，充分摇匀，放置 1min 后，用 NaOH 标准溶液滴定至溶液呈微橙红色，并持续 30s 不褪色即为终点。平行测定 3 次，计算 $(NH_4)_2SO_4$ 试样中氮的含量。

4. 数据记录与处理（表 9-8）

表 9-8　硫酸铵中含氮量的测定

项　目		1	2	3
硫酸铵质量/g				
硫酸铵体积/mL				
NaOH 浓度/$mol\cdot L^{-1}$				
NaOH 体积/mL				
硫酸铵中氮元素的质量分数/%	测定值			
	平均值			
偏差				
相对平均偏差/%				

【思考题】

1. 能否用甲醛法测定 NH_4NO_3、NH_4Cl 或 NH_4HCO_3 中的氮含量？

2. 尿素 $CO(NH_2)_2$ 中氮含量的测定方法为：先加 H_2SO_4 加热消化尿素，将其全部变为 $(NH_4)_2SO_4$ 后，再按甲醛法同样测定，试写出氮含量的计算式。

实验 40　工业用硼酸中硼酸含量的测定

【实验目的】

1. 了解弱酸强化的基本原理。

2. 掌握硼酸的测定原理和方法。

【实验原理】

对于 $cK_a < 10^{-8}$ 的极弱酸，不能用碱标准溶液直接滴定，但可采取措施将其强化，使其满足 $cK_a \geq 10^{-8}$，即可用 NaOH 标准溶液直接滴定。

H_3BO_3 的 $K_a = 7.3 \times 10^{-10}$，故不能用 NaOH 标准溶液直接滴定，在 H_3BO_3 中加入甘露醇，生成酸性较强的络合酸，其 $pK_a = 4.26$，可用 NaOH 标准溶液直接滴定，化学计量点 pH 在 9 左右，可用酚酞作指示剂，指示终点。

$$2 \begin{array}{c} \text{H} \\ \text{R—C—OH} \\ \text{R—C—OH} \\ \text{H} \end{array} + H_3BO_3 \Longleftrightarrow \left[\begin{array}{c} \text{H} \quad\quad\quad\quad \text{H} \\ \text{R—C—O} \quad\quad \text{O—C—R} \\ \quad\quad\quad \text{B} \\ \text{R—C—O} \quad\quad \text{O—C—R} \\ \text{H} \quad\quad\quad\quad \text{H} \end{array} \right]^- H^+ + 3H_2O$$

【仪器与试剂】

1. 分析天平，电子台秤，锥形瓶（250mL），滴定管（50mL），量筒（50mL）。

2. 工业硼酸，甘露醇，酚酞指示剂（$2g \cdot L^{-1}$，乙醇溶液），NaOH 标准溶液（$0.1mol \cdot L^{-1}$）。

【实验步骤】

1. 样品分析

准确称取 0.14~0.16g（精确至 0.0001g）硼酸样品[1] 3 份于锥形瓶中，加 50mL 水[2]，加热使其溶解（勿沸），冷却后，加入 5g 甘露醇[3]，充分振荡使其溶解，加入 2~3 滴酚酞指示剂，用 $0.1mol \cdot L^{-1}$ NaOH 标准溶液滴定至由无色变为微红色，记录消耗 NaOH 标准溶液的体积。

2. 空白试验

取与上述相同质量的甘露醇，溶解在 50mL 水中，加入 2~3 滴酚酞指示剂，用 $0.1mol \cdot L^{-1}$ NaOH 标准溶液滴定至溶液由无色变为微红色，记录所消耗的 NaOH 标准溶液的体积，平行做 3 份。

用滴定试样与空白试验所消耗 NaOH 体积平均值的差值计算试样中 H_3BO_3 的含量。

【思考题】

1. 硼酸的共轭碱是什么？可否用直接酸碱滴定法测定硼酸共轭碱的含量？

2. 用 NaOH 测定 H_3BO_3 的含量时，为什么要用酚酞作指示剂？

【附注】

[1] 硼酸易溶于热水，需加热溶解。

［2］为防止硼酸-甘露醇生成的配位酸水解，溶液体积不宜过大。

［3］配位酸形成的反应是可逆反应，因此需加入过量很多的甘露醇，以使所有的硼酸定量的转化为配位酸。

实验41 阳离子交换树脂交换容量的测定

【实验目的】

1. 掌握离子交换树脂交换容量的意义及测定方法。
2. 学习树脂的处理方法。

【实验原理】

离子交换分离法是利用离子交换剂与溶液中的离子之间所发生的交换反应进行分离的方法。此方法分离效率高，广泛应用于微量组分的富集和高纯物质的制备。该方法所用的离子交换剂可分为无机离子交换剂和有机离子交换剂两大类。有机离子交换剂常称为离子交换树脂。

离子交换树脂的交换容量（Q）是衡量离子交换树脂交换能力大小的一个重要指标。它是指每克（或单位体积）干树脂所能交换的离子的物质的量，即：

$$Q = \frac{n}{V} \quad 或 \quad Q = \frac{n}{m}$$

一般树脂的 Q 约为 3~6mmol·g^{-1}。

交换容量可分为总交换容量和工作交换容量。前者是用静态法（树脂和试液在容器中达到交换平衡的分离法）测得树脂内所有可交换基团全部发生交换时的交换容量，又称全交换容量；后者是指在一定操作条件下，用动态法（柱上离子交换分离法）实际所测得的交换容量，它与溶液离子浓度、树脂床高度、流量、树脂粒度大小以及交换形式等因素有关。

本实验是用酸碱滴定法测定强酸性阳离子交换树脂（简写为RH）的总交换容量和工作交换容量。

采用静态法测定时，是将一定量的H型阳离子交换树脂与一定量过量的NaOH标准溶液混合，放置一定时间，达到交换平衡：

$$RH + NaOH \Longrightarrow RNa + H_2O$$

然后用HCl标准溶液滴定剩余的NaOH溶液，从而求出树脂的总交换容量 Q。

采用动态法测定时，先将一定量的H型阳离子交换树脂装入交换柱中，用Na$_2$SO$_4$溶液以一定的流速通过此交换柱，则Na$_2$SO$_4$中的Na$^+$将与RH发生交换反应：

$$RH + Na^+ \Longrightarrow RNa + H^+$$

然后用NaOH标准溶液滴定交换出来的H$^+$，即可求得树脂的工作交换容量。

【仪器与试剂】

1. HCl(4mol·L^{-1}，0.1mol·L^{-1})，NaOH标准溶液（0.1mol·L^{-1}），酚酞（2g·L^{-1}，乙醇溶液），Na$_2$SO$_4$溶液（0.5mol·L^{-1}）。

2. 001×7型强酸性阳离子交换树脂，离子交换柱（可用25mL酸式滴定管代替），玻璃棉（用蒸馏水浸泡洗净）。

【实验步骤】

1. 阳离子交换树脂总交换容量的测定

(1) 树脂的预处理　市售的阳离子交换树脂一般为 Na 型（R-Na），使用前须用酸将其处理成 H 型：

$$RNa + H^+ =\!=\!= RH + Na^+$$

称取 20g 001×7 型阳离子交换树脂于烧杯中，加入 150mL 4mol·L^{-1} HCl 溶液，搅拌，浸泡 1～2 天，以溶解除去树脂中的杂质，并使树脂充分溶胀。然后倾出上层 HCl 清液，换以新鲜的 4mol·L^{-1} HCl 溶液，再浸泡 1～2 天，经常搅拌。倾出上层 HCl 溶液，用蒸馏水漂洗树脂直至中性，即得到 H 型阳离子交换树脂 RH。

(2) RH 树脂的干燥　将预处理好的 RH 树脂用滤纸压干后、放入培养皿中，在 105℃下的烘箱中干燥 1h，取出置于干燥器中，冷却至室温后称量其质量得 m_1。然后将树脂继续在 105℃下烘 0.5h，取出，冷却，再次称量得 m_2，直至恒重为止。

(3) 静态法测定树脂的总交换容量　准确称取 1g 左右经干燥且恒重的 H 型阳离子交换树脂，置于 250mL 干燥带塞的锥形瓶中，准确加入 100mL 0.1mol·L^{-1} NaOH 标准溶液，摇匀，盖好锥形瓶，放置 24h，使之达到交换平衡。

交换结束后，用移液管准确移取 25mL 交换后的上层清液，置于另一 250mL 锥形瓶中，加入 2 滴酚酞指示剂，用 0.1mol·L^{-1} HCl 标准溶液滴定至红色刚好褪去，即为终点，平行滴定三份。

(4) 数据处理　按下式计算树脂的总交换容量 Q（单位为 mmol·g^{-1}）：

$$Q_{总} = \frac{\left[(cV)_{NaOH} - (cV)_{HCl} \right] \times \dfrac{100mL}{25mL}}{干树脂的质量}$$

2. 阳离子交换树脂工作交换容量的测定

(1) 装柱

用长玻璃棒将润湿的玻璃棉装入酸式滴定管的下部，并使其平整。然后加入约 10mL 蒸馏水。

准确称量已处理过且恒重的 RH 树脂约 15g，将其放入小烧杯，加蒸馏水约 30mL，用玻璃棒边搅拌、边倒入酸式滴定管中（防止混入气泡）。用蒸馏水将树脂洗成中性（用 pH 试纸检查流出液），放出柱中多余的水，最后使柱内树脂的上部余下约 1mL 左右的水。

(2) 工作交换容量的测定

向交换柱中不断加入 0.5mol·L^{-1} Na$_2$SO$_4$ 溶液，用 250mL 容量瓶收集流出液，调节流量约为 2～3mL·min^{-1}。流过 100mL Na$_2$SO$_4$ 溶液后，用 pH 试纸经常检查流出液的 pH 值，直至流出的 Na$_2$SO$_4$ 溶液与加入的 Na$_2$SO$_4$ 溶液 pH 相同时，停止加入 Na$_2$SO$_4$ 溶液，表明此时交换完毕。将收集液稀释至刻度线，摇匀。

用移液管移取上述收集液 25mL 置于 250mL 锥形瓶中，加入 2 滴酚酞指示剂，用 0.1mol·L^{-1} NaOH 标准溶液滴定至微红色，即为终点，平行滴定 3 次。

3. 数据处理

按下面公式计算树脂的工作交换容量 Q（单位为 mmol·g^{-1}）：

$$Q_{工作} = \frac{(cV)_{NaOH}}{干树脂的质量 \times \dfrac{25mL}{250mL}}$$

【思考题】

1. 如何将 Na 型树脂处理成 H 型？如何装柱，应注意什么？

2. 两种交换容量的测定原理是什么？

3. 试设计一个测定强碱性阴离子交换树脂的交换容量的方法。

【注意事项】

1. 装柱和后面的交换过程，不能出现树脂床流干的现象。流干时，形成固-气相，溶液将不是均匀地流过树脂层，而是顺着气泡流下，发生"沟流现象"，使得某些部位的树脂没有发生离子交换，使交换、洗脱不完全，影响分离效果。流干现象，容易由产生的气泡看出来。出现流干时，须重新装柱。

2. 实验结束后，将使用过的树脂回收在一烧杯中，统一进行再生处理。

实验 42　阿司匹林含量的测定

【实验目的】

1. 掌握酸碱滴定法在有机酸测定中的应用。

2. 学习测定药品阿司匹林含量的方法以及对纯品和片剂的不同分析方法。

【实验原理】

阿司匹林（乙酰水杨酸）是一种常用的芳酸酯类药物。它属于有机弱酸，$pK_a = 3.0$，化学式 $C_9H_9O_4$（摩尔质量为 $180.16 \text{g} \cdot \text{mol}^{-1}$），微溶于水，易溶于乙醇。由于其分子结构中含有羧基，在溶液中可解离出 H^+，故可用标准碱溶液滴定，用酚酞作指示剂。其与 NaOH 的反应为：

$$\text{（COOH, OCOCH}_3\text{）} + NaOH \longrightarrow \text{（COONa, OCOCH}_3\text{）} + H_2O$$

为防止乙酰基水解，须在 10℃ 以下的中性乙醇中进行滴定。此外滴定应在摇动下稍快进行，以防止局部碱度过大而使其水解。但是直接滴定法只适用于乙酰水杨酸纯品的测定。因为在药品的片剂中都含有淀粉等不溶物，其在冷乙醇中不易溶解完全，不宜直接滴定。而采用返滴定法。

乙酰水杨酸在 NaOH 或 Na_2CO_3 等强碱性溶液中溶解并分解为水杨酸钠（邻羟基苯甲酸钠）和乙酸盐：

$$\text{（COOH, OCOCH}_3\text{）} + 2NaOH \longrightarrow \text{（COONa, OH）} + CH_3COONa + H_2O$$

可以利用上述反应，采用返滴定法进行滴定。将药片研细后加入过量的 NaOH 标准溶液，加热一定时间使乙酰基水解完全，再用 HCl 标准溶液滴定过量的 NaOH，以酚酞作指示剂，滴定至粉红色刚刚消失为终点。通过预先测得的 HCl 与 NaOH 的体积比计算每片药片中含乙酰水杨酸的质量（g/片）。

为了保证试样的均匀性，最好取 10 粒片剂研磨，再准确称取适量（相当于 0.3～0.4g）乙酰水杨酸进行分析测定。另外测定体积比 $V_{\text{NaOH}}/V_{\text{HCl}}$ 时需要与测定样品相同的条件进行。这是由于 NaOH 溶液在加热过程中会受空气中 CO_2 的影响，给测定造成一定程度的系统误差。在相同条件下进行可以扣除空白值，提高了测定的准确度。

【仪器与试剂】

1. 分析天平，烧杯（100mL），容量瓶（100mL），称量瓶，碱式滴定管（50mL），酸式滴定管（50mL），锥形瓶（250mL），研钵。

2. NaOH 标准溶液（0.1mol·L⁻¹），HCl 标准溶液（0.1mol·L⁻¹），邻苯二甲酸氢钾（G.R.），乙醇（95%），酚酞指示剂（0.2%乙醇溶液），阿司匹林药片，乙酰水杨酸试样。

【实验步骤】

1. 量取约 60mL 乙醇置于 100mL 烧杯中，加入 8 滴酚酞指示剂，在搅拌下滴加 0.1mol·L⁻¹ NaOH 溶液至刚刚出现微红色，盖上表面皿，浸在冰水中。

2. 准确称取乙酰水杨酸约 0.4g，置于干燥的锥形瓶中。加入 10℃ 以下的中性乙醇，摇动锥形瓶，待样品溶解后加入 3 滴酚酞指示剂，立即用 NaOH 标准溶液滴定至微红色为终点。平行滴定 3 次，3 次滴定结果的相对误差应小于 0.2%。计算试样纯度的公式：

$$w = \frac{cVM}{m_{样} \times 1000} \times 100\%$$

式中，w 为试样中乙酰水杨酸质量分数；M 为乙酰水杨酸的摩尔质量；$m_{样}$ 为称量试样的质量；c 为 NaOH 标准溶液的浓度；V 为 NaOH 标准溶液的体积。

3. 阿司匹林药片中乙酰水杨酸的测定　将药片在研钵中研细混匀，转入称量瓶中，用差减法准确称取 0.40g 左右的药粉于锥形瓶中。加入 40.00mL NaOH 标准溶液，盖上表面皿，轻轻摇动后，蒸汽浴加热 15min，摇动数次后，冲洗瓶壁。取出并迅速冷却至室温，加入 3 滴酚酞指示剂，立即用 0.1mol·L⁻¹ HCl 溶液滴定至红色刚刚消失为终点，平行实验 3 次。

4. 测定体积比 $G(G = V_{NaOH}/V_{HCl})$　取 20.00mL NaOH 标准溶液于锥形瓶中，加 20mL 蒸馏水，与测定药粉相同的实验条件下进行加热，冷却后滴定。平行 3 次，计算 G 值。

计算阿司匹林片剂中乙酰水杨酸的质量分数：

$$w = \frac{c_{NaOH}(V_{NaOH} - G \times V_{HCl}) \times M}{m_{样} \times 1000 \times 2} \times 100\%$$

式中，G 为 NaOH 与 HCl 的体积比；M 为乙酰水杨酸的摩尔质量；$m_{样}$ 为试样的质量。

【思考题】

1. 为什么乙醇要预先加 NaOH 中和？

2. 在测定 NaOH 与 HCl 的体积比时，为什么需要在与测定试样相同的条件下进行？

9.2　配位滴定法

实验 43　EDTA 的标定

【实验目的】

1. 掌握 EDTA 标准溶液的配制和标定方法。

2. 熟悉铬黑 T 和二甲酚橙指示剂的使用。

【实验原理】

EDTA（简写为 H_4Y）是最常用的氨羧配位剂，其结构式为：

在溶液中，EDTA 具有双偶极离子结构，其中氨氮和羧氧具有很强的配位能力，几乎能与所有金属离子配位。利用这一性质，用 EDTA 标准溶液可以滴定试样溶液中的待测金属离子。我们所说的配位滴定法通常就是指 EDTA 配位滴定法。EDTA 与大多数金属离子形成 1∶1 型配合物，计量关系简单，这是 EDTA 配位滴定法的优点之一。

EDTA 常因吸附约 0.3% 的水分和含有少量杂质而不能直接用来配制标准溶液。通常是粗配 EDTA 溶液，然后用基准物质标定。

标定 EDTA 的基准物质有：含量不低于 99.95% 的其些金属，如 Cu、Zn、Ni、Pb 等，以及它们的金属氧化物；或某些盐类，如 $ZnSO_4 \cdot 7H_2O$、$MgSO_4 \cdot 7H_2O$、$CaCO_3$ 等。

在选用纯金属作为基准物质时，应注意金属表面氧化膜的存在会带来标定时的误差，届时应用细砂纸擦去氧化膜，或用稀酸溶掉氧化膜，然后依次用蒸馏水、乙醚或丙酮冲洗金属，于 105℃ 的烘箱中烘干，冷却后再称重。

在配位滴定过程中，通常利用一种与待测金属离子形成有色配合物的显色剂来指示滴定过程中金属离子浓度的变化，进而指示滴定终点，这种显色剂称为金属离子指示剂，简称金属指示剂。以本实验为例，在 pH＝5～6 的缓冲溶液中，用 EDTA 滴定金属离子 $M(Zn^{2+})$ 时，二甲酚橙（XO）指示剂的作用原理如下：

滴定前　　M＋XO(黄色) ══ M-XO(紫红色)　　溶液呈紫红色

滴定过程　M＋EDTA(无色) ══ M-EDTA(无色)　　溶液仍呈紫红色

滴定终点　M-XO＋EDTA ══ M-EDTA＋XO(黄色)　溶液呈指示剂本身颜色——黄色

由此可见，滴定到计量点时，与指示剂配位的金属离子由于被 EDTA 夺取而游离出指示剂，溶液颜色则由金属离子与指示剂形成的配合物的颜色转变为指示剂本身的颜色，从而指示终点。这就要求金属离子与指示剂形成的配合物的颜色明显不同于指示剂本身的颜色。而金属指示剂通常又是有机弱酸，和酸碱指示剂一样，其本身的颜色与溶液的 pH 有关。例如，二甲酚橙指示剂在 pH＜6.3 时显黄色，pH＞6.3 时显橙色。不难看出，以二甲酚橙为指示剂时，只有在 pH＜6.3 范围内滴定，终点变化才明显。因此，使用金属指示剂时，必须注意选用合适的 pH 范围。

【仪器与试剂】

1. 酸式滴定管（50mL），容量瓶（250mL），移液管（25mL），烧杯（100mL），锥形瓶（250mL）。

2. 乙二胺四乙酸二钠（$Na_2H_2Y \cdot 2H_2O$，相对分子质量 372.2），锌片（纯度为 99.99%），六亚甲基四胺（$200g \cdot L^{-1}$），二甲酚橙水溶液（$2g \cdot L^{-1}$），HCl 溶液（1+1），氨水（1+2），甲基红（$1g \cdot L^{-1}$，60% 乙醇溶液），$CaCO_3$ 基准物质（于 110℃ 烘箱中干燥 2h，稍冷后置于干燥器中冷却至室温，备用）。

3. NH_3-NH_4Cl 缓冲溶液：称取 20g NH_4Cl，溶于水后，加 100mL 浓氨水，用蒸馏水

稀释至 1L，pH 约等于 10。

4. 铬黑 T($5g \cdot L^{-1}$)：称 0.50g 铬黑 T，溶于含有 25mL 三乙醇胺，75mL 无水乙醇溶液中，低温保存，有效期约 100 天。

5. Mg^{2+}-EDTA 溶液：先配制 $0.05mol \cdot L^{-1}$ 的 $MgCl_2$ 和 $0.05mol \cdot L^{-1}$ EDTA 溶液各 500mL，然后在 pH＝10 的氨性条件下，以铬黑 T 作指示剂，用上述 EDTA 滴定 Mg^{2+}，按所得比例把 $MgCl_2$ 和 EDTA 混合，确保 Mg：EDTA＝1：1。

除基准物质外，以上化学试剂均为分析纯，实验用水为蒸馏水。

【实验步骤】

1. 标准溶液和 EDTA 溶液的配制

（1）Ca^{2+} 标准溶液的配制　计算配制 250mL $0.01mol \cdot L^{-1}$ Ca^{2+} 标准溶液所需 $CaCO_3$ 的质量。用差减法称取计算质量的 $CaCO_3$ 基准物于 100mL 烧杯中，称量值与计算值偏离最好不超过 10%。先用少量水润湿 $CaCO_3$，盖上表面皿，用小滴管从烧杯嘴处往烧杯中滴加约 5mL（1＋1）HCl 溶液，使 $CaCO_3$ 全部溶解。再加入 50mL 水，微沸几分钟以除去 CO_2。冷却后用水冲洗烧杯内壁和表面皿，定量转移 Ca^{2+} 溶液至 250mL 容量瓶中，用水稀释至刻度，摇匀，计算 Ca^{2+} 标准溶液的浓度。

（2）锌标准溶液的配制　计算配制 250mL $0.01mol \cdot L^{-1}$ 锌标准溶液所需锌片的质量。用铝铲准确称取基准锌片置于 100mL 烧杯中，称量值与计算值偏离不超过 5%。向烧杯中加入 6mL（1＋1）HCl 溶液，立即盖上表面皿。待锌完全溶解，以少量水冲洗表面皿和烧杯内壁，定量转移 Zn^{2+} 溶液至 250mL 容量瓶中，用水稀释至刻度，摇匀，计算锌标准溶液的浓度。

（3）EDTA 溶液的配制　计算配制 500mL $0.01mol \cdot L^{-1}$ EDTA 二钠盐所需 EDTA 的质量。用天平（哪种天平？）称取上述质量的 EDTA 于 250mL 烧杯中，加水，搅拌，温热溶解，冷却后转入聚乙烯塑料瓶中。

2. 标定操作

（1）以铬黑 T 为指示剂标定 EDTA

① 以 Zn^{2+} 为基准物质　用移液管吸取 25mL $0.01mol \cdot L^{-1}$ Zn^{2+} 标准溶液于锥形瓶中，加 1 滴甲基红，用氨水（1＋2）中和 Zn^{2+} 标准溶液中的 HCl，当溶液恰好由红变黄即可。加入 20mL 水和 10mL NH_3-NH_4Cl 缓冲溶液，再加 3 滴铬黑 T 指示剂，用待标定的 EDTA 溶液滴定，当溶液由红色变为蓝紫色即为终点。平行滴定 3 次，计算 EDTA 的准确浓度。

② 以 Ca^{2+} 为基准物质　用移液管吸取 25mL Ca^{2+} 标准溶液于锥形瓶中，加入 1 滴甲基红，用氨水中和 Ca^{2+} 标准溶液中的 HCl，当溶液恰好由红变黄即可。加入 20mL 水和 5mL Mg^{2+}-EDTA（是否需要准确加入？），然后加入 10mL NH_3-NH_4Cl 缓冲溶液，再加 3 滴铬黑 T 指示剂，立即用 EDTA 滴定，当溶液由酒红色转变为蓝紫色即为终点。平行滴定 3 次，计算 EDTA 的准确浓度。

（2）以二甲酚橙为指示剂标定 EDTA　用移液管吸取 25mL Zn^{2+} 标准溶液于锥形瓶中，加入 2 滴二甲酚橙指示剂，滴加 $200g \cdot L^{-1}$ 六亚甲基四胺溶液至锥形瓶中的溶液呈现稳定的紫红色，然后再加入 5mL 六亚甲基四胺溶液。用待标定的 EDTA 滴定，当溶液由紫红色恰转变为黄色，即为终点。平行滴定 3 次，取平均值，计算 EDTA 的准确浓度（表 9-9）。

表 9-9 EDTA 浓度的标定

项　目		1	2	3
锌片质量/g				
Zn^{2+} 浓度/mol·L^{-1}				
Zn^{2+} 体积/mL				
EDTA 体积/mL				
EDTA 浓度/mol·L^{-1}	测定值			
	平均值			
相对平均偏差/%				

【思考题】

1. 为什么要使用两种指示剂分别标定 EDTA？

2. 在中和标准物质中的 HCl 时，能否用酚酞取代甲基红？为什么？

3. 以 Ca^{2+} 为基准物质标定 EDTA 浓度时，为何加入 Mg^{2+}-EDTA？

4. 滴定时为什么要加入 NH_3-NH_4Cl 或六亚甲基四胺溶液，它们起到什么样的作用？如果没有它们存在将会导致什么现象发生？

实验 44　自来水总硬度的测定

【实验目的】

1. 了解水硬度的表示方法。

2. 掌握配位滴定法测定水硬度的方法。

【实验原理】

水的硬度主要是由水中的 Ca^{2+}、Mg^{2+} 的量决定的，其测定方法以配位滴定法最为简便。水硬度的测定分为水的总硬度以及钙-镁硬度两种，前者是测定 Ca^{2+}、Mg^{2+} 总量，后者则是分别测定 Ca^{2+} 和 Mg^{2+} 的含量。

测定水的总硬度时，由 EDTA 与 Ca^{2+} 和 Mg^{2+} 配合物的稳定常数（$K_{CaY} = 10^{10.7}$，$K_{MgY} = 10^{8.7}$）可知，在 pH＝10 的缓冲溶液中，以铬黑 T 为指示剂，这两种离子均能被 EDTA 准确滴定，因此，此时滴定的为总硬度。从 EDTA 标准溶液的用量，即可计算水样中的 Ca^{2+}、Mg^{2+} 量，然后再换算成相应的硬度单位。计算公式如下：

$$水的总硬度 = \frac{cV}{水样体积} \times 1000 （单位：mmol·L^{-1}）$$

或

$$水的总硬度 = \frac{cVM_{CaCO_3}}{水样体积} \times 1000 （单位：mg·L^{-1}）$$

根据水样不同可能存在干扰离子，可采用掩蔽剂将其除去。用三乙醇胺掩蔽 Fe^{3+}、Al^{3+}、Cu^{2+}、Pb^{2+}、Zn^{2+} 等共存离子，用 Na_2S 掩蔽重金属离子。如果水样中 Mg^{2+} 的浓度小于 Ca^{2+} 浓度的 1/20，则需加入 5mL Mg^{2+}-EDTA 溶液。

世界各国表示水硬度的方法不尽相同，表 9-10 列出一些国家水硬度的换算关系。

表 9-10   一些国家水硬度单位换算表

硬度单位	mmol·L^{-1}	德国硬度	法国硬度	英国硬度	美国硬度
1mmol·L^{-1}	1.00000	2.8040	5.0050	3.5110	50.050
1 德国硬度	0.35663	1.0000	1.7848	1.2521	17.848
1 法国硬度	0.19982	0.5603	1.0000	0.7015	10.000
1 英国硬度	0.28483	0.7987	1.4255	1.0000	14.255
1 美国硬度	0.01998	0.0560	0.1000	0.0702	1.000

我国采用 mmol·L^{-1} 或 mg·L^{-1}（CaCO$_3$）为单位表示水的硬度。目前我国《生活饮用水卫生标准》GB 5749—85 规定城乡生活饮用水总硬度不得超过 450mg·L^{-1}（CaCO$_3$）。

【仪器与试剂】

1. 电子台秤，分析天平，烧杯（100mL），容量瓶（250mL），锥形瓶（250mL），量筒（10mL），滴定管（50mL），移液管（25mL，50mL）。

2. EDTA（A. R.），CaCO$_3$ 基准物质。

3. NH$_3$-NH$_4$Cl 缓冲溶液：pH≈10，称取 20g NH$_4$Cl，溶于水后，加 100mL 原装氨水，用蒸馏水稀释至 1L。

4. Mg^{2+}-EDTA 溶液：先配制 0.05mol·L^{-1} 的 MgCl$_2$ 和 0.05mol·L^{-1} EDTA 溶液各 500mL，然后在 pH＝10 的氨性条件下，以铬黑 T 作指示剂，用上述 EDTA 滴定 Mg^{2+}，按所得比例把 MgCl$_2$ 和 EDTA 混合，确保 Mg：EDTA＝1：1。

5. 铬黑 T 指示剂（5g·L^{-1}）：将 0.50g 铬黑 T，溶于含有 25mL 三乙醇胺、75mL 无水乙醇溶液中，低温保存，有效期约 100 天。

6. 三乙醇胺（200g·L^{-1}），HCl 溶液（1+1），Na$_2$S（20g·L^{-1}），甲基红指示剂，氨水（1+1）。

【实验步骤】

1. EDTA 标准溶液的配制与标定

（1）EDTA 溶液的配制   称取 1.9g EDTA，溶于 500mL 水中（温热溶解），冷却后移入聚乙烯塑料瓶中。

（2）Ca^{2+} 标准溶液的配制   准确称取 0.23～0.27g CaCO$_3$ 于 100mL 烧杯中。先以少量水润湿，盖上表面皿，从烧杯嘴处往烧杯中滴加（1+1）HCl 溶液，至 CaCO$_3$ 全部溶解，再过量 2 滴。加水 50mL，微沸 3min 以除去 CO$_2$[1]。冷却后用水冲洗烧杯内壁和表面皿，定量转移 Ca^{2+} 溶液至 250mL 容量瓶中，用水稀释至刻度，摇匀，计算 Ca^{2+} 标准溶液的浓度。

（3）EDTA 溶液的标定   移取 25.00mL Ca^{2+} 标准溶液于锥形瓶中，加入 1 滴甲基红指示剂，用氨水中和 Ca^{2+} 标准溶液中的 HCl，当溶液由红变黄即可。加入 20mL 水和 5mL Mg^{2+}-EDTA，然后加入 10mL NH$_3$-NH$_4$Cl 缓冲溶液，再加 2 滴铬黑 T 指示剂，立即用 EDTA 滴定，当溶液由酒红色转变为纯蓝色即为终点。平行滴定 3 次，用平均值计算 EDTA 的准确浓度。

2. 自来水总硬度的测定

准确移取 50.0mL 自来水于 250mL 锥形瓶中（以当地自来水的硬度高低来增加或减少水量），加入 1～2 滴 HCl 溶液使试液酸化，煮沸数分钟以除去 CO$_2$[1]。冷却后，加入 3mL

三乙醇胺（200g·L^{-1}）溶液，5mL NH$_3$-NH$_4$Cl 缓冲液，1mL Na$_2$S 溶液，再加入 3 滴铬黑 T 指示剂，立即用 EDTA 标液滴定，当溶液由红色变为纯蓝色即为终点。平行测定 3 份，计算水样的总硬度，以 mmol·L^{-1} 表示结果。

【思考题】

1. 试设计一采用配位滴定法测定钙-镁硬度的实验。

2. 在测定水的硬度时，如果先于三个锥形瓶中加水样，再加 NH$_3$-NH$_4$Cl 缓冲液，然后再一份一份地滴定，这样好不好？为什么？

3. 在测定水的硬度时，为何要将 Fe^{3+}、Al^{3+} 去除？

【附注】

1. 因在 NH$_3$-NH$_4$Cl 缓冲溶液中，当 Ca(HCO$_3$)$_2$ 含量较高时，会析出 CaCO$_3$ 沉淀，使滴定终点拖长，导致指示剂变色不敏锐，因此，在滴定前要除去 CO$_2$。

实验45　铋、铅含量的连续测定

【实验目的】

掌握配位滴定法中用控制酸度的方法对混合离子进行滴定的原理和方法。

【实验原理】

EDTA 与金属离子具有广泛配位作用，而实际测量的试样往往是多种金属离子的混合溶液。对混合离子溶液通常采用控制酸度法、掩蔽法进行选择性滴定。若被测定金属离子分别满足 lgK'≥8 且两金属离子满足 Δlg$K$≥6，就可以采用控制酸度的方法选择滴定金属离子。

Bi^{3+}，Pb^{2+} 均能与 EDTA 形成稳定的 1:1 络合物，它们的 lg$K$ 分别为 27.94 和 18.04，可满足上述两条件，故可利用控制不同的酸度，进行分别滴定。可采用二甲酚橙作指示剂，在 pH≈1（HNO$_3$ 溶液）时滴定 Bi^{3+}，在 pH≈5~6（六亚甲基四胺溶液）时滴定 Pb^{2+}。Bi^{3+}，Pb^{2+} 均与二甲酚橙形成紫红色的配合物，终点时溶液由紫红色变为黄色。

【仪器与试剂】

1. 烧杯（100mL），移液管（25mL），锥形瓶（250mL），滴定管（50mL）。

2. EDTA 标准溶液（0.01mol·L^{-1}），Zn^{2+} 标准溶液（0.01mol·L^{-1}），二甲酚橙（2g·L^{-1}），六亚甲基四胺溶液（200g·L^{-1}），HCl 溶液（1+1）。

3. Bi^{3+}-Pb^{2+} 混合液（含 Bi^{3+}、Pb^{2+} 各约 0.01mol·L^{-1}）：称取 48g Bi(NO$_3$)$_3$，33g Pb(NO$_3$)$_2$，移入含 312mL HNO$_3$ 的烧杯中，在电炉上微热溶解后，稀释至 10L。

【实验步骤】

1. Zn^{2+} 标准溶液的配制

准确称取 0.19~0.21g ZnO 于 100mL 烧杯中，加入 6mL HCl 溶液（1+1），立即盖上表面皿，待溶解完全后，以少量水冲洗表面皿和烧杯内壁，定量转移 Zn^{2+} 溶液于 250mL 容量瓶中，用水稀释至刻度，摇匀，计算锌标准溶液的浓度。

2. EDTA 溶液的配制和标定

见实验43，用二甲酚橙为指示剂标定 EDTA。

3. Bi^{3+} 含量的测定

用移液管移取 25mL Bi^{3+}-Pb^{2+} 溶液于 250mL 锥形瓶中，加 2 滴二甲酚橙指示剂，用 EDTA 标液滴定，当溶液由紫红色恰变为黄色，即为滴定 Bi^{3+} 的终点，记录消耗的 EDTA 标准溶液的体积，计算混合液中 Bi^{3+} 的含量（以 $g \cdot L^{-1}$ 表示）。

4. Pb^{2+} 含量的测定

在步骤 3 滴定后的溶液中，滴加六亚甲基四胺溶液，至呈现稳定的紫红色后，再过量加入 5mL，此时溶液的 pH 约 5～6。用 EDTA 标准溶液滴定，当溶液由紫红色恰转变为黄色，即为滴定 Pb^{2+} 的终点，记录消耗的 EDTA 标准溶液的体积，计算混合液中 Pb^{2+} 的含量（以 $g \cdot L^{-1}$ 表示）。

【思考题】

1. 滴定 Bi^{3+}，Pb^{2+} 的酸度各控制为多少？酸度过高或过低对滴定有何影响？

2. 在滴定 Pb^{2+} 前为什么用六亚甲基四胺调节 pH，而不用 NaOH、NaAc 或 $NH_3 \cdot H_2O$？

9.3　氧化还原滴定法

实验 46　过氧化氢含量的测定

【实验目的】

1. 掌握 $KMnO_4$ 溶液的配制及标定方法。

2. 掌握 $KMnO_4$ 法测定 H_2O_2 的原理及方法。

【实验原理】

$KMnO_4$ 是氧化还原滴定中最常用的氧化剂之一。市售的 $KMnO_4$ 中常含有杂质，主要为 MnO_2，而且由于蒸馏水中的少量有机物质会与 $KMnO_4$ 作用析出 $MnO(OH)_2$ 沉淀，又会促使 $KMnO_4$ 进一步分解，因此 $KMnO_4$ 不能直接配制成标准溶液，而是粗配一个溶液，在暗处放置几天后，滤去沉淀，再标定出准确浓度。$KMnO_4$ 滴定法通常是在酸性条件下进行。

标定 $KMnO_4$ 溶液的基准物质有 As_2O_3、纯铁丝或 $Na_2C_2O_4$ 等。若以 $Na_2C_2O_4$ 标定，在稀 H_2SO_4 介质中，其反应式为：

$$5C_2O_4^{2-} + 2MnO_4^- + 16H^+ \rightleftharpoons 2Mn^{2+} + 10CO_2 \uparrow + 8H_2O$$

此反应速率较慢，可进行加热或在 Mn^{2+} 催化条件下进行。滴定初期反应速率很慢，$KMnO_4$ 溶液必须逐滴加入，否则滴加过快会发生 $KMnO_4$ 的分解：

$$4KMnO_4 + 2H_2SO_4 \rightleftharpoons 4MnO_2 + 2K_2SO_4 + 2H_2O + 3O_2 \uparrow$$

待 Mn^{2+} 生成后，由于 Mn^{2+} 的催化作用，加快了反应速率，故能顺利地滴定到终点，因而称为自动催化反应。稍过量的滴定剂（$2 \times 10^{-6} mol \cdot L^{-1}$）本身的紫红色即显示终点，因此不需另加指示剂。

H_2O_2 在工业、生物、医药等方面应用很广泛。H_2O_2 分子中有一个过氧键 —O—O—，在酸性溶液中它是一个强氧化剂。但遇 $KMnO_4$ 时表现为还原剂。在稀硫酸溶液中，H_2O_2 与 $KMnO_4$ 溶液的反应式为：

$$5H_2O_2 + 2MnO_4^- + 6H^+ \rightleftharpoons 2Mn^{2+} + 5O_2 \uparrow + 8H_2O$$

若 H_2O_2 试样是工业产品，用 $KMnO_4$ 法测定误差较大，因产品中常加入少量乙酰苯胺等有机物质作稳定剂，此类有机物也消耗 $KMnO_4$。遇此情况应采用间接碘量法测定。

在生物化学中，可用此法间接测定过氧化氢酶的活性。例如，血液中存在的过氧化氢酶能催化 H_2O_2 的分解反应，所以用一定量的 H_2O_2 与其作用，然后在酸性条件下用标准 $KMnO_4$ 溶液滴定剩余的 H_2O_2，就可以了解酶的活性了。

【仪器与试剂】

1. 烧杯（500mL），电子台秤，分析天平，微孔玻璃漏斗（G3 或 G4），棕色试剂瓶（500mL），锥形瓶（250mL），滴定管（50mL），容量瓶（250mL），移液管（25mL），电炉。

2. $Na_2C_2O_4$ 基准物质（于 105℃干燥 2h 后备用），H_2SO_4 溶液（1+5），$KMnO_4$(s)。

【实验步骤】

1. $KMnO_4$ 溶液的配制

称取 1.6g $KMnO_4$ 固体，将其溶于 500mL 水中，盖上表面皿，加热至沸并保持微沸状态 1h，冷却后，用微孔玻璃漏斗过滤。滤液贮存于棕色试剂瓶中。将溶液在室温下避光静置 2～3 天后过滤备用。

2. $KMnO_4$ 溶液的标定

准确称取 3 份 0.15～0.20g $Na_2C_2O_4$，分别置于 250mL 锥形瓶中，加入 50mL 水使之溶解，加入 10mL H_2SO_4 溶液，慢慢加热到有蒸气冒出（约 75～85℃）[1]。趁热用待标定的 $KMnO_4$ 溶液滴定。开始滴定时反应速率慢，在第一滴 $KMnO_4$ 加入后，不断摇锥形瓶，当紫红色褪去后再加入第二滴。待溶液中产生了 Mn^{2+} 后，滴定速度可适当加快，直到溶液呈现微红色并持续半分钟内不褪色即为终点，计算 $KMnO_4$ 溶液的浓度。

3. H_2O_2 含量的测定

用吸量管吸取 1.00mL 原装 H_2O_2 置于 250mL 容量瓶中[2]，加水稀释至刻度，摇匀备用。准确移取 25.00mL 溶液 3 份分别置于 250mL 锥形瓶中，各加入 10mL H_2SO_4 溶液，用 $KMnO_4$ 标准溶液滴定至微红色并持续半分钟内不褪色即为终点。计算未经稀释样品中 H_2O_2 的含量。

【思考题】

1. $KMnO_4$ 溶液的配制过程中能否用定量滤纸过滤，为什么？

2. 标定 $KMnO_4$ 溶液时，为什么开始滴入的 $KMnO_4$ 紫色褪去得很慢，后来却会消失得越来越快，直至滴定终点出现稳定的紫红色？

3. 用 $KMnO_4$ 法测定 H_2O_2 时，为什么在稀 H_2SO_4 介质中进行，能否用 HNO_3、HCl 或 HAc 代替？

【附注】

[1] 在室温条件下，$KMnO_4$ 与 $C_2O_4^{2-}$ 之间的反应速率很慢，加热可提高反应速率，但温度不能太高，若超过 85℃则有部分 $H_2C_2O_4$ 分解，反应式如下：

$$H_2C_2O_4 \Longrightarrow CO_2\uparrow + CO\uparrow + H_2O$$

[2] 原装 H_2O_2 含量约 30%，密度约为 1.1g·mL^{-1}。吸取 1mL 30% H_2O_2 或者移取 10mL 3% H_2O_2 均可。

实验 47　水样中化学耗氧量（COD）的测定（高锰酸钾法）

【实验目的】

1. 了解水中化学耗氧量（COD）测定的意义。

2. 掌握酸性高锰酸钾法测定水中 COD 的原理及方法。

【实验原理】

化学耗氧量（COD）是指用适当氧化剂处理水样时，水样中易被强氧化剂氧化的还原性物质（主要是有机物）所消耗的氧化剂的量，通常换算成氧的含量（以 $mg \cdot L^{-1}$ 计）来表示。COD 是量度水体受还原性物质污染程度的综合性指标，是环境保护和水体监控中经常需要测定的项目。COD 值越高，说明水体污染越严重。COD 的测定分为酸性高锰酸钾法、碱性高锰酸钾法和重铬酸钾法，本实验采用酸性高锰酸钾法。测定时，在 H_2SO_4 介质中，向水样中加入一定量的 $KMnO_4$ 溶液，加热水样，使其中的还原性物质与 $KMnO_4$ 充分反应，剩余的 $KMnO_4$ 用一定量过量的 $Na_2C_2O_4$ 还原，再以 $KMnO_4$ 标准溶液返滴过量的 $Na_2C_2O_4$。

反应方程式为：

$$4MnO_4^- + 5C + 12H^+ \Longrightarrow 4Mn^{2+} + 5CO_2 \uparrow + 6H_2O$$

$$2MnO_4^- + 5C_2O_4^{2-} + 16H^+ \Longrightarrow 2Mn^{2+} + 10CO_2 \uparrow + 8H_2O$$

据此，测定结果的计算式为

$$COD = \frac{\left[\frac{5}{4}c_{MnO_4^-}(V_1+V_2)_{MnO_4^-} - \frac{1}{2}(cV)_{C_2O_4^{2-}} \right] \times 32.00 g \cdot mol^{-1} \times 1000}{V_{水样}} (O_2\, mg \cdot L^{-1})$$

式中，V_1 为第一次加入 $KMnO_4$ 溶液体积；V_2 为第二次加入 $KMnO_4$ 溶液的体积。

由于 Cl^- 对高锰酸钾法有干扰，因而本法仅适合于地表水、地下水、饮用水和生活污水中 COD 的测定，含 Cl^- 较高的工业废水则应采用 $K_2Cr_2O_7$ 法测定。

【仪器与试剂】

1. 烧杯（100mL），酸式滴定管（50mL），锥形瓶（250mL），容量瓶（250mL），量筒（10mL，50mL），移液管（10mL，25mL），分析天平，电炉。

2. $KMnO_4$ 标准溶液（$0.002 mol \cdot L^{-1}$），H_2SO_4 溶液（1+3），$Na_2C_2O_4$ 基准物质。

【实验步骤】

1. $Na_2C_2O_4$ 标准溶液的配制

准确称取 0.17g 左右 $Na_2C_2O_4$ 基准物（于 100～105℃ 烘干 2h 并冷却至室温），置于小烧杯中，加少量水溶解后，定量转移至 250mL 容量瓶中，以水稀释至刻度，摇匀，计算其准确浓度。

2. 水样 COD 的测定

根据水质污染程度取水样 10～100mL[1]，置于 250mL 锥形瓶中，加 10mL H_2SO_4 溶液，再准确加入 10mL $KMnO_4$ 溶液，立即加热至沸（若此时红色褪去，说明水样中有机物含量较多，应补加适量 $KMnO_4$ 溶液至试样溶液呈现稳定的红色），并用小火准确煮沸

10min，取下锥形瓶，冷却 1min（约 80℃），趁热加入 25.00mL Na$_2$C$_2$O$_4$ 标准溶液，摇匀（此时溶液应当由红色转为无色，否则应增加 Na$_2$C$_2$O$_4$ 的用量）。趁热用 KMnO$_4$ 标准溶液滴定至稳定的淡红色即为终点。平行测定 3 份取平均值。

另取 100mL 蒸馏水代替水样，同样操作，求得空白值，计算耗氧量时将空白值减去。

【思考题】

1. 水样加入 KMnO$_4$ 煮沸后，若紫红色消失说明什么？应如何处理？
2. 水样的化学耗氧量的测定有何意义？有哪些测定方法？
3. 可以采取何种措施避免 Cl$^-$ 对酸性高锰酸钾法测定结果的干扰？

【附注】

[1] 水样采集后，应加入 H$_2$SO$_4$ 使 pH<2，抑制微生物繁殖。试样尽快分析，必要时在 0~5℃ 保存，应在 48h 内测定。取水样的量由外观可初步判断：洁净透明的水样取 100mL，污染严重、浑浊的水样取 10~30mL，补加蒸馏水至 100mL。

实验48　补钙制剂中钙含量的测定
（高锰酸钾间接滴定法）

【实验目的】

1. 了解沉淀、过滤、洗涤等沉淀分离的基本操作。
2. 掌握氧化还原法间接测定钙含量的原理及方法。
3. 掌握烧杯中滴定的基本操作。

【实验原理】

利用某些金属离子（如碱土金属、Pb^{2+}，Cd^{2+} 等）与草酸根形成难溶的草酸盐沉淀的反应，可以用高锰酸钾法间接测定它们的含量。此方法可以准确测出白云石［主要成分：CaMg(CO$_3$)$_2$］及补钙制剂中的钙含量。将试样溶解后，调节溶液 pH≈4，然后向其中加入过量的草酸铵与 Ca^{2+} 形成 CaC$_2$O$_4$ 沉淀，将沉淀进行过滤、洗涤等分离操作，再用稀硫酸将沉淀溶解，用高锰酸钾标准溶液滴定溶解下的 H$_2$C$_2$O$_4$，根据滴定消耗的 KMnO$_4$ 标准溶液的量可以计算 Ca 含量。

主要反应如下：

$$Ca^{2+} + C_2O_4^{2-} = CaC_2O_4 \downarrow$$
$$CaC_2O_4 + H_2SO_4 = CaSO_4 + H_2C_2O_4$$
$$5H_2C_2O_4 + 2MnO_4^- + 6H^+ = 2Mn^{2+} + 10CO_2 \uparrow + 8H_2O$$

用该法测定了某些补钙制剂（如葡萄糖酸钙、钙立得、盖天力等）中的钙含量，分析结果与标示量吻合。

【仪器与试剂】

1. 分析天平，烧杯（250mL），量筒（10mL，50mL），漏斗，滴定管（50mL），低温电热板。

2. KMnO$_4$ 标准溶液（0.02mol·L^{-1}），(NH$_4$)$_2$C$_2$O$_4$（5g·L^{-1}），氨水（10%），HCl（1+1，浓），H$_2$SO$_4$（1mol·L^{-1}），甲基橙（2g·L^{-1}），硝酸银（0.1mol·L^{-1}），HNO$_3$（2mol·L^{-1}），钙片。

【实验步骤】

准确称取补钙制剂两份（每份含钙约 0.05g），分别置于 250mL 烧杯中，加入约 10mL 蒸馏水及 3mL（1+1）HCl 溶液，边加热边搅拌以促使其溶解[1]。向溶液中加入 2～3 滴甲基橙指示剂，滴加氨水中和至溶液恰好由红转变为黄色，趁热逐滴加入约 50mL（NH$_4$）$_2$C$_2$O$_4$ 溶液，然后在低温电热板（或水浴）上陈化 30min[2]。冷却后，采用倾泻法将沉淀过滤，先将上层清液倾入漏斗中，然后将烧杯中的沉淀洗涤数次后转入漏斗中，继续洗涤沉淀至无 Cl$^-$（承接洗液在 HNO$_3$ 介质中以 AgNO$_3$ 检查）。将带有沉淀的滤纸铺在原烧杯的内壁上（沉淀向下），用 50mL 稀 H$_2$SO$_4$ 把沉淀从滤纸上冲入烧杯中，再用洗瓶吹洗滤纸 2 次，加入蒸馏水使溶液总体积约 100mL，加热至 70～80℃，用 KMnO$_4$ 标准溶液滴定至溶液呈淡红色，再将滤纸搅入溶液中，若溶液褪色，则继续滴定，直至出现的淡红色 30s 内不消失即为终点。根据滴定消耗的 KMnO$_4$ 标准溶液的体积和其浓度计算补钙制剂中的 Ca 含量。

【思考题】

1. 在（NH$_4$）$_2$C$_2$O$_4$ 沉淀钙前，为什么控制 pH≈4？

2. 为何在 KMnO$_4$ 标准溶液滴定至溶液呈淡红色后，还将滤纸搅入溶液中，为何不在滴定前将滤纸搅入溶液中？

3. 沉淀 Ca^{2+} 时，为何趁热逐滴加入（NH$_4$）$_2$C$_2$O$_4$？加完（NH$_4$）$_2$C$_2$O$_4$ 后，为何要陈化？

【附注】

[1] 试样分解完，会有白色残渣，为钙制剂中的填充物。

[2] 若用均匀沉淀法分离，则在试样分解后，加入 50mL（NH$_4$）$_2$C$_2$O$_4$ 及尿素 [CO(NH$_2$)$_2$] 后加热，CO(NH$_2$)$_2$ 水解产生的 NH$_3$ 均匀地中和 H$^+$，可使 Ca^{2+} 均匀的沉淀为 CaC$_2$O$_4$ 的粗大晶形沉淀。

实验 49　铁矿石中全铁含量的测定（无汞定铁法）

【实验目的】

1. 掌握 K$_2$Cr$_2$O$_7$ 法测定铁的原理及方法。

2. 学习矿石试样的酸溶法。

3. 了解二苯胺磺酸钠指示剂的作用原理。

【实验原理】

铁矿石种类繁多，主要有磁铁矿（Fe$_3$O$_4$）、赤铁矿（Fe$_2$O$_3$）、褐铁矿（Fe$_2$O$_3$·nH$_2$O）、菱铁矿（FeCO$_3$）等。高含量铁的测定，主要采用重铬酸钾法。

用浓 HCl 溶液分解铁矿石后，在热、浓 HCl 溶液中，用过量的 SnCl$_2$ 将 Fe^{3+} 还原至 Fe^{2+}。还原反应为：

$$2FeCl_4^- + SnCl_4^{2-} + 2Cl^- \longrightarrow 2FeCl_4^{2-} + SnCl_6^{2-}$$

过量的 Sn^{2+} 对测定有干扰，经典方法是用 HgCl$_2$ 氧化过量的 SnCl$_2$，除去 Sn^{2+} 的干扰，但 HgCl$_2$ 造成环境污染，本实验采用无汞定铁法，即以甲基橙为指示剂，在 Sn^{2+} 将 Fe^{3+} 还原完后，过量的 Sn^{2+} 可将甲基橙还原为氢化甲基橙而褪色，不仅指示了还原的终点，Sn^{2+} 还能继续使氢化甲基橙还原成 N,N-二甲基对苯二胺和对氨基苯磺酸，过量的 Sn^{2+} 则可以消除。甲基橙的变化过程为：

$$(CH_3)_2NC_6H_4N\!=\!NC_6H_4SO_3Na \xrightarrow{2H^+} (CH_3)_2NC_6H_4NH\!-\!NHC_6H_4SO_3Na \xrightarrow{2H^+}$$

$$(CH_3)_2NC_6H_4NH_2 + H_2NC_6H_4SO_3Na$$

以上反应为不可逆的，因而甲基橙的还原产物不消耗 $K_2Cr_2O_7$。

在 Sn^{2+} 将 Fe^{3+} 还原过程中，HCl 溶液浓度应控制在 $4mol\cdot L^{-1}$ 左右，若大于 $6mol\cdot L^{-1}$，Sn^{2+} 会先将甲基橙还原为无色，无法指示 Fe^{3+} 的还原反应。若 HCl 溶液浓度低于 $2mol\cdot L^{-1}$，则甲基橙褪色缓慢。

将 Fe^{3+} 还原为 Fe^{2+} 后，在 H_2SO_4-H_3PO_4 介质中，以二苯胺磺酸钠为指示剂，用 $K_2Cr_2O_7$ 标准溶液滴定至溶液呈紫红色，即为终点。滴定反应为：

$$6Fe^{2+}+Cr_2O_7^{2-}+14H^+\!=\!\!=\!6Fe^{3+}+2Cr^{3+}+7H_2O$$

滴定突跃范围为 0.93～1.34V，使用二苯胺磺酸钠为指示剂时，由于它的条件电位为 0.85V，因而加入 H_3PO_4 的目的是使滴定生成的 Fe^{3+} 生成 $Fe(HPO_4)_2^-$ 而降低 Fe^{3+}/Fe^{2+} 电对的电位，使突跃范围变成 0.71～1.34V，指示剂可以在此范围内变色，同时也消除了 $FeCl_4^-$ 黄色对终点观察的干扰。Sb(V)，Sb(III) 对本实验有干扰，不应存在。

【仪器与试剂】

1. 电子天平，烧杯（100mL，250mL），电炉，锥形瓶（250mL），量筒（50mL），滴定管（50mL），容量瓶（250mL），移液管（25mL）。

2. $SnCl_2$ 溶液（$100g\cdot L^{-1}$）：称取 $10g$ $SnCl_2\cdot 2H_2O$ 溶于 40mL 浓热 HCl 溶液中，加水稀释至 100mL。

3. $SnCl_2$ 溶液（$50g\cdot L^{-1}$），甲基橙（$1g\cdot L^{-1}$），二苯胺磺酸钠（$2g\cdot L^{-1}$），$K_2Cr_2O_7$ 标准溶液（$0.008mol\cdot L^{-1}$）。

4. H_2SO_4-H_3PO_4 混酸：将 150mL 浓 H_2SO_4 缓慢加至 700mL 水中，冷却后加入 150mL 浓 H_3PO_4 混匀。

【实验步骤】

1. $K_2Cr_2O_7$ 标准溶液的配制

准确称取 0.62g 左右 $K_2Cr_2O_7$（在 150～180℃干燥 2h，置于干燥器中冷却至室温）于小烧杯中，加水溶解，定量转移至 250mL 容量瓶中，加水稀释至刻度，摇匀，计算 $K_2Cr_2O_7$ 的准确浓度。

2. 铁含量的测定

准确称取 1.0～1.2g 铁矿石粉于 250mL 烧杯中，用少量水润湿，加入 20mL 浓 HCl，盖上表面皿，将试样放在通风柜中低温加热分解 20min，若有带色不溶残渣，可滴加 20～30 滴 $100g\cdot L^{-1}$ $SnCl_2$ 助溶[1]，再加热 10min，试样分解完全时，残渣应接近白色（SiO_2），用少量水吹洗表面皿及烧杯内壁，冷却后转移至 250mL 容量瓶中，稀释至刻度摇匀。

准确移取试样溶液 25.00mL 于锥形瓶中，加入 8mL 浓 HCl，在电炉上加热近沸，加入 6 滴甲基橙指示剂，趁热边摇动锥形瓶边逐滴加 $100g\cdot L^{-1}$ $SnCl_2$ 至溶液由橙色变红色，然后继续滴加 $50g\cdot L^{-1}$ $SnCl_2$ 至溶液变为淡粉色，再摇几下直至粉色褪去[2]。立即流水冷却，加入 50mL 蒸馏水，20mL 硫磷混酸，4 滴二苯胺磺酸钠，立即用 $K_2Cr_2O_7$ 标准溶液滴定到溶液呈稳定的紫红色为终点，平行测定 3 次，计算矿石中铁的含量（质量分数）。

1. $SnCl_2$ 还原 Fe^{3+} 时需要控制的酸度条件是多少？怎样控制此过程 $SnCl_2$ 不过量？

2. 分解铁矿石时，需注意什么？为什么？

3. 用 $K_2Cr_2O_7$ 溶液滴定 Fe^{2+} 时，为什么要加入 H_3PO_4？

【附注】

[1] 若硅酸盐试样难于分解时，可加入少许氟化物助溶，但此时不能用玻璃器皿分解试样。磁铁矿等不能被酸分解的试样，可采用 Na_2O_2-Na_2CO_3 碱熔融，或 $NaOH$-Na_2O_2 在 $(520 \pm 10)℃$ 的铂坩埚中全熔。

[2] 若刚加入 $SnCl_2$，红色立即褪去，说明 $SnCl_2$ 已经过量，可补加 1 滴甲基橙，以除去稍过量的 $SnCl_2$，此时溶液若呈现浅粉色，表明 $SnCl_2$ 已不过量。

实验50　维生素 C 含量的测定
（直接碘量法）

【实验目的】

1. 掌握碘标准溶液的配制及标定。

2. 通过维生素 C 的测定，了解直接碘量法的原理及操作过程。

【实验原理】

直接碘量法是基于 I_2 的氧化性进行滴定的方法。所使用的滴定剂为 I_2 标准溶液。由于 I_2 的挥发性强，准确称量有一定困难，所以 I_2 标准溶液一般是先粗配再标定。I_2 难溶于水，但极易溶于浓的 KI 溶液中。所以，在配制时先将一定量的 I_2 溶于少量 KI 浓溶液中，然后再稀释至一定体积。

I_2 溶液常用 As_2O_3 或 $Na_2S_2O_3$ 标准溶液标定。因 As_2O_3 为剧毒物质，通常使用 $Na_2S_2O_3$ 标准溶液标定 I_2 溶液的浓度。反应如下：

$$I_2 + 2S_2O_3^{2-} =\!=\!= 2I^- + S_4O_6^{2-}$$

I_2 溶液应贮于棕色瓶中，在冷、暗处保存，还要避免与橡胶等有机物接触，防止其浓度发生变化。

维生素 C 是人体中最重要的维生素之一，缺乏时会产生坏血病，因此又称为抗坏血酸。它属水溶性维生素。

维生素 C 的分子式为 $C_6H_8O_6$，分子中的烯二醇基具有还原性，能被 I_2 氧化成二酮基：

$$\underset{O\ OH OH H}{\underset{|\quad|\ |\ |}{C-C=C-C-C-CH}}\overset{O}{\overset{|}{}}\overset{H\ OH}{\overset{|\ \ |}{}}+I_2 =\!=\!= \underset{O\ O\ O\ H}{\underset{|\ |\ |\ |}{C-C-C-C-C-CH}}\overset{O}{\overset{|}{}}\overset{H\ OH}{\overset{|\ \ |}{}}+2HI$$

维生素 C 的半反应式为

$$C_6H_8O_6 =\!=\!= C_6H_6O_6 + 2H^+ + 2e^- \qquad E^{\ominus} \approx +0.18V$$

$1mol$ 维生素 C 与 $1mol$ I_2 定量反应，维生素 C 的摩尔质量为 $176.12g·mol^{-1}$。因此用直接碘量法可以测定药片、注射液及蔬菜水果中的维生素 C 含量。

由于维生素 C 的还原性很强，在空气中极易被氧化，尤其是在碱性介质中，因此测定时必须加入 HAc 使溶液呈弱酸性，减少维生素 C 的副反应。

维生素 C 在医药和化学上应用非常广泛。在分析化学中常用在光度法和络合滴定法中作为还原剂，如使 Fe^{3+} 还原为 Fe^{2+}，Cu^{2+} 还原为 Cu^+，硒（Ⅲ）还原为硒等。

【仪器与试剂】

1. 研钵，棕色试剂瓶（500mL），容量瓶（100mL，250mL），移液管（10mL，25mL），锥形瓶（250mL），滴定管（50mL），电子天平，烧杯（100mL），量筒（10mL，50mL）。

2. I_2 溶液（0.05mol·L^{-1}），$Na_2S_2O_3$ 标准溶液（0.01mol·L^{-1}），淀粉溶液（5g·L^{-1}），醋酸（2mol·L^{-1}），维生素 C 样品。

【实验步骤】

1. I_2 溶液的配制

称取 3.3g I_2 和 5g KI，置于研钵中，在通风橱中加入少量水研磨，待 I_2 全部溶解后，将溶液转入棕色试剂瓶中。加水稀释至 250mL，充分摇匀，放暗处保存。

2. I_2 溶液的标定

准确移取上述配好的 I_2 溶液 25.00mL，置于 250mL 容量瓶中，加水稀释至刻度，摇匀备用，本实验测定均使用此稀溶液。

吸取 25.00mL $Na_2S_2O_3$ 标准溶液 3 份，分别置于 250mL 锥形瓶中，加 50mL 水，2mL 淀粉指示剂，用 I_2 溶液滴定至溶液呈稳定的蓝色，半分钟内不褪色即为终点。计算 I_2 溶液的浓度。

3. 维生素 C 含量的测定

准确称取 0.2～0.3g 试样置于小烧杯中，立即加入 10mL HAc 溶液和少量水，用玻璃棒搅拌使试样溶解，然后将溶液定量转入 100mL 容量瓶中，加水稀释至刻度，摇匀备用。

移取 10.00mL 维生素 C 试液，加入 50mL 水，2mL 淀粉指示剂，立即用 I_2 标准溶液滴定至呈现稳定的蓝色。平行测定 3 次，计算维生素 C 的含量。

【思考题】

1. 维生素 C 本身呈酸性，为何溶解时还要加入醋酸？

2. 配制 I_2 溶液时加入 KI 的目的是什么？

3. 测定时，能否将维生素 C 试液都取好了，再一份一份滴定，为什么？

实验51　间接碘量法测定铜合金中铜含量

【实验目的】

1. 掌握间接碘量法测定铜的原理及方法。

2. 掌握 $Na_2S_2O_3$ 溶液的配制及标定要点。

3. 了解淀粉指示剂的配制及作用原理。

【实验原理】

铜合金主要有黄铜和各种青铜。一般采用间接碘量法测定铜合金中铜的含量。

在弱酸性溶液中，Cu^{2+} 可被过量的 KI 还原成 CuI 沉淀，同时析出 I_2，反应如下：

$$2Cu^{2+} + 4I^- =\!=\!= 2CuI\downarrow + I_2$$

或

$$2Cu^{2+} + 5I^- =\!=\!= 2CuI\downarrow + I_3^-$$

析出的 I_2 可以淀粉为指示剂，用 $Na_2S_2O_3$ 标准溶液滴定：

$$I_2 + 2S_2O_3^{2-} \Longrightarrow 2I^- + S_4O_6^{2-}$$

由于 Cu^{2+} 与 I^- 的反应是可逆的，任何能使 Cu^{2+} 浓度减小或引起 CuI 溶解的因素均使该反应不完全。虽然加入过量 KI 可使该反应趋于完全，但又因 CuI 沉淀强烈吸附 I_3^-，而会使结果偏低。通常是在临近终点时加入 SCN^-，将 CuI（$K_{sp} = 1.1 \times 10^{-12}$）转化为溶解度更小的 CuSCN 沉淀（$K_{sp} = 4.8 \times 10^{-15}$），从而把吸附的碘释放出来，提高了测量的准确度。即：

$$CuI + SCN^- \Longrightarrow CuSCN \downarrow + I^-$$

SCN^- 应在接近终点时加入，否则 I_2 会被大量的 SCN^- 还原，而使测定结果偏低。一般所测溶液的 pH 控制在 3.0～4.0。若酸度过低，Cu^{2+} 易水解，则使反应不完全，测量结果偏低，而且溶液反应慢，使滴定终点拖长；若酸度过高，I^- 易被空气中的氧氧化为 I_2（Cu^{2+} 催化此反应），则使测量结果偏高。

由于 Fe^{3+} 能与 I^- 反应，对 Cu^{2+} 的测定有干扰，必须将其除去，通常使用 NH_4HF_2 掩蔽。同时 NH_4HF_2（即 $NH_4F \cdot HF$）是一种很好的缓冲溶液，能使溶液的 pH 控制在 3.0～4.0 之间。

【仪器与试剂】

1. 烧杯（1000mL），棕色试剂瓶（1000mL），电子天平，碘量瓶（250mL），量筒（10mL，100mL），滴定管（50mL），移液管（25mL），锥形瓶（250mL），电炉。

2. 淀粉溶液：$5g \cdot L^{-1}$，称取 0.5g 可溶性淀粉，用少量水调成浆状，在搅拌下加入 100mL 沸水，再微沸 2min，现配现用。

3. KI(s)，$Na_2S_2O_3$(s)，$NH_4SCN(100g \cdot L^{-1})$，HCl($6mol \cdot L^{-1}$)，$Na_2CO_3$，$K_2Cr_2O_7$ 标准溶液（$0.017mol \cdot L^{-1}$），H_2SO_4（$1mol \cdot L^{-1}$），NH_4HF_2，H_2O_2（30%），HAc(1+1)。

【实验步骤】

1. $Na_2S_2O_3$ 溶液的配制

称取 25g $Na_2S_2O_3 \cdot 5H_2O$ 置于烧杯中，加入 500mL 新煮沸经冷却的蒸馏水，玻璃棒搅拌溶解后，加入约 0.1g Na_2CO_3 混匀，然后用新煮沸且冷却的蒸馏水稀释至 1L，贮存于棕色试剂瓶中，在暗处放置 3～5 天后标定。

2. $Na_2S_2O_3$ 溶液的标定

用移液管移取 25.00mL $K_2Cr_2O_7$ 标准溶液于碘量瓶中，加入 5mL $6mol \cdot L^{-1}$ HCl 溶液，1g KI 固体，摇匀，将其放在暗处 5min，待反应完全后，用约 100mL 蒸馏水吹洗瓶壁，立即用待标定的 $Na_2S_2O_3$ 溶液滴定至溶液呈淡黄绿色，然后加入 2mL 淀粉指示剂，继续滴定至溶液呈现亮绿色，即为滴定终点[1]。平行滴定 3 次，计算 $Na_2S_2O_3$ 溶液的浓度。

3. 铜合金中铜含量的测定

准确称取 0.10～0.15g 黄铜试样（质量分数为 80%～90%）3 份，分别置于 250mL 锥形瓶中，加入 10mL $6mol \cdot L^{-1}$ HCl 溶液，再滴加约 2mL 30% H_2O_2 溶液，加热使试样分解完全，然后继续小火加热煮沸 1～2min，使过量 H_2O_2 除去。冷却，然后加入 60mL 水，滴加氨水溶液直到溶液中刚刚有稳定的沉淀出现，再加入 8mL HAc 溶液，2g NH_4HF_2 固体，摇匀，加入 1g KI 固体，摇匀，立即用 $Na_2S_2O_3$ 标准溶液滴定至溶液呈浅黄色。再加入 3mL 淀粉指示剂[2]，继续用 $Na_2S_2O_3$ 标准溶液滴定至溶液呈浅蓝色，加入 10mL NH_4SCN 溶液[3]，继续滴定直至蓝色消失，即为滴定终点。计算黄铜试样中 Cu 的含量。

1. 碘量法测定铜时，加入 NH_4HF_2 的目的是什么，为什么 NH_4SCN 在临近终点时加入？

2. 已知 $E^{\ominus}_{Cu^{2+}/Cu^+}=0.159V$，$E^{\ominus}_{I_3^-/I^-}=0.545V$，为何本实验中 Cu^{2+} 却能使 I^- 氧化为 I_2？

3. 在用 $K_2Cr_2O_7$ 标定 $Na_2S_2O_3$ 溶液时，先加入 5mL HCl 溶液，使 $K_2Cr_2O_7$ 与 I^- 反应，而用 $Na_2S_2O_3$ 溶液滴定时却要加入 100mL 蒸馏水稀释，为什么？

【注意事项】

[1] $K_2Cr_2O_7$ 与 I^- 的反应较慢，在稀溶液中速率更慢，一般通过加入过量 KI 和提高酸度使反应速率加快。$Cr_2O_7^{2-}$ 的还原产物 Cr^{3+} 为绿色，影响终点的观察。滴定前可先将溶液稀释，使绿色变浅，使终点容易观察，而且稀释可以降低酸度，降低过量的 I^- 被氧气氧化的速率，避免引起误差。

[2] 加淀粉不能太早，因滴定反应中产生大量 CuI 沉淀，若淀粉与 I_2 过早形成蓝色络合物，大量 I_3^- 被 CuI 沉淀吸附，终点呈较深的灰色，不好观察。

[3] 加入 NH_4SCN 不能过早，而且加入后要剧烈摇动，有利于沉淀的转化和释放出吸附的 I_3^-。

实验52　葡萄糖含量的测定

【实验目的】

掌握碘量法测定葡萄糖的方法和原理。

【实验原理】

葡萄糖（$C_6H_{12}O_6$）分子中的醛基能被 IO^- 氧化成羧基，碘与 NaOH 作用可生成 IO^-。因此，在碱性溶液中，过量的 I_2 能定量地将葡萄糖（$C_6H_{12}O_6$）氧化成葡萄糖酸（$C_6H_{12}O_7$）。有关反应式如下：

$$I_2+2OH^-=\!\!=\!\!=IO^-+I^-+H_2O$$
$$C_6H_{12}O_6+IO^-=\!\!=\!\!=I^-+C_6H_{12}O_7$$

总反应式为：

$$I_2+C_6H_{12}O_6+2OH^-=\!\!=\!\!=C_6H_{12}O_7+2I^-+H_2O$$

与 $C_6H_{12}O_6$ 作用完后，剩下未作用的 IO^- 在碱性条件下发生歧化反应：

$$3IO^-=\!\!=\!\!=IO_3^-+2I^-$$

将溶液酸化后，IO_3^- 又与 I^- 作用析出 I_2，用 $Na_2S_2O_3$ 标准溶液滴定析出的 I_2，便可计算出 $C_6H_{12}O_6$ 的含量。反应如下：

$$IO_3^-+5I^-+6H^+=\!\!=\!\!=3I_2+3H_2O$$
$$I_2+2S_2O_3^{2-}=\!\!=\!\!=S_4O_6^{2-}+2I^-$$

由以上反应式可以看出一分子葡萄糖与一分子 I_2 相当。

【仪器与试剂】

1. 分析天平，烧杯（100mL），容量瓶（100mL），碘量瓶（250mL），移液管

（25mL），量筒（10mL），碱式滴定管（50mL）。

2. HCl 溶液（6mol·L^{-1}），NaOH 溶液（2mol·L^{-1}），Na$_2$S$_2$O$_3$ 标准溶液（0.1mol·L^{-1}），I$_2$ 标准溶液（0.05mol·L^{-1}），淀粉溶液（5g·L^{-1}），KI 固体，葡萄糖样品。

【实验步骤】

准确称取 0.4～0.5g 葡萄糖固体样品，置于小烧杯中，加少量水溶解，定量转移至 100mL 容量瓶中，加水稀释至刻度，摇匀。

移取 25.00mL 上述葡萄糖溶液于碘量瓶中，准确加入 25.00mL I$_2$ 标准溶液，慢慢滴加 NaOH 溶液，边滴边摇，直至溶液呈淡黄色（加碱的速度不能过快，否则生成的 IO$^-$ 来不及氧化 C$_6$H$_{12}$O$_6$，使测定结果偏低）。将碘量瓶盖好塞子，在暗处放置 10～15min，然后加 2mL HCl 使溶液呈酸性，并立即用 Na$_2$S$_2$O$_3$ 标准溶液滴定，至溶液呈浅黄色时，加入 3mL 淀粉指示剂，继续滴至蓝色消失即为终点，记下滴定体积。平行滴定三份，计算葡萄糖的含量。

【思考题】

1. 写出葡萄糖含量的计算公式。

2. 碘量法主要误差有哪些？如何避免？

实验 53   溴酸钾法测定苯酚

【实验目的】

了解溴酸钾法测定苯酚的原理及操作方法。

【实验原理】

溴酸钾是一种强氧化剂，容易提纯，可直接称量配制标准溶液。溴酸钾法主要用于测定有机物，或在酸性条件下测定一些还原性物质，如 As(Ⅲ)，Sb(Ⅲ)，Sn(Ⅱ) 等。

称量一定量的 KBrO$_3$ 配制标准溶液，向其中加入过量的 KBr，将此溶液酸化，即发生如下反应：

$$BrO_3^- + 5Br^- + 6H^+ === 3Br_2 + 3H_2O$$

实际上相当于溴溶液。溴水不稳定，不能直接配制标准溶液作滴定剂；而 KBrO$_3$-KBr 标准溶液很稳定，只在酸化时才发生上述反应，这就像即时配制的溴标准溶液一样。

苯酚是煤焦油的主要成分之一，广泛用于消毒、杀菌，并作为高分子材料、染料、医药、农药合成的原料，由于苯酚的生产和应用造成了环境污染，因此它也是常规环境监测的主要项目之一。

溴酸钾法测定苯酚是基于 Br$_2$ 与苯酚能发生溴代反应。

过量的 Br$_2$ 不能用 Na$_2$S$_2$O$_3$ 标准溶液直接滴定，因为 Na$_2$S$_2$O$_3$ 能被 Br$_2$、Cl$_2$ 等强氧化剂非定量的氧化成 SO$_4^{2-}$，所以采用过量的 KI 与剩余 Br$_2$ 反应，定量生成的 I$_2$ 再用 Na$_2$S$_2$O$_3$ 标准溶液进行滴定，即可计算出苯酚含量。

$$Br_2 + 2I^- \rightleftharpoons I_2 + 2Br^-$$

$$I_2 + 2S_2O_3^{2-} \rightleftharpoons 2I^- + S_4O_6^{2-}$$

计量关系为：$C_6H_5OH \sim BrO_3^- \sim 3Br_2 \sim 3I_2 \sim 6S_2O_3^{2-}$

计算苯酚含量的公式应为：

$$w_{C_6H_5OH} = \frac{\left[(cV)_{BrO_3^-} - \frac{1}{6}(cV)_{S_2O_3^{2-}}\right]M_{C_6H_5OH}}{m_s}$$

$Na_2S_2O_3$ 的标定，通常是用 $K_2Cr_2O_7$ 或纯铜作为基准物质。为了减少溴的挥发损失等因素所带来的误差，本实验采用与苯酚的测定条件一致的标定过程，只是以水代替苯酚试样进行操作。

【仪器与试剂】

1. 分析天平，烧杯（100mL），容量瓶（250mL），碘量瓶（250mL），移液管（25mL），量筒（10mL），滴定管（50mL），电子台秤。

2. $KBrO_3$-KBr 标准溶液（0.017mol·L^{-1}），$Na_2S_2O_3$ 溶液（0.05mol·L^{-1}），淀粉溶液（5g·L^{-1}），KI 固体，HCl 溶液（1+1），NaOH 溶液（100g·L^{-1}），苯酚试样。

【实验步骤】

1. $KBrO_3$-KBr 标准溶液的配制

准确称取 0.70g 干燥的 $KBrO_3$ 置于小烧杯中，加入 4g KBr，加少量水溶解后，定量转移至 250mL 容量瓶中，用水稀释至刻度，摇匀，计算 $KBrO_3$-KBr 标准溶液的准确浓度。

2. $Na_2S_2O_3$ 溶液的标定

准确移取 25.00mL $KBrO_3$-KBr 标准溶液置于碘量瓶中，加入 25mL 水，10mL HCl 溶液，盖上瓶塞，摇匀，于瓶塞凹槽处加水液封，在暗处放置 5～8min，然后加入 2g 固体 KI，摇匀，于瓶塞凹槽处加水液封，再放置 5～8min，用待标定 $Na_2S_2O_3$ 溶液滴定至浅黄色。加入 2mL 淀粉指示剂。继续滴定至蓝色消失为终点。平行测定 3 份，计算 $Na_2S_2O_3$ 溶液浓度。

3. 苯酚试样的测定

准确称取 0.2～0.3g 苯酚试样置于 100mL 烧杯中，加入 5mL NaOH 溶液，用少量水溶解后，定量转移至 250mL 容量瓶中，稀释至刻度，摇匀。

移取 10.00mL 苯酚试液置于碘量瓶中，用移液管加入 25.00mL $KBrO_3$-KBr 标准溶液，然后加入 10mL HCl 溶液，盖上瓶塞，充分摇动 2min，使三溴苯酚沉淀完全分散后，于瓶塞凹槽处加水液封，放置 5～8min，加入 2g KI，迅速盖上瓶塞，摇匀，再放置 5～8min 后，用少量水冲洗瓶塞及瓶颈上的附着物，立即用 $Na_2S_2O_3$ 标准溶液滴定至溶液呈浅黄色。加入 2mL 淀粉指示剂，继续滴定至蓝色消失为终点。平行测定 3 份，计算苯酚含量。

【思考题】

1. 配制苯酚溶液时，为何加入 NaOH？

2. 测定时为何使用碘量瓶，能否使用锥形瓶？

3. 苯酚试样中加入 $KBrO_3$-KBr 溶液后，要用力摇动锥形瓶，其目的是什么？

4. 本实验的主要误差来源有哪些？

9.4 沉淀滴定和重量分析

实验54 氯化物中氯含量的测定

【实验目的】

1. 了解 $AgNO_3$ 标准溶液的配制和标定。

2. 掌握莫尔法测定氯的原理和方法。

【实验原理】

利用生成难溶银盐的沉淀反应，可用硝酸银溶液作滴定剂来测定卤离子。本实验在中性或弱碱性溶液中，以铬酸钾作指示剂，用硝酸银标准溶液直接滴定氯化物中的 Cl^-（称为莫尔法）。

由于 $AgCl(K_{sp}=1.8 \times 10^{-10})$ 的溶解度小于 $Ag_2CrO_4(K_{sp}=2.0 \times 10^{-12})$ 的溶解度，所以当 Cl^- 定量沉淀后，过量 1 滴的 $AgNO_3$ 即与 CrO_4^{2-} 形成砖红色的 Ag_2CrO_4 沉淀，指示终点的到达。主要反应如下：

$$Ag^+ + Cl^- =\!=\!= AgCl \downarrow （白色）$$

$$2Ag^+ + CrO_4^{2-} =\!=\!= Ag_2CrO_4 \downarrow （砖红色）$$

滴定必须在中性或弱碱性溶液中进行，最适宜的酸度范围是 $pH = 6.5 \sim 10.5$。有铵盐存在时溶液的 pH 值应控制在 $6.5 \sim 7.2$ 之间。酸度过高，不产生 Ag_2CrO_4 沉淀；酸度过低，则生成 Ag_2O 沉淀。

K_2CrO_4 指示剂的用量对滴定终点的准确判断有影响。如果 K_2CrO_4 指示剂加入过多或过少，会导致 Ag_2CrO_4 沉淀的析出偏早或偏迟，使终点提前或延迟出现。一般 K_2CrO_4 用量应控制在 $5 \times 10^{-3} \, mol \cdot L^{-1}$ 为宜。

凡能与 Ag^+ 生成难溶化合物或络合物的阴离子如 PO_4^{3-}、AsO_4^{3-}、SO_3^{2-}、S^{2-}、CO_3^{2-}、$C_2O_4^{2-}$ 等离子，对测定均有干扰，应预先将其分离除去。Al^{3+}、Fe^{3+}、Bi^{3+}、Sn^{4+} 等高价金属离子在中性或弱碱性溶液中易水解产生沉淀，也不应存在。凡能与 CrO_4^{2-} 生成难溶化合物的阳离子，如 Ba^{2+} 和 Pb^{2+} 等，也干扰测定。

【仪器与试剂】

1. 棕色试剂瓶（500mL），烧杯（100mL），锥形瓶（250mL），移液管（1mL，25mL），量筒（10mL），吸量管（1mL），滴定管（50mL）。

2. NaCl 基准物：在 $500 \sim 600℃$ 高温炉中灼烧半小时后，置于干燥器中冷却。或将 NaCl 置于带盖的瓷坩埚中，加热，并不断搅拌，待爆炸声停止后，继续加热 15min，将坩埚放入干燥器中冷却后使用。

3. $AgNO_3$ 溶液（$0.1mol \cdot L^{-1}$），K_2CrO_4 溶液（$50g \cdot L^{-1}$）。

【实验步骤】

1. $AgNO_3$ 溶液的配制

称取 8.5g $AgNO_3$ 溶解于 500mL 不含 Cl^- 的水中，将溶液转入棕色试剂瓶中，置于暗处保存，以防 $AgNO_3$ 见光分解[1]。

2. AgNO₃溶液的标定

准确称取 0.5g 左右的 NaCl 基准物置于小烧杯中，加少量水溶解，定量转移至 100mL 容量瓶中，用水稀释至刻度，摇匀。

移取 25.00mL NaCl 溶液于锥形瓶中，加 25mL 水，用吸量管加入 1mL K_2CrO_4 溶液，在不断摇动下，用 AgNO₃ 标准溶液滴定至锥形瓶中的白色沉淀中出现砖红色，即为终点。平行测定三份，计算 AgNO₃ 标准溶液的浓度。

3. 氯含量的测定

准确称取 1.6g 左右含氯试样（含氯质量分数约为 60%），置于小烧杯中，加少量水溶解后，定量转入 250mL 容量瓶中。加水稀释至刻度，摇匀。

准确移取 25.00mL 试液 3 份，分别置于锥形瓶中，加 20mL 水，用吸量管加入 1mL K_2CrO_4 溶液，在不断摇动下，用 AgNO₃ 标准溶液滴定至锥形瓶中的白色沉淀中出现砖红色，即为终点。计算试样中的氯含量。

必要时进行空白测定，即取 25.00mL 蒸馏水按上述同样操作测定，计算时应扣除空白测定所耗 AgNO₃ 标准溶液的体积值。

实验结束后，将滴定管洗涤干净[2]，并回收硝酸银[3]。

【思考题】

1. K_2CrO_4 溶液加入的多少对 Cl^- 测定有何影响？

2. 莫尔法测定氯含量时，溶液酸度应控制在什么范围，为什么？

【附注】

[1] AgNO₃ 见光析出金属银，$2AgNO_3 \longrightarrow 2Ag + 2NO_2 + O_2$，故需保存在棕色瓶中。AgNO₃ 若与有机物接触，则起还原作用，加热颜色变黑，若与皮肤接触则会形成棕色蛋白银，一般约一周才能褪去，故勿使 AgNO₃ 与皮肤接触。

[2] 实验结束后，盛装 AgNO₃ 溶液的滴定管应先用蒸馏水冲洗 2～3 次，再用自来水冲洗，以免产生 AgCl 沉淀，难以洗净。

[3] 银为贵金属，含银废液应予以回收，切不能随意倒入水槽。

实验55　二水合氯化钡中钡含量的测定 （硫酸钡晶形沉淀重量分析法）

【实验目的】

1. 掌握重量分析法的基本操作。

2. 掌握晶形沉淀的性质及沉淀条件的控制。

3. 了解氯化钡中钡含量的测定原理和方法。

【实验原理】

氯化钡有两种构型，α-型为无色单斜系晶体；β-型为无色立方系晶体。其二水合物为无色单斜系晶体，溶于水，微溶于盐酸和硝酸，难溶于乙醇和乙醚，易吸水，需密封保存。氯化钡在工业上用作分析试剂、脱水剂、制钡盐，以及用于电子、仪表、冶金等。

$BaSO_4$ 重量法，既可用于测定 Ba^{2+}，也可用于测定 SO_4^{2-} 的含量。测定 Ba^{2+} 含量时，用过量的稀 H_2SO_4 将 Ba^{2+} 沉淀为 $BaSO_4$ 晶形沉淀，沉淀经陈化、过滤、洗涤、烘干、炭化、灰化、灼烧、恒重后，变为 $BaSO_4$ 称量形式，即可求出 Ba^{2+} 含量。

为了得到较大颗粒和纯净的 $BaSO_4$ 晶形沉淀，试样用水溶解后，加稀 HCl 酸化，加热至微沸，在不断搅动下，缓慢地加入稀、热的 H_2SO_4，这样才有利于得到较好的沉淀。

Ba^{2+} 可生成一系列微溶化合物，如 $BaCO_3$、BaC_2O_4、$BaCrO_4$、$BaHPO_4$、$BaSO_4$ 等，其中以 $BaSO_4$ 溶解度最小（25℃时为 $0.25mg \cdot 100mL^{-1}$）。当过量沉淀剂存在时，溶解度大为减小，一般可以忽略不计。

用 $BaSO_4$ 重量法测定 Ba^{2+} 时，一般用稀 H_2SO_4 作沉淀剂。为了使 $BaSO_4$ 沉淀完全，H_2SO_4 必须过量。由于 H_2SO_4 在高温下可挥发除去，故沉淀带下的 H_2SO_4 不致引起误差，因此沉淀剂可过量 50％～100％。如果用 $BaSO_4$ 重量法测定 SO_4^{2-} 时，沉淀剂 $BaCl_2$ 只允许过量 20％～30％，因为 $BaCl_2$ 灼烧时不易挥发除去。

在沉淀过程要避免酸不溶物和共沉淀的干扰。例如，$PbSO_4$、$SrSO_4$ 的溶解度均较小，Pb^{2+}、Sr^{2+} 对钡的测定有干扰。NO_3^-、ClO_3^-、Cl^- 等阴离子和 K^+、Na^+、Ca^{2+}、Fe^{3+} 等阳离子均可以引起共沉淀现象，故应严格掌握沉淀条件，减少共沉淀现象。以获得纯净的 $BaSO_4$ 晶形沉淀。

【仪器与试剂】

1. 分析天平，瓷坩埚（25mL），玻璃漏斗，马弗炉，电炉，烧杯（100mL，250mL），量筒（10mL），定量滤纸（慢速或中速），沉淀帚。

2. H_2SO_4（$1mol \cdot L^{-1}$），HCl（$2mol \cdot L^{-1}$），HNO_3（$2mol \cdot L^{-1}$），$AgNO_3$（$0.1mol \cdot L^{-1}$），$BaCl_2 \cdot 2H_2O(s)$。

【实验步骤】

1. 空坩埚恒重

洗净两只带盖瓷坩埚，晾干，编号，放在（800 ± 20）℃的马弗炉中灼烧至恒重。第一次灼烧 40min，取出稍冷片刻，放入干燥器中冷至室温（约 30min）后，称重。第二次后每次只灼烧 20min，冷至室温，再称重，如此同样操作，直到恒重。灼烧也可在煤气灯上进行。

2. 称样及沉淀的制备

准确称取两份 0.4～0.6g $BaCl_2 \cdot 2H_2O$ 试样，分别置于 250mL 烧杯中（烧杯编号），加入约 100mL 水，3mL HCl 溶液[1]，搅拌溶解，盖上表面皿，加热至近沸。

另取 4mL $1mol \cdot L^{-1}$ H_2SO_4 两份分别置于两个 100mL 烧杯中，各加水 30mL，加热至近沸。趁热将两份 H_2SO_4 溶液分别用小滴管逐滴地加入到两份热的钡盐溶液中，并用玻璃棒不断搅拌（注意勿使玻璃棒触及杯壁和杯底，以免划上伤痕，使沉淀粘附在其中，难于洗下），直至两份 H_2SO_4 溶液加完为止。待 $BaSO_4$ 沉淀下沉后，于上层清液中加入 1 滴 $1mol \cdot L^{-1}$ H_2SO_4 溶液，仔细观察沉淀是否完全，如果上层清液中仍有浑浊出现，必须再滴入 H_2SO_4 溶液，直到沉淀完全为止。盖上表面皿，将玻璃棒靠在烧杯嘴边（切勿将玻璃棒拿出杯外），放置过夜陈化。也可将沉淀放在水浴或沙浴上，保温 40min，陈化。冷却后再将沉淀过滤。

3. 沉淀的过滤和洗涤

用慢速或中速滤纸过滤沉淀。采用倾泻法先过滤上层清液，并尽可能使沉淀沉于杯底。再用 $0.01mol \cdot L^{-1}$ H_2SO_4（用 1mL $1mol \cdot L^{-1}$ H_2SO_4 加 100mL 水配成）洗涤沉淀 3～4 次，每次约 10mL，均用倾泻法过滤。然后，将沉淀定量转移到滤纸上，用沉淀帚由上到下擦拭烧杯内壁，并用折叠滤纸时撕下的小片滤纸擦拭杯壁，并将此小片滤纸放于漏斗中，再用稀 H_2SO_4 洗涤 4～6 次，直至洗涤液中不含 Cl^- 为止[2]。

4. 沉淀的灼烧和恒重

将盛有沉淀的滤纸折成小包，将其放入已恒重的瓷坩埚中，先在电炉或煤气灯上进行烘干、炭化、灰化[3]，然后在 (800±20)℃[4] 马弗炉中灼烧至恒重。计算 $BaCl_2 \cdot 2H_2O$ 中 Ba 的含量。

【思考题】

1. 沉淀 $BaSO_4$ 时，为什么要在稀溶液中进行，不断搅拌的目的是什么？

2. 为什么要在 HCl 酸化的溶液中沉淀 $BaSO_4$，HCl 加入过多好不好？

3. 制备晶形沉淀的最佳条件是什么，实验过程中你是如何做的？

4. 如何判断沉淀完全，沉淀剂加入过多有何影响？

【附注】

[1] 硫酸钡重量法一般在 $0.05 mol \cdot L^{-1}$ 左右盐酸介质中进行沉淀，这是为了防止产生 $BaCO_3$，$BaHPO_4$，$BaHAsO_4$ 沉淀以及防止生成 $Ba(OH)_2$ 共沉淀。同时，适当提高酸度，增加 $BaSO_4$ 在沉淀过程中的溶解度，以降低其相对过饱和度，有利于获得较好的晶形沉淀。

[2] 由于 Cl^- 是沉淀中的主要杂质，一般认为滤液中无 Cl^-，则说明其他杂质也已经洗去。检验的方法是，用表面皿收集数滴滤液，以 $AgNO_3$ 溶液检验。

[3] 滤纸灰化时空气要充分，否则 $BaSO_4$ 易被滤纸的炭还原为灰黑色的 BaS：

$$BaSO_4 + 4C \xrightarrow{\quad\quad} BaS + 4CO \uparrow$$

$$BaSO_4 + 4CO \xrightarrow{\quad\quad} BaS + 4CO_2 \uparrow$$

如遇此情况，可用 2~3 滴 $(1+1)H_2SO_4$，小心加热，冒烟后重新灼烧。

[4] 灼烧温度不能太高，如超过 950℃，可能有部分 $BaSO_4$ 分解：$BaSO_4 \xrightarrow{\quad\quad} BaO + SO_3 \uparrow$

10.1 光学分析法

实验56 邻二氮菲吸光光度法测定铁
（条件试验和试样中铁含量的测定）

【实验目的】

1. 学习如何选择吸光光度分析的最佳实验条件。
2. 掌握邻二氮菲吸光光度法测定铁的原理及方法。
3. 学会绘制吸收曲线和标准工作曲线的方法。
4. 掌握分光光度计的结构和使用方法。

【实验原理】

吸光光度法测定铁的理论依据是朗伯-比耳定律。如果固定比色皿厚度，测定有色溶液的吸光度，则溶液的吸光度与浓度之间有简单的线性关系，可用标准曲线法进行定量分析。

采用吸光光度法测定物质的含量时，通常要经过取样、显色及测量等步骤。显色反应受多种因素的影响，为了使被测离子全部转变为有色化合物，应当通过条件试验确定显色剂用量、显色时间、显色温度、溶液酸度及加入试剂的顺序等。本实验在测定试样中铁含量之前，先做部分条件试验，以便初学者掌握确定实验条件的方法。

条件试验的简单方法是：变动某实验条件，固定其余条件，测得一系列吸光度值，绘制吸光度-某实验条件的曲线，根据曲线确定某实验条件的适宜值或适宜范围。

吸光光度法测定铁的含量所用的显色剂较多，有邻二氮菲（又称邻菲啰啉、菲绕林）及其衍生物、磺基水杨酸、硫氰酸盐、5-Br-PADAP 等。其中邻二氮菲吸光光度法的灵敏度高，稳定性好，干扰容易消除，是目前普遍采用的一种方法。

在 pH 为 $2\sim9$ 的溶液中，Fe^{2+} 与邻二氮菲（Phen）生成稳定的橘红色配合物 $Fe(Phen)_3^{2+}$：

$$Fe^{2+} + 3 \left[\begin{matrix} & & \\ N & & N \end{matrix} \right] = \left[\left(\begin{matrix} & \\ N & N \\ & Fe \end{matrix} \right)_3 \right]^{2+}$$

（橘红色）

上述反应的 $\lg K_{稳} = 21.3$，摩尔吸光系数 $\varepsilon_{508} = 1.1 \times 10^4 \, L \cdot mol^{-1} \cdot cm^{-1}$。铁含量在 $0.1 \sim 6 \mu g \cdot mL^{-1}$ 符合比耳定律。

而 Fe^{3+} 与邻二氮菲作用形成蓝色配合物，稳定性较差，因此在实际应用中常加入还原剂使 Fe^{3+} 还原为 Fe^{2+}，常用的还原剂是盐酸羟胺：

$$2Fe^{3+} + 2(NH_2OH \cdot HCl) = 2Fe^{2+} + N_2 \uparrow + 4H^+ + 2H_2O + 2Cl^-$$

测定时，酸度高，反应进行较慢；酸度太低，则 Fe^{2+} 易水解，因此本实验采用 pH $5.0 \sim 6.0$ 的 HAc-NaAc 缓冲溶液，可使显色反应进行完全。

Bi^{3+}、Cd^{2+}、Hg^{2+}、Zn^{2+} 及 Ag^+ 等离子与邻二氮菲作用生成沉淀，干扰测定。实验证实，相当于铁质量 40 倍的 Sn^{2+}、Al^{3+}、Ca^{2+}、Mg^{2+}、Zn^{2+}、SiO_3^{2-}，20 倍的 Cr^{3+}、Mn^{2+}、VO_3^-、PO_4^{3-}，5 倍的 Co^{2+}、Ni^{2+}、Cu^{2+} 等离子不干扰测定。本法测定铁的选择性虽然较高，但选择试样时仍应注意上述离子的影响。

【仪器与试剂】

1. 分光光度计，pH 计，容量瓶或比色管（50mL），吸量管，比色皿（1cm）。

2. 铁标准溶液（$100 \mu g \cdot mL^{-1}$）：准确称取 0.8634g 分析纯 $NH_4Fe(SO_4)_2 \cdot 12H_2O$ 置于 200mL 烧杯中，加入 20mL $6mol \cdot L^{-1}$ HCl 溶液和少量水，用玻璃棒搅拌使其溶解，然后定量转移至 1L 容量瓶中，用蒸馏水稀释至刻度，摇匀。

3. 铁标准溶液（$10 \mu g \cdot mL^{-1}$）：用移液管吸取 10mL $100 \mu g \cdot mL^{-1}$ 铁标准溶液于 100mL 容量瓶中，加入 2mL $6mol \cdot L^{-1}$ HCl 溶液，用蒸馏水稀释至刻度，摇匀。

4. 邻二氮菲（$1.5g \cdot L^{-1}$），盐酸羟胺（$100g \cdot L^{-1}$，用时配制），NaAc（$1mol \cdot L^{-1}$），NaOH（$1mol \cdot L^{-1}$），HCl（$6mol \cdot L^{-1}$）。

【实验步骤】

1. 条件试验

（1）吸收曲线的绘制 取两个 50mL 容量瓶（或比色管），用吸量管分别加入 0.0mL 和 1.0mL $100 \mu g \cdot mL^{-1}$ 铁标准溶液、1mL 盐酸羟胺溶液，摇匀。再加入 2mL 邻二氮菲（Phen）、5mL NaAc 溶液，用水稀释至刻度，摇匀。放置 10min 后，用 1cm 比色皿，以试剂空白（即 0.0mL 铁标准溶液）为参比溶液，在 $440 \sim 560$nm 之间，每隔 10nm 测一次吸光度，在最大吸收峰附近，每隔 5nm 测量一次吸光度。在坐标纸上，以波长 λ 为横坐标，吸光度 A 为纵坐标，绘制 A-λ 吸收曲线。从吸收曲线上选择测定 Fe 的适宜波长，一般选用最大吸收波长 λ_{max}。

（2）显色剂用量的选择 取 7 个 50mL 容量瓶（或比色管），用吸量管准确吸取 1.0mL $100 \mu g \cdot mL^{-1}$ 铁标准溶液加入各容量瓶中，然后加入 1mL 盐酸羟胺溶液，摇匀。再分别加入 0.1mL、0.3mL、0.5mL、0.8mL、1.0mL、2.0mL、4.0mL Phen 和 5mL NaAc 溶液，以水稀释至刻度，摇匀。放置 10min。用 1cm 比色皿，以蒸馏水为参比溶液，在选择的波长（λ_{max}）下测定各溶液的吸光度。以所取 Phen 溶液体积 V 为横坐标，吸光度 A 为纵坐标，绘制 A-V 曲线。得出测定铁时显色剂的最适宜用量。

（3）溶液酸度的选择 取 8 个 50mL 容量瓶（或比色管），用吸量管分别加入 1.0mL $100 \mu g \cdot mL^{-1}$ 铁标准溶液、1mL 盐酸羟胺溶液，摇匀，再加入 2mL Phen，摇匀。用 5mL 吸量管分别加入 0.0mL、0.2mL、0.5mL、1.0mL、1.5mL、2.0mL、2.5mL 和 3.0mL NaOH 溶液，加水稀释至刻度，摇匀。放置 10min。用 1cm 比色皿，以蒸馏水为参比溶液，在选择的波长（λ_{max}）下测定各溶液的吸光度。同时，用 pH 计测量各溶液的 pH。以 pH 为横坐标，吸光度 A 为纵坐标，绘制 A-pH 曲线，得出测定铁的适宜酸度范围。

（4）显色时间的选择 取一个 50mL 容量瓶（或比色管），用吸量管准确加入 1.0mL $100\mu g \cdot mL^{-1}$ 铁标准溶液、1mL 盐酸羟胺溶液，摇匀。再加入 2mL Phen、5mL NaAc 溶液，以水稀释至刻度，摇匀。立刻用 1cm 比色皿，以蒸馏水为参比溶液，在选定的波长（λ_{max}）下测量吸光度。然后依次测量放置 5min、10min、30min、60min、90min、120min 后的吸光度。以时间 t 为横坐标，吸光度 A 为纵坐标，绘制 A-t 曲线。得出铁与邻二氮菲显色反应完全所需要的适宜时间。

2. 铁含量的测定

（1）标准曲线的绘制 取 6 个 50mL 容量瓶（或比色管），用吸量管分别加入 0.0mL、2.0mL、4.0mL、6.0mL、8.0mL、10.0mL $10\mu g \cdot mL^{-1}$ 铁标准溶液，1mL 盐酸羟胺溶液，摇匀。再加入 2mL Phen、5mL NaAc 溶液，摇匀。用水稀释至刻度，摇匀后放置 10min。用 1cm 比色皿，以试剂空白为参比溶液（该显色体系的试剂空白为无色溶液，在条件试验中用蒸馏水作参比溶液，操作较为简单），在所选择的波长（λ_{max}）下，测量各溶液的吸光度。以含铁量为横坐标，吸光度 A 为纵坐标，绘制 A-Fe 含量标准曲线。

在绘制的标准曲线上，查出某一铁浓度适中的标准溶液所对应的吸光度，计算 Fe^{2+}-Phen 络合物的摩尔吸光系数 ε。

（2）试样中铁含量的测定 准确吸取 1.0mL 试液于 50mL 容量瓶（或比色管）中，按上述标准曲线相同条件和步骤，测量其吸光度。从标准曲线上查出其相应的铁含量，然后计算出试液中铁的含量（单位为 $\mu g \cdot mL^{-1}$）。

【思考题】

1. 从实验测得的吸光度求铁含量的依据是什么？如何求得？

2. 试拟出一简单步骤，用吸光光度法测定水样中的全铁（总铁）和亚铁的含量。

3. 吸光光度法进行测量时，为何使用参比溶液？参比溶液选用的原则是什么？

实验 57 吸光光度法测定水和废水中总磷

【实验目的】

1. 学习用过硫酸钾消解水样的方法。

2. 掌握过硫酸钾氧化-氯化亚锡还原钼蓝光度法测定总磷的原理和方法。

【实验原理】

磷在自然界分布很广，它是生物生长必需的营养元素之一。水质中含有适度的营养元素会促进生物和微生物的生长，但若磷含量过高（超过 $0.2mg \cdot L^{-1}$），就会导致藻类过度繁殖，使水体富营养化，消耗水中大量的溶解氧，对鱼类等水生生物产生危害，令水体透明度降低。"水体富营养化"是湖泊等水体走向"衰亡"的重要标志。为了保护水资源，我国已经将总磷列入正式的环境监测项目。

在天然水和废水中，磷几乎都以各种磷酸盐的形式存在。它们有正磷酸盐、缩合磷酸盐

（焦磷酸盐、偏磷酸盐和多磷酸盐）和有机物结合的磷酸盐，存在于溶液、腐殖质粒子和水生生物中。天然水中磷酸盐含量不高，但化肥、冶炼、合成洗涤剂等行业的工业废水及生活污水中常含有较大量的磷。

总磷的测定分两步进行：第一步用氧化剂将水样不同形态的磷转化成正磷酸盐。第二步测定正磷酸盐从而求得总磷含量。

总磷的氧化消解方法有电炉或电热板加热消解、压力锅高压加热消解、密闭微波增压消解和紫外照射消解，所用的氧化剂有过硫酸钾、硝酸-硫酸、硝酸-高氯酸、过氧化氢等。

正磷酸盐的分析原理是基于在酸性条件下，磷酸根与钼酸铵生成磷钼杂多酸，磷钼杂多酸再用还原剂（抗坏血酸或氯化亚锡）还原成蓝色的磷钼蓝，用分光光度法进行测定，即为钼锑抗钼蓝光度法或氯化亚锡还原钼蓝光度法；也可用结晶紫、甲基紫、孔雀绿等碱性染料与其生成多元有色络合物直接进行分光光度测定。此外，正磷酸盐的测定方法还有离子色谱法、荧光分光光度法、流动注射分光光度法等。

本实验采用过硫酸钾氧化-氯化亚锡还原钼蓝光度法测定总磷。在微沸（最好在高压下经120℃加热）条件下，过硫酸钾将试样中不同形态的磷氧化为磷酸根。磷酸根在硫酸介质中同钼酸铵生成磷钼杂多酸。反应式如下：

$$K_2S_2O_8 + H_2O \longrightarrow 2KHSO_4 + \frac{1}{2}O_2$$

$$P + 2O_2 \longrightarrow PO_4^{3-}$$

$$PO_4^{3-} + 12MoO_4^{2-} + 24H^+ + 3NH_4^+ =\!=\!= (NH_4)_3PO_4 \cdot 12MoO_3 + 12H_2O$$

生成的磷钼杂多酸立即用氯化亚锡还原，生成蓝色络合物钼蓝，生成钼蓝的多少与磷含量成正比，以此测定水样中总磷。

过硫酸钾消解法虽然具有操作简单、结果稳定的优点，但是对于严重污染的工业废水和贫氧水，含有大量铁、钙、铝等金属盐和有机物的废水以及未经处理的工业废水的消解结果不理想，必须使用更强的氧化剂消解，如 HNO_3-$HClO_4$ 或 HNO_3-H_2SO_4 等。

氯化亚锡还原钼蓝光度法测总磷具有操作简便、测量结果准确度好、精密度高、测定范围宽等优点。

【仪器与试剂】

1. 分光光度计，容量瓶（50mL，100mL），烧杯（100mL），锥形瓶（250mL），比色管（50mL），聚乙烯瓶，比色皿（3cm）。

2. 过硫酸钾溶液（$50g \cdot L^{-1}$），H_2SO_4（3+7，1+1，$1mol \cdot L^{-1}$），NaOH（$1mol \cdot L^{-1}$，$6mol \cdot L^{-1}$），酚酞（$10g \cdot L^{-1}$，95%的乙醇溶液）。

3. $SnCl_2$ 溶液（$30g \cdot L^{-1}$）：称取 3g 氯化亚锡（$SnCl_2 \cdot 2H_2O$）溶于 10mL 浓热 HCl 溶液中，加水稀释至 100mL。此溶液在冷处可稳定几周，如颜色变黄，应弃去重配。

4. 钼酸铵溶液（$25g \cdot L^{-1}$）：称取 2.5g 钼酸铵 [$(NH_4)_6Mo_7O_{24} \cdot 4H_2O$] 于 100mL 烧杯中。加入 100mL 硫酸（1+1），搅拌，溶解。贮于聚乙烯瓶中，如浑浊或变色则应重配。

5. 磷标准贮备溶液（$50\mu g \cdot mL^{-1}$）：将磷酸二氢钾在 110℃ 干燥 2h，并在干燥器中放冷。准确称取 0.2197g 磷酸二氢钾于小烧杯中，用少量水溶解后，定量转移至 1000mL 容量瓶中，加入大约 800mL 水，再加入 5mL H_2SO_4（1+1），用水稀释至刻线，混匀。

6. 磷标准操作溶液（$2\mu g \cdot mL^{-1}$）：吸取 10.00mL 磷标准贮备溶液于 250mL 容量瓶中，用水稀释至刻线并混匀。使用当天配制。

【实验步骤】

1. 水样预处理

磷的水样不稳定[1]，采样后立即分析，这样试样变化最小。如果不能立即分析，于水样采集后，加硫酸酸化至 pH 值≤1 或低温保存，在 24h 内进行分析。

准确吸取 10～30mL 混匀水样于 250mL 锥形瓶中，加水至 50mL（使含磷不超过 30μg），加入 5 粒玻璃珠，加 1mL H_2SO_4 溶液（3+7）、5mL $50g \cdot L^{-1}$ 过硫酸钾溶液[2]。加热至沸，保持微沸 30～40min，至锥形瓶中溶液剩余体积约 10mL 止。冷却至室温，加 1 滴酚酞指示剂，边摇边滴加 NaOH 溶液至溶液刚变微红色，再滴加 $1mol \cdot L^{-1}$ 硫酸溶液使红色刚好褪去。如溶液不澄清，则用滤纸过滤，用 50mL 容量瓶承接滤液，用水洗涤锥形瓶和滤纸，洗涤液并入容量瓶中，加水稀释至刻线，摇匀备用。

2. 标准曲线的制作

取 7 支 50mL 比色管，分别准确加入磷标准操作溶液 0mL，0.50mL、1.00mL、3.00mL、5.00mL、10.00mL、15.00mL，加水至 25mL，再加入 4mL 钼酸铵溶液，摇匀，加入 0.2mL $SnCl_2$ 溶液，用水稀释至刻线，充分混匀。在室温放置 15min 后，在 30min 以内，使用 3cm 比色皿，于 700nm 波长下，以试剂空白溶液为参比，测量其吸光度。绘制标准曲线。

3. 试样测定

预处理后的水样，按标准曲线制作步骤进行显色和测量。然后从标准曲线上查出磷含量，计算水样中总磷的含量（以 $mg \cdot L^{-1}$ 表示）。

【思考题】

1. 本实验制作标准曲线时，省略了预处理的步骤，这样对试样的测定结果可能会有什么影响？

2. 试设计一个测定水样中可溶性正磷酸盐的试验方案。

【附注】

[1] 由于磷酸盐可能会吸附在塑料瓶壁上，故最好不要用塑料瓶贮存，所有容器都要用稀盐酸清洗，再用自来水、蒸馏水冲洗数次。

[2] 如果实验室有条件，过硫酸钾消解可在医用手提式蒸气消毒器或在一般压力锅中进行：取 25mL 混匀水样（使含磷量不超过 30μg；如加硫酸保存的水样，需先将水样调至中性）于 50mL 具塞（磨口）比色管中，加 4mL 过硫酸钾溶液，加塞后管口包一小块纱布并用线扎紧，将其放在大烧杯中，置于蒸气消毒器或压力锅中加热，待锅内压力达 107.87kPa（加热至顶压阀吹气，相应温度为 120℃）时，保持 30min，然后停止加热。待压力表读数降至零后，取出放冷，开阀放气，取出比色管并冷却至室温。然后用水稀释至刻线。

实验58 吸光光度法测定水样中的六价铬

【实验目的】

1. 学习吸光光度法测定水中六价铬的方法。
2. 进一步熟悉分光光度计的使用方法。

【实验原理】

铬是ⅥB族元素，在地壳中分布广泛。在水中铬主要以六价和三价两种形式存在。

Cr(Ⅲ)是人体必需微量元素之一，生理必需日摄取量为 0.06～0.36mg。但是如果过量摄入仍可能对人体造成损伤。医学研究发现，Cr(Ⅵ) 有致癌的危害，Cr(Ⅵ) 的毒性比 Cr (Ⅲ) 强 100 倍，它还能诱发皮肤溃疡、贫血、肾炎及神经炎等。

电镀、制革、制铬酸盐或铬酐等工业是产生含铬废水的源头，若随意排放就会污染水源，因此，水中的铬含量是环保部门经常检测的项目。按国家标准规定，生活饮用水中 Cr (Ⅵ) 不得超过 $0.05mg \cdot L^{-1}$（GB 5749—85），地面水中 Cr(Ⅵ) 含量不得超过 $0.1mg \cdot L^{-1}$（GB 3838—88），污水中 Cr(Ⅵ) 和总 Cr 最高允许排放量分别为 $0.5mg \cdot L^{-1}$ 和 $1.5mg \cdot L^{-1}$（GB 8978—88）。

测定微量铬的方法很多，常采用吸光光度法和原子吸收分光光度法。使用吸光光度法时，选择合适的显色剂，可以只测定六价铬的含量，若将三价氧化为六价，可以测定总铬含量。用 5-Br-PADAP 作显色剂，可以直接测定三价铬。

吸光光度法测定六价铬含量，国家标准采用二苯碳酰二肼 $[CO(NH \cdot NH \cdot C_6H_5)_2]$（DPCI）作为显色剂。在酸性条件下，六价铬与 DPCI 反应生成紫红色化合物，可以直接用吸光光度法测定，也可以用萃取光度法测定，最大吸收波长为 540nm 左右，摩尔吸光系数 ε 为 $2.6 \times 10^4 \sim 4.17 \times 10^4 L \cdot mol^{-1} \cdot cm^{-1}$。

铬 (Ⅵ) 与 DPCI 的显色酸度为 $0.1mol \cdot L^{-1}$ H_2SO_4 介质。显色温度以 15℃最适宜，温度低了显色慢，高了稳定性较差。显色反应在 2～3min 内即可完成，有色化合物在 1.5h 内稳定。

低价汞离子和高价汞离子能与 DPCI 试剂作用生成蓝色或蓝紫色化合物而产生干扰，但在所控制的酸度下，反应不甚灵敏。铁的浓度大于 $1mg \cdot L^{-1}$ 时，将与试剂生成黄色化合物而引起干扰，可加入 H_3PO_4 与 Fe^{3+} 络合而消除。钒(Ⅴ) 的干扰与铁相似，但与试剂形成的棕黄色化合物很不稳定，颜色会很快褪去（约 20min），故可不予考虑。少量 Cu^{2+}、Ag^+、Au^{3+} 等在一定程度上干扰。钼与试剂生成紫红色化合物，但灵敏度低，钼低于 $0.2mg \cdot mL^{-1}$ 时不干扰。适量中性盐不干扰。还原性物质干扰测定。

用该方法测定水中 Cr(Ⅵ) 的含量，当取样体积为 50mL，使用 3cm 比色皿时，此方法的最小检出限量为 $0.2\mu g$，最低检出浓度为 $0.004mg \cdot L^{-1}$。

【试剂和仪器】

1. 分光光度计，容量瓶（1000mL，500mL），吸量管（1mL，5mL，10mL），量筒（50mL），比色管（50mL）。

2. 基准 $K_2Cr_2O_7$，二苯碳酰二肼（DPCI），H_2SO_4(1+1)。

【实验步骤】

1. 铬标准溶液的配制

(1) 铬标准贮备溶液　准确称取 0.2830g $K_2Cr_2O_7$ 基准物置于 50mL 烧杯中，用水溶解后定量转移至 1000mL 容量瓶中，稀至刻度，摇匀。浓度为 $0.1000mg \cdot mL^{-1}$。

(2) 铬标准操作溶液　用吸量管移取铬贮备液 5mL 于 500mL 容量瓶中，用水稀至刻度，摇匀。浓度为 $1.000\mu g \cdot mL^{-1}$。

(3) DPCI 溶液　称取 0.2g DPCI，溶于 25mL 丙酮后，用水稀至 50mL，摇匀，浓度为 $2g \cdot L^{-1}$。贮存于棕色瓶中，放入冰箱中保存，颜色变深后不能使用。

2. 标准曲线的绘制

取 7 支 50mL 容量瓶（或比色管），用吸量管分别加入 0.00mL、0.50mL、1.00mL、2.00mL、4.00mL、7.00mL 和 10.0mL 的 $1.00\mu g \cdot mL^{-1}$ 铬标准溶液，加入 0.6mL H_2SO_4

（1＋1）溶液，摇匀，加水至 20mL 左右，再加入 2mL DPCI 溶液，用水稀释至刻线，立即摇匀。静置 5min，用 3cm 比色皿，以试剂空白为参比溶液，在 540nm 下测量各溶液的吸光度。绘制吸光度-六价铬含量的标准曲线。

3. 水样中铬含量的测定

用吸量管取 5.0mL 水样[1]置于 50mL 容量瓶（比色管）中，然后按照"2"的步骤，显色，定容，测量其吸光度。从标准曲线上查得相应的 Cr（Ⅵ）含量，计算水样中 Cr（Ⅵ）的含量（单位为 mg·L⁻¹）。

【思考题】

1. 若用此方法测得的水样的吸光度值不在标准曲线的范围之内，怎么办？
2. 试设计一实验方案分别测定水样中六价铬和三价铬的含量？

【附注】

[1] 水样应用洁净的玻璃瓶采集。测定六价铬的水样，采集后，须加入 NaOH 使水样 pH 为 8 左右，并尽快测定，放置不能超过 24h。如果水样不含悬浮物、且色度低时，可直接进行吸光光度测定。如果是浑浊、色度深的且有有机物干扰的水样，可用锌盐沉淀分离法或酸性 KMnO₄ 氧化法进行预处理（见 GB 7467—87）。

实验 59 吸光光度法测定双组分混合物

【实验目的】

1. 掌握单波长紫外-可见分光光度计的使用方法。
2. 学会用分光光度法测定吸收曲线相互重叠的二元混合物的含量。

【实验原理】

根据朗伯-比耳定律，用吸光光度法很容易定量测定在紫外-可见光区有吸收的单一组分。由两种组分组成的混合物中，若两组分彼此都不影响另一组分的光吸收性质，可根据相互间光谱重叠的程度，采用相对应的方法来进行定量测定。如：当两组分吸收峰部分重叠时，选择适当的波长，仍可按测定单一组分的方法处理；当两组分吸收峰大部分重叠时，则应采用解联立方程组或双波长法进行测定。

解联立方程组的方法是基于朗伯-比耳定律和吸光度的加和性，同时测定吸收光谱相互重叠的二元组分的一种方法。如图 10-1 所示，混合组分在 λ_1 的吸收等于 A 组分和 B 组分分别在 λ_1 的吸光度之和 $A_{\lambda_1}^{A+B}$，即

$$A_{\lambda_1}^{A+B} = \varepsilon_{\lambda_1}^{A} bc^{A} + \varepsilon_{\lambda_1}^{B} bc^{B}$$

同理，混合组分在 λ_2 的吸光度之和 $A_{\lambda_2}^{A+B}$ 应为

$$A_{\lambda_2}^{A+B} = \varepsilon_{\lambda_2}^{A} bc^{A} + \varepsilon_{\lambda_2}^{B} bc^{B}$$

首先用 A、B 组分的标样，分别测得 A、B 两组分在 λ_1 和 λ_2 处的摩尔吸光系数 $\varepsilon_{\lambda_1}^{A}$、$\varepsilon_{\lambda_2}^{A}$ 和 $\varepsilon_{\lambda_1}^{B}$、$\varepsilon_{\lambda_2}^{B}$，当测得未知试样在 λ_1 和 λ_2 处的吸光度 $A_{\lambda_1}^{A+B}$ 和 $A_{\lambda_2}^{A+B}$ 后，将两式联立即可求得 A、B 两组分各自的浓度 c^{A} 和 c^{B}。

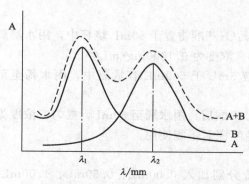

图 10-1 吸收光谱相互重叠的二元组分

一般来说，为了提高检测的灵敏度，λ_1 和 λ_2 的选择是非常关键的。应选择两组分的吸收值相差较大（ΔA）且吸收值随波长变化较小的区域内的波长。本实验测量高锰酸钾和重铬酸钾混合溶液，根据它们吸收曲线的特点，可选择 440nm 和 545nm 作为测量波长。

【仪器与试剂】

1. UV3010 紫外-可见分光光度计，石英比色皿，容量瓶（50mL），吸量管（10mL）。
2. $KMnO_4$ 标准溶液（$0.020mol \cdot L^{-1}$，其中含 H_2SO_4 $0.5mol \cdot L^{-1}$、KIO_4 $2g \cdot L^{-1}$）；
3. $K_2Cr_2O_7$ 标准溶液（$0.020mol \cdot L^{-1}$，其中含 H_2SO_4 $0.5mol \cdot L^{-1}$、KIO_4 $2g \cdot L^{-1}$）；
4. 待测混合试样。

【实验步骤】

1. $KMnO_4$ 系列标准溶液的配制

取 5 只 50mL 容量瓶，分别向其中加入 2.0mL、4.0mL、6.0mL、8.0mL、10.0mL $KMnO_4$ 标准溶液，用蒸馏水稀释至刻度，摇匀。

2. $K_2Cr_2O_7$ 系列标准溶液的配制

取 5 只 50mL 容量瓶，分别向其中加入 2.0mL、4.0mL、6.0mL、8.0mL、10.0mL $K_2Cr_2O_7$ 标准溶液，用蒸馏水稀释至刻度，摇匀。

3. 测绘以上 10 个溶液在 375～625nm 范围内的吸收曲线，并测定它们在 440nm 和 545nm 处的吸光度。

4. 测定待测混合试样在 440nm 和 545nm 处的吸光度。

【数据处理】

1. 计算 $KMnO_4$ 和 $K_2Cr_2O_7$ 在 440nm 和 545nm 处的摩尔吸光系数 ε_{440}^A、ε_{545}^A 和 ε_{440}^B、ε_{545}^B。

2. 列二元一次方程组求解两组分的浓度 c^A 和 c^B。

【思考题】

1. 试设计一个采用双波长法测定二元混合物的实验方案。
2. 采用单波长法测定二元混合物时，测量波长的选择应遵循什么原则？

实验60 饮用白酒中甲醇含量的测定

【实验目的】

1. 掌握分光光度计及所用仪器的使用方法。
2. 了解分光光度分析法测定甲醇的原理及方法。

【实验原理】

在磷酸酸性条件下，甲醇被高锰酸钾氧化成为甲醛，过量的高锰酸钾用草酸还原除去。甲醛与品红亚硫酸作用，生成醌型化合物而呈蓝紫色，可用分光光度法测定，有关反应如下：

$$5CH_3OH + 2KMnO_4 + 4H_3PO_4 \longrightarrow 2KH_2PO_4 + 2MnHPO_4 + 5HCHO + 8H_2O$$

$$2KMnO_4 + 5H_2C_2O_4 + 3H_2SO_4 \longrightarrow 2MnSO_4 + K_2SO_4 + 10CO_2 \uparrow + 8H_2O$$

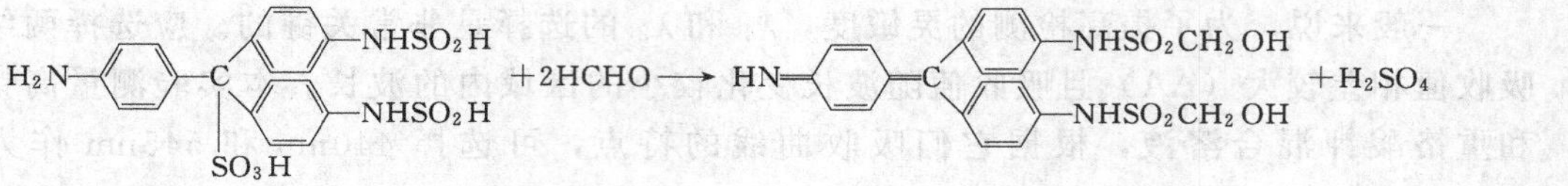

$$H_2N-\!\!\!\bigcirc\!\!\!-C\begin{smallmatrix}-NHSO_2H\\-NHSO_2H\end{smallmatrix} \quad +2HCHO \longrightarrow \quad HN=\!\!\!\bigcirc\!\!\!=C\begin{smallmatrix}-NHSO_2CH_2OH\\-NHSO_2CH_2OH\end{smallmatrix} \quad +H_2SO_4$$

（左侧结构含 SO_3H 基团）

【仪器与试剂】

1. 722 型或 723 型分光光度计，试剂瓶（100mL，棕色），电子台秤，量筒（50mL），容量瓶（50mL），移液管（2mL，5mL）。

2. 高锰酸钾磷酸溶液：称取 3g 高锰酸钾，加入 15mL 85％磷酸与 70mL 水的混合液，溶解后加水至 100mL，贮于棕色瓶中，保存时间不宜过长。

3. 草酸硫酸溶液：称取 5g 无水草酸，溶于 100mL（1＋1）冷硫酸溶液，贮于棕色瓶中。

4. 亚硫酸钠溶液（10％）：称取 10g 亚硫酸钠，加水溶解至 100mL。

5. 品红亚硫酸溶液：称取 0.1g 碱性品红研细后，分次加入 60mL 80℃水，边加边研磨使其溶解，冷却后过滤于 100mL 容量瓶中，加入 10mL 10％亚硫酸钠溶液，混匀，再加入浓盐酸 1mL，充分摇动后再加水至 100mL 混合均匀，放置过夜，如溶液有颜色，可加少量（约 0.5g）活性炭，搅拌后放置 5min，过滤，取滤液备用。配制后的溶液应贮存于棕色瓶中，放置暗处保存，若溶液呈红色，需要重新配制。

6. 甲醇标准溶液（10.0mg·mL^{-1}）：准确吸取甲醇 1.26mL，置于 100mL 容量瓶中，加水稀释至刻度，混合均匀。使用时用水稀释 10 倍。

7. 无甲醇的乙醇溶液：按甲醇测定法检查，不显色即可。否则，需作如下处理。

取无水乙醇 300mL 于蒸馏瓶中，加入高锰酸钾固体少许，置于水浴中蒸馏，收集蒸馏液。另取 1g 硝酸银溶于少量水中，同时取 1.5g 氢氧化钠溶于少量水中。将此两种溶液倾入上述蒸馏液中，摇匀后静置过夜。取上层清液再蒸馏，弃去初馏液 50mL，然后收集蒸馏液 200mL。用酒精计测定浓度，配成 60％的溶液备用。

【实验步骤】

1. 吸取乙醇试样适量（40％乙醇 1.6mL，50％乙醇 1.2mL，60％乙醇 1.0mL）于 50mL 容量瓶中。

2. 另取 6 只 50mL 容量瓶，分别加入稀释 10 倍后的甲醇标准溶液 0.00mL、0.40mL、0.80mL、1.20mL、1.60mL、2.00mL（相当于甲醇 0.00mg、0.40mg、0.80mg、1.20mg、1.60mg、2.00mg），各加入 1.0mL 无甲醇乙醇溶液。

3. 于上述样品及标准系列中，各加入 10mL 水，再依次各加入 4mL 高锰酸钾磷酸溶液，摇匀放 10min，加入草酸硫酸溶液 4mL，摇匀使褪色，待溶液冷却至室温后，于各容量瓶中加入品红亚硫酸溶液 10mL，摇匀。于室温（25℃左右）下静置 30min。

4. 用标准系列中浓度最大的溶液作吸收曲线，找其最大吸收波长。

5. 以试剂空白作参比，用最大吸收波长作为测量波长，作工作曲线，并测定样品的吸光度，由工作曲线计算试样中甲醇的含量（g·100mL^{-1}）。

【思考题】

1. 作吸收曲线时为什么用较高浓度的溶液？

2. 将乙醇处理为无甲醇的溶液时为什么加入硝酸银溶液？

3. 本实验的参比溶液可否用蒸馏水代替？

实验61　食品中 NO_2^- 含量的测定

【实验目的】

1. 学习样品预处理技术，掌握肉制品中 NO_2^- 的提取方法。
2. 掌握用分光光度法测定 NO_2^- 含量的方法。
3. 进一步巩固光度分析操作技术及数据处理方法。

【实验原理】

在弱酸性溶液中亚硝酸盐与对氨基苯磺酸发生重氮反应，生成的重氮化合物与盐酸萘乙二胺偶联成紫红色的偶氮染料，可用分光光度法测定，有关反应如下：

$$NO_2^- + 2H^+ + H_2N{-}\text{⬡}{-}SO_3H \xrightarrow{\text{重氮化}} N{=}N^+{-}\text{⬡}{-}SO_3H + 2H_2O$$

$$\text{⬡⬡}{-}NHCH_2CH_2NH_2 \cdot HCl + N{=}N^+{-}\text{⬡}{-}SO_3H \longrightarrow HO_3S{-}\text{⬡}{-}N{=}N{-}\text{⬡⬡}{-}NHCH_2CH_2NH_2 \cdot HCl$$

【仪器与试剂】

1. 可见分光光度计，小型多用食品粉碎机，分析天平，容量瓶（50mL，250mL），锥形瓶（300mL），移液管（2mL）。
2. 饱和硼砂溶液：称取25g硼砂（$Na_2B_4O_7 \cdot 10H_2O$）溶于500mL热水中。
3. 硫酸锌溶液（$1.0mol \cdot L^{-1}$）：称取150g $ZnSO_4 \cdot 7H_2O$ 溶于500mL水中。
4. 对氨基苯磺酸溶液（$4g \cdot L^{-1}$）：称取0.4g对氨基苯磺酸溶于 $5.0mol \cdot L^{-1}$ 盐酸中配成100mL溶液，避光保存。
5. 盐酸萘乙二胺溶液（$2g \cdot L^{-1}$）：称取0.2g盐酸萘乙二胺溶于100mL水中，避光保存。
6. $NaNO_2$ 标准溶液：准确称取0.1000g干燥24h的分析纯 $NaNO_2$，用水溶解后定量转入500mL容量瓶中，加水稀释至刻度并摇匀，此为 $NaNO_2$ 贮备液，浓度为 $0.2g \cdot L^{-1}$。临用时准确移取上述储备液5.0mL于100mL容量瓶中，加水稀释至刻度，摇匀，作为操作液（$10\mu g \cdot mL^{-1}$）。
7. 亚铁氰化钾水溶液（$106g \cdot L^{-1}$），活性炭。

【实验步骤】

1. 试样预处理

取适量肉或肉制品用食品粉碎机搅碎（要均匀），称取该试样约5g（准至0.001g）置于洁净干燥的300mL锥形瓶中，加入12.5mL硼砂饱和液搅拌均匀，再加入约100～150mL 70℃以上的热水，置于沸水浴中加热15min[1]，取出，冷却至室温。边转动锥形瓶边加入5mL亚铁氰化钾溶液，摇匀后再在转动条件下滴加2.5mL $ZnSO_4$ 溶液以沉淀蛋白质，摇匀。将锥形瓶中的内容物全部转移至250mL的容量瓶中，加水稀释至刻度，摇匀。放置10min，仔细倾出上层清液，并用滤纸或脱脂棉过滤，弃去最初10mL滤液，收集剩余滤液作为待测液备用（测定用滤液应为无色透明）。

2. 测定

（1）标准曲线的绘制　准确移取 $NaNO_2$ 操作液（$10\mu g \cdot mL^{-1}$）0.0mL、0.4mL、

0.8mL、1.2mL、1.6mL、2.0mL 分别置于 50mL 的容量瓶中，各加 30mL 水，然后分别加入 2mL 对氨基苯磺酸溶液，摇匀。静置 3min 后，再分别加入 1mL 盐酸萘乙二胺溶液，加水稀释至刻度，摇匀。放置 15min，用 2cm 吸收池，以试剂空白为参比，于波长 540nm 处测定各试液的吸光度，然后以 $NaNO_2$ 溶液的加入量为横坐标，相应的吸光度为纵坐标，绘制标准曲线。

（2）试样的测定

准确移取经过处理的试样滤液 40mL 于 50mL 容量瓶中，以下按标准曲线的绘制操作（不需要加 30mL 水），根据测得的吸光度，从标准曲线上查出相应的 $NaNO_2$ 的浓度[2]。最后计算试样中 $NaNO_2$ 的质量分数（以 $mg \cdot kg^{-1}$ 表示）。

【思考题】

1. 亚硝酸盐作为一种食品添加剂，具有哪些优点？能否找到一种优于亚硝酸盐的替代品？

2. 承接滤液时，为什么要弃去最初的 10mL 滤液？

【附注】

[1] 亚硝酸盐容易氧化为硝酸盐，处理试样时均要控制加热的时间和温度，另外，配制的标准储备液不宜久存。

[2] 本法测量中不包括试样中的硝酸盐的含量。

实验 62　食品中防腐剂的紫外光谱测定

【实验目的】

1. 掌握从紫外吸收光谱确定防腐剂种类的方法。

2. 掌握食品中防腐剂的分离方法。

【实验目的】

为了防止食品在储存、运输过程中发生变质、腐败，常在食品中添加少量防腐剂。防腐剂使用的品种和用量在食品卫生标准中都有严格的规定，苯甲酸和山梨酸以及它们的钠盐、钾盐是食品卫生标准允许使用的两种主要防腐剂。苯甲酸具有芳烃结构，在波长 228nm 和 272nm 处有 K 吸收带和 B 吸收带；山梨酸具有 α、β 不饱和羰基结构，在波长 250nm 处有 $\pi \rightarrow \pi^*$ 跃迁的 K 吸收带，因此根据它们的紫外吸收光谱特性可以对它们进行定性鉴定和定量测定。

由于食品中防腐剂用量很少，一般在千分之一左右，同时食品中其他成分也可能产生干扰，因此需要预先将防腐剂与其他成分分离，并经提纯浓缩后进行测定。常用的从食品中分离防腐剂的方法有蒸馏法和溶剂萃取法等。本实验采用溶剂萃取的方法，用乙醚将防腐剂从样品中提取出来，再经碱性水溶液处理及乙醚萃取以达到分离、提纯的目的。

采用最小二乘法处理标准溶液的浓度和吸光度数据，以求得浓度与吸光度之间的回归直线方程，并根据直线方程计算样品中防腐剂的含量。

【仪器与试剂】

1. UV3010 紫外-可见分光光度计，石英比色皿，分析天平，容量瓶（10mL，25mL，100mL），分液漏斗（150mL，250mL），吸量管（1mL，2mL，5mL）。

2. 苯甲酸（或山梨酸）储备液（0.16mg·mL^{-1}）：准确称取 0.10g 苯甲酸，用乙醚溶解，移入 25mL 容量瓶中定容。再从上述溶液中吸取 1.0mL 至 25mL 容量瓶中，用乙醚稀释至刻度，摇匀。

3. 苯甲酸（或山梨酸）标准溶液（32μg·mL^{-1}）：吸取 5.0mL 储备液于 25mL 容量瓶中，用乙醚稀释至刻度，摇匀。

4. 乙醚，NaCl，NaHCO$_3$（1％水溶液），HCl（0.05mol·L^{-1}，0.1mol·L^{-1}，2mol·L^{-1}）。

5. 待测样品为饮料、果汁、果酱或酱油。

【实验步骤】

1. 样品中防腐剂的分离

准确称取待测样品 2.0g，用 40mL 蒸馏水溶解，移入 150mL 分液漏斗中，加入适量的粉状 NaCl，待溶解后滴加 0.1mol·L^{-1} HCl，使溶液的 pH＜4。依次用 30mL、25mL 和 20mL 3 份乙醚萃取样品溶液，合并乙醚溶液并弃去水相。用 2 份 30mL 0.05mol·L^{-1} HCl 洗涤乙醚萃取液，弃去水相。然后用 3 份 20mL 1％ NaHCO$_3$ 水溶液萃取乙醚溶液，合并 NaHCO$_3$ 溶液，用 2mol·L^{-1} HCl 酸化 NaHCO$_3$ 溶液并多加 1mL，将该溶液移入 250mL 分液漏斗中。依次用 25mL、25mL、20mL 乙醚分 3 次萃取已酸化的 NaHCO$_3$ 溶液，合并乙醚溶液并移入 100mL 容量瓶中，用乙醚定容后，从中吸取 2mL 于 10mL 容量瓶中，定容后，供紫外光谱测定。

2. 防腐剂定性鉴定

取经提纯稀释后的乙醚萃取液，用 1cm 比色皿，以乙醚为参比，在波长 210～310nm 范围作紫外吸收光谱，根据吸收峰波长及吸收强度确定防腐剂的种类。

3. 标准曲线制作

（1）苯甲酸（或山梨酸）系列标准溶液的配制　取 5 只 10mL 容量瓶，分别准确加入苯甲酸（或山梨酸）标准溶液 0.5mL、1.0mL、1.5mL、2.0mL 和 2.5mL，用乙醚定容至刻度，摇匀备用。

（2）用 1cm 比色皿，以乙醚作参比，分别测定上述 5 个标准溶液的吸收光谱，并测定苯甲酸 K 吸收带吸收最大波长处的吸光度。如果待测样品中含山梨酸，则可用同样方法配制山梨酸标准溶液并测定其 K 吸收带的吸光度。

4. 食品中防腐剂的定量分析

利用步骤 2 中样品的乙醚萃取液的紫外吸收光谱图，确定其 K 吸收带的吸光度。

【数据处理】

1. 用最小二乘法计算浓度与吸光度间的回归直线方程 $A = kc + b$ 的系数 k 及截距 b。

2. 绘制工作曲线：将各标准溶液的浓度 c 代入回归直线方程中，求得相应的吸光度计算值 A'。在坐标纸上以 c 为横坐标，以 A' 为纵坐标绘出回归直线，同时将实验测定的吸光度 A 值也标在图上，与之比较。

3. 计算样品中防腐剂的含量：将实验步骤 4 中测得的样品溶液的吸光度 A 代入回归直线方程中，求得样品的乙醚提取液中苯甲酸的浓度 c_x，用下式计算样品中防腐剂的百分含量（以苯甲酸钠计）

$$w = \frac{1.18 \times c_x}{2m \times 10^3} \times 100\%$$

式中，m 为样品的质量；1.18 为苯甲酸钠与苯甲酸的摩尔质量之比。

1. 是否可以用苯甲酸的 B 吸收带进行定量分析？此时标准液的浓度范围应是多少？
2. 萃取过程常会出现乳化或不易分层的现象，应采取什么方法加以解决？
3. 如果样品中同时含有苯甲酸和山梨酸两种防腐剂，是否可以不经分离分别测定它们的含量？请设计一个同时测定样品中苯甲酸和山梨酸含量的方法。

实验63　紫外吸收光谱法同时测定维生素 C 和维生素 E

【实验目的】

1. 进一步熟悉紫外-可见分光光度计的使用。
2. 掌握在紫外光区同时测定双组分混合物的方法。

【实验原理】

维生素 C(抗坏血酸) 和维生素 E(α-生育酚) 起抗氧剂作用，即它们在一定时间内能防止油脂酸败。两者结合在一起比单独使用的效果更佳，因为它们在抗氧剂性能方面是"协同的"。因此，它们作为一种有用的组合试剂用于各种食品中。

抗坏血酸是水溶性的，α-生育酚是脂溶性的，但它们都能溶于无水乙醇，因此，能用在同一溶液中测定双组分的原理来测定它们。

【仪器与试剂】

1. 紫外-可见分光光度计，石英比色皿，容量瓶（50mL，1000mL），吸量管（10mL）。
2. 维生素 C 贮备液（7.50×10^{-5} mol·L^{-1}）：准确称 0.0132g 抗坏血酸于烧杯中，加入适量无水乙醇，搅拌使其溶解，再定量转入 1000mL 容量瓶中，并用无水乙醇定容至刻线，摇匀。
3. 维生素 E 贮备液（1.13×10^{-4} mol·L^{-1}）：准确称 0.0488g α-生育酚于烧杯中，加入适量无水乙醇，搅拌使其溶解，再定量转入 1000mL 容量瓶中，并用无水乙醇定容至刻线，摇匀。
4. 无水乙醇，待测二元混合液。

【实验步骤】

1. 维生素 C 系列标准溶液的配制

取 4 只 50mL 容量瓶，分别向其中准确加入 4.0mL、6.0mL、8.0mL、10.0mL 的 7.50×10^{-5} mol·L^{-1} 维生素 C 溶液，用无水乙醇稀释至刻度，摇匀。

2. 维生素 E 系列标准溶液的配制

取 4 只 50mL 容量瓶，分别向其中准确加入 4.0mL、6.0mL、8.0mL、10.0mL 1.13×10^{-4} mol·L^{-1} 维生素 E 溶液，用无水乙醇稀释至刻度，摇匀。

3. 以无水乙醇为参比溶液，在 320～220nm 范围内测绘出维生素 C 和维生素 E 的吸收光谱，并确定 λ_1 和 λ_2。

4. 以无水乙醇为参比溶液，在 λ_1 和 λ_2 分别测定以上 8 个标准溶液的吸光度。

5. 待测溶液的测定

取待测溶液 5.00mL 于 50mL 容量瓶中，用无水乙醇稀释至刻度，摇匀。然后在 λ_1 和

λ_2 分别测其吸光度。

【数据处理】

1. 绘制抗坏血酸和 α-生育酚的吸收光谱，确定 λ_1 和 λ_2。

2. 分别绘制抗坏血酸和 α-生育酚在 λ_1 和 λ_2 的 4 条标准曲线。求出它们在 λ_1 和 λ_2 的摩尔吸光系数。

3. 列出二元一次方程组，计算待测溶液中抗坏血酸和 α-生育酚的浓度。

【思考题】

1. 写出抗坏血酸和 α-生育酚的结构式，并解释一个是"水溶性"，而另一个是"脂溶性"的原因。

2. 使用本方法测定抗坏血酸和 α-生育酚是否灵敏？解释其原因。

【注意事项】

抗坏血酸会缓慢地氧化成脱氢抗坏血酸，所以每次实验时必须配制新鲜溶液。

实验64 核黄素的荧光特性和含量测定

【实验目的】

1. 学习荧光法定量分析的基本原理。

2. 了解荧光分光光度计的构造、性能及操作方法。

3. 学习荧光激发光谱和荧光光谱的测定方法。

【实验原理】

1. 分子发光

处于基态的分子吸收能量（电、热、化学、光能等）被激发至激发态，处于激发态的电子，通常以辐射跃迁方式和无辐射跃迁方式再回到基态。辐射跃迁方式主要涉及荧光、延迟荧光和磷光的发射；无辐射跃迁则是指以热的形式辐射多余的能量，包括振动弛豫、内部转移、系间窜跃及外部转移等。各种跃迁方式发生的可能性及程度，与荧光物质本身的结构及激发时的物理和化学环境等因素有关。辐射跃迁现象称为分子发光，依据激发模式的不同，分子发光分为光致发光、热致发光、场致发光和化学发光等。

2. 荧光激发光谱与发射光谱

荧光为光致发光，激发光波长的选择可根据分子的激发光谱曲线来确定。以不同波长的入射光激发荧光物质，测量荧光最强的发射波长处的荧光强度，以激发波长为横坐标，荧光强度为纵坐标绘制曲线，即可得到荧光激发光谱。荧光最强的发射波长的选择可根据荧光发射光谱确定，固定激发光的波长和强度，测量不同波长下的荧光强度，绘制荧光强度随波长变化的关系曲线，即为荧光发射光谱，简称荧光光谱。

分子产生荧光必须具备以下两个条件。

(1) 分子必须具有与所照射的辐射频率相适应的结构，才能吸收激发光。

实验证明，对于大多数荧光物质，其分子中必须含有共轭双键这样的强吸收基团，且共轭体系越大，越容易被激发而产生荧光。多数具有刚性平面结构的有机分子具有强烈的荧光。因为这种结构可以减少分子的振动，使分子与溶剂或其他溶质分子的相互作用减少，也就减少了碰撞去活的可能性。

（2）吸收了与其本身特征频率相同的能量之后，必须具有一定的荧光量子产率。

荧光量子产率也叫荧光效率或量子效率，它表示物质发射荧光的能力，定义为发射荧光的分子数目与激发态分子总数的比值。

3. 荧光强度与溶液浓度的关系

对于给定的荧光物质，当溶液的浓度较稀，吸光度 $A < 0.05$ 时，且激发光波长和强度一定时，荧光强度只与其浓度有关，即 $I_F = Kc$。这是荧光定量分析的基本依据。

影响荧光强度的因素主要有：溶剂、温度、酸度、内滤光作用和自吸收现象等。

4. 核黄素的结构与性质

核黄素（riboflavin）即维生素 B_2，是橘黄色无臭的针状结晶，其结构式如下所示：

维生素 B_2 易溶于水，不溶于乙醚等有机溶剂中，在中性和酸性溶液稳定，对热稳定，光照易分解。但在碱性溶液中不稳定。维生素 B_2 在 $400\sim440\mathrm{nm}$ 光的照射下，发出绿色荧光。维生素 B_2 在 $pH = 6\sim7$ 的溶液中荧光强度最大，在 $pH = 11$ 的碱性溶液中荧光消失。维生素 B_2 在碱性溶液中经光线照射会发生分解而转化为光黄素，光黄素的荧光比核黄素的荧光强得多，故测量维生素 B_2 的荧光时要控制溶液在酸性范围内，且在避光条件下进行。

在一定条件下，稀溶液中荧光强度与核黄素的浓度成正比，因此可采用标准曲线法测定核黄素的含量。

【仪器与试剂】

1. 荧光光度计，容量瓶（25mL，100mL），棕色容量瓶（250mL），吸量管（2mL，5mL），洗耳球。

2. 核黄素标准贮备液（100mg·L^{-1}）：准确称取 25.0mg 核黄素，用少量 0.1mol·L^{-1} 的乙酸水溶液溶解后，转移至 250mL 棕色容量瓶中，用 0.1mol·L^{-1} 的乙酸水溶液稀释至刻度，摇匀，置于冰箱中冷藏。

3. 维生素 B_2 标准工作液（10.0mg·L^{-1}）：吸取上述贮备液 10.0mL 于 100mL 容量瓶中，用 0.1mol·L^{-1} 的乙酸水溶液稀释至刻度，摇匀，随用随配。

4. 含维生素 B_2 的水样（自行制备）：取维生素 B_2 片剂一片，用 0.1mol·L^{-1} 的乙酸溶液溶解（若有不溶杂质，过滤即可），稀释适当倍数后测量。

5. 乙酸水溶液（0.1mol·L^{-1}）。

【实验步骤】

1. 仪器的准备

打开氙灯，再打开主机，然后打开计算机启动工作站，初始化仪器，预热 30min。仪器参数均为默认状态。

2. 核黄素激发光谱和发射光谱的测定

准确吸取 2.0mL 核黄素标准工作液于 25mL 容量瓶中，用 0.1mol·L^{-1} 的乙酸溶液定容，摇匀。将溶液倒入石英荧光池中，放置在仪器的荧光池架上，关上样品室盖。

在激发光波长 $\lambda_{ex} = 420\mathrm{nm}$ 下，扫描波长为 $400\sim650\mathrm{nm}$ 区间内的荧光光谱。从荧光光谱中确定最大的发射波长 λ_{em}，保存荧光光谱图。

在最大发射波长 λ_{em} 下，扫描波长在 $400\sim650nm$ 区间内激发光谱，从而确定最大激发光波长 λ_{ex}，保存激发光谱图。

3. 标准系列溶液的配制与荧光强度测定

准确吸取核黄素标准工作液 0.20mL、0.40mL、0.80mL、1.60mL、2.00mL 于 25mL 容量瓶中，用 $0.1mol\cdot L^{-1}$ 的乙酸水溶液稀释至刻度，利用选定的最大激发波长 λ_{ex} 作为激发光，测定各溶液在最大发射波长 λ_{em} 下的荧光强度。以荧光强度为纵坐标，核黄素溶液的浓度为横坐标，绘制标准曲线。

4. 维生素 B_2 含量的测定

准确吸取含维生素 B_2 的样品溶液 5.00mL 于 25mL 容量瓶中，用 $0.1mol\cdot L^{-1}$ 的乙酸水溶液稀释至刻度，摇匀。在与标准系列溶液相同的测量条件下，测量荧光强度。从标准曲线上查出此溶液对应的核黄素含量，乘以稀释倍数后即可得到维生素 B_2 片剂中的维生素 B_2 含量（mg/片）。并将测定值与药品说明书上的标示量比较。

测量结束后，退出主程序，关闭计算机，先关主机，最后关氙灯。

【思考题】

1. 荧光分析法定量分析的基本原理是什么？影响相对荧光强度的因素有哪些？
2. 荧光分析法与紫外-可见分光光度法在方法原理与仪器方面有什么异同点？

实验65　蔬菜中总抗坏血酸的测定（荧光法）

【实验目的】

1. 学习食品中总抗坏血酸的测定方法。
2. 掌握荧光分光光度法的定量分析方法。

【实验原理】

抗坏血酸即维生素 C，是一种人体必需的水溶性维生素，具有促进胶原的生物合成，利于组织创伤的愈合，促进骨骼和牙齿生长，增强毛细血管壁的强度，避免骨骼和牙齿周围出现渗血现象，促进酪氨酸和色氨酸的代谢，加速蛋白质或肽类的脱氨基代谢作用，改善对铁、钙和叶酸的利用等功能。

食品中抗坏血酸包括还原型和脱氢型两种形式。当食物放置时间较长或经过烹调处理后，其中有相当一部分抗坏血酸转变为脱氢型，脱氢型的抗坏血酸仍有 85% 左右的维生素 C 活性。因此，对这类食物常常要测定总抗坏血酸。

还原型抗坏血酸经活性炭氧化为脱氢型抗坏血酸。脱氢型抗坏血酸与邻苯二胺反应生成有荧光的化合物喹喔啉（quinoxaline），其荧光强度与脱氢型抗坏血酸浓度在一定条件下成正比，据此可以测定食物中总抗坏血酸量。

还原型抗坏血酸　　　　脱氢型抗坏血酸

【仪器与试剂】

1. 荧光分光光度计，榨汁机，容量瓶（100mL），具塞锥形瓶，具塞试管，漏斗。

2. 偏磷酸-醋酸溶液：称取 30g 偏磷酸（HPO_3），溶于 80mL 冰醋酸中，加 500mL 蒸馏水混匀，稀释至 1000mL，置于 4℃冰箱中可保存 7～10 天。

3. 硫酸（$0.15mol \cdot L^{-1}$）：吸取 10mL 浓硫酸，小心加入水中，再加水稀释至 1200mL。

4. 偏磷酸-醋酸-硫酸溶液：称取 30g 偏磷酸（HPO_3），溶于 80mL 冰醋酸中，以 $0.15mol \cdot L^{-1}$硫酸稀释至 1000mL。

5. 醋酸钠溶液（$500g \cdot L^{-1}$）：称取 500g 醋酸钠（$NaAc \cdot 3H_2O$）于蒸馏水中，加水稀释至 1000mL。

6. 硼酸-醋酸钠溶液：称取 3g 硼酸，溶于 100mL $500g \cdot L^{-1}$醋酸钠溶液中，临用前配制。

7. 邻苯二胺溶液（$200mg \cdot L^{-1}$）：称取 20mg 邻苯二胺，用水溶解并稀释至 100mL，临用前配制。

8. 百里酚蓝指示剂（0.04%）：称取 0.1g 百里酚蓝，加入 10.75mL 浓度为 $0.02mol \cdot L^{-1}$的 NaOH 溶液，在玻璃研钵中研磨至溶解，然后用水稀释至 250mL。

9. 活性炭的活化[1]：加 200g 碳粉于 1L 盐酸溶液（1+9）中，加热回流 1～2h，过滤，用水洗至滤液中无铁离子为止，置于 110～120℃烘箱中干燥，备用。

10. 抗坏血酸标准溶液（$1mg \cdot mL^{-1}$）：准确称取 50mg 抗坏血酸，用偏磷酸-醋酸液溶解，转移至 50mL 容量瓶中，稀释至刻度。

11. 抗坏血酸标准工作液（$100\mu g \cdot mL^{-1}$）：取 10.00mL 抗坏血酸标准液，用偏磷酸-醋酸液稀释至 100mL。定容前检验 pH 值，如 pH＞2.2，则选用偏磷酸-乙酸-硫酸液稀释。

【实验步骤】

1. 样品处理

称 100g 样品，加 100mL 偏磷酸-醋酸溶液，倒入榨汁机内打成匀浆，用百里酚蓝指示剂调节匀浆酸碱度。如呈红色，立即用偏磷酸-乙酸溶液稀释；若呈黄色或蓝色，则用偏磷酸-乙酸-硫酸溶液稀释。匀浆的取样量需根据样品中抗坏血酸的含量而定，当样品中含量在 40～100$\mu g \cdot mL^{-1}$之间，一般取 20g 匀浆[2]，用偏磷酸-乙酸或者偏磷酸-乙酸-硫酸液稀释至 100mL，干过滤，滤液备用。

2. 标准曲线的制备及荧光强度测量

(1) 取抗坏血酸标准工作液 100mL 于 200mL 具塞锥形瓶中，加 2g 活性炭，用力振摇 1min，过滤，弃去最初数毫升滤液，收集其余全部滤液，即为标准氧化液。

(2) 各取 10.00mL 标准氧化液于 2 个 100mL 容量瓶中，分别标明"标准"及"标准空白"字样。于标有"标准"字样的容量瓶中加入 5mL $500g \cdot L^{-1}$醋酸钠溶液，用水稀释至 100mL，备用。于标有"标准空白"字样的容量瓶中加入 5mL 硼酸-乙酸钠溶液，混合振摇 15min，用蒸馏水稀释至 100mL，在 4℃冰箱中放置 2～3h，取出备用。

(3) 取上述标有"标准"字样的标准溶液 0.5mL、1.0mL、1.5mL 和 2.0mL 分别置于 10mL 具塞试管中，再用水补充至 2.0mL。再取上述标有"标准空白"字样的溶液 2mL 置于 10mL 具塞试管中。然后，在暗室中迅速向各管中加入 8mL 邻苯二胺溶液，振摇均匀，室温下反应 35min。于激发波长 338nm，发射波长 420nm 处测定荧光强度。以标准系列荧光强度分别减去标准空白荧光强度为纵坐标，对应的抗坏血酸含量为横坐标，绘制标准曲线或进行线性回归处理。

3. 样品溶液的配制及荧光强度测量

（1）取样品滤液 100mL 于 200mL 具塞锥形瓶中，加 2g 活性炭，用力振摇 1min，过滤，弃去最初数毫升滤液，收集其余全部滤液，即为样品氧化液。

（2）各取 10mL 样品氧化液于 2 个 100mL 容量瓶中，分别标明"样品"及"样品空白"字样。于标有"样品"字样的容量瓶中加入 5mL 500g·L^{-1} 醋酸钠溶液，用水稀释至 100mL，备用。于标有"样品空白"字样的容量瓶中加入 5mL 硼酸-乙酸钠溶液，混合振摇 15min，用蒸馏水稀释至 100mL，在 4℃冰箱中放置 2~3h，取出备用。

（3）取上述标有"样品"及"样品空白"字样的溶液各 2.0mL 分别置于 10mL 具塞试管中，在暗室中迅速向各管中加入 8mL 邻苯二胺溶液，振荡均匀，在室温下反应 35min。于激发波长 338nm，发射波长 420nm 处测定荧光强度。以样品荧光强度减去样品空白荧光强度后从标准曲线中查得抗坏血酸的含量。

4. 结果计算

$$总抗坏血酸含量(mg·100g^{-1}) = \frac{cV}{m} \times F \times \frac{100}{1000}$$

式中，c 为由标准曲线查得或由回归方程计算的样品溶液浓度，$\mu g·mL^{-1}$；m 为样品质量，g；V 为荧光反应所用样品溶液的体积，mL；F 为试样溶液的稀释倍数。

【思考题】

1. 百里酚蓝的变色范围？相应的颜色是什么？
2. 荧光激发光谱与分子吸收光谱之间有什么关系？

【附注】

1. 处理活性炭时，可取少许活性炭洗涤滤液，加数滴 5％亚铁氰化钾，若不出现蓝色，即无 Fe^{3+} 存在，或滴加数滴 1％硫氰化钾，若不出现红色，也证明没有 Fe^{3+} 存在，将活性炭滤干水分后置烘箱内烘干，冷却后置干燥箱中备用。

2. 制备样品匀浆时会产生泡沫，为定容准确，可加数滴异戊醇除去。

实验66　化学发光法测定鞣革废液中的三价铬及六价铬

【实验目的】

1. 了解化学发光分析法的基本原理。
2. 掌握流动注射化学发光分析仪的操作技术。
3. 熟悉化学发光分析法的应用。

【实验原理】

在碱性溶液中，Cr(Ⅲ) 可以催化鲁米诺-过氧化氢，产生最大波长为 425nm 的化学发光反应。发光强度与 Cr(Ⅲ) 浓度在 10^{-9}~10^{-11}mol·L^{-1} 范围内呈线性关系。由于 Cr(Ⅵ) 不干扰 Cr(Ⅲ) 的测定，故可以先测定 Cr(Ⅲ)，再将 Cr(Ⅵ) 还原为 Cr(Ⅲ)，测定总铬量，两次测定的差值即为 Cr(Ⅵ) 的浓度。

流动注射分析（flow injection analysis，FIA）是一种具有高度重现性的溶液化学处理与各种检测方法相结合的分析技术，具有仪器设备简单、操作简便、分析速度快、试样和试剂用量少、准确度和精密度高、应用范围广泛等优点。简单的流动注射系统由蠕动泵（用于驱动载流通过细管）、进样阀（或采样阀，可重现地将一定体积样液注入载流）、反应盘管（样品带在其中分散并与载流中的组分反应，产生流通检测器能够响应的信号或产物）、检测器（检测流体的化学发光强度、吸光度、电极电位或其他物理参数）、记录与显示器等组成。

本实验采用流动注射化学发光分析仪进行测定，管路系统如图 10-2 所示。

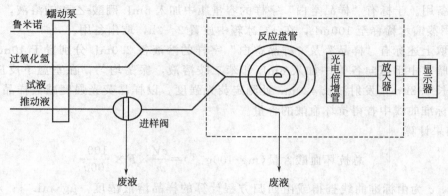

图 10-2　流动注射化学发光示意图

【仪器与试剂】

1.IFFM-E 型流动注射化学发光分析仪（西安瑞迈分析仪器有限责任公司），容量瓶（1mL，50mL，1000mL），移液管（1mL，5mL，10mL），烧杯（50mL，1000mL），吸量管（10mL）。

2.铬（Ⅲ）标准溶液（$1.0 \times 10^{-4} \, g \cdot mL^{-1}$）：准确称取 0.7696g $Cr(NO_3)_3 \cdot 9H_2O$，溶于少量水中，加几滴盐酸，转移至 1000mL 容量瓶中，加水定容，摇匀，备用。

3.鲁米诺贮备液（$1.0 \times 10^{-3} \, mol \cdot L^{-1}$）：准确称取 0.1771g 鲁米诺（3-氨基苯二甲酸肼），用 2mL $1mol \cdot L^{-1}$ 的氢氧化钠溶液溶解，转移至 1000mL 容量瓶中，加水定容。

4.鲁米诺工作液（$2.5 \times 10^{-4} \, mol \cdot L^{-1}$）：量取 250mL 鲁米诺贮备液于 1000mL 烧杯中，加入 100mL $1.0 \times 10^{-2} \, mol \cdot L^{-1}$ EDTA 溶液，8.4g 碳酸氢钠，60g 溴化钾和 500mL 水，用 $1mol \cdot L^{-1}$ 氢氧化钠溶液调节至 pH 至 12，转移至 1000mL 棕色容量瓶中，稀释至刻度，摇匀，备用。

5.过氧化氢溶液（$4 \times 10^{-2} \, mol \cdot L^{-1}$）：移取 30％过氧化氢（约 $4mol \cdot L^{-1}$），加水稀释，并加入一定量的 EDTA（$1.0 \times 10^{-2} \, mol \cdot L^{-1}$），以配制含有 $1.0 \times 10^{-3} \, mol \cdot L^{-1}$ EDTA 的 $4 \times 10^{-2} \, mol \cdot L^{-1}$ 过氧化氢溶液，使用前配制。

6.EDTA 溶液（$1.0 \times 10^{-2} \, mol \cdot L^{-1}$），溴化钾溶液（$2.5mol \cdot L^{-1}$），亚硫酸氢钠溶液（6％），氢氧化钠溶液（$1mol \cdot L^{-1}$），碳酸氢钠。

本实验使用二次蒸馏水，试剂均为分析纯或优级纯。

【实验步骤】

1.溶液的配制

（1）系列标准溶液的配制

① 将 $1.0 \times 10^{-4} \, g \cdot mL^{-1}$ 的铬（Ⅲ）标准溶液稀释配制成 $1.0 \times 10^{-6} \, g \cdot mL^{-1}$ 标准溶液。

② 精确移取 1.0×10^{-6} g·mL⁻¹ 铬（Ⅲ）标准溶液 2.0mL、4.0mL、6.0mL、8.0mL、10.0mL 分别置于 50mL 烧杯中，各加入 10mL 2.5mol·L⁻¹ KBr 溶液，5mL 1.0×10^{-2} mol·L⁻¹ EDTA 溶液和少量水，调节溶液的 pH 至 3，转入 50mL 容量瓶中，加水稀释至刻度，摇匀，此标准溶液系列中 Cr（Ⅲ）的浓度分别为 0.040μg·mL⁻¹、0.080μg·mL⁻¹、0.12μg·mL⁻¹、0.16μg·mL⁻¹、0.20μg·mL⁻¹。

(2) 试液的配制

① 总铬试液的制备　准确移取 1.0mL 制革废液于 50mL 烧杯中，加入 5mL 6‰的亚硫酸氢钠，放入沸水浴中加热 10min，冷却后，加入 10mL 2.5mol·L⁻¹ KBr 溶液，5mL 1.0×10^{-2} mol·L⁻¹ EDTA 溶液和适量水，用 1mol·L⁻¹ NaOH 调节溶液的 pH 值为 3，转入 50mL 容量瓶中，加水至刻度，摇匀备用。

② 三价铬试液的制备　准确移取 1.0mL 制革废液于 50mL 烧杯中，加入 10mL 2.5mol·L⁻¹ KBr 溶液，5mL 1.0×10^{-2} mol·L⁻¹ EDTA 溶液和适量水，用 1mol·L⁻¹ NaOH 调节溶液的 pH 值为 3，转入 50mL 容量瓶中，加水至刻度，摇匀备用。

2. 测定

① 按照流动注射及测量参数表（表 10-1）设置仪器的参数。

表 10-1　流动注射及测量参数

步号	泵运行时间/s	泵速度/r·min⁻¹	重复次数	阀位	数据读数	泵方向	跳转	负高压/V
1	40	40	1	L	Y	F	2	400
2	40	40	1	R	Y	F	3	
3	40	40	5	L	Y	F	1	

② 将各导管插入溶液中，启动测定，记录发光信号，读取峰值。标准溶液的测定按从低到高的顺序进行，以发光强度为纵坐标，浓度为横坐标作图，得到标准曲线，样品溶液中铬（Ⅲ）的浓度从标准曲线上查出。

【思考题】

1. 流动注射分析的仪器由哪几部分组成？

2. 阐明化学发光分析的基本原理？

3. 化学发光与其他分子发光分析有什么区别？

实验 67　红外光谱法测定有机化合物的结构

【实验目的】

1. 掌握红外分光光度法测定样品的制样方法。

2. 掌握红外光谱鉴别有机物官能团以及根据官能团确定未知组分主要结构的方法。

3. 掌握红外分光光度计的使用方法。

【实验原理】

1. 制样方法

在红外光谱法中，样品的制备及处理占有非常重要的地位。不同的样品状态（固体、液体、气体以及黏稠样品）需要相应的制样方法。制样方法的选择和制样技术的好坏直接影响谱带的频率、数目和强度。

（1）液膜法　样品的沸点高于100℃可采用液膜法测定。黏稠的样品也可采用液膜法。这种方法比较简单，只要在两个盐片之间，滴加1~2滴未知样品，使之形成一层薄的液膜。流动性较大的样品，可选择不同厚度的垫片来调节液膜的厚度。

（2）液池法　样品的沸点低于100℃可采用液池法。选择不同的垫片尺寸可调节液池的厚度，对强吸收的样品用溶剂稀释后再测定。

（3）糊状法　准确确定样品是否含OH基团（避免KBr中水的影响）时可采用糊状法。这种方法是将干燥的粉末研细，然后加入几滴悬浮剂在玛瑙研钵中研磨成均匀的糊状，涂在盐片上测定。常用的悬浮剂有石蜡油和氟化煤油。

（4）压片法　粉末样品常采用压片法。将研细的粉末分散在固体介质中。并用压片装置压成透明的薄片后测定，固体分散介质一般是金属卤化物（如KBr），使用时要将其充分研细，颗粒直径最好小于$2\mu m$（因为中红外区的波长是从$2.5\mu m$开始的）。

（5）薄膜法　对于熔点低，熔融时不发生分解、升华和其他化学变化的物质。可采用加热熔融的方法压制成薄膜后测定。

2. 红外定性分析方法

红外光谱定性分析，一般采用两种方法：一种是用已知标准物对照；另一种是标准图谱查对法。

（1）用已知标准物对照时，应由标准品和被检物在完全相同的条件下，分别绘出其红外光谱后进行对照，若图谱相同，则肯定为同一化合物。

（2）标准图谱查对法是一个最直接、可靠的方法。根据待测样品的来源、物理常数、分子式以及谱图中的特征谱带，查对标准谱图来确定化合物。常用的标准图谱集是萨特勒红外标准图谱集（Sadtler Catalog of Infrared Standard Spectra）。

在用未知物图谱查对标准谱时，必须注意：

① 由于测量所用仪器与绘制标准图谱所使用仪器在分辨率与精度上的差别，可能导致某些峰的细微结构有差别。

② 未知物的测绘条件需与标准谱的条件一致，否则图谱会出现很大差别。当测定溶液样品时，溶剂的影响大，必须要求一致，以免得出错误结论。若只是浓度不同，只会影响峰的强度而每个峰之间的相对强度是一致的。

③ 必须注意引入杂质的吸收带的影响。如KBr压片可能吸水而引进水的吸收带等。应尽可能避免引入杂质。

（3）图谱解析的大致步骤

① 先从特征频率区入手，找出化合物所含主要官能团。

② 指纹区分析，进一步找出官能团存在的依据。因为一个基团常有多种振动形式，所以，确定该基团就不能只依靠一个特征吸收，必须找出所有的吸收带才行。

③ 对指纹区谱带位置、强度和形状的仔细分析，确定化合物可能的结构。

④ 对照标准图谱，配合其他鉴定手段，进一步验证。

【仪器与试剂】

1. FTIR-8900型傅立叶红外分光光度计，干压式压片机（包括压模等），红外灯，玛瑙研钵，可拆式液体池，盐片。

2. KBr(G. R.)，无水乙醇（A. R.），石蜡油，滑石粉，苯甲酸，对硝基苯甲酸，苯乙酮，苯甲醛等。

【实验步骤】

1. 固体样品苯甲酸（或对硝基苯甲酸）红外光谱的测绘

取样品（已干燥）1～2mg，在玛瑙研钵中充分磨细后，再加入 400mg 干燥的 KBr[1]，继续研磨至完全混匀。颗粒的大小约为直径 $2\mu m$[2]。取出约 100mg 混合物装入干净的压模内（均匀铺撒在压模内）于压片机上在 29.4MPa 压力下，压制 1min，制成透明薄片。将此片装于样品架上，放于分光光度计的样品池处。先粗测透光率是否超过 40%，若未达 40%，则重新压片，若达到 40% 以上，即可进行扫谱。从 4000cm^{-1} 扫至 650cm^{-1} 为止。扫谱结束后，取下样品架，取出薄片，按要求将模具、样品架等擦净收好。

2. 纯液体样品苯乙酮（或苯甲醛）红外光谱的测绘

（1）可拆式液体样品池的准备　戴上指套，将可拆式液体样品池[3]的二盐片从干燥器中取出，在红外灯下用少许滑石粉混入几滴无水乙醇磨光其表面。用软纸擦净后，滴加无水乙醇 1～2 滴，用吸水纸擦洗干净。反复数次，然后将盐片放于红外灯下烘干备用。

（2）液体样品的测试　在可拆式液体池的金属池板上垫上橡胶圈，在孔中央位置放一盐片，然后滴半滴液体试样于盐片上。将另一盐片平压在上面（注意，不能有气泡），再将另一金属片盖上，对角方向旋紧螺丝，将盐片夹紧在其中。把此液体池放到红外分光光度计的样品池处，进行扫谱。

（3）扫谱结束后，取下样品池，松开螺丝，套上指套，小心取出盐片。先用软纸擦净液体，滴上无水乙醇，洗去样品（千万不能用水洗）。然后，再于红外灯下用滑石粉及无水乙醇进行抛光处理。最后，用无水乙醇将表面洗干净，擦干，烘干。二盐片收入干燥器中保存。

【结果处理】

1. 将红外谱图上的明显峰列表，查找出这些峰对应的官能团。

2. 根据有机化合物的元素分析数据、沸点、熔点等物理数据，指出该化合物的可能结构。

3. 把扫谱得到的谱图与标准谱进行对照，最后确定化合物的结构。

【思考题】

1. 为什么红外分光光度法要采取特殊的制样方法？

2. 测定溶液样品的红外光谱图时应注意什么问题？

【附注】

[1] 固体样品压片法常采用 KBr 作为片基，其原因如下：

① 光谱纯 KBr 在 4000～400cm^{-1} 范围内无明显吸收。

② KBr 易成型。

③ 大部分有机化合物的折射率在 1.3～1.7，而 KBr 的折射率为 1.56，正好与化合物的折射率相近。片基与样品折射率差值越小，散射越小。

[2] 固体颗粒受光照射时有散射现象。散射程度与颗粒的粒度、折射率、入射光波长有关。颗粒越大，散射越严重。但颗粒太细，晶体可能发生改变。故粒度应适中，一般颗粒粒度以 $2\mu m$ 左右为宜。

[3] 在红外光区，使用的光学部件和吸收池的材质是 NaCl 晶体，不能受潮。操作时应注意以下几点：

① 不要用手直接接触盐片表面；

② 不要对着盐片呼吸；

③ 避免与吸潮液体或溶剂接触。

实验 68　红外光谱法测定药物的化学结构

【实验目的】

1. 进一步了解红外光谱的测绘方法及红外分光光度计的使用方法。

2. 掌握固体样品的制样方法。

【实验原理】

红外吸收光谱是由分子的振动-转动能级跃迁产生的光谱。化合物中每个官能团都有几种振动形式，在中红外区相应产生几个吸收峰，因而特征性强。除了极个别化合物外，每个化合物都有其特征红外光谱，所以，红外光谱是定性鉴别的有力手段。

由于红外光谱具有高度专属性，中国药典自 1977 年版开始，就采用红外光谱作为一些药物的鉴别方法。随着生产的发展，为了与我国药品质量监督体系相适应，药典委员会于1995 年版药典中，将《药品红外光谱集》另编出版，使药品的鉴别更趋完善和成熟。

固体试样压片法常采用 KBr 作为片基，若药品为盐酸盐，为了避免研磨时发生离子交换反应，应改用 KCl 为片基，KCl 折射率为 1.47。如测定盐酸普鲁卡因（光谱号 397）的红外光谱时，用 KCl 为片基。我国药典所收载的药品，凡是盐酸盐，均以 KCl 为片基。

我国药典规定，所得的图谱各主要吸收峰的波数和各吸收峰间的强度比均应与对照的图谱一致。然而，供试品在固体状态测定时，可能由于同质多晶的影响，致使测得图谱与对照图谱不相符合。遇此情况，可按该药品光谱中备注的方法进行预处理，然后再绘制图谱进行比较。例如氢化可的松（光谱号 283），药典中规定：取供试品适量，加少量丙酮溶解，置水浴上蒸干，减压干燥后，用 KBr 压片法测定。

本实验以乙酰水杨酸（或肉桂酸）为例，学习固体样品的制备及红外光谱的测绘方法。药典规定，测定红外光谱时，扫描速度为 $10 \sim 15 \text{min}/(4000 \sim 600 \text{cm}^{-1})$。基线应控制在90%透光率以上，最强吸收峰在 10%透光率以下。

【仪器与试剂】

1. FTIR-8900 型傅立叶红外分光光度计，干压式压片机（包括压模等），玛瑙研钵，红外灯。

2. KBr(G. R.)，无水乙醇（A. R.），肉桂酸（A. R.），乙酰水杨酸（药用）。

【实验步骤】

称取干燥样品 1~2mg 和 KBr 粉末 200mg(事先干燥且过 200 目筛)，置于玛瑙研钵中，在红外灯照射下[1]，研磨均匀，将其倒入压片模具中，铺匀，装好模具，连接真空系统，置油压机上，先抽气 5min，以除去混在粉末中的湿气及空气，再边抽气边加压至 8MPa 并维持约 5min[2]。除去真空，取下模具脱模，即得一均匀透明的薄片，置于样品架上，测定光谱图[3]。

【结果处理】

1. 根据红外光谱图，找出特征吸收峰的振动形式，并由相关峰推测该化合物含有什么基团。

2. 与标准图谱对照，确定化合物的结构。

【思考题】

1. 测定红外光谱时对样品有什么要求？

2. 测定固体药品的红外谱图时，何时用 KBr 做片基，何时用 KCl 做片基？

【附注】

[1] 样品研磨应在红外灯下进行，以防样品吸水。

[2] 制样过程中，加压抽气时间不宜太长，除真空要缓缓除去，以免样片破裂。

[3] 若使用不同型号的仪器，应首先用该仪器绘制聚苯乙烯红外光谱图，以检查其分辨率是否符合要求。分辨率高的仪器在 $3100 \sim 2800 cm^{-1}$ 区间能分出 7 个碳氢伸缩振动峰。

实验69　有机化合物的吸收光谱及溶剂的影响

【实验目的】

1. 学习紫外吸收光谱的绘制方法，利用吸收光谱进行化合物的鉴定。

2. 了解溶剂的性质对吸收光谱的影响。

3. 掌握紫外-可见分光光度计的使用方法。

【实验原理】

有机化合物的紫外吸收光谱一般只有少数几个简单而较宽的吸收带，没有精细结构，标志性较差。因此，依靠紫外吸收光谱很难独立解决化合物结构的问题。虽然不少化合物结构上差别很大，但只要分子中含有相同的发色团，它们的吸收光谱的形状就大体相似。为此紫外光谱对于判别有机化合物中发色团和助色团的种类、位置及其数目以及区别饱和与不饱和化合物、测定分子中共轭程度进而确定未知物的结构骨架等方面有独到之处。

利用紫外吸收光谱进行定性分析，是将未知化合物与已知纯的样品用相同的溶剂配制成相同浓度的溶液。在相同条件下，分别绘制它们的吸收光谱，比较两者是否一致。或者是将未知物的吸收光谱与标准图谱（如 Sadtler 标准紫外光谱图）比较，两种光谱图的 λ_{max} 和 ε_{max} 相同，表明它们是同一有机化合物。

影响有机化合物紫外吸收光谱的因素，有内因（分子内的共轭效应、位阻效应、助色效应等）和外因（溶剂的极性、酸碱性等溶剂效应）。极性溶剂对紫外吸收光谱的吸收峰的波长、强度及形状可能产生影响。极性溶剂存在会使 $n \rightarrow \pi^*$ 跃迁吸收带向短波移动，而使 $\pi \rightarrow \pi^*$ 跃迁吸收带向长波移动。

此外，在没有紫外吸收的物质中检查具有高吸收系数的杂质，也是紫外吸收光谱的重要用途之一。例如，检查乙醇中是否含有苯杂质，只需看在 256nm 处有无苯的吸收峰。

【仪器与试剂】

1. UV3010 紫外-可见分光光度计，石英比色皿，容量瓶（50mL）。

2. 亚异丙基丙酮，正己烷，氯仿，甲醇，邻甲苯酚，HCl（$0.1mol \cdot L^{-1}$），NaOH（$0.1mol \cdot L^{-1}$），乙醇，均为光谱纯试剂或经过提纯的试剂。

【实验步骤】

1. 芳香化合物的鉴定

取未知试样的水溶液，用1cm石英比色皿，以去离子水为参比溶液，在200～360nm范围测绘吸收光谱。

2.乙醇中杂质苯的检查

用1cm石英比色皿，以纯乙醇为参比溶液，在230～280nm波长范围测绘乙醇试样的吸收光谱。

3.溶剂性质对吸收光谱的影响

（1）配制邻甲苯酚溶液（0.124g·L⁻¹），其溶剂分别为：（a）0.1mol·L⁻¹ HCl溶液；（b）中性乙醇溶液；（c）0.1mol·L⁻¹ NaOH溶液。

（2）配制亚异丙基丙酮溶液（5.2mg·L⁻¹），溶剂分别为正己烷、氯仿、甲醇、去离子水。

（3）用1cm石英比色皿，以相应的溶剂为参比溶液，测绘各溶液在210～350nm的吸收光谱。

【数据处理】

1.记录未知化合物的吸收光谱条件，确定峰值波长。查找峰值波长时的A，并计算其摩尔吸光系数，与标准图谱比较，确定化合物名称。

2.记录乙醇试样的吸收光谱及实验条件，根据吸收光谱确定是否有苯吸收峰，峰值波长是多少？

3.记录各邻甲苯酚溶液的吸收光谱和实验条件，比较吸收峰的变化。

4.记录亚异丙基丙酮各溶液的吸收光谱及实验条件，比较吸收峰的波长随溶剂极性的变化规律。

【思考题】

1.试样溶液浓度过大或过小，对测量有何影响？应如何调整。

2.狭缝宽度大小对吸收光谱轮廓、波长位置及摩尔吸光系数有何影响？

3.助色团—NH₂将如何影响苯胺？质子化作用后，产生的苯胺阳离子将如何改变这种影响？

实验70　火焰原子吸收光谱法测定自来水中的钙（标准加入法）

【实验目的】

1.加强理解火焰原子吸收光谱法的原理。

2.掌握火焰原子吸收分光光度计的操作技术。

3.熟悉原子吸收光谱法的应用。

【实验原理】

在使用锐线光源和低浓度的情况下，基态原子蒸气对共振线的吸收符合朗伯-比耳定律：

$$A = \lg \frac{I_0}{I} = K'N_0 L$$

式中，A为吸光度；I_0和I分别表示入射光和透射光的强度；N_0为单位体积基态原子数；L为光程长度；K'为与实验条件有关的常数。

当试样原子化，火焰的绝对温度低于3000K时，可以认为原子蒸气中基态原子的数目实际上接近原子总数。在固定的实验条件下，原子总数与试样浓度 c 的比例是恒定的，则上式可记为：

$$A = Kc$$

这就是原子吸收光谱法的定量分析基础。定量方法可用标准曲线法或标准加入法等。

当试样组成复杂，配制的标准溶液与试样组成之间存在较大差别时，常采用标准加入法。此方法可以消除基体干扰和某些化学干扰。测定含量可达 10^{-9} g；测量精密度高，一般小于1%。具体分析方法是：在数个容量瓶中加入等量的试样，再分别加入不等量（倍增）的标准溶液，用适当溶剂稀释至一定体积后，依次测出它们的吸光度。以加入标样的质量（μg）为横坐标，相应的吸光度为纵坐标，绘出标准曲线，如图10-3所示。图中横坐标与标准曲线延长线的交点至原点的距离 x 即为容量瓶中所含试样的质量（μg），从而求得试样的含量。

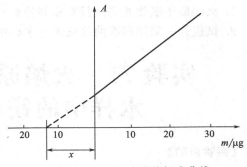

图10-3　标准加入法的标准曲线

火焰原子化法是目前使用最广泛的原子化技术。火焰中原子的生成是个复杂的过程，其最大吸收的部位是由该处原子生成和消失的速度决定的。它不仅与火焰的类型及喷雾效率有关，而且还因元素的性质及火焰燃料气与助燃气的比例不同而异。为了获得较高的灵敏度，钙、锶等与氧化合反应较快的碱金属，在火焰上部的浓度较低，宜选用富燃气的火焰。

【仪器与试剂】

1．日立180-70原子吸收分光光度计，Ca空心阴极灯，容量瓶（1000mL，100mL，25mL），吸量管（5mL），移液管（1mL，10mL）。

2．钙贮备液（1.000mg·mL^{-1}）：准确称取于110℃干燥的碳酸钙（A.R.）2.498g，加入少许蒸馏水润湿，滴加6mol·L^{-1}盐酸，使其全部溶解，移入1000mL容量瓶，用去离子水稀至刻度，摇匀。

3．钙标准溶液（10.0μg·mL^{-1}）：用移液管移取钙贮备液1.0mL至100mL容量瓶中，用去离子水稀释至刻度，摇匀。

4．自来水试样。

【实验步骤】

1．系列标准溶液的配制

取5只25mL容量瓶，分别加入10.00mL自来水试样溶液，再各准确加入10.0μg·mL^{-1}钙标准溶液0.0mL、1.0mL、2.0mL、3.0mL、4.0mL，以去离子水稀释至刻度，摇匀。

2．调整仪器参数

按原子吸收分光光度计的操作说明开启仪器，并点火，按下述内容设置仪器参数。

钙吸收线波长：　422.7nm；　　灯电流：　4mA；　　　　狭缝宽度：　0.1mm；
空气流量：　　　250L·h^{-1}；　乙炔流量：1.4L·min^{-1}；燃烧器高度：8mm。

3．以去离子水为空白，测定1中配制各溶液的吸光度。

【结果处理】

1. 绘制吸光度 A 对含量的标准曲线。

2. 将标准曲线延长至与横坐标轴相交，则交点至原点间的距离对应于 10.00mL 自来水中钙的含量。

3. 计算自来水中钙的含量（mg·L^{-1}）。

【思考题】

1. 火焰原子吸收光谱法具有哪些特点？

2. 试设计一采用标准曲线法测定水样中钙含量的实验。

实验71　火焰原子吸收光谱法测定水样中的镁（标准曲线法）

【实验目的】

1. 了解原子吸收分光光度计的结构及使用方法。

2. 掌握标准曲线法在原子吸收定量分析中的应用。

【实验原理】

原子吸收光谱法是测定镁的常用方法之一，具有简单、快速及灵敏度高等特点。铝、磷、硅、钛等元素对镁的测定有干扰；当有含氧酸存在时，干扰程度增大。此时，如果加入锶、镧盐等释放剂，或采用氯化亚氮-乙炔火焰则可消除干扰。

本实验采用标准曲线法定量。在原子吸收光谱法中，标准曲线是否呈线性受许多因素影响，因此必须保持标准溶液和待测试液的组成和性质相近，设法消除干扰，选择最佳测定条件并保证测定条件一致，才能得到良好的标准曲线和准确的结果。而且原子吸收分光光度计某些条件的微小变化，可能会引起标准曲线的斜率随之有微小的变化，例如由于喷雾效率和火焰状态的微小变化而引起的斜率变化。因此每次测定时，都应同时制作标准曲线。

【仪器与试剂】

1. TAS-990 super 火焰原子吸收分光光度计，Mg 空心阴极灯，容量瓶（1000mL，100mL，50mL），吸量管（5mL），移液管（2mL，5mL，10mL）。

2. 镁贮备液（1.000mg·mL^{-1}）：准确称取 800℃灼烧至恒重的氧化镁（A.R.）1.6583g，滴加 1mol·L^{-1} 盐酸，使其全部溶解，将溶液定量转移至 1000mL 容量瓶，用去离子水稀至刻度，摇匀。

3. 镁标准溶液（50.0μg·mL^{-1}）：用移液管移取镁贮备液 5.0mL 至 100mL 容量瓶中，用去离子水稀释至刻度，摇匀。

4. SrCl$_2$ 溶液（10mg·mL^{-1}）：准确称取 30.4g SrCl$_2$·6H$_2$O 溶于少量去离子水中，转入 100mL 容量瓶中，再以去离子水稀释至刻度。

【实验步骤】

1. 系列标准溶液和样品溶液的配制

取 7 只 50mL 容量瓶，分别加入 50.0μg·mL^{-1}镁标准溶液 0.5mL、1.0mL、2.0mL、3.0mL、4.0mL、5.0mL 和待测水样 5.0mL，再各加入 2.0mL SrCl$_2$ 溶液，然后以去离子

水稀释至刻度，摇匀。

2. 调整仪器参数

按原子吸收分光光度计的操作说明开启仪器，并点火，按下述内容进行仪器参数设置。

镁吸收线波长：　285.2nm；　　灯电流：3mA；　　狭缝宽度：　0.5nm；

燃烧器高度：　2～4mm；　　火焰：　乙炔-空气；　燃助比：　　1：4。

3. 仪器稳定后，以去离子水为空白喷雾调零，测定 1 中配制的各溶液的吸光度。

【结果处理】

1. 绘制镁的标准曲线即 $A\text{-}\rho_{Mg^{2+}}$ 曲线。

2. 根据待测水样的吸光度从标准曲线上查出水样中相应的镁含量。

3. 计算原水样中镁的含量（$mg \cdot L^{-1}$）。

【思考题】

1. 标准曲线法与标准加入法各有何优缺点？

2. 加入释放剂与不加释放剂的水样溶液，所测吸光度那个高，为什么？

实验72　豆粉中 Fe、Cu、Ca 营养元素的分析

【实验目的】

1. 掌握原子吸收光谱法测定食品中微量元素的方法。

2. 学习食品试样的处理方法。

【实验原理】

原子吸收光谱法是测定多种试样中金属元素的常用方法。测定食品中微量金属元素，首先要处理试样，将其中的金属元素以可溶的状态存在。试样可以用湿法处理，即试样在酸中消解制成溶液。也可以用干法灰化处理，即将试样置于马弗炉中，在 400～500℃高温下灰化，再将灰分溶解在盐酸或硝酸中制成溶液。

本实验采用干法灰化处理样品，然后测定其中 Fe、Cu、Ca 等营养元素。此法也可用于其他食品，如豆类、水果、蔬菜、牛奶中微量元素的测定。

【仪器与试剂】

1. 日立 180-70 原子吸收分光光度计，Fe、Cu、Ca 空心阴极灯，容量瓶（1000mL，100mL，50mL），吸量管（5mL，10mL），移液管（10mL），马弗炉，瓷坩埚，烧杯（50mL）。

2. 铜贮备液（$1.000mg \cdot mL^{-1}$）：准确称取 1.000g 纯金属铜溶于少量 $6mol \cdot L^{-1}$ 硝酸中，定量转移至 1000mL 容量瓶，用 $0.1mol \cdot L^{-1}$ 硝酸稀释至刻度。

3. 铁贮备液（$1.000mg \cdot mL^{-1}$）：准确称取 1.000g 纯铁丝，溶于 50mL $6mol \cdot L^{-1}$ 盐酸中，定量转移至 1000mL 容量瓶，用蒸馏水稀释至刻度。

4. 钙贮备液（$1.000mg \cdot mL^{-1}$）：准确称取于 110℃干燥的碳酸钙（A.R.）2.498g，加入少许蒸馏水润湿，滴加少量盐酸，使其全部溶解，移入 1000mL 容量瓶，用蒸馏水稀释至刻度。

5. 镧溶液（$50mg \cdot mL^{-1}$）：称取 $La(NO_3)_3 \cdot 6H_2O$（A.R.）15.6g，溶于少量蒸馏水中，

定量转移至 100mL 容量瓶，用蒸馏水稀释至刻度。

【实验步骤】

1. 试样的制备

准确称取 2g 试样[1]，置于瓷坩埚中，放入马弗炉，在 500℃灰化 2～3h，取出冷却至室温，加入 4mL 6mol·L^{-1} HCl 溶液，加热促使残渣完全溶解[2]。定量转移至 50mL 容量瓶，用蒸馏水稀释至刻度，摇匀。

2. 铜和铁的测定

（1）系列标准溶液的配制

Fe 标准溶液（100μg·mL^{-1}）：用移液管移取铁贮备液 10mL 至 100mL 容量瓶中，用蒸馏水稀释至刻度，摇匀。

Cu 标准溶液（20μg·mL^{-1}）：移取 2.0mL 铜贮备液至 100mL 容量瓶中，用蒸馏水稀释至刻度，摇匀。

Fe、Cu 系列标准溶液：在 5 只 100mL 容量瓶中，分别加入 100μg·mL^{-1} Fe 标准溶液 0.50mL、1.00mL、3.00mL、5.00mL、7.00mL 和 20μg·mL^{-1} Cu 标准溶液 0.50mL、2.50mL、5.00mL、7.50mL、10.00mL，再加入 8mL 6mol·L^{-1} HCl 溶液，用蒸馏水稀释至刻度，摇匀。

（2）标准曲线　铜的分析线为 324.8nm，铁的分析线为 248.3nm。其他测量条件通过实验选择。分别测量系列标准溶液中铜和铁的吸光度。

（3）试样溶液的分析　与标准曲线同样条件，测量步骤 1 制备的试样溶液中 Cu 和 Fe 的吸光度。

3. 钙的测定

（1）系列标准溶液的配制

Ca 标准溶液（100μg·mL^{-1}）：用移液管移取钙贮备液 10mL 至 100mL 容量瓶中，用蒸馏水稀释至刻度，摇匀。

Ca 系列标准溶液：用 5mL 吸量管分别移取 100μg·mL^{-1} Ca 标准溶液 0.5mL、1.0mL、2.0mL、3.0mL、5.0mL 于 5 只 100mL 容量瓶中，分别加入 8mL 6mol·L^{-1} HCl 溶液和 20mL 镧溶液，用蒸馏水稀释到刻度线，摇匀。

（2）标准曲线　钙的分析线为 422.7nm，逐个测定标准溶液的吸光度。

（3）试样溶液的分析

用 10mL 吸量管吸取步骤 1 制备的试样溶液至 50mL 容量瓶中，加入 4mL 6mol·L^{-1} HCl 溶液和 10mL 镧溶液，用蒸馏水稀释至刻度线，摇匀，测量其吸光度。

【结果处理】

1. 在坐标纸上分别绘制 Fe、Cu、Ca 的标准曲线。
2. 确定豆粉中 Fe、Cu、Ca 的含量（μg·g^{-1}）。

【思考题】

1. 为什么稀释后的标准溶液只能放置较短的时间，而贮备液则可以放置较长的时间？
2. 测定钙时，为什么加入镧溶液？

【附注】

[1] 如果样品中这些元素的含量较低，可以适当增加取样量。

[2] 处理好的试样溶液若混浊，可用定量滤纸干过滤。

实验 73 电感耦合等离子体发射光谱法测定白酒中的锰

【实验目的】

1. 了解电感耦合等离子体发射光谱仪的工作原理和结构。
2. 学习 ICP-AES 法测定白酒中锰的方法。
3. 学习湿式消解法处理样品。

【实验原理】

锰是人体正常代谢必须的微量元素，但是过量的锰进入体内可引起慢性中毒，表现出头晕、记忆力减退、嗜睡和精神萎靡等症状。白酒中的锰主要来源是用高锰酸钾处理酒而带入的。

白酒试样经湿法消解后稀释定容至一定的体积，制得试样溶液。将试样溶液导入 ICP-AES 等离子焰中，锰被原子化、激发并发射出其特征的原子发射光谱，测定锰的发射光谱强度，从校正曲线上确定其含量。

【仪器与试剂】

1. 电感耦合等离子体原子发射光谱仪（锰分析线 260.568nm，功率 1.20kW，等离子体流量 $15L \cdot min^{-1}$，雾化气压力 200kPa，辅助器流量 $1.5L \cdot min^{-1}$，读数次数 3 次），水浴锅，可调式电热板（或电炉）。
2. 硝酸，高氯酸。
3. 锰标准溶液，可以直接购买 GSB 04-1736-2004 锰标准溶液（$1000\mu g \cdot mL^{-1}$），也可用纯度超过 99.9% 的电解锰以硝酸（1+3）溶解配制成 $1000\mu g \cdot mL^{-1}$ 的标准溶液。

【实验步骤】

1. 混合酸消化液的配制：将市售硝酸、高氯酸按 5+1 的比例混合后配得。
2. 稀硝酸（5+95）：取 5 份浓硝酸与 95 份水混合配得。
3. 锰标准工作液：吸取 10.0mL 锰标准溶液置于 100mL 容量瓶中，以稀硝酸（5+95）定容至刻度，浓度为 $100\mu g \cdot mL^{-1}$。
4. 试样的预处理

取 100mL 白酒试样于 250mL 锥形瓶中，在水浴上蒸发至近干后，加入 20mL 混合酸消化液在电热板上消化。当棕色气体消失并冒白烟时，取下冷却，补加 2mL 消化液继续消化至再冒白烟为止（溶液变清）。定量转移至 25mL 容量瓶中，用水定容，待测。同时做试剂空白。

5. 标准系列溶液的配制和标准曲线的绘制

准确吸取 0.0、0.5mL、1.0mL、2.0mL、3.0mL、4.0mL 的锰标准工作液，分别置于 100mL 容量瓶中，以稀硝酸溶液定容。标准系列溶液的浓度为 0.0、$0.5\mu g \cdot mL^{-1}$、$1.0\mu g \cdot mL^{-1}$、$2.0\mu g \cdot mL^{-1}$、$3.0\mu g \cdot mL^{-1}$、$4.0\mu g \cdot mL^{-1}$。将各容量瓶中的锰标准溶液分别导入调至最佳条件的 ICP-AES 仪中，以锰含量对分析线强度绘制标准曲线，计算回归方程。

6. 试样测定与结果计算

将处理后的试液、试剂空白液导入 ICP-AES 仪中进行测定，由分析线强度和回归方程计算出相应的含量。按下式计算出试样中锰的含量。

$$\rho(\text{mg}\cdot\text{L}^{-1})=\frac{(c_1-c_0)\times V_2\times 1000}{V_1\times 1000}$$

式中，ρ 为试样中锰的含量，$\text{mg}\cdot\text{L}^{-1}$；$c_1$ 为试样溶液中锰的含量，$\mu\text{g}\cdot\text{mL}^{-1}$；$c_0$ 为试剂空白液中锰的含量，$\mu\text{g}\cdot\text{mL}^{-1}$；$V_2$ 为试样消化液定容总体积，mL；V_1 为试样体积，mL。计算结果表示到小数点后两位。在重复性条件下获得的两次独立测定结果的绝对差值不得超过算术平均值的 10％。

实验74 合金材料的电感耦合等离子体原子发射光谱（ICP-AES）法定性分析

【实验目的】

1. 了解利用 ICP-AES 同时进行金属元素定性的方法。

2. 学习 ICP-AES 仪的构造和工作原理。

3. 了解原子发射光谱仪的操作方法。

【实验原理】

ICP-AES 仪主要有电感耦合等离子体光源、进样系统、分光系统和检测系统组成。分析时，试液被雾化后形成气溶胶，由载气（氩气）携带进入等离子体焰炬，在焰炬的高温下（6000～8000K），溶质的气溶胶经过复杂的物理化学过程被迅速原子化，形成原子蒸气，并进而被激发，发射出元素的特征辐射，辐射光经分光后进入检测器被记录下来得到发射光谱，根据发射光谱的波长和特定波长的辐射强度可以对待测元素进行定性和定量分析。

等离子炬具有环状通道、惰性气氛、电离和自吸现象小等特点，因而具有选择性好、灵敏度高（检出限可达 $10^{-1}\sim 10^{-5}\ \mu\text{g}\cdot\text{mL}^{-1}$）、准确度和精密度高（相对标准偏差一般为0.5％～2％）、线性范围宽（4～6 个数量级）等优点，是分析试样中金属元素的最佳方法之一。可用于分析 70 多种元素，并可对痕量和常量元素进行直接测定。

【仪器与试剂】

1. 电感耦合等离子发射光谱仪，分析天平，烧杯（100mL），容量瓶（100mL），量筒，玻棒。

2. 硝酸溶液（1＋5），盐酸溶液（1＋1），浓盐酸。

【实验步骤】

1. 合金试样的溶解

准确称取 0.5g 合金切屑试样，置于 100mL 烧杯中，盖上表面皿，沿烧杯壁缓缓加入30mL 硝酸和 3mL 盐酸（1＋1），放置片刻后，加热溶解。试样溶解充分（有大气泡冒出）后，放置冷却，定量转移至 100mL 容量瓶中，以水定容。若试样溶液中有碳化物沉淀，须澄清后取上清液测定。

2. 开机和调试

（1）首先确认有足够的氩气可用于连续工作，确认废液收集器有足够的空间用于收集废液。

（2）打开氩气钢瓶，调节减压阀至 0.5～0.7MPa 之间。

（3）打开总电源、稳压电源、计算机电源，室温控制在 23℃左右。

（4）打开主机电源，系统进入自检状态。

（5）待系统自检完毕并预热后，打开启动文件，检查联系通讯情况。

（6）再次确认氩气储量和压力，驱气 30～60min。

（7）检查并确认泵管、雾化器、雾化室、等离子体炬管等是否正确安装。

（8）打开循环水、排风开关。

（9）上好蠕动泵夹，把样品管放入蒸馏水中。

（10）进入操作软件，设置功率、雾化器压力、冷却气流量、光室温度、检测器温度等相关参数。

（11）在确认无任何连锁报警信息提示后，点燃等离子体，并使其稳定 15～30min。

3. 试样的定性全分析

（1）打开"元素周期表"，选择"全元素"。

（2）在"定性分析"界面下，采集样品，进行全元素分析。

（3）在"定性结果"中显示定性分析结果。

（4）根据实验结果判定各元素是否存在。

4. 关机

（1）测试结束后，将进样管放入清水（或 5%硝酸溶液中）清洗 10min。

（2）按熄火键熄火。

（3）待光源温度下降后，关闭主机电源。

（4）关气瓶，关闭稳压电源。

（5）数据处理完毕后，关闭计算机，空调，电源开关，并盖上仪器防尘罩。

【思考题】

1. 为什么 ICP 光源能够提高光谱分析的灵敏度和准确度？

2. 简述等离子体焰炬的形成过程。

10.2 电化学分析法

实验75 食品添加剂、饲料及饮用水中氟含量的测定

【实验目的】

1. 掌握直接电位法的基本原理。

2. 掌握用氟离子选择性电极测定氟离子浓度的方法。

3. 了解氟离子选择性电极的基本性能及其使用方法。

4. 学习 pH/mV 计的使用及半对数坐标纸的应用。

【实验原理】

离子选择电极法是利用离子选择电极对特定的离子产生选择性响应，通过电位测量仪器直接测定或指示溶液中离子活度的电位测量方法。离子选择电极是一类具有敏感膜的电极，

它们都具有薄膜壳体，膜内装有一定浓度的被测离子溶液，即内参比溶液，其中插入一个内参比电极。膜材料可以是固体或液体，按离子选择电极的构型和作用机理，可以分为玻璃电极（如测 pH 值的玻璃电极）、固态膜电极（如用氟化镧单晶片制成的氟电极）和液态膜电极（如钙电极）等。离子选择电极测定溶液中离子活度时，将对被测离子有选择性响应的离子选择电极作指示电极。

氟离子选择性电极的敏感膜为 LaF_3 单晶膜（掺有微量氟化铕，以增加其导电性），电极管内封有 $NaF+NaCl$ 混合液作为内参比溶液，$Ag/AgCl$ 作内参比电极。将其插入含 F^- 待测溶液中时，在敏感膜内外两侧产生膜电位。电位与离子活度间的关系可用能斯特（Nernst）方程来描述。

以氟电极作为指示电极，以饱和甘汞电极作参比电极，浸入试液组成工作电池，则电池电动势以下式表示：

$$E = k - \frac{RT}{F} \ln a_{F^-}$$

由活度与浓度之间的关系 $a_{F^-} = \gamma c_{F^-}$（γ 为活度系数），以及路易斯经验式 $\lg \gamma = -k \sqrt{I}$（k 为常数，I 为离子强度），在测量时，只要固定离子强度，则 γ 可视作定值，所以上式可写为：

$$E = k - \frac{RT}{F} \ln a_{F^-} = k - 0.059 \lg c_{F^-}$$

E 与 $\lg c_{F^-}$ 呈线性关系，因此只要做出 E-$\lg c_{F^-}$ 的标准曲线，并测定样品溶液的 E_x 值，从标准曲线上即可求得样品中氟的含量。

氟离子选择性电极（简称氟电极）只对游离的氟离子有响应，而样品溶液中的氟离子非常容易与 Al^{3+}、Fe^{3+} 等离子配合。因此在测定时必须加入配位能力较强的配位体，如柠檬酸钠，掩蔽 Al^{3+}、Fe^{3+} 等离子，才能测得可靠准确的结果。另外氢氧根离子对氟电极有一定的干扰作用，控制待测溶液的 pH 在 5.0～5.5，可以消除这种干扰。

【仪器与试剂】

1. pH/mV 计，电磁搅拌器，氟电极，饱和甘汞电极，分析天平（感量 0.0001g），移液管（5mL、10mL、25mL），比色管（50mL），容量瓶（50mL、100mL、500mL），塑料烧杯（100mL），半对数坐标纸，超声波提取器，漏斗。

2. 盐酸溶液：1+4，1+1，1mol·L^{-1}。

3. 总离子强度调节缓冲液（使用时配制）

（1）乙酸钠溶液（3mol·L^{-1}）：称取 204g 乙酸钠溶于约 300mL 水中，冷却，以 1mol·L^{-1} 乙酸调节 pH≈7.0，转入 500mL 容量瓶，加水稀释至刻度。

（2）柠檬酸钠溶液（0.75mol·L^{-1}）：称取 110g 柠檬酸钠，溶于约 300mL 水中，加高氯酸 14mL，转入 500mL 容量瓶，加水稀释至刻度。

（3）将乙酸钠溶液（1）与柠檬酸钠溶液（2）等体积混合为总离子强度调节缓冲液。

4. 氟标准溶液

（1）氟标准储备液（1.00mg·mL^{-1}）：将分析纯 NaF 在 100℃ 时烘干 4h，于干燥器中冷至室温，准确称取 0.2210g 溶于二次蒸馏水中，移入 100mL 容量瓶中，稀释至刻度，然后储存在聚乙烯瓶中备用。

（2）氟标准稀释液（0.100mg·mL^{-1}）：吸取 5.0mL 的 1.00mg·mL^{-1} 氟标准储备液，置于 50mL 容量瓶中，加水稀释至刻度，摇匀。

（3）氟标准工作液（10.0μg·mL⁻¹）：吸取5.0mL的0.100mg·mL⁻¹氟标准稀释液，置于50mL容量瓶中，加水稀释至刻度，摇匀。即配即用。

【实验步骤】

1．仪器联接与预热

将氟离子选择电极和饱和甘汞电极与电位计的负端和正端联接，电极插入盛有水的50mL塑料烧杯中，开启仪器开关，预热仪器。

2．清洗电极

在烧杯中放入搅拌磁子，将氟电极和饱和甘汞电极插入水中。开启搅拌器，2～3min后，若电位计读数大于－200mV，则需更换烧杯中的水，连续清洗，直至读数小于－200mV。

3．样品测定

（1）食品添加剂磷酸氢钙中氟的测定

① 标准溶液的配制及测定　移取氟标准工作液1.00mL、2.00mL、3.00mL、4.00mL、5.00mL分别置于50mL容量瓶中，再分别准确加入4mL盐酸（1+4）溶液、25mL总离子强度缓冲液，用水稀释至刻度，摇匀备用。此系列溶液中氟的浓度分别为0.2μg·mL⁻¹、0.4μg·mL⁻¹、0.6μg·mL⁻¹、0.8μg·mL⁻¹、1.0μg·mL⁻¹。

按浓度从低到高的顺序，将各溶液倒入烧杯中，放入搅拌磁子，插入已经清洗好的两个电极，开启搅拌器，待电位计读数稳定后，读取电位值。

② 磷酸氢钙样品溶液的制备及测定　准确称取1.5g样品于100mL小烧杯中，准确加入4mL盐酸（1+4）溶液、25mL总离子强度缓冲液，溶解，转入100mL容量瓶中，加水稀释至刻度，摇匀。按照与标准溶液相同的测定方法，使用已清洗好的电极进行测定。读取稳定的电位值。

③ 磷酸氢钙中氟含量的计算　以平衡电位作纵坐标，氟离子浓度（μg·mL⁻¹）作横坐标，在半对数坐标纸上绘制标准曲线。从标准曲线上查出样品溶液中的氟含量。按下式计算试样中氟的质量分数（%）。

$$w(F) = \frac{c \times 10^{-6}}{m/100} \times 100 = \frac{c}{m} \times 10^{-2}$$

式中，c为从标准曲线上查得的氟离子浓度，μg·mL⁻¹；m为试样的质量，g；w为氟的质量分数，%。

（2）饲料中氟的测定

① 标准溶液的配制及测定　取7只50mL容量瓶，分别加入氟标准工作液（10.0μg·mL⁻¹）0.50mL、1.00mL、2.00mL、5.00mL、10.0mL，氟标准稀释液（0.100mg·mL⁻¹）2.00mL、5.00mL，再分别加入盐酸溶液（1+1）5.00mL，总离子强度缓冲液25mL，加水至刻度，混匀。上述标准工作液的浓度分别为0.1μg·mL⁻¹、0.2μg·mL⁻¹、0.4μg·mL⁻¹、1.0μg·mL⁻¹、2.0μg·mL⁻¹、4.0μg·mL⁻¹、10.0μg·mL⁻¹。

按浓度从低到高的顺序，将各溶液倒入烧杯中，放入搅拌磁子，插入已经清洗好的两个电极，开启搅拌器，待电位计读数稳定后，读取电位值。

② 饲料试液制备及测定　精确称取0.5～1g试样（精确至0.0002g），置于50mL比色管中，加入盐酸溶液（1mol·L⁻¹）5.0mL，密闭提取1h(不时轻轻摇动比色管)，应尽量避免样品粘于管壁上，或置于超声波提取器中密闭提取20min，提取后加总离子强度缓冲液

25mL，加水至刻度，混匀，干过滤。按照与标准溶液的配制及测定相同的方法测定滤液的平衡电位值。

③ 饲料中氟含量的计算

以平衡电位为纵坐标，氟离子浓度为横坐标，用回归方程计算或在半对数坐标纸上绘制标准曲线。从标准曲线上查出饲料试液中氟离子的浓度。按下式计算饲料中的氟含量。

$$x=\frac{\rho\times50\times1000}{m\times1000}=\frac{\rho}{m}\times50$$

式中，x 为试样中氟的含量，$mg\cdot kg^{-1}$；ρ 为饲料试液中氟的浓度，$\mu g\cdot mL^{-1}$；m 为饲料试样质量，g；50 为测试液体积，mL。

（3）生活饮用水中氟的测定

① 标准曲线法

a. 标准溶液的配制及测定　准确移取 0.50mL、1.00mL、1.50mL、2.00mL、3.00mL、4.00mL、5.00mL 氟标准工作液于 50mL 容量瓶中，加入离子强度缓冲液 10.00mL，加水稀释至刻度，摇匀。此标准系列溶液氟的浓度分别为 $0.100mg\cdot L^{-1}$、$0.200mg\cdot L^{-1}$、$0.300mg\cdot L^{-1}$、$0.400mg\cdot L^{-1}$、$0.600mg\cdot L^{-1}$、$0.800mg\cdot L^{-1}$、$1.00mg\cdot L^{-1}$。

按浓度从低到高的顺序，将各溶液倒入烧杯中，放入搅拌磁子，插入已经清洗好的两个电极，开启搅拌器，待电位计读数稳定后，读取电位值。

b. 水样测定　取水样 25.00mL，置于 50mL 容量瓶中，加入离子强度缓冲液 10.00mL，用水定容。将部分溶液倒入塑料烧杯中，插入两个电极，放入搅拌磁子，同上操作，读取稳定的电位值。

② 一次标准加入法　准确移取水样 25.00mL 置于 100mL 干燥的烧杯中，加入 10mL 离子强度缓冲液，20.00mL 去离子水。放入搅拌磁子，插入清洗干净的电极，开启搅拌器，读取稳定的电位值。在烧杯中再准确加入氟离子标准工作液 1.00mL，同样测量稳定的电位值。记录两次测定的电位值，计算出差值（$\Delta E=E_1-E_2$）。

③ 结果处理

a. 用系列标准溶液的数据，在坐标纸上绘制 E-$\lg c_{F^-}$ 曲线。

b. 根据水样测得的电位值，在标准曲线上查出对应的浓度值，计算水样中氟离子的含量（以 $mg\cdot L^{-1}$ 表示）。

c. 根据一次标准加入法所得的 ΔE 和从标准曲线上计算得到的电极响应斜率（S）代入下式计算水样中氟离子的含量。

$$c_{F^-}=\frac{c_s V_s}{V_x+V_s}(10^{\Delta E/S}-1)^{-1}$$

式中，c_s 为标准溶液的浓度；V_s 为标准溶液的加入体积；c_{F^-} 为水样中氟离子浓度；V_x 为水样的体积。

【思考题】

1. 氟离子选择电极在使用时应注意哪些问题？

2. 为什么要清洗氟电极，使其相应电位值小于 $-200mV$？

3. 柠檬酸盐在测量溶液中起哪些作用？

实验 76　自动电位滴定法测定弱酸离解常数

【实验目的】

1. 理解电位滴定的原理。

2. 学会用电位滴定法确定化学计量点及测定弱酸的 pK_a 值。

【实验原理】

电位滴定法是通过测定原电池电动势的突变,来确定化学计量点的一种滴定分析法。虽然电位滴定法的仪器装置及操作都比滴定分析法繁琐,但它对不能用滴定分析测定含量的物质的分析、寻找滴定分析合适的指示剂以及校正指示剂的终点颜色都具有一定的指导意义。

用电位分析法测定弱酸离解常数 K_a,组成的测量电池为:

pH 玻璃电极 $|$ $H^+(c=x)$ $\|$ KCl(s),Hg_2Cl_2,Hg

溶液的 pH 由下式表示:

$$pH_x = pH_s + \frac{E_{电池,x} - E_{电池,s}}{0.0592}$$

当用 NaOH 标准溶液滴定弱酸溶液时,滴定过程中溶液 pH 值的变化由 pH 玻璃电极测量,pH 值直接在 pH 计上读出。

若以 pH 值对 V、$\Delta pH/\Delta V$ 对 V 以及 $\Delta^2 pH/\Delta V^2$ 对 V 作图,可以求出滴定终点体积,或用二级微商法求出终点体积。

由终点体积算出弱酸原始浓度并算出终点时弱酸盐的浓度 $c_{盐}$。

弱酸 K_a 由下式计算:

$$[OH^-] = \sqrt{K_b c_{盐}} = \sqrt{\frac{K_w}{K_a} c_{盐}}$$

即

$$K_a = \frac{K_w c_{盐}}{[OH^-]^2}$$

【仪器与试剂】

1. ZD-2 型自动电位滴定计,pH 玻璃电极,饱和甘汞电极,烧杯(100mL),碱式滴定管(25mL)。

2. NaOH 标准溶液(0.1000mol·L^{-1}),一元弱酸(如醋酸等)。

3. KH_2PO_4-Na_2HPO_4 标准缓冲溶液(25℃,pH=6.86),邻苯二甲酸氢钾标准缓冲溶液(25℃,pH=4.01)。

【实验步骤】

1. 用 pH=7 的标准缓冲溶液校准 pH 计。

2. 准确移取 25mL 0.1mol·L^{-1} 一元弱酸溶液至一干净的 100mL 烧杯中。烧杯置于滴定装置的搅拌器上,放入搅拌磁子,将电极架下移,使 pH 玻璃电极和饱和甘汞电极插入试液。开启磁力搅拌器,由碱式滴定管逐滴加入 0.1000mol·L^{-1} NaOH 标准溶液,待读数稳定时读取 pH 值。刚开始滴定时 NaOH 溶液可多加一些,然后逐渐减少。接近终点时每次加 0.1mL。

用二级微商法算出终点 pH 值后，可用 ZD-2 型自动电位滴定计进行自动滴定。

【数据处理】

1. 绘制 pH 值对 V、$\Delta pH/\Delta V$ 对 V 以及 $\Delta^2 pH/\Delta V^2$ 对 V 的关系图，并从图上找出终点体积。

2. 计算终点体积和终点 pH 值，并把 pH 值换算成 $[OH^-]$。

3. 计算一元弱酸的原始浓度，$c_x = (c_{碱}V_{终})/25.00$，再计算终点时弱酸盐的浓度 $c_{盐}$。

4. 计算弱酸的离解常数 K_a。

【思考题】

1. 测定未知溶液 pH 值时，为什么要用 pH 标准缓冲溶液校准 pH 计？

2. 测得的弱酸 K_a 值与文献值比较是否有差异，如有，说明原因？

3. 用 NaOH 溶液滴定 H_3PO_4 溶液，滴定曲线形状如何？怎样计算 K_{a1} 及 K_{a2} 和 K_{a3}？

【注意事项】

1. 玻璃电极使用时必须小心，以防损坏。

2. 新的或长期未使用的玻璃电极使用前应在蒸馏水或稀 HCl 中浸泡 24h。

实验77 电位滴定法测定氯、碘离子浓度及 AgI 和 AgCl 的 K_{sp}

【实验目的】

1. 掌握电位滴定法测定离子浓度的基本原理。

2. 学会用电位滴定法测定难溶盐的溶度积常数。

【实验原理】

沉淀滴定法最广泛应用的是银量法测定卤素离子。用 $AgNO_3$ 滴定法可一次取样连续测定 Cl^-，Br^- 和 I^- 的含量。除卤素外，$AgNO_3$ 滴定法还可用于测定氰化物、硫化物、磷酸盐、砷酸盐、硫氰酸盐、硫醇等化合物的含量。

当银电极插入含有 Ag^+ 的溶液时，其电极反应的能斯特响应可表示为：

$$E = E^{\ominus \prime}_{Ag^+/Ag} + \frac{RT}{nF}\ln a_{Ag^+}$$

如果与一参比电极组成电池可表示为：

$$E_{电池} = E^{\ominus \prime}_{Ag^+/Ag} + \frac{RT}{nF}\ln a_{Ag^+} - E_{参比} + E_j$$

进一步简化为：

$$E_{电池} = K + \frac{RT}{nF}\ln a_{Ag^+} = K' + S \lg[Ag^+]$$

式中，K' 为包括 $E^{\ominus \prime}_{Ag^+/Ag}$、$E_{参比}$、$E_j$ 和 γ_{Ag^+} 的常数项。银电极不仅可指示溶液中 Ag^+ 的浓度变化，而且也能指示与 Ag^+ 反应的阴离子的浓度变化。例如，卤素离子。

本实验利用卤素阴离子（I^-、Cl^-）与银离子生成沉淀的溶度积 K_{sp} 非常小，在化学计量点附近发生电位突跃。从而通过测量电池电动势的变化来确定滴定终点。在终点时：

$$[Ag^+] = [X^-] = \sqrt{K_{sp}}$$

其中 X^- 为 Cl^-、I^-，代入终点时的滴定电池方程：

$$E_{ep} = K' + S\lg\sqrt{K_{sp}}$$

用上式可计算出被滴定物质难溶盐的 K_{sp}。而式中的 K' 和 S 值可利用第二终点之后过量的 $[Ag^+]$ 与 $E_{电池}$ 关系作 $E_{电池}$-$\lg[Ag^+]$ 图求得，由直线的截距确定 K'，斜率确定 S。

通常的电位滴定使用甘汞或 $AgCl/Ag$ 参比电极，由于它们的盐桥中含有的氯离子会渗漏于溶液中，不适合在这个实验中使用，故可选用甘汞双液接硝酸盐盐桥或硫酸亚汞电极。

【仪器与试剂】

1. pH/mV 计，电磁搅拌器，银电极，双液接饱和甘汞电极，烧杯（100mL），移液管（20mL）。

2. $AgNO_3$ 标准溶液（0.100mol·L^{-1}）：称量 8.5g $AgNO_3$，将其溶于 500mL 去离子水中，将溶液转入棕色试剂瓶中，置暗处保存。准确称取 1.461g 基准 NaCl，置于小烧杯中，用去离子水溶解后转入 250mL 容量瓶中，加水稀释至刻度，摇匀。准确移取 25.00mL NaCl 标准溶液于锥形瓶中，加 25mL 水，1.0mL 5% K_2CrO_4 溶液，摇匀，然后用 $AgNO_3$ 溶液滴定至砖红色即为终点。根据 NaCl 标准溶液浓度和滴定中所消耗的 $AgNO_3$ 体积，计算 $AgNO_3$ 的浓度。

3. $Ba(NO_3)_2$（固体），6mol·L^{-1} 硝酸溶液，试样溶液（其中含 Cl^- 和 I^- 均为 0.05 mol·L^{-1} 左右）。

【实验步骤】

1. 按图 10-4 安装仪器。

2. 用移液管移取 20.00mL 的 Cl^-、I^- 混合试样溶液于 100mL 烧杯中，再加约 30mL 水，加几滴 6mol·L^{-1} 硝酸溶液和约 0.5g $Ba(NO_3)_2$[1] 固体。将此烧杯放在磁力搅拌器上，放入搅拌磁子，然后将清洗后的银电极[2]和参比电极插入溶液。滴定管应装在烧杯上方适当位置，便于滴定操作。

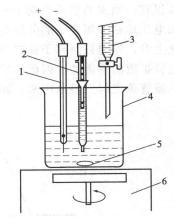

图 10-4　电位滴定装置
1—银电极；2—参比电极；3—滴定管；
4—烧杯；5—搅拌磁子；
6—磁力搅拌器

开动磁力搅拌器，溶液应稳定而缓慢地转动。开始每次加入滴定剂 1.0mL，待电位稳定后，读取并记录电位值和相应滴定剂体积。随着电位差的增大，减少每次加入滴定剂的量。当电位差值变化迅速，即接近滴定终点时，每次加入 0.1mL 滴定剂。第一终点过后，电位读数变化变缓，应增大每次加入滴定剂的量，接近第二终点时，按前述操作进行。

重复测定两次。每次的电极、烧杯及搅拌磁子都要清洗干净。

【数据处理】

1. 作 E-V，$\Delta E/\Delta V$-V，$\Delta^2 E/\Delta V^2$-V 滴定曲线。

2. 求算试样溶液中 Cl^- 和 I^- 的质量浓度（以 mg·L^{-1} 表示）。

3. 从实验数据计算 AgI 和 AgCl 的 K_{sp}。

【思考题】

1. 在滴定试液中加入 $Ba(NO_3)_2$ 的目的是什么？

2. 如果试液中 Cl^- 和 I^- 的浓度相同，当 AgCl 开始沉淀时，AgI 还有百分之几没有沉淀？

3. 如果有 1.0mol·L⁻¹氨与 Cl⁻和 I⁻共存在滴定试液中，将会对上述滴定产生什么样的影响？

【附注】

[1] 在未知液中加入 HNO_3 和强电解质 $Ba(NO_3)_2$，可消除沉淀被电极的吸附，提高测量的准确度。

[2] 银电极在使用前用砂纸轻轻打磨，用水洗净，再用滤纸吸干。

实验 78　单扫描示波极谱法测定铅和镉

【实验目的】

1. 掌握单扫描示波极谱法的基本原理。
2. 掌握示波极谱仪的使用方法。

【实验原理】

极谱法是在静置溶液中以滴汞电极（DME）为工作电极的电化学分析法。在通常的极谱分析中，滴汞周期约为 3～5s，施加在 DME 上的线性变化电压很慢，约 $0.2V·min^{-1}$。

单扫描示波极谱法是快速电分析测量技术之一，其扫描速度大于 $250mV·s^{-1}$。施加极化电压仅在一滴汞的生长后期 1～2s 内，就可完成一个完整的极谱图。由于扫描速度较快，当扫描电压达到被测离子的分解电位的瞬间，电极附近的被测离子全部还原在电极上，使电流急速上升，这时被测离子在电极附近的浓度趋近于零，电流又下降到一个取决于该被测离子向电极扩散的平衡值，因而形成了一个畸峰状的极谱波。电流随电位变化的 i-E 曲线可直接从示波管荧光屏上显示出来，如图 10-5 所示。

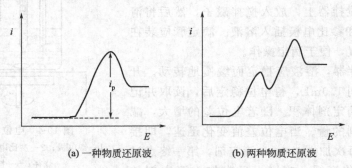

(a) 一种物质还原波　　　　(b) 两种物质还原波

图 10-5　单扫描极谱图

单扫描示波极谱法定量分析所依据的方程与经典极谱法有所不同。其服从 Randles-Sevcik 方程。对可逆电极反应过程，图 10-5(a) 中的峰电流 i_p 可表示为：

$$i_p = 2.29 \times 10^2 n^{3/2} m^{2/3} t_p^{2/3} D^{1/2} v^{1/2} c$$

式中，i_p 为峰电流，A；n 为电子转移数；m 为汞流速，$mg·s^{-1}$；t_p 为汞滴生长至电流峰出现的时间，s；D 为扩散系数，$cm^2·s^{-1}$；v 为扫描速度，$V·s^{-1}$；c 为被测物质浓度，$mol·L^{-1}$。

在一定的实验条件下，峰电流 i_p 与被测物质的浓度 c 呈正比，即

$$i_p = kc$$

1. JP-1A 型或 JP-2 型示波极谱仪, 烧杯 (10mL), 吸量管 (1mL), 移液管 (10mL, 25mL), 容量瓶 (50mL)。

2. Cd^{2+} 标准溶液 ($1.00 \times 10^{-3} mol \cdot L^{-1}$), Pb^{2+} 标准溶液 ($1.00 \times 10^{-3} mol \cdot L^{-1}$), 盐酸 ($4mol \cdot L^{-1}$), 明胶溶液 ($5g \cdot L^{-1}$)。

【实验步骤】

1. 准确吸取用滤纸过滤的含 Cd^{2+}、Pb^{2+} 水样 25mL 于 50mL 容量瓶中, 加入 15mL $4mol \cdot L^{-1}$ HCl 溶液、1.00mL $5g \cdot L^{-1}$ 明胶溶液。用蒸馏水稀释至刻度, 摇匀备用。

2. 吸取上述溶液 10.00mL 于 10mL 小烧杯中, 以 $-0.30V$ 为起始电位, 用示波极谱仪测量镉和铅的阴极导数极谱波, 读取其波峰高度值。

3. 在上述测量溶液中, 分别加入 $1.00 \times 10^{-3} mol \cdot L^{-1}$ 的镉和铅的标准溶液各 0.30mL, 搅匀后同操作 2, 测量镉、铅的阴极导数波。

【数据处理】

根据标准加入法公式计算水样中镉和铅的浓度:

$$c_x = \frac{c_s V_s h}{(V_x + V_s)H - hV_x}$$

式中, c_x 为被测物质在试液中的浓度; V_x 为试液的体积; c_s 为加入标准溶液的浓度; V_s 为加入标准溶液的体积; h 和 H 分别为加入标准溶液前后的峰高。

【思考题】

1. 比较单扫描极谱法与经典极谱法的异同点。

2. 单扫描极谱法在测定中为什么不需除氧?

3. 单扫描极谱图为什么出现尖峰状?

实验79 天然水中钼的极谱催化波测定

【实验目的】

1. 学习用极谱催化波方法测定微量钼的原理。

2. 熟练掌握单扫描示波极谱仪的使用。

【实验原理】

钼广泛用于冶金、电子、石油加工、纺织、陶瓷、颜料及化工等行业中。天然水和供水源中钼的含量为 $10^{-4} \sim 1mg \cdot L^{-1}$, 它主要以钼酸根形式存在。若用含钼污水灌溉农田, 钼对农作物有危害。

Mo(Ⅵ) 在 H_2SO_4 中, 可被还原为 Mo(Ⅴ)、Mo(Ⅲ)。如溶液中存在另一种氧化剂, 如 $KClO_3$, 它在 Mo(Ⅵ) 还原的电位范围内不发生电极反应, 但它却能把电极表面刚生成的低价钼氧化成高价钼, 这样后者还没有扩散到溶液中就又在电极上还原而产生电流。

在硫酸-苦杏仁酸-氯酸盐体系中, 钼可发生如下反应:

$$MoO_4^{2-}\text{-苦杏仁酸} + e^- \Longrightarrow Mo(Ⅴ)\text{-苦杏仁酸}$$

$$6Mo(Ⅴ)\text{-苦杏仁酸} + ClO_3^- + 6H^+ \Longrightarrow 6MoO_4^{2-}\text{-苦杏仁酸} + Cl^- + 3H_2O$$

反应的结果是，Mo(Ⅵ) 的浓度没有发生变化，消耗的是氧化剂 $KClO_3$，Mo(Ⅵ) 相当于一种催化剂，催化了 $KClO_3$ 的还原反应。因催化反应而增加的电流称为催化电流。催化电流远远大于溶液中 Mo(Ⅵ) 的扩散电流，在一定浓度范围内与催化剂的浓度成正比。

在硫酸-苦杏仁酸-氯酸盐体系中，MoO_4^{2-} 在 $-0.24V$（对 SCE）处能产生一灵敏的催化波。苦杏仁酸的作用是能与 MoO_4^{2-} 形成配合物，并在汞电极上吸附，提高了灵敏度。本方法测定范围为 $0.1 \sim 40\mu g \cdot L^{-1}$。

水中许多常见元素，例如：钙、镁、铜、铅、镉、锌等，含量为钼的 5000 倍时，对测定无干扰。高含量铁、硒、钨、锡、锑、钒等元素对测定有影响，但按本方法加浓硫酸蒸至冒尽白烟，再加底液测定，则 Fe^{3+} 含量高于钼 5000 倍时也无干扰。对于含硒、锡、锑量高的样品，事先加入氢溴酸和浓硫酸，冒尽白烟，可消除或降低其对测定的干扰。当含钨量高时，事先加入 $0.5mL$ 0.4% 的辛可宁，可使其允许量达到钼的 500 倍，加入少量 5% EDTA 可消除钒对钼测定的干扰。

【仪器与试剂】

1. JP-2 型示波极谱仪，三电极系统，烧杯（10mL，25mL），吸量管（1mL，10mL），容量瓶（100mL）。

2. MoO_4^{2-} 贮备液（含 Mo $100\mu g \cdot mL^{-1}$）：准确称量 $0.1840g$ 分析纯 $(NH_4)_6Mo_7O_{24} \cdot 4H_2O$（钼酸铵），将其溶于 100mL 水中，加入 1.0mL 浓氨水，定量转移至 1L 容量瓶，用水稀释至刻度，摇匀备用。

3. MoO_4^{2-} 标准溶液（含 Mo $1\mu g \cdot mL^{-1}$）：准确移取上述 MoO_4^{2-} 贮备液 1.0mL，至 100mL 容量瓶中，用水稀释至刻度，摇匀备用。

4. 饱和 $KClO_3$ 溶液，H_2SO_4（$5.0mol \cdot L^{-1}$，浓），苦杏仁酸溶液（$0.5mol \cdot L^{-1}$）。

【实验步骤】

1. 标准曲线制作

取 7 只 10mL 烧杯，分别加入 0.00mL、0.01mL、0.04mL、0.08mL、0.12mL、0.16mL、0.20mL 钼标准溶液，再依次加 1.00mL $5.0mol \cdot L^{-1}$ H_2SO_4 溶液，6.00mL 饱和 $KClO_3$ 溶液，放置 10min，然后加入 1.00mL $0.5mol \cdot L^{-1}$ 苦杏仁酸溶液，再补加饱和 $KClO_3$ 溶液至总体积 10.00mL 摇匀。在 $-0.8 \sim -0.2V$ 之间，用导数极谱法测定峰高，以 Mo 浓度（$\mu g \cdot L^{-1}$）对峰高作图，即得标准曲线。

2. 河水水样中钼含量的测定

取 10.00mL 水样于 25mL 烧杯中，缓缓加入 0.5mL 浓 H_2SO_4。在电热板上加热蒸发至冒尽白烟，取下冷却，以下操作同标准曲线制作步骤，记录峰高。平行测定 3 次。

【数据处理】

1. 以 Mo 浓度（$\mu g \cdot L^{-1}$）对峰高作标准曲线图。

2. 用最小二乘法处理标准曲线。计算未知试样中的 Mo 含量。

【思考题】

1. 简述化学反应与电极反应平衡的极谱催化波原理。要保证催化作用进行，对另加入的辅助氧化剂的量有什么要求？对辅助氧化剂与氧化剂的相对氧化性能有什么要求？

2. 在 MoO_4^{2-} 测定中苦杏仁酸和 $KClO_3$ 的作用是什么？

【注意事项】

1. 底液中各组分的浓度对钼测定的灵敏度有影响。当酸度增加时，峰电流下降；氯酸钾浓度增加时，峰电流也增大。因此，应准确控制测定中各试剂的加入量。

2. 本法测定的是一阶导数波，峰型如图 10-6 所示。读取负峰右半部分峰高易于掌握，重现性较好，且与浓度呈线性关系。

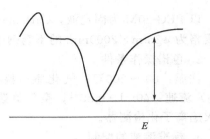

图 10-6　钼催化波导数示波极谱图

10.3　色谱分析法

实验80　酒精饮料中各成分的分离和分析

【实验目的】

1. 了解程序升温色谱在复杂样品分析中的应用。
2. 掌握程序升温色谱的操作方法。
3. 熟练使用色谱工作站系统。

【实验原理】

程序升温是气相色谱分析中一项重要的技术，它是指在一个分析周期里，色谱柱的温度按照适宜的程序连续地随时间呈线性或非线性升高的色谱操作方式。在程序升温中，采用足够低的初始温度，低沸点组分就能得到良好的分离，然后随着温度不断升高，沸点较高的组分就逐一被升高的柱温"推出"色谱柱，高沸点组分也能较快地流出，并和低沸点组分一样得到良好的峰形尖锐的色谱峰。

在程序升温操作时，宜采用双柱、双气路，即使用两根完全相同的色谱柱，两个检测器并保持色谱条件完全一致，这样可以补偿由于固定液流失和载气流量不稳等因素引起的检测器噪声和基线漂移，以保持基线平直。若使用单柱，应先不进样运行，把空白色谱信号（即基线信号）储存起来，然后进样，记录样品信号与储存的空白色谱信号之差。这样虽然也能补偿基线漂移，但效果不如双柱、双气路系统理想。

酒精饮料所含微量芳香成分复杂，决定白酒的香味、口感的主要成分是其中的醇、酯、醛等物质，共百余种，它们的极性和沸点变化范围很大，以致采用定温色谱方法不能很好地一次同时进行分析。使用 PEG-20M 为固定液，Carbopack B AW 为担体制成的色谱柱，采用程序升温操作方式，以内标法定量，就能较好地对各组分进行测定。

【仪器与试剂】

1. 气相色谱仪，全自动氢气发生器，微量注射器（20μL，1μL），容量瓶（25mL）。

2. 甲醇，乙醇，正丙醇，正丁醇，异戊醇，乙醛，乙酸乙酯，己酸乙酯，乙酸正戊酯。以上均为分析纯试剂。待测酒精饮料，60％乙醇。

【实验步骤】

1. 色谱柱的准备

以 PEG-20M 为固定液，Carbopack B AW（80～120 目）为担体，液担比为 6.6%，制备规格为 $\phi 2mm \times 2000mm$ 的不锈钢或玻璃色谱柱。

2. 色谱操作条件

柱温：$80 \sim 200℃$；气化室、检测器温度：$220℃$；氢气流速：$40mL \cdot min^{-1}$；载气（N_2）流速：$40mL \cdot min^{-1}$；空气流速：$450mL \cdot min^{-1}$；升温速率：$4℃ \cdot min^{-1}$；检测器：氢火焰离子化检测器。

3. 标准溶液的配制

以 60% 乙醇水溶液为溶剂。首先在 25mL 容量瓶中预先放入 3/4 容积的溶剂，然后分别加入 $20.0\mu L$ 甲醇、正丙醇、正丁醇、异戊醇、乙醛、乙酸乙酯、己酸乙酯及乙酸正戊酯，再用溶剂稀释至刻度，充分摇匀。

4. 样品制备

预先用待测饮料荡洗 25mL 容量瓶，然后移取 $20.0\mu L$ 乙酸正戊酯至容量瓶中，再用待测饮料稀释至刻度，摇匀。

5. 测定

打开仪器，启动程序升温系统，设置色谱柱升温程序，待仪器稳定后，依次注入 $1.0\mu L$ 标准溶液及待测样品溶液。记录谱图。

【数据处理】

1. 以保留时间进行定性分析，确定各物质的色谱峰。

2. 以乙酸正戊酯为内标物，根据标准溶液的色谱图分别求出各物质的校正因子。

3. 采用内标法计算待测酒精饮料中各组分的含量。

【思考题】

1. 在哪些情况下，需采用程序升温色谱操作对样品进行分离？

2. 与恒温色谱相比，程序升温色谱操作具有哪些优缺点？

实验 81　高效液相色谱法测定咖啡因（外标法）

【实验目的】

1. 掌握高效液相色谱仪的使用。

2. 掌握采用高效液相色谱法进行定性及定量分析的基本方法。

【实验原理】

咖啡因又称咖啡碱，属黄嘌呤衍生物，化学名称为 1,3,7-三甲基黄嘌呤，是从茶叶或咖啡中提取而得的一种生物碱。它能兴奋大脑皮层，使人精神兴奋。咖啡中含咖啡因约为 1.2%～1.8%，茶叶中约含 2.0%～4.7%。可乐饮料、APC 药片均含咖啡因。其分子式为 $C_8H_{10}O_2N_4$，结构式为：

定量测定咖啡因的传统分析方法是萃取分光光度法。本实验的样品在碱性条件下，用氯仿定量萃取，然后用反相高效液相色谱法将饮料中的咖啡因与其他组分（如单宁酸、咖啡酸、蔗糖等）分离后，将已配制的浓度不同的咖啡因标准溶液也进入色谱系统。流速和泵的压力在整个实验过程中是恒定的，测定它们在色谱图上的保留时间 t_R（或保留距离）和峰面积 A，然后可直接用 t_R 定性，用峰面积 A 作为定量测定的依据，采用工作曲线法（即外标法）测定饮料中的咖啡因含量。

【仪器与试剂】

1. 1100 型高效液相色谱仪，色谱柱 [ODS（$n\text{-}C_{18}$）柱]，注射器（10μL），容量瓶（100mL，25mL，10mL），吸量管（2mL），移液管（25mL），分液漏斗（125mL），烧杯（250mL，100mL），漏斗。

2. 咖啡因贮备溶液（1000mg·L^{-1}）：准确称取 0.1000g 咖啡因（于 110℃ 下烘干 1h），用氯仿溶解，定量转移至 100mL 容量瓶中，用氯仿稀释至刻度。

3. 甲醇（色谱纯），二次蒸馏水，氯仿（A.R.），NaOH 溶液（1mol·L^{-1}），饱和 NaCl 溶液，无水 Na_2SO_4（A.R.），咖啡因（A.R.），可口可乐（1.25L 瓶装），雀巢咖啡，茶叶。

【实验步骤】

1. 按操作说明书开启色谱仪工作站，色谱条件为柱温：室温；流动相：甲醇：水＝60：40；流动相流量：1.0mL·min^{-1}；检测波长：275nm。

2. 咖啡因系列标准溶液配制

取 6 个 10mL 容量瓶，用吸量管分别加入 0.4mL、0.6mL、0.8mL、1.0mL、1.2mL 和 1.4mL 咖啡因贮备液，用氯仿定容至刻度，摇匀。

3. 样品的处理

（1）可口可乐样品　将约 100mL 可口可乐置于一个洁净、干燥的 250mL 烧杯中，剧烈搅拌 30min 或用超声波脱气 5min，以赶尽可乐中的二氧化碳。

（2）咖啡样品　准确称取 0.25g 咖啡，用蒸馏水溶解后，定量转移至 100mL 容量瓶中，定容、摇匀。

（3）茶叶样品　准确称取 0.30g 茶叶，用 30mL 蒸馏水煮沸 10min，冷却后，将上层清液转移至 100mL 容量瓶中，并按此步骤再重复两次，最后用蒸馏水定容至刻度。

将上述三种样品溶液分别进行干过滤，弃去前过滤液，取后面的过滤液。再分别吸取上述三份样品滤液 25.00mL 于 125mL 分液漏斗中，加入 1.0mL 饱和氯化钠溶液，1mL 1mol·L^{-1} NaOH 溶液，然后用 20mL 氯仿分三次萃取（10mL、5mL、5mL）。将氯仿提取液分离后经过装有无水硫酸钠的小漏斗（在小漏斗的颈部放一团脱脂棉，上面铺一层无水硫酸钠）脱水，滤液用 25mL 容量瓶接收，最后用少量氯仿多次洗涤装有无水硫酸钠的小漏斗，将洗涤液合并至容量瓶中，定容至刻度。

4. 工作曲线的绘制

待液相色谱仪基线平直后，分别注入咖啡因标准系列溶液 10μL，重复两次，要求两次所得的咖啡因色谱峰面积基本一致，否则，继续进样，直至每次进样色谱峰面积重复，记下峰面积和保留时间。

5. 样品测定

分别注入样品溶液 10μL，根据保留时间 t_R 确定样品中咖啡因色谱峰的位置，再重复两次。记下咖啡因色谱峰面积。

【结果处理】

1. 根据咖啡因系列标准溶液的色谱图，绘制咖啡因峰面积与其浓度的关系曲线。

2. 根据样品中咖啡因色谱峰的峰面积，由工作曲线计算可口可乐、咖啡、茶叶中咖啡因的含量（分别用 $mg \cdot L^{-1}$，$mg \cdot g^{-1}$ 和 $mg \cdot g^{-1}$ 表示）。

【思考题】

1. 根据结构式，咖啡因能否用离子交换色谱法分析？

2. 若标准曲线用咖啡因浓度对峰高作图，能给出准确结果吗？与本实验的标准曲线相比哪个更优越？

3. 在样品干过滤时，为什么要弃去前面的过滤液？这样做会不会影响实验结果？

【注意事项】

1. 测定咖啡因的传统方法是先经萃取，再用分光光度法测定。由于一些具有紫外吸收的杂质同时被萃取，所以，测定结果具有一定误差。液相色谱法先经色谱柱高效分离后再检测分析，测定结果正确。实际样品成分往往比较复杂，如果不先萃取而直接进样，虽然操作简单，但会影响色谱柱的寿命。

2. 不同品牌的茶叶、咖啡中咖啡因含量不大相同，称取的样品量可酌量增减。

3. 若样品和标准溶液需保存，应置于冰箱中。

4. 为获得良好结果，标准和样品的进样量要严格保持一致。

实验82　高效液相色谱法测定 APC 片剂的含量（内标法）

【实验目的】

1. 掌握高效液相色谱定量中的内标法。

2. 熟悉高效液相色谱仪的使用技术。

3. 了解高效液相色谱法在药物制剂含量测定中的应用。

【实验原理】

高效液相色谱法用于药物制剂中多种组分的含量测定，具有其独特的优点。通常采用外标法、内标法进行定量分析。本实验采用内标法测定 APC(复方阿司匹林) 片剂中各组分的含量。

内标法是选择样品中不含有的纯物质作为对照物质加入待测样品溶液中，根据它们所称重量与其对应的峰面积之间的关系，测定待测组分的含量。内标法的特点是只要待测组分及内标物出峰。且分离度合乎要求，就可用于定量分析，很适用于测定药物中的微量有效成分，特别是微量杂质的含量测定。由于杂质与主成分含量相差悬殊，无法用归一化法测定杂质含量，但用内标法则很方便。只需在样品中加入一个与杂质量相当的内标物，增大进样量突出杂质峰，根据杂质峰与内标物峰面积之比，便可求出杂质的含量。

准确称取样品，加入一定量的内标物，测得色谱峰面积与各组分质量之间有如下关系：

$$\frac{m_i}{m_B} = \frac{A_i f_i}{A_B f_B}$$

式中，m_i为被测组分的质量；m_B为内标物的质量；A_i为被测组分的峰面积；A_B为内标物峰面积；f_i为被测组分的质量校正因子；f_B为内标物的质量校正因子。

（1）相对校正因子的测定

高效液相色谱的校正因子很难从手册中查到，常常需要自己测定。测定时，首先配制含有m_B基准物质（内标物）和m_i待测物质的对照品溶液。在与测定样品完全相同的实验条件下，进样 5～10 次，测定内标物的峰面积A_B和i组分的峰面积A_i。用下式计算相对校正因子：

$$f'_i = \frac{A_B m_i}{A_i m_B}$$

式中，m_i和m_B也可用待测物质和基准物质的浓度代替。

（2）每片中各组分含量

$$每片含量 = \frac{A_i f_i}{A_B f_B} \cdot m_B \cdot \frac{m_n/n}{m} = \frac{A_i}{A_B} \cdot f'_i m_B \cdot \frac{m_n/n}{m}$$

式中，m_n/n为平均片重，g/片，其中n为所取片数；m_n为n片的总质量；m为样品质量。

（3）标示含量百分比

药典规定，制剂中各组分含量用标示含量（相当于标示量的百分含量）表示，因此：

$$标示含量(\%) = \frac{每片含量}{标示量} \times 100\%$$

【仪器与试剂】

1. 1100 型高效液相色谱仪，色谱柱（日立 3010，0.2cm × 50，ϕ4mm），注射器（1μL），容量瓶（100mL），漏斗，具塞锥形瓶（125mL），研钵，分析天平。

2. 甲醇，三乙醇胺，氯仿-无水乙醇（1:1），APC 片，阿司匹林，非那西汀，咖啡因及对乙酰氨基酚标准品。

【实验步骤】

1. 按操作说明书开启色谱仪工作站，设置色谱条件：柱温为室温；流动相为甲醇（含1/500 三乙醇胺）；流动相流量为 1.0mL·min^{-1}；检测波长为273nm。

2. 溶液配制

（1）标准溶液的配制

按药典规定每片 APC 片中各成分的含量，准确称取阿司匹林标准品约 0.220g，非那西汀标准品约 0.150g，咖啡因标准品约 0.035g 和对乙酰氨基酚（内标物）标准品约0.035g，置于 100mL 容量瓶中，加入氯仿-无水乙醇（1:1）溶解，并稀释至刻度，摇匀，备用。

（2）样品溶液的配制

取 5～10 片 APC，准确称重后放入研钵中研成细粉，准确称取约平均 1 片重量的粉末，放入 125mL 具塞锥形瓶中，加入 40mL 氯仿-无水乙醇（1:1）溶剂，振摇 5min，放置5min，再振摇 5min，放置 5min。将上清液滤至 100mL 容量瓶中（瓶中事先加入准确称量的内标物对乙酰氨基酚约 0.035g）。锥形瓶中沉淀再用上述溶剂及方法提取两次，溶剂的用量分别为 20mL、10mL。上层清液滤至容量瓶中。最后将沉淀及提取液一并倒入漏斗中，滤液接入容量瓶中。用溶剂洗涤锥形瓶，而后洗涤漏斗中的滤渣，合并滤液和洗涤液并补充至容量瓶刻度，摇匀，备用。

　　3. 进样

用微量注射器吸取标准溶液 $1\mu L$ 注入色谱柱，记录色谱图及各峰面积。重复进样 3 次，同样吸取样品液 $1\mu L$，重复进样 3 次。

【数据处理】

1. 按原理中给出的公式，计算阿司匹林、非那西汀、咖啡因的相对校正因子。

2. 按原理中给出的公式，分别求出 APC 片中阿司匹林、非那西汀、咖啡因的含量及标示含量。

【思考题】

1. 内标法与外标法有何区别？

2. 高效液相色谱仪的主要部件及其性能有哪些？

【注意事项】

1. 高效液相色谱法所用的溶剂纯度需符合要求，否则要进行纯化。

2. 流动相需经过滤、脱气后方能使用。

3. 进样量应准确。

实验 83　薄层荧光扫描法测定中药黄连中的小檗碱

【实验目的】

1. 了解薄层荧光扫描法的基本原理，掌握薄层色谱法的实验技术。

2. 掌握薄层扫描仪的使用方法和数据处理方法。

3. 熟悉薄层扫描法在药物分析中的应用。

【方法原理】

薄层色谱法将固定相（例如硅胶）均匀涂布在玻璃板上，将被分离物质的溶液点样在薄层板的一端，置于展开室中，展开剂（流动相）借毛细作用从薄层点样的一端展开到另一端，在此过程中，不同物质由于与固定相的作用力不同，因而移动速度不同，经过一定时间之后，不同物质在薄层板上得到分离，呈现不同的斑点。

黄连 (*Rhizoma Coptidis*) 是毛茛科植物黄连（味连）、三角叶黄连（雅连）或云连（川连）的根茎，具有清热燥湿、清心除烦、泻火解毒等功效。黄连的主要活性成分是小檗碱 (berberine)，中国药典规定黄连中小檗碱以盐酸小檗碱计，不得少于 3.6%。除了小檗碱之外，黄连中还含有黄连碱、巴马厅、药根碱、表小檗碱和非洲防己碱等生物碱。这些生物碱的分子结构及光谱性质相近，若直接用吸光光度法或荧光法测定黄连中小檗碱的含量，会存在组分间的干扰。因此，黄连中小檗碱的测定一般用薄层色谱法或液相色谱法等分离分析方法。

黄连提取液中的各种生物碱通过薄层色谱进行分离，形成若干斑点，在紫外光照射下，呈现绿色荧光。通过薄层荧光扫描，可以获得黄连样品的荧光色谱图。将色谱图中荧光斑点的保留值（比移值）与小檗碱对照品的保留值进行对比，可以识别样品色谱图中的小檗碱斑点，再通过测量荧光强度，即可实现样品中小檗碱的定量分析。

【仪器与试剂】

1. CS-9301PC 薄层扫描仪（日本，岛津），ZF-2 型三用紫外仪，玻璃层析缸（10cm×10cm），薄层板，硅胶 G 板（10cm×10cm），定量毛细管：$0.5\mu L$、$1.0\mu L$、$2.0\mu L$，烧杯（100mL）。

2. 色谱展开剂：乙酸乙酯-氯仿-甲醇-浓氨水-二乙胺（10:2:2:1:0.5）。

3. 盐酸小檗碱对照品溶液：$0.020mg \cdot mL^{-1}$ 甲醇溶液。

4. 中药黄连样品溶液：精密称取干燥的味连、雅连和云连样品（过 40 目筛）0.1000g 于100mL 烧杯中，加入 15mL 甲醇，用保鲜膜把口封好，置 40℃水浴中加热 15min，冷却后用甲醇定容至 25mL，再稀释 10 倍，作为样品溶液，浓度为 $0.4mg \cdot mL^{-1}$。

【实验步骤】

1. 在层析缸中加入展开剂，加盖放置，使层析缸内被展开剂蒸气饱和。

2. 在距薄层板底边 15mm 处用铅笔轻画点样线，然后用毛细管吸取小檗碱溶液 $0.5\mu L$、$1.0\mu L$、$1.5\mu L$、$2.0\mu L$（分别含小檗碱 $0.01\mu g$、$0.02\mu g$、$0.03\mu g$、$0.04\mu g$），自薄层板右边20mm 处向左间隔 10mm 依次点样。吸取 $1.0\mu L$ 黄连样品溶液，点样。

3. 将薄层板浸入展开剂 5~10mm，上行展开，展距约 70mm 时，取出，晾干。

4. 将薄层板置于紫外灯（365nm）下，观察荧光斑点。

5. 将薄层板置于薄层扫描仪上，对色谱条带逐个进行荧光反射线性扫描。仪器条件：光源：氙灯；光斑尺寸：$0.4mm \times 5.0mm$；激发波长：345nm；滤光片：4 号（K546）。

【结果处理】

1. 小檗碱定性鉴别

根据小檗碱纯品及黄连样品的薄层荧光扫描图定性鉴别小檗碱。

图 10-7 和图 10-8 给出了扫描结果的示意图。图 10-7 中小檗碱色谱峰的位置在 35mm处；图 10-8 薄层荧光扫描图在 30mm、35mm、51mm 和 62mm 处出现色谱峰，分别对应于巴马厅、小檗碱、表小檗碱和黄连碱。

2. 盐酸小檗碱标准曲线的绘制

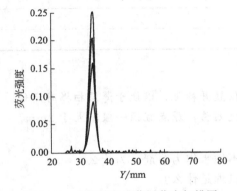

图 10-7　小檗碱纯品薄层荧光扫描图

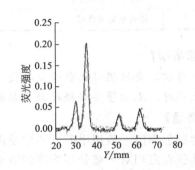

图 10-8　三种黄连样品薄层荧光扫描图

利用薄层扫描仪数据处理软件，计算图 10-7 中各色谱峰的积分荧光强度（峰面积），结果列于表 10-2(表中给出的数据为示例)。根据表 10-2 数据，绘制标准曲线（图 10-9 为利用表 10-2 所给出数据绘制的标准曲线）。对标准曲线进行回归分析，可得回归方程和相关系数。示例图 10-9 中的线性回归方程为 $F=87+1.354\times10^4 m(\mu g)$，相关系数为 $R=0.9994$。

表 10-2　盐酸小檗碱标准系列的积分荧光强度

浓度/μg	0.01	0.02	0.03	0.04
示例:积分荧光强度	218	361	500	623
实测积分荧光强度				

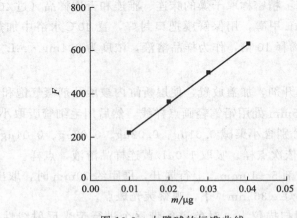

图 10-9　小檗碱的标准曲线

3. 黄连样品中小檗碱含量的计算

将实际样品薄层扫描图中小檗碱的积分荧光强度列于表 10-3 中（表中数据为示例）。

根据上述回归方程和各样品中小檗碱斑点的积分荧光强度计算小檗碱的含量。将计算结果列于表 10-3。

表 10-3　黄连样品中盐酸小檗碱的含量

项　　目	样品	川连	味连	雅连
示例	积分荧光强度 F	374	454	501
	盐酸小檗碱含量/%	5.3	6.8	7.6
实测	积分荧光强度 F			
	盐酸小檗碱含量/%			

【注意事项】

1. 点样前，要根据样品数量精心设计点样位置并标记，以便于薄层扫描时定位。

2. 点样时，毛细管要轻轻接触薄层板，避免划伤；原点直径一般不大于 2mm。

【思考题】

1. 薄层色谱法一般用甲醇、乙醇或丙酮而不用水作为溶剂，为什么？

2. 硅胶固定相对于被分离物质的吸附作用机理是什么？

10.4　质谱分析法及色-质联用分析法

实验84　ICP-MS测定玩具中锑、砷、钡、镉、铬、铅、汞、硒

【实验目的】

1. 了解电感耦合等离子质谱仪（ICP-MS）的构造和工作原理。
2. 学习ICP-MS法进行元素分析的实验技术。
3. 学习ICP-MS定量分析的方法。

【实验原理】

样品经处理成待测溶液后，经雾化由载气送入电感耦合等离子体焰炬中，在等离子的高温作用下，经去溶剂化、原子化、离子化后进入质谱仪。质谱仪根据质荷比对物质进行定性。对于选定的质荷比，其信号强度CPS(count per second)与试液中待测元素的浓度成正比，因此，通过CPS值可测定试液中各待测元素的含量。

【仪器与试剂】

1. 电感耦合等离子质谱仪（ICP-MS），烧杯，恒温振荡器，滤膜过滤器，离心机，容量瓶（10mL、100mL）等。
2. 硝酸（$\rho_{20}=1.42\mathrm{g \cdot mL^{-1}}$）：优级纯。
3. 硝酸溶液：取2mL浓硝酸，用水稀释至100mL，体积百分比浓度为2%。
4. 盐酸溶液：浓度为$(0.070\pm0.005)\mathrm{mol \cdot L^{-1}}$。
5. 国家标准溶液：见表10-4。

表10-4　国家标准溶液名称、编号及浓度

名称	编号	浓度/$\mu\mathrm{g \cdot mL^{-1}}$	名称	编号	浓度/$\mu\mathrm{g \cdot mL^{-1}}$
钪标准溶液	GSB 04-1750-2004	1000	镉标准溶液	GSB 04-1721-2004	1000
锗标准溶液	GSB 04-1728-2004	1000	铬标准溶液	GSB 04-1723-2004	1000
钇标准溶液	GSB 04-1788-2004	1000	铅标准溶液	GSB 04-1742-2004	1000
铟标准溶液	GSB 04-1731-2004	1000	汞标准溶液	GSB 04-1729-2004	1000
铼标准溶液	GSB 04-1745-2004	1000	钡标准溶液	GSB 04-1717-2004	1000
锑标准溶液	GSB 04-1748-2004	1000	硒标准溶液	GSB 04-1751-2004	1000
砷标准溶液	GSB 04-1714-2004	1000			

GSB为国家实物标准的汉语拼音中"国"、"实"、"标"三个字的字头。国家实物标准瓶的液体标准溶液适用于电感耦合等离子体原子发射法（ICP-AES）、电感耦合等离子体质谱法（ICP-MS）、电感耦合等离子体原子荧光法（ICP-AFS）、原子吸收光谱法（AAS）、离子选择性电极法（ISE）、离子色谱法（IC）、分光光度法（SP）分析测试使用。可以在科学研究、实时检测、量值检验、质量控制、实验室认可、产品质量认证、数据比对、制定和评价检测方法、校准仪器、考核操作人员等相关工作中使用。

【实验步骤】

1. 内标溶液、待测元素标准溶液的配制

（1）钪、锗、钇、铟、铼混合内标溶液：选用由硝酸或盐酸配制的标准溶液，配制成浓度均为 10.0mg·L^{-1} 的混合溶液。

（2）Sb、As、Cd、Cr、Pb、Hg 标准储备溶液：以国家标准溶液配制成浓度为 100.0mg·L^{-1} 的储备溶液。

（3）Ba、Se 标准储备溶液：以国家标准溶液配制成浓度为 1000mg·L^{-1} 的储备溶液。

（4）Sb、As、Cd、Cr、Pb、Hg、Ba、Se 混合标准使用液：分别吸取 10.00mL 的 Sb、As、Cd、Cr、Pb、Hg、Ba、Se 标准储备溶液，置于 100mL 容量瓶中，用 2% 的硝酸溶液稀释至刻度，混匀。混合溶液中 Sb、As、Cd、Cr、Pb、Hg 的浓度均为 10.0mg·L^{-1}，Ba、Se 的浓度均为 100.0mg·L^{-1}。

（5）Sb、As、Cd、Cr、Pb、Hg、Ba、Se 混合标准工作液：吸取 0mL、0.5mL、1.00mL、2.00mL、5.00mL、10.0mL、20.0mL 各元素混合标准使用液，分别置于 100mL 容量瓶中，同时加入 10.0mL 混合内标溶液，用 0.070mol·L^{-1} 的盐酸溶液定容。容量瓶中各元素的浓度列于表 10-5 中。

表 10-5　混合标准溶液中各元素的浓度　　　　　　　　　　单位：$\mu g \cdot mL^{-1}$

容量瓶编号	Sb	As	Cd	Cr	Pb	Hg	Ba	Se	Sc	Ge	Y	In	Re
1#			0				0				1.00		
2#			0.050				0.50				1.00		
3#			0.100				1.00				1.00		
4#			0.200				2.00				1.00		
5#			0.500				5.00				1.00		
6#			1.00				10.0				1.00		
7#			2.00				20.0				1.00		

2. 样品的制备

从聚合物材料和类似材料上尽量移取不少于 100mg 的测试试样，方法为：从材料截面厚度最小处剪下测试试样，以保证试样的表面积与试样质量之比尽可能最大，每个试样的任何方向的尺寸在不受压的状态下应<6mm。

3. 提取液的制备

将测试试样置于 25mL 烧杯中，加入 5mL、温度为 37℃、浓度为 0.070mol·L^{-1} 的盐酸，摇动 1min，用 pH 计检查 pH 值，若 pH 大于 1.5，则滴加 2mol·L^{-1} 的盐酸直至混合液的 pH 在 1.0~1.5 之间。

将调整好酸度的混合液置于恒温振荡器中，于（37±2）℃下连续振荡 1h，再在相同温度下放置 1h。然后用孔径为 0.45μm 的膜过滤器过滤，再根据需要用离心机在 5000g 相对离心力［RCF，relative centrifugal force，其大小取决于旋转半径 R 和转速 n，计算公式为：RCF(g)=$1.118 \times 10^{-5} \times n^2 R$］条件下离心分离数分钟（<10min）。

4. 试样待测液的制备

取 2.00mL 试样提取液置于 10.0mL 的容量瓶中，加入 1.00mL 混合内标溶液，用 0.070mol·L^{-1} 的盐酸稀释至刻度，混匀，待测。同时做试剂空白。

5. 测定

（1）ICP-MS 工作条件：等离子体流量 15.0L·min^{-1}；载气流速 1.10L·min^{-1}；射频

功率1350W；采样深度 7.0mm；测定点数 3；重复次数 3。

（2）使用质谱调谐液调整仪器，使灵敏度、氧化物、双电荷、分辨率等各项指标达到测定要求。编辑测定方法、选择测定元素和内标元素后，将空白溶液、标准系列、待测液分别进行测定。

（3）选择各元素内标，输入各参数，绘制标准曲线，计算回归方程。

（4）根据待测液中各待测元素的 CPS 相对值（即待测元素 CPS 值与内标元素的 CPS 值之比），计算出待测液中各待测元素的含量。如果待测液的浓度超过校正曲线的范围，则用 0.070mol·L^{-1} 的盐酸对提取液进行适当稀释，按照试样待测液的制备过程进行制备，然后进行测定。待测元素及内标元素测定质量数见表 10-6。

表 10-6   质量数及内标元素

元素	Cr	As	Se	Cd	Sb	Ba	Hg	Pb
质量数	53	75	82	111	121	137	202	208
内标元素	^{45}Sc	^{72}Ge	^{49}Y	^{115}In	^{115}In	^{115}In	^{185}Re	^{185}Re

注：根据不同需要，可以使用其他合适的质量数和内标元素。

6. 结果计算

试样中待测元素的含量按下式计算：

$$w(\mathrm{mg \cdot kg^{-1}}) = \frac{(c-c_0) \times V_0 \times d \times 1000}{m \times 1000}$$

式中，w 为试样中待测组分的含量，mg·kg^{-1}；c 为试样待测液中待测元素的浓度，μg·mL^{-1}；c_0 为试样空白液中元素的浓度，μg·mL^{-1}；V_0 为提取液的体积，mL；d 为稀释因子，是指从提取液到待测液的稀释倍数；m 为试样的质量，g。计算结果保留三位有效数字，同一浸泡液在重复性条件下获得的两次独立测定结果的绝对差值不得超过算术平均值的 10%。

实验 85   气相色谱串联质谱法鉴定纯物质及有机混合物

【实验目的】

1. 学习有机化合物的裂解规律，通过分子离子峰确定有机物的分子量，通过碎片离子推断分子结构。

2. 学习质谱直接进样和气相色谱串联质谱进样测定纯物质和混合物的实验技术。

3. 了解气相色谱串联质谱仪的基本构造和工作原理。

【实验原理】

质谱法具有快速、灵敏、高分辨率、样品用量少、适用范围广泛的特点。气相色谱法具有分离效果好、快速的特点。气相色谱串联质谱法，以气相色谱分离复杂的混合物后为质谱提供纯物质，避免了共存组分的相互干扰，以质谱作为通用型检测器克服了色谱法定性的局限性。GC-MS 联用，可以对有机物进行定性分析、结构分析和定量分析，可以极大地提高分析的效率、准确性和灵敏度。

【仪器与试剂】

1. 气相色谱-质谱联用仪。

2. 非那西丁标准品，甲苯、氯苯、溴苯的氯仿混合溶液。

【实验步骤】

1. 直接进样测定非那西丁的质谱图

首先设定仪器条件，程序升温：以 80℃·min^{-1}升温至 280℃（停留 10min），离子源（电子轰击式，70eV），质量扫描范围（33～700amu），扫描速度（1000amu·s^{-1}），检测器温度（230℃），检测电压（1.00kV）。然后取适量非那西丁标准品，采取直接进样方式送入质谱仪进行测定，得到非那西丁的质谱图，保存并打印图谱。

2. 色谱进样测定甲苯、氯苯、溴苯的色谱-质谱图

（1）仪器工作条件（表 10-7）

表 10-7　GC 与 MS 仪工作条件

名称	参数	名称	参数
色谱柱	DB-5MS 毛细管柱	载气和流速	He,1mL·min^{-1}
柱温	50℃（5min）～10℃·min^{-1}～150℃	溶剂	氯仿
气化室温度	200℃	溶剂切割时间	3.2min
气化室模式	分流（10：1）	开始时间	3.4min
离子源	EI：70eV	检测器温度	230℃
质量扫描范围	33～700amu	检测电压	1.00kV
扫描速率	1000amu·s^{-1}		

（2）用微量进样器在上述条件下进样 1μL，首先获取气相色谱总离子流图谱，然后对每个成分作质谱图。

（3）由非那西丁的直接进样质谱中的分子离子峰和主要碎片离子峰推测其可能的裂解途径。

（4）根据特征离子以及同位素离子的丰度判断总离子流图中的峰的归属。

（5）利用质谱的谱库检索功能鉴定未知混合物中的各组分。

【思考题】

1. 为什么质谱仪需要高真空系统？
2. 如何利用质谱图确定有机化合物的分子量？
3. 质荷比最大峰的质量数是否就是化合物的分子量？
4. 分子离子峰的强弱与化合物的结构有什么关系？

实验 86　液相色谱-质谱/质谱法（LC-MS/MS）测定原料乳及乳制品中的三聚氰胺

【实验目的】

1. 了解液相色谱-质谱/质谱分析仪的结构和工作原理。
2. 学习 LC-MS/MS 质谱仪的操作技术。

【实验原理】

试样中的三聚氰胺经三氯乙酸溶液提取，并经阳离子交换固相萃取柱净化后，以外标法用 LC-MS/MS 进行确证和定量测定。

【仪器与试剂】

1. 电喷雾离子源-液相色谱-质谱/质谱分析仪，超声波水浴器，容量瓶（1L），具塞塑料离心管（50mL），定性滤纸，研钵，混合型阳离子交换固相萃取柱（基质为苯磺酸化的聚苯乙烯-二乙烯苯高聚物，填料质量60mg，体积3mL，使用前用3mL甲醇、5mL水活化），氮气吹干仪，涡旋混合器，离心机，分析天平，微孔滤膜（0.2μm，有机相）。

2. 乙酸，乙酸铵，乙腈（色谱纯），甲醇（色谱纯），氨水（25%～28%），海砂（化学纯，粒度0.65～0.85mm，SiO_2含量99%），一级水。

3. 乙酸铵溶液：准确称取0.772g乙酸铵于1L容量瓶中，用水定容至刻度，浓度为10mmol·L^{-1}。

4. 三氯乙酸溶液：准确称取10g三氯乙酸于1L容量瓶中，用水溶解并定容至刻度，浓度为1g/100mL。

5. 氨化甲醇溶液（5+95）：准确量取5mL氨水和95mL甲醇，混匀备用。

6. 甲醇水溶液（1+1）：准确量取50mL甲醇和50mL水，混匀后备用。

7. 三聚氰胺标准储备液：准确称取100mg（精确至0.1mg）标准品于100mL容量瓶中，用甲醇水溶液溶解并定容至刻度，浓度为1.00mg·mL^{-1}，于4℃避光保存。

【实验步骤】

1. 样品的制备

（1）提取液的制备

① 液态奶、奶粉、酸奶、冰淇淋和奶糖试样　称取1g（精确至0.01g）试样置于50mL具塞塑料离心管中，加入8mL 1%的三氯乙酸溶液和2mL乙腈，超声提取10min，再振荡提取10min后，离心分离10min(4000r·min^{-1})。上清液用经三氯乙酸润湿的滤纸过滤，制得提取液。

②奶酪、奶油和巧克力等　称取1g（精确至0.01g）试样置于研钵中，加入4～6g海砂研成干粉状，转移至50mL具塞塑料离心管中，加入8mL 1%的三氯乙酸溶液和2mL乙腈，超声提取10min，再振荡提取10min后，离心分离10min(4000r·min^{-1})。上清液用经三氯乙酸润湿的滤纸过滤，制得提取液。

（2）提取液的净化

将试样提取液转移至固相萃取柱中，依次用3mL水和3mL甲醇洗涤，抽至近干后用6mL氨化甲醇以超过1mL·min^{-1}的流速洗脱，收集洗脱液。洗脱液于50℃下用氮气吹干，残留物用1mL流动相定容，涡旋混合，经微孔滤膜过滤后待测。

同时作空白样品，即除了称取试样外，其余步骤相同。

2.LC-MS/MS仪工作条件

（1）LC工作条件

① 色谱柱　柱长150mm；内径2.0mm；粒度5μm的强酸型阳离子交换剂与反相C_{18}混合填料，混合比例1:4。

② 流动相　乙酸铵：乙腈＝1:1，用乙酸调至pH＝3.0。

③ 进样量　10μL。

④ 柱温　40℃。

⑤ 流速　0.2mL·min^{-1}。

（2）MS/MS工作条件（表10-8）

表 10-8　质谱仪工作条件

项　目	条　件	项　目	条　件
电离方式	电喷雾,正离子	分辨率	Q1(单位)Q3(单位)
离子喷雾电压	4kV	扫描模式	多反应监测(MRM),母离子 m/z 127,定量子离子 m/z 85,定性子离子 m/z 68
雾化气	氮气,$2.815\,kg\cdot cm^{-3}$(40psi)	停留时间	3s
干燥气	氮气,流速 $10L\cdot min^{-1}$,350℃	裂解电压	100V
碰撞气	氮气	碰撞能量	m/z 127＞85 为 20V,m/z 127＞68 为 35V

3. 标准曲线的绘制

取空白样品按照提取、净化的相同步骤处理,用所得样品溶液将三聚氰胺标准储备液逐级稀释配制成浓度分别为 $0.010\mu g\cdot mL^{-1}$、$0.050\mu g\cdot mL^{-1}$、$0.10\mu g\cdot mL^{-1}$、$0.20\mu g\cdot mL^{-1}$、$0.50\mu g\cdot mL^{-1}$ 的标准工作液。按照浓度由低到高的顺序进样检测,以定量子离子峰面积-浓度作图,得到标准曲线回归方程。基质匹配加标三聚氰胺的样品 LC-MS/MS 多反应监测质量色谱图如图 10-10 所示。

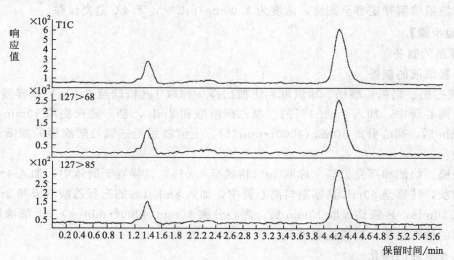

图 10-10　基质匹配加标三聚氰胺的样品 LC-MS/MS 多反应监测质量色谱图

4. 定量测定

将净化后所得的待测液进样测定响应值,由回归方程计算其浓度。若响应值超过线性范围,应适当稀释后再进样测定。

5. 定性判定

按照前述条件测定试样和标准溶液,如果试样中的质量色谱峰保留时间与标准工作溶液的一致(变化范围在±2.5%以内),样品中目标化合物的两个子离子的相对丰度与浓度相当的标准溶液的相对丰度一致,且相对丰度偏差不超过表 10-9 的规定,则可判断样品中存在三聚氰胺。

表 10-9　定性离子相对丰度的最大允许偏差

相对离子丰度	＞50%	＞20%至 50%	＞10%至 20%	≤10%
允许的相对偏差	±20%	±25%	±30%	±50%

6. 结果计算

试样中三聚氰胺的含量可由色谱数据处理软件计算得到，也可按下式计算：

$$X(\mathrm{mg \cdot kg^{-1}}) = f \times \frac{A \times c \times V \times 1000}{A_s \times m \times 1000}$$

式中，X 为试样中三聚氰胺的含量，mg/kg；A 为试液中三聚氰胺的峰面积；c 为标准溶液中三聚氰胺的浓度，$\mu\mathrm{g \cdot mL^{-1}}$；$V$ 为试液最终定容体积，mL；A_s 为标准溶液中三聚氰胺的峰面积；m 为试样的质量，g；f 为稀释倍数。

附　录

附录1　实验室常用酸、碱的密度和浓度（293.2K）

溶液名称	相对密度 $d_4^{20}/\mathrm{g \cdot mL^{-1}}$	质量分数/%	浓度/mol·L^{-1}
浓硫酸	1.84	98	18
10%硫酸(25mL 浓硫酸＋398mL 水)	1.07	10	1.1
0.5mol·L^{-1}硫酸(13.9mL 浓硫酸稀释到 500mL)	1.03	4.7	0.5
浓盐酸	1.19	38	12
恒沸点盐酸(252mL 浓盐酸＋200mL 水),沸点 110℃	1.10	20.2	6.1
10%盐酸(100mL 浓盐酸＋314mL 水)	1.05	10	2.9
5%盐酸(50mL 浓盐酸＋379mL 水)	1.02	5	1.4
1mol·L^{-1}盐酸(41.5mL 浓盐酸稀释到 500mL)	1.02	3.6	1
浓硝酸	1.41	68	15.2
稀硝酸	1.20	32	6
	1.07	12	2
浓磷酸	1.7	85	15
稀磷酸	1.05	9	1
浓高氯酸	1.67	70	12
稀高氯酸	1.12	19	2
氢氟酸	1.13	10	23
恒沸点氢溴酸(沸点 126℃)	1.49	47.5	8.8
恒沸点氢碘酸(沸点 127℃)	1.7	57	7.6
冰醋酸	1.05	99	17.5
稀乙酸	1.04	35	6
	1.02	15	3
浓氢氧化钠	1.36	33	11
稀氢氧化钠	1.09	8.7	2
浓氨水	0.898	28	15
稀氨水	0.98	4	2

附录2　常用指示剂

附表 2-1　常用酸碱指示剂

指示剂	变色范围 pH	颜色变化	pK$_{HIn}$	浓　　度	用量/(滴/10mL 试液)
百里酚蓝	1.2~2.8	红~黄	1.62	0.1%的 20%乙醇溶液	1~2
甲基黄	2.9~4.0	红~黄	3.25	0.1%的 90%乙醇溶液	1
甲基橙	3.1~4.4	红~黄	3.45	0.1%的水溶液	1

指示剂	变色范围 pH	颜色变化	pK_{HIn}	浓　　度	用量/(滴/10mL 试液)
溴酚蓝	3.0～4.6	黄～紫	4.1	0.1%的20%乙醇溶液或其钠盐水溶液	1
溴甲酚绿	3.8～5.4	黄～蓝	4.9	0.1%的20%乙醇溶液或其钠盐水溶液	1～3
甲基红	4.4～6.2	红～黄	5.0	0.1%的60%乙醇溶液或其钠盐水溶液	1
溴百里酚蓝	6.0～7.6	黄～蓝	7.3	0.1%的20%乙醇溶液或其钠盐水溶液	1
中性红	6.8～8.0	红～黄橙	7.4	0.1%的60%乙醇溶液	1
酚酞	8.0～10.0	无～红	9.1	0.2%的90%乙醇溶液	1～3
百里酚蓝	8.0～9.6	黄～蓝	8.9	0.1%的20%乙醇溶液	1～4
百里酚酞	9.4～10.6	无～蓝	10.0	0.1%的90%乙醇溶液	1～2

附表 2-2　酸碱混合指示剂

指示剂溶液的组成	变色点时 pH 值	颜色		终点附近指示剂的参考颜色
		酸色	碱色	
一份 0.1%甲基黄乙醇溶液 一份 0.1%亚甲基蓝乙醇溶液	3.25	蓝紫	绿	pH=3.2 蓝紫色 pH=3.4 绿色
一份 0.1%甲基橙水溶液 一份 0.25%靛蓝二磺酸水溶液	4.1	紫	黄绿	蓝
一份 0.1%溴甲酚绿钠盐水溶液 一份 0.2%甲基橙水溶液	4.3	橙	蓝绿	pH=3.5 黄色 pH=4.05 绿色 pH=4.3 蓝绿色
一份 0.1%溴甲酚绿钠盐水溶液 一份 0.1%氯酚红钠盐水溶液	6.1	黄绿	蓝绿	pH=5.4 蓝绿色 pH=5.8 蓝色 pH=6.0 蓝带紫 pH=6.2 蓝紫色
一份 0.1%中性红乙醇溶液 一份 0.1%亚甲基蓝乙醇溶液	7.0	蓝紫	绿	pH=7.0 紫蓝
一份 0.1%甲酚红钠盐水溶液 三份 0.1%百里酚蓝钠盐水溶液	8.3	黄	紫	pH=8.2 玫瑰红 pH=8.4 清晰的紫色
一份 0.1%百里酚蓝 50%乙醇溶液 三份 0.1%酚酞 50%乙醇溶液	9.0	黄	紫	从黄到绿,再到紫
一份 0.1%酚酞乙醇溶液 一份 0.1%百里酚酞乙醇溶液	9.9	无	紫	pH=9.6 玫瑰红 pH=10 紫色

附表 2-3　金属离子指示剂

指示剂名称	解离平衡和颜色变化	溶液配制方法
铬黑 T(EBT)	$H_2In^- \xrightarrow{pK_{a2}=6.3} HIn^{2-} \xrightarrow{pK_{a3}=11.5} In^{3-}$ 紫红　　　　　　　蓝　　　　　　　橙	①5g·L^{-1}水溶液 ②与 NaCl 按 1∶100 质量比混合
二甲酚橙(XO)	$H_3In^{4-} \xrightarrow{pK_a=6.3} H_2In^{5-}$ 黄　　　　　　　红	2g·L^{-1}水溶液
K-B 指示剂	$H_2In \xrightarrow{pK_{a1}=8} HIn^- \xrightarrow{pK_{a2}=13} In^{2-}$ 红　　　　　　蓝　　　　　　紫红 (酸性铬蓝 K)	0.2g 酸性铬蓝 K 与 0.34g 萘酚绿 B 溶于 100mL 水中。配制后需调节 K-B 的比例,使终点变化明显
钙指示剂	$H_2In^- \xrightarrow{pK_{a2}=7.4} HIn^{2-} \xrightarrow{pK_{a3}=13.5} In^{3-}$ 酒红　　　　　　蓝　　　　　　酒红	5g·L^{-1}的乙醇溶液

指示剂名称	解离平衡和颜色变化	溶液配制方法
吡啶偶氮萘酚（PAN）	$H_2In^+ \xrightleftharpoons{pK_{a1}=1.9} HIn \xrightleftharpoons{pK_{a2}=12.2} In^-$ 黄绿　　　　　黄　　　　　淡红	$1g\cdot L^{-1}$ 或 $3g\cdot L^{-1}$ 的乙醇溶液
Cu-PAN（CuY-PAN 溶液）	$CuY+PAN+M^{n+}\longrightarrow MY+Cu-PAN$ 浅绿　　　无色　　　　　　　　红色	取 $0.05mol\cdot L^{-1}Cu^{2+}$ 溶液 10mL，加 pH 为5～6的 HAc 缓冲溶液 5mL，1 滴 PAN 指示剂，加热至 333K 左右，用 EDTA 滴至绿色，得到约 $0.025mol\cdot L^{-1}$ 的 CuY 溶液。使用时取 2～3mL 于试液中，再加数滴 PAN 溶液
磺基水杨酸	$H_2In \xrightarrow{pK_{a1}=2.7} HIn^- \xrightarrow{pK_{a2}=13.1} In^{2-}$ 　　　　　　无色	$10g\cdot L^{-1}$ 或 $100g\cdot L^{-1}$ 的水溶液
钙镁试剂（Cal-magnite）	$H_2In^- \xrightarrow{pK_{a2}=8.1} HIn^{2-} \xrightarrow{pK_{a3}=12.4} In^{3-}$ 红　　　　　　蓝　　　　　红橙	$5g\cdot L^{-1}$ 水溶液
紫脲酸铵	$H_4In^- \xrightarrow{pK_{a2}=9.2} H_3In^{2-} \xrightarrow{pK_{a3}=10.9} H_2In^{3-}$ 红紫　　　　　紫　　　　　蓝	与 NaCl 按 1∶100 质量比混合

附表 2-4　氧化还原法指示剂

指示剂名称	颜色变化		$\varphi^{\ominus\prime}_{In}/V$ $c(H^+)=1mol\cdot L^{-1}$	配 制 方 法
	还原态	氧化态		
亚甲基蓝	无色	蓝色	0.53	质量分数为 0.05% 的水溶液
二苯胺	无色	紫色	0.76	1% 的浓 H_2SO_4 溶液
二苯胺磺酸钠	无色	紫红色	0.85	0.5g 指示剂溶于 100mL 水中
N-邻苯氨基苯甲酸	无色	紫红色	1.08	0.1g 指示剂溶于 20mL $50g\cdot L^{-1}$ 的 Na_2CO_3 溶液中，用水稀释至 100mL，必要时过滤，保存在暗处
邻二氮菲-亚铁	红色	淡蓝色	1.06	1.49g 邻二氮菲及 0.7g $FeSO_4\cdot 7H_2O$ 溶于水，稀释至 100mL

附表 2-5　吸附指示剂

名　称	被滴定离子	滴定剂	起点颜色	终点颜色	浓　度
荧光黄	Cl^-、Br^-、SCN^-	Ag^+	黄绿	玫瑰	0.1% 乙醇溶液
	I^-			橙	
二氯(P)荧光黄	Cl^-、Br^-	Ag^+	红紫	蓝紫	0.1% 乙醇(60%～70%)溶液
	SCN^-		玫瑰	红紫	
	I^-		黄绿	橙	
曙红	Br^-、I^-、SCN^-	Ag^+	橙	深红	0.5% 水溶液
溴酚蓝	Cl^-、Br^-、SCN^-	Ag^+	黄	蓝	0.1% 钠盐水溶液
	I^-		黄绿	蓝绿	
溴甲酚绿	Cl^-	Ag^+	紫	浅蓝绿	0.1% 乙醇溶液(酸性)
二甲酚橙	Cl^-	Ag^+	玫瑰	灰蓝	0.2% 水溶液
	Br^-、I^-			灰绿	
罗丹明 6G	Cl^-、Br^-	Ag^+	红紫	橙	0.1% 水溶液
	Ag^+	Br^-	橙	红紫	

附录 3　不同温度下标准缓冲溶液的 pH

$t/℃$	饱和 酒石酸氢钾	$0.05mol·L^{-1}$ 邻苯二甲酸氢钾	$0.025mol·L^{-1}$ 磷酸二氢钾和磷酸氢二钠	$0.01mol·L^{-1}$ 硼砂
0	—	4.01	6.98	9.40
5	—	4.01	6.95	9.39
10	—	4.00	6.92	9.33
15	—	4.00	6.90	9.27
20	—	4.00	6.88	9.22
25	3.56	4.01	6.86	9.18
30	3.55	4.01	6.84	9.14
35	3.55	4.02	6.84	9.10
40	3.54	4.03	6.84	9.07
45	3.55	4.04	6.83	9.04
50	3.55	4.06	6.83	9.01
55	3.56	4.08	6.84	8.99
60	3.57	4.10	6.84	8.96

附录 4　标准缓冲溶液的配制方法

试剂名称	分子式	浓度 $/mol·L^{-1}$	试剂的干燥与预处理	缓冲溶液的配制方法
酒石酸氢钾	$KC_4H_5O_6$	饱和	不必预先干燥	$KC_4H_5O_6$ 溶于 $(25±3)℃$ 蒸馏水中直至饱和
邻苯二甲酸氢钾	$KHC_8H_4O_4$	0.05	$(110±5)℃$ 干燥至恒重	10.2112g $KHC_8H_4O_4$ 溶于适量蒸馏水中,定量稀释至 1L
磷酸二氢钾和磷酸氢二钠	KH_2PO_4 和 Na_2HPO_4	0.025	KH_2PO_4 在 $(110±5)℃$ 干燥至恒重 Na_2HPO_4 在 $(120±5)℃$ 干燥于恒重	3.4021g KH_2PO_4 和 3.5490g Na_2HPO_4 溶于适量蒸馏水,定量稀释至 1L
硼砂	$Na_2B_4O_7·10H_2O$	0.01	$Na_2B_4O_7·10H_2O$ 放在含有 NaCl 和蔗糖饱和液的干燥器中	3.8137g $Na_2B_4O_7·10H_2O$ 溶于适量除去 CO_2 的蒸馏水中,定量稀释至 1L

附录 5　滴定分析常用标准溶液的配制和标定

附表 5-1　直接配制的标准溶液

标准溶液名称	浓度$/mol·L^{-1}$	配　制　方　法
碳酸钠	0.05000	1.325g 基准 Na_2CO_3 溶于去 CO_2 的蒸馏水中,定容至 250mL
草酸钠	0.05000	1.675g 基准 $Na_2C_2O_4$,用蒸馏水溶解,定容至 250mL
重铬酸钾	0.01000	0.7355g 基准 $K_2Cr_2O_7$ 溶于蒸馏水中,定容至 250mL
溴酸钾	0.02000	0.8350g 基准 $KBrO_3$ 溶于蒸馏水中,定容至 250mL
氯化钠	0.1000	1.461g 基准 NaCl 溶于蒸馏水中,定容至 250mL
邻苯二甲酸氢钾	0.1000	5.105g 基准邻苯二甲酸氢钾溶于蒸馏水中,定容至 250mL
氯化锌	0.01000	0.1635g 基准锌,加少量稀盐酸(1+1)溶解后定量转移至 250mL 容量瓶中,稀释至刻度

标准溶液名称	浓度 /mol·L^{-1}	配 制 方 法	标 定 方 法
HCl 溶液	0.1	取浓 HCl 约 9mL 加入到 1L 蒸馏水中	取 25.00mL 浓度为 0.05mol·L^{-1} 的 Na$_2$CO$_3$ 标液,用本溶液滴定,指示剂:甲基橙,近终点时煮沸赶走 CO$_2$,冷却,滴定至终点
氢氧化钠	0.1	5g 分析纯 NaOH 置于 250mL 烧杯中,用煮沸并冷却后的蒸馏水 5～10mL 迅速洗涤 2～3 次,余下的固体 NaOH 用水溶解后稀释至 1L	取 25.00mL 浓度为 0.1mol·L^{-1} 的邻苯二甲酸氢钾标液,以酚酞作指示剂,用本溶液滴定
高锰酸钾	0.02	称取 KMnO$_4$ 固体 1.6g 溶于 500mL 水中,盖上表面皿,加热至沸并保持微沸状态 1h,冷却后用微孔玻璃漏斗(3 号或 4 号)过滤,标定其浓度	准确称取 0.15～0.20g 在 130℃烘过的 Na$_2$C$_2$O$_4$ 基准物质 3 份,分别置于 250mL 锥形瓶中,加水 60mL 使之溶解,加入 15mL 3mol·L^{-1} H$_2$SO$_4$ 溶液。加热至 75～85℃,立即用待标定的 KMnO$_4$ 溶液滴定至溶液呈粉红色 30s 不褪色
硫代硫酸钠	0.1	25g Na$_2$S$_2$O$_3$·5H$_2$O,用煮沸并冷却后的蒸馏水 1L 溶解,加入 0.1g Na$_2$CO$_3$,贮存于棕色试剂瓶中,在暗处放置 3～5 天后标定	准确称取 0.12～0.15g 在 140～150℃干燥过的基准 K$_2$Cr$_2$O$_7$ 于碘量瓶中,加入 10～20mL 水使之溶解,再加 20mL 10% KI 溶液和 5mL 6mol·L^{-1} HCl 溶液,混匀,塞上瓶塞,并以水封,置于暗处 5min。然后加水 50mL 稀释,以待标定的硫代硫酸钠溶液滴定至黄绿色,加入 1% 淀粉溶液 1mL,继续滴定至蓝色变为绿色
硫氰酸铵	0.1	3.8g NH$_4$SCN 溶于 500mL 蒸馏水中	取 25.00mL 0.1mol·L^{-1} AgNO$_3$ 标准溶液于 250mL 锥形瓶中,加入 5mL HNO$_3$(1+1),铁铵矾指示剂 1.0mL,用待标定的硫氰酸铵溶液滴定至淡红色
EDTA	0.01	3.8g Na$_2$H$_2$Y·2H$_2$O 溶于 1L 水中	①以铬黑 T 为指示剂:取 25.00mL 0.01mol·L^{-1} Zn^{2+} 标准溶液,加 1 滴甲基红,用氨水(1+2)中和至溶液恰好变黄。加 20mL 水和 10mL 氨性缓冲液,加 3 滴铬黑 T 指示剂,用待标定的 EDTA 滴定至溶液由红色变为蓝紫色 ②以二甲酚橙为指示剂:取 25.00mL 0.01mol·L^{-1} Zn^{2+} 标准溶液,加 2 滴二甲酚橙指示剂,滴加 2g·L^{-1} 六亚甲基四胺至紫红色,再补加 5mL 六亚甲基四胺。用待标定的 EDTA 滴定至恰为黄色

附录6 弱电解质的解离常数 (298.2K)

名 称	化 学 式	解离常数 K	pK
乙酸	HAc	$K_a = 1.76 \times 10^{-5}$	4.75
碳酸	H$_2$CO$_3$	$K_{a1} = 4.30 \times 10^{-7}$	6.37
		$K_{a2} = 5.61 \times 10^{-11}$	10.25
草酸	H$_2$C$_2$O$_4$	$K_{a1} = 5.90 \times 10^{-2}$	1.23
		$K_{a2} = 6.40 \times 10^{-5}$	4.19
亚硝酸	HNO$_2$	$K_a = 5.13 \times 10^{-4}$	3.29
磷酸	H$_3$PO$_4$	$K_{a1} = 7.5 \times 10^{-3}$	2.12
		$K_{a2} = 6.31 \times 10^{-8}$	7.20
		$K_{a3} = 4.36 \times 10^{-13}$	12.36
亚硫酸	H$_2$SO$_3$	$K_{a1} = 1.26 \times 10^{-2}$	1.90
		$K_{a2} = 6.31 \times 10^{-8}$	7.20

名 称	化 学 式	解离常数 K	pK
硫酸	H_2SO_4	$K_{a2}=1.20\times10^{-2}$	1.92
硫化氢	H_2S	$K_{a1}=1.32\times10^{-7}$	6.88
		$K_{a2}=1.2\times10^{-13}$	12.92
氢氰酸	HCN	$K_a=6.17\times10^{-10}$	9.21
铬酸	H_2CrO_4	$K_{a1}=1.8\times10^{-1}$	0.74
		$K_{a2}=3.20\times10^{-7}$	6.49
硼酸	H_3BO_3	$K_a=5.8\times10^{-10}$	9.24
氢氟酸	HF	$K_a=6.61\times10^{-4}$	3.18
过氧化氢	H_2O_2	$K_a=2.4\times10^{-12}$	11.62
次氯酸	HClO	$K_a=3.02\times10^{-8}$	7.52
次溴酸	HBrO	$K_a=2.06\times10^{-9}$	8.69
次碘酸	HIO	$K_a=2.3\times10^{-11}$	10.64
碘酸	HIO_3	$K_a=1.69\times10^{-1}$	0.77
砷酸	H_3AsO_4	$K_{a1}=6.31\times10^{-3}$	2.20
		$K_{a2}=1.02\times10^{-7}$	6.99
		$K_{a3}=6.99\times10^{-12}$	11.16
亚砷酸	$HAsO_2$	$K_a=6.0\times10^{-10}$	9.22
铵离子	NH_4^+	$K_a=5.56\times10^{-10}$	9.25
质子化六亚甲基四胺	$(CH_2)_6N_4H^+$	$K_a=7.1\times10^{-6}$	5.15
甲酸	HCOOH	$K_a=1.77\times10^{-4}$	3.75
氯乙酸	$ClCH_2COOH$	$K_a=1.40\times10^{-3}$	2.85
质子化氨基乙酸	$^+NH_3CH_2COOH$	$K_{a1}=4.5\times10^{-3}$	2.35
		$K_{a2}=1.67\times10^{-10}$	9.78
邻苯二甲酸	$C_6H_4(COOH)_2$	$K_{a1}=1.12\times10^{-3}$	2.95
		$K_{a2}=3.91\times10^{-6}$	5.41
柠檬酸	$(HOOCCH_2)_2C(OH)COOH$	$K_{a1}=7.1\times10^{-4}$	3.15
		$K_{a2}=1.68\times10^{-5}$	4.77
		$K_{a3}=4.0\times10^{-7}$	6.40
d-酒石酸	$HOOC(OH)CH—CH(OH)COOH$	$K_{a1}=9.1\times10^{-4}$	3.04
		$K_{a2}=4.3\times10^{-5}$	4.37
苯酚	C_6H_5OH	$K_a=1.2\times10^{-10}$	9.92
对氨基苯磺酸	$H_2NC_6H_4SO_3H$	$K_{a1}=2.6\times10^{-1}$	0.59
		$K_{a2}=7.6\times10^{-4}$	3.12
质子化乙二胺四乙酸(EDTA)	$(CH_2COOH)_2NH^+CH_2CH_2NH^+(CH_2COOH)_2$	$K_{a5}=5.4\times10^{-7}$	6.27
		$K_{a6}=1.12\times10^{-11}$	10.95
氨水	$NH_3\cdot H_2O$	$K_b=1.79\times10^{-5}$	4.75
联胺	N_2H_4	$K_b=8.91\times10^{-7}$	6.05
羟氨	NH_2OH	$K_b=9.12\times10^{-9}$	8.04
氢氧化铅	$Pb(OH)_2$	$K_{b1}=9.6\times10^{-4}$	3.02
		$K_{b2}=3\times10^{-8}$	7.52
氢氧化锂	LiOH	$K_b=6.31\times10^{-1}$	0.20
氢氧化铍	$Be(OH)_2$	$K_{b1}=1.78\times10^{-6}$	5.75
	$BeOH^+$	$K_{b2}=2.51\times10^{-9}$	8.60
氢氧化铝	$Al(OH)_3$	$K_{b1}=5.01\times10^{-9}$	8.30
	$Al(OH)_2^+$	$K_{b2}=1.99\times10^{-10}$	9.70
氢氧化锌	$Zn(OH)_2$	$K_b=7.94\times10^{-7}$	6.10

名　　称	化　学　式	解离常数 K	pK
氢氧化镉	$Cd(OH)_2$	$K_b=5.01\times10^{-11}$	10.30
乙二胺	$H_2NC_2H_4NH_2$	$K_{b1}=8.5\times10^{-5}$	4.07
		$K_{b2}=7.1\times10^{-8}$	7.15
六亚甲基四胺	$(CH_2)_6N_4$	$K_{b1}=1.4\times10^{-9}$	8.85
尿素	$CO(NH_2)_2$	$K_b=1.5\times10^{-14}$	13.82

附录7　难溶化合物的溶度积常数
(298.2K, $I=0$)

化　合　物	分　子　式	K_{sp}	pK_{sp}
溴化银	$AgBr$	4.95×10^{-13}	12.31
氯化银	$AgCl$	1.8×10^{-10}	9.74
铬酸银	Ag_2CrO_4	1.12×10^{-12}	11.95
碘化银	AgI	8.3×10^{-17}	16.08
氢氧化银	$AgOH$	1.9×10^{-8}	7.72
硫化银	Ag_2S	6×10^{-50}	49.22
碳酸钡	$BaCO_3$	4.9×10^{-9}	8.31
铬酸钡	$BaCrO_4$	1.17×10^{-10}	9.93
硫酸钡	$BaSO_4$	1.08×10^{-10}	9.97
碳酸钙	$CaCO_3$	3.8×10^{-9}	8.42
氟化钙	CaF_2	3.4×10^{-11}	10.47
磷酸钙	$Ca_3(PO_4)_2$	2.0×10^{-29}	28.70
硫酸钙	$CaSO_4$	2.45×10^{-5}	4.61
氢氧化铜	$Cu(OH)_2$	2.2×10^{-20}	19.66
硫化铜	CuS	6×10^{-36}	35.22
碳酸镉	$CdCO_3$	3×10^{-14}	13.52
硫化镉	CdS	8×10^{-27}	26.10
碳酸钴	$CoCO_3$	1.4×10^{-13}	12.85
硫化钴	$\alpha\text{-}CoS$	4×10^{-21}	20.40
	$\beta\text{-}CoS$	2×10^{-25}	24.70
氢氧化铁	$Fe(OH)_3$	3.8×10^{-38}	37.42
氢氧化亚铁	$Fe(OH)_2$	8×10^{-16}	15.10
硫化亚铁	FeS	6×10^{-18}	17.22
碳酸镁	$MgCO_3$	1×10^{-5}	5.00
氢氧化镁	$Mg(OH)_2$	1.9×10^{-13}	12.72
硫化锰	MnS 无定形	2×10^{-10}	9.70
	MnS 晶形	2×10^{-13}	12.70
氯化铅	$PbCl_2$	1.6×10^{-5}	4.80
碳酸铅	$PbCO_3$	8×10^{-14}	13.10
铬酸铅	$PbCrO_4$	1.77×10^{-14}	13.75
碘化铅	PbI_2	6.5×10^{-9}	8.19
硫化铅	PbS	8×10^{-28}	27.10
硫酸铅	$PbSO_4$	1.6×10^{-8}	7.80
碳酸锌	$ZnCO_3$	1.7×10^{-10}	9.77
硫化锌	ZnS	2×10^{-22}	21.70

附录8 标准电极电势（298.2K）

电对（氧化态/还原态）	电极反应（氧化态＋ne^-——还原态）	$E^{\ominus}/V$
Li^+/Li	$Li^+ + e^- \rightleftharpoons Li$	-3.045
Rb^+/Rb	$Rb^+ + e^- \rightleftharpoons Rb$	-2.925
K^+/K	$K^+ + e^- \rightleftharpoons K$	-2.924
Ca^{2+}/Ca	$Ca^{2+} + 2e^- \rightleftharpoons Ca$	-2.87
Na^+/Na	$Na^+ + e^- \rightleftharpoons Na$	-2.714
Mg^{2+}/Mg	$Mg^{2+} + 2e^- \rightleftharpoons Mg$	-2.375
Al^{3+}/Al	$Al^{3+} + 3e^- \rightleftharpoons Al(0.1mol \cdot L^{-1} NaOH)$	-1.706
Mn^{2+}/Mn	$Mn^{2+} + 2e^- \rightleftharpoons Mn$	-1.182
Zn^{2+}/Zn	$Zn^{2+} + 2e^- \rightleftharpoons Zn$	-0.763
Fe^{2+}/Fe	$Fe^{2+} + 2e^- \rightleftharpoons Fe$	-0.409
Cd^{2+}/Cd	$Cd^{2+} + 2e^- \rightleftharpoons Cd$	-0.403
Co^{2+}/Co	$Co^{2+} + 2e^- \rightleftharpoons Co$	-0.277
Ni^{2+}/Ni	$Ni^{2+} + 2e^- \rightleftharpoons Ni$	-0.25
Sn^{2+}/Sn	$Sn^{2+} + 2e^- \rightleftharpoons Sn$	-0.136
Pb^{2+}/Pb	$Pb^{2+} + 2e^- \rightleftharpoons Pb$	-0.126
$CrO_4^{2-}/Cr(OH)_3$	$CrO_4^{2-} + 4H_2O + 3e^- \rightleftharpoons Cr(OH)_3 + 5OH^-$	-0.12
H^+/H_2	$2H^+ + 2e^- \rightleftharpoons H_2$	0.0000
$S_4O_6^{2-}/S_2O_3^{2-}$	$S_4O_6^{2-} + 2e^- \rightleftharpoons 2S_2O_3^{2-}$	0.09
S/H_2S	$S + 2H^+ + 2e^- \rightleftharpoons H_2S(水溶液)$	0.141
Sn^{4+}/Sn^{2+}	$Sn^{4+} + 2e^- \rightleftharpoons Sn^{2+}$	0.15
SO_4^{2-}/H_2SO_3	$SO_4^{2-} + 4H^+ + 2e^- \rightleftharpoons H_2SO_3 + H_2O$	0.20
Hg_2Cl_2/Hg	$Hg_2Cl_2(s) + 2e^- \rightleftharpoons 2Hg + Cl^-$	0.268
Cu^{2+}/Cu	$Cu^{2+} + 2e^- \rightleftharpoons Cu$	0.3402
O_2/OH^-	$O_2 + 2H_2O + 4e^- \rightleftharpoons 4OH^-$	0.401
Cu^+/Cu	$Cu^+ + e^- \rightleftharpoons Cu$	0.522
I_2/I^-	$I_2 + 2e^- \rightleftharpoons 2I^-$	0.535
MnO_4^-/MnO_4^{2-}	$MnO_4^- + e^- \rightleftharpoons MnO_4^{2-}$	0.564
MnO_4^-/MnO_2	$MnO_4^- + 2H_2O + 3e^- \rightleftharpoons MnO_2 + 4OH^-$	0.588
O_2/H_2O_2	$O_2 + 2H^+ + 2e^- \rightleftharpoons H_2O_2$	0.682
Fe^{3+}/Fe^{2+}	$Fe^{3+} + e^- \rightleftharpoons Fe^{2+}$	0.771
Hg_2^{2+}/Hg	$Hg_2^{2+} + 2e^- \rightleftharpoons 2Hg$	0.793
Ag^+/Ag	$Ag^+ + e^- \rightleftharpoons Ag$	0.7996
Hg^{2+}/Hg	$Hg^{2+} + 2e^- \rightleftharpoons Hg$	0.851
NO_3^-/NO	$NO_3^- + 4H^+ + 3e^- \rightleftharpoons NO + 2H_2O$	0.96
HNO_2/NO	$HNO_2 + H^+ + e^- \rightleftharpoons NO + H_2O$	1.00
Br_2/Br^-	$Br_2 + 2e^- \rightleftharpoons 2Br^-$	1.065
MnO_2/Mn^{2+}	$MnO_2 + 4H^+ + 2e^- \rightleftharpoons Mn^{2+} + 2H_2O$	1.208
O_2/H_2O	$O_2 + 4H^+ + 4e^- \rightleftharpoons 2H_2O$	1.229
$Cr_2O_7^{2-}/Cr^{3+}$	$Cr_2O_7^{2-} + 14H^+ + 6e^- \rightleftharpoons 2Cr^{3+} + 7H_2O$	1.33
Cl_2/Cl^-	$Cl_2 + 2e^- \rightleftharpoons 2Cl^-$	1.3583
MnO_4^-/Mn^{2+}	$MnO_4^- + 8H^+ + 5e^- \rightleftharpoons Mn^{2+} + 4H_2O$	1.51
BrO_3^-/Br_2	$BrO_3^- + 6H^+ + 5e^- \rightleftharpoons 1/2Br_2 + 3H_2O$	1.52
Ce^{4+}/Ce^{3+}	$Ce^{4+} + e^- \rightleftharpoons Ce^{3+}$	1.61
H_2O_2/H_2O	$H_2O_2 + 2H^+ + 2e^- \rightleftharpoons 2H_2O$	1.776
$S_2O_8^{2-}/SO_4^{2-}$	$S_2O_8^{2-} + 2e^- \rightleftharpoons 2SO_4^{2-}$	2.01
F_2/F^-	$F_2 + 2e^- \rightleftharpoons 2F^-$	2.87

附录9 某些离子和化合物的颜色

附表 9-1 某些离子的颜色

离子	颜色	离子	颜色	离子	颜色
Ac^-	无色	$[Cr(H_2O)_6]^{3+}$	紫色	$[Ni(H_2O)_6]^{2+}$	亮绿色
Ag^+	无色	$[Cr(H_2O)_5Cl]^{2+}$	浅绿色	NO_2^-	无色
Al^{3+}	无色	$[Cr(H_2O)_4Cl_2]^+$	暗绿色	NO_3^-	无色
AsO_3^{3-}	无色	$[Cr(NH_3)_2(H_2O)_4]^{3+}$	紫红色	Pb^{2+}	无色
AsO_4^{3-}	无色	$[Cr(NH_3)_3(H_2O)_3]^{3+}$	浅红色	PO_4^{3-}	无色
Ba^{2+}	无色	$[Cr(NH_3)_4(H_2O)_2]^{3+}$	橙红色	S^{2-}	无色
Bi^{3+}	无色	$[Cr(NH_3)_5(H_2O)_3]^{3+}$	橙黄色	$[SbCl_6]^{3-}$	无色
$B(OH)_4^-$	无色	$[Cr(NH_3)_6]^{3+}$	黄色	$[SbCl_6]^-$	无色
$B_4O_7^{2-}$	无色	CrO_2^-	绿色	SCN^-	无色
Br^-	无色	CrO_4^{2-}	黄色	SiO_3^{2-}	无色
BrO_3^-	无色	$Cr_2O_7^{2-}$	橙色	Sn^{2+}	无色
Ca^{2+}	无色	F^-	无色	Sn^{4+}	无色
Cd^{2+}	无色	$[Fe(H_2O)_6]^{2+}$	浅绿色	SO_3^{2-}	无色
Cl^-	无色	$[Fe(H_2O)_6]^{3+}$	淡紫色	SO_4^{2-}	无色
ClO_3^-	无色	$[Fe(CN)_6]^{4-}$	黄色	$S_2O_3^{2-}$	无色
$[Cu(H_2O)_4]^{2+}$	浅蓝色	$[Fe(CN)_6]^{3-}$	浅枯黄色	Sr^{2+}	无色
$[CuCl_4]^{2-}$	黄色	$[Fe(NCS)_n]^{3-n}$	血红色	$[Ti(H_2O)_6]^{3+}$	紫色
$[Cu(NH_3)_4]^{2+}$	蓝色	Hg^{2+}	无色	$[Ti(H_2O)_4]^{2+}$	绿色
CO_3^{2-}	无色	Hg_2^{2+}	无色	TiO^{2+}	无色
$C_2O_4^{2-}$	无色	I_3^-	浅棕黄色	$[TiO(H_2O_2)]^{2+}$	枯黄色
$[Co(H_2O)_6]^{2+}$	红色	K^+	无色	$[V(H_2O)_6]^{2+}$	紫色
$[Co(NH_3)_6]^{2+}$	黄色	Mg^{2+}	无色	$[V(H_2O)_6]^{3+}$	绿色
$[Co(NH_3)_6]^{3+}$	黄色	$[Mn(NH_3)_6]^{2+}$	蓝色	VO^{2+}	蓝色
$[CoCl(NH_3)_5]^{2+}$	紫色	$[Mn(H_2O)_6]^{2+}$	肉色	VO_2^+	浅黄色
$[Co(NH_3)_5(H_2O)]^{3+}$	红色	MnO_4^{2-}	绿色	$[VO_2(O_2)_2]^{3-}$	黄色
$[Co(NH_3)_4CO_3]^+$	红色	MnO_4^-	紫红色	$[V(O_2)]^{3+}$	深红色
$[Co(CN)_6]^{3-}$	紫色	MoO_4^{2-}	无色	WO_4^{2-}	无色
$[Co(SCN)_4]^{2-}$	蓝色	Na^+	无色	Zn^{2+}	无色
$[Cr(H_2O)_6]^{2+}$	蓝色	NH_4^+	无色		

附表 9-2 某些化合物的颜色

1. 氧化物

化合物	颜色	化合物	颜色
Ag_2O	暗棕色	MnO_2	棕褐色
CdO	棕红色	MoO_2	铅灰色
CoO	灰绿色	NiO	暗绿色
Co_2O_3	黑色	Ni_2O_3	黑色
CuO	黑色	PbO	黄色
Cu_2O	暗红色	Pb_3O_4	红色
Cr_2O_3	绿色	TiO_2	白色
CrO_3	红色	VO	亮灰色
FeO	黑色	VO_2	深蓝色
Fe_2O_3	砖红色	V_2O_3	黑色
Fe_3O_4	黑色	V_2O_5	红棕色
HgO	红色或黄色	WO_2	棕红色
Hg_2O	黑褐色	ZnO	白色

2. 氢氧化物

化合物	颜色	化合物	颜色
$Al(OH)_3$	白色	$Mg(OH)_2$	白色
$Bi(OH)_3$	白色	$Mn(OH)_2$	白色
$Cd(OH)_2$	白色	$Ni(OH)_2$	浅绿色
$Co(OH)_2$	粉红色	$Ni(OH)_3$	黑色
$Co(OH)_3$	褐棕色	$Pb(OH)_2$	白色
$Cu(OH)$	黄色	$Sb(OH)_3$	白色
$Cu(OH)_2$	浅蓝色	$Sn(OH)_2$	白色
$Cr(OH)_3$	灰绿	$Sn(OH)_4$	白色
$Fe(OH)_2$	白色或苍绿色	$Zn(OH)_2$	白色
$Fe(OH)_3$	红棕色		

3. 氯化物

化合物	颜色	化合物	颜色
$AgCl$	白色	$CuCl_2 \cdot 2H_2O$	蓝色
$CoCl_2$	蓝色	$FeCl_3 \cdot 6H_2O$	黄棕色
$CoCl_2 \cdot H_2O$	蓝紫色	Hg_2Cl_2	白色
$CoCl_2 \cdot 2H_2O$	紫红色	$Hg(NH_2)Cl$	白色
$CoCl_2 \cdot 6H_2O$	粉红色	$PbCl_2$	白色
$CuCl$	白色	$TiCl_2$	黑色
$CuCl_2$	棕色	$TiCl_3 \cdot 6H_2O$	紫色或绿色

4. 溴化物

化合物	颜色	化合物	颜色
$AgBr$	淡黄色	$CuBr_2$	黑紫色

5. 碘化物

化合物	颜色	化合物	颜色
AgI	黄色	HgI_2	红色
BiI_3	绿黑色	PbI_2	黄色
CuI	白色	SbI_3	红黄色
Hg_2I_2	黄绿色	TiI_4	暗棕色

6. 卤酸盐

化合物	颜色	化合物	颜色
$AgIO_3$	白色	$Ba(IO_3)_2$	白色
$AgBrO_3$	白色	$KClO_4$	白色

7. 硫化物

化合物	颜色	化合物	颜色
Ag_2S	灰黑色	HgS	红色或黑色
As_2S_3	黄色	MnS	肉色
Bi_2S_3	黑褐色	NiS	黑色
CdS	黄色	PbS	黑色
CoS	黑色	Sb_2S_3	橙色
CuS	黑色	Sb_2S_5	橙红色
Cu_2S	黑色	SnS	褐色
FeS	棕黑色	SnS_2	金黄色
Fe_2S_3	黑色	ZnS	白色

8. 硫酸盐

化合物	颜色	化合物	颜色
Ag_2SO_4	白色	$Cr_2(SO_4)_3$	蓝色或红色
$BaSO_4$	白色	$Cr_2(SO_4)_3 \cdot 18H_2O$	蓝紫色
$CaSO_4 \cdot 2H_2O$	白色	$[Fe(NO)]SO_4$	深棕色
$Cu_2(OH)_2SO_4$	浅蓝色	Hg_2SO_4	白色
$CuSO_4 \cdot 5H_2O$	蓝色	$KCr(SO_4)_2 \cdot 12H_2O$	紫色
$CoSO_4 \cdot 7H_2O$	红色	$PbSO_4$	白色
$Cr_2(SO_4)_3 \cdot 6H_2O$	绿色	$SrSO_4$	白色

9. 碳酸盐

化合物	颜色	化合物	颜色
Ag_2CO_3	白色	$Cu_2(OH)_2CO_3$	暗绿色
$BaCO_3$	白色	$Hg_2(OH)_2CO_3$	红褐色
$Bi(OH)CO_3$	白色	$MnCO_3$	白色
$CaCO_3$	白色	$Ni_2(OH)_2CO_3$	浅绿色
$CdCO_3$	白色	$SrCO_3$	白色
$Co_2(OH)_2CO_3$	白色	$Zn_2(OH)_2CO_3$	白色

10. 磷酸盐

化合物	颜色	化合物	颜色
Ag_3PO_4	黄色	$Ca_3(PO_4)_2$	白色
$Ba_3(PO_4)_2$	白色	$FePO_4$	浅黄色
$CaHPO_3$	白色	NH_4MgPO_4	白色

11. 铬酸盐

化合物	颜色	化合物	颜色
Ag_2CrO_4	砖红色	$FeCrO_4 \cdot 2H_2O$	黄色
$BaCrO_4$	黄色	$PbCrO_4$	黄色

12. 硅酸盐

化合物	颜色	化合物	颜色
$BaSiO_3$	白色	$MnSiO_3$	肉色
$CoSiO_3$	紫色	$NiSiO_3$	翠绿色
$CuSiO_3$	蓝色	$ZnSiO_3$	白色
$Fe_2(SiO_3)_3$	棕红色		

13. 草酸盐

化合物	颜色	化合物	颜色
$Ag_2C_2O_4$	白色	$FeC_2O_4 \cdot 2H_2O$	黄色
CaC_2O_4	白色		

14. 类卤化合物

化合物	颜色	化合物	颜色
$AgCN$	白色	$Cu(CN)_2$	浅棕黄色
$AgSCN$	白色	$Cu(SCN)_2$	黑绿色
$CuCN$	白色	$Ni(CN)_2$	浅绿色

15. 其他含氧酸盐

化合物	颜色	化合物	颜色
Ag_3AsO_4	红褐色	NH_4MgAsO_4	白色
$Ag_2S_2O_3$	白色	$SrSO_3$	白色
$BaSO_3$	白色		

16. 其他化合物

化合物	颜色	化合物	颜色
$Ag_3[Fe(CN)_6]$	橙色	$K_2[PtCl_6]$	黄色
$Ag_4[Fe(CN)_6]$	白色	$NaAc \cdot Zn(Ac)_2 \cdot 3[UO_2(Ac)_2] \cdot 9H_2O$	黄色
$Co_2[Fe(CN)_6]$	绿色	$Na[Fe(CN)_5NO] \cdot 2H_2O$	红色
$Cu_2[Fe(CN)_6]$	红褐色	$Na[Sb(OH)_6]$	白色
$Fe[Fe(CN)_6]_3 \cdot 2H_2O$	蓝色	$(NH_4)_2MoS_4$	血红色
$K_2Na[Co(NO_2)_6]$	黄色	$(NH_4)_2Na[Co(NO_2)_6]$	黄色
$K_3[Co(NO_2)_6]$	黄色	$Zn_2[Fe(CN)_6]$	白色
$KHC_4H_4O_6$	白色	$Zn_3[Fe(CN)_6]_2$	黄褐色
$\left[O\begin{smallmatrix}Hg\\Hg\end{smallmatrix}NH_2\right]I$	红棕色	$\left[\begin{smallmatrix}I-Hg\\I-Hg\end{smallmatrix}NH_2\right]I$	深褐色或红棕色

附录 10　使用原子吸收分光光度计的安全防护

1. 仪器操作中紧急情况的处理

(1) 停电　必须迅速关闭燃气，然后再将各部分控制机构恢复至操作前的状态。

(2) 操作时，嗅到乙炔（或石油气）气味，可能有管道或接头漏气，应立即关闭燃气，室内通风，避免明火，进行检查。

(3) 火焰骚动不稳，这可能是燃气、助燃气比例不对，或燃气严重污染，应立即关闭燃气进行处理。

(4) 指示仪表突然波动，应立即关闭电源，检查有关电气部件和电源电压变动情况。

2. 防止回火

(1) 防止废液排出管漏气，出口处应水封。

(2) 燃烧器狭缝不能过宽，对 100mm × 0.5mm 的狭缝燃烧器，当狭缝宽度大于 0.8mm 时，就有发生回火的危险。

(3) 用氧化亚氮-乙炔火焰时，乙炔流量不能过小（不小于 $2L \cdot min^{-1}$）。

(4) 当从空气-乙炔火焰变换为氧化亚氮-乙炔火焰时，注意不能使乙炔流量过小。

(5) 助燃气与乙炔流量比例不能相差过大。

3. 通风

在仪器的原子化器上方，应安装耐腐蚀材料制作的排风罩及通风管道，排风罩仪器排烟窗口约 20～30cm，抽气量约 1700～2500L·min^{-1}，不宜过大或过小，简单的测试方法是在风罩旁点燃香烟的烟雾能流畅地进入风罩，室外的出口管道应弯曲向下，防止空气倒流。

4. 清洁

原子吸收法测定的一般是微量成分，要特别注意防止污染、挥发和吸附损失，实验环境和器皿对测定影响很大，应注意环境的清洁和器皿的干净。

附录 11　高压钢瓶的使用

1. 高压钢瓶应放置在阴凉、干燥处，远离热源（阳光、暖气、炉火等），以免内压增大造成漏气，发生爆炸。

2. 搬运高压钢瓶要轻、稳，要旋上瓶帽，放置牢靠。

3. 使用时需装减压阀，为保证安全，安装时减压阀有左旋、右旋之分，各种气压表一般不可混用；开启时应避免站立在减压阀的正面及出口处，缓慢开启，以免发生事故。

4. 开启高压钢瓶气体出口阀门前，减压阀应在左旋到最松位置上（减压阀关闭），然后开启钢瓶出口阀，再右旋减压阀调节螺杆，使低压表指示在需输出的压力，否则会因高压气流的冲击而使调压阀门失灵。

5. 连接乙炔气的管道和接头禁止用紫铜管制作，否则易生成乙炔铜引起爆炸。

6. 绝不允许将油或其他易燃性有机物沾染在气瓶上（特别是出口和气压表上）。

7. 不可将瓶内气体用尽，应有一定的剩余残压，以防重灌时有危险。

8. 为避免各种钢瓶混淆，瓶身需按规定涂色和写字。

9. 定期交验，合格后方可使用。

附录 12　注射器的使用及进样操作

使用气相色谱法测定样品时，若分析液体样品可用微量注射器，针头刺入密封的硅胶垫片，手动注入。若分析气体样品，则可用定量管，定量管由六通阀切换进样。另外，气体也可用医用 1～5mL 注射器进样。

1. 微量注射器及注射器进样操作要点

微量注射器是很精密的器件，容量精度高，误差小于 ±5%，气密性达 0.2MPa。它是由玻璃和不锈钢材料制成，其结构如附录图-1 所示，其中（a）是有死角的固定针尖式注射器，10～100μL 容量的注射器采用这一结构。它的针头有寄存容量，吸取溶液时，容量会比标定值增加 0.5μL 左右（即针头容量）。（b）是无死角注射器，与针头连接的针头螺母可旋下，紧靠针头部位垫有硅橡胶垫圈，以保证注射器的气密性。注射器芯子是使用直径为 0.1～0.15mm 不锈钢丝，直接通到针尖，不会出现寄存容量，0.5～1μL 的微量注射器采用这一结构。

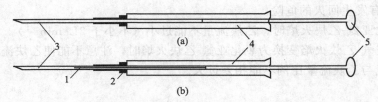

附录图-1　微量注射器结构

1—不锈钢丝芯子；2—硅橡胶垫圈；3—针头；4—玻璃管；5—顶盖

注射器进样操作是用注射器量取定量试样，由针刺通过进样口的硅橡胶密封垫圈，注入试样。优点是使用灵活，缺点是进样重复性差，相对误差为 2%～5%，密封垫圈在 20～30 次进样后容易漏气，需及时更换。

用注射器取液体试样，应先用少量试样洗涤几次，然后将针头插入试样反复抽排几次，再慢慢抽入试样，并稍多于需要量。如有气泡，则将针头朝上，使气泡上升排出，再将过量的试样排出，用滤纸或擦镜纸吸去针头外所沾试样。注意！切勿吸去针头内的试样。

取好样后应立即进样，进样时，注射器应与进样口垂直，一手捏住针头协助迅速刺穿硅橡胶垫圈，另一手平稳敏捷地推进针筒，使针头尽可能地插得深一些，用力要平稳（针头切勿碰着气化室内壁），轻巧迅速地将样品注入，完成后立即拔针。整个动作应进行得稳当、连贯、迅速。针尖在进样中的深度、插入速度、停留时间和拔出速度都会影响进样的重复性。

医用注射器取气体试样时应将注射器插入有一定压力的试样气体容器中，使注射器芯子慢慢自动顶出，直至所需体积。进气体试样时，应防止注射器芯子位移，可用拿注射器的右手食指卡在芯子与外管的交界处，以固定它们的相对位置。

微量注射器使用应注意以下几点：

（1）注射器要保持清洁，使用前后都需用丙酮等溶剂清洗。当试样中高沸点物质沾污注射器时，一般可用下述溶液依次清洗：5%氢氧化钠水溶液、蒸馏水、丙酮、氯仿，最后用泵抽干，不宜使用强碱性浓溶液洗涤，洗净后不要用手接触针芯。

（2）注射器易碎，使用应多加小心。轻拿轻放，不要随便玩弄，来回空抽，特别是不要在将干未干的情况下来回拉动，否则，会严重磨损，损坏其气密性，降低其准确度。

（3）附录图-1(a)所示的注射器，如遇针尖堵塞，宜用直径为0.1mm的细钢丝耐心穿通，不能用火烧的办法，防止针尖退火而失去穿戳能力。

（4）若不慎将注射器芯子全部拉出，应根据其结构小心装配。

（5）使用微量注射器注射时，切勿用力过猛，以免把针芯顶弯。

2. 六通进样阀及其使用

六通进样阀是一种手控多路切换阀，主要有旋转式和拉动式两种，现以平面密封旋转式六通阀为例。平面六通阀由阀座和阀盖两部分组成，阀盖和阀座由弹簧压紧，以保证气密性。阀座上有六个孔，阀盖内加工有三个通道，在固定位置下阀盖内的通道将阀座上的接头相通再外接管路，当阀盖转位60°时，通道联通的孔改变，就可达到气路切换的目的。六通阀的工作过程如附录图-2所示。

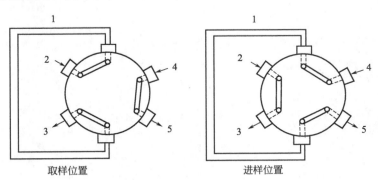

附录图-2　六通阀的工作过程
1—定量管；2—气样入口；3—气样出口；4—载气入口；5—至色谱柱；

由附录图-2可知，当阀盖在取样位置时，可使气体进入定量管，即为取样位置。当阀盖转位60°，到达进样位置时，载气就将定量管中的样品带入色谱柱，即为进样位置。

安装定量管时，先要将管的两端套入螺母、垫圈和橡胶密封圈，然后将管插入阀体的接头孔中并用螺母旋紧。

装六通阀时，需将分析用气路上的U形连接管取下，然后将六通阀装在卸下连接管的位置上。此时，要防止固体杂质进入六通阀气路，以免将阀的密封面损坏，如密封面有轻微漏气，可将阀盖拆下，注意各零件的相对位置，并在密封面上涂薄薄一层高温硅油。

附录 13 汞的安全使用

汞蒸气有毒，汞在人体内积累，当达到一定浓度时即发生中毒现象，在使用汞的过程中应注意下列事项。

1. 汞在室温下即能蒸发，温度越高蒸发越快，室内汞的蒸发还与大气压、室内空气交换速度以及汞的暴露面积有关。实验室应进行充分的排风与对流，汞蒸气密度大，排风扇的位置要接近地面，每次实验前先排风 10min 以上。在使用汞的实验室内禁止吸烟，并注意定期检查空气中汞蒸气浓度，不应超过 $0.01mg \cdot m^{-3}$。

2. 盛汞的玻璃瓶及烧杯都应盛放在搪瓷或不锈钢的盘子里或特制的桌面上，以便易于收集散失的汞滴。

3. 尽量防止小滴汞溅出容器，万一有汞溅在地面或桌面上，可使用小滴管或汞齐化的铜片（用硝酸把铜片表面处理清洁后沾汞）收集之，将收集到的汞放在盛水的试剂瓶中，同时在散失汞的地面上撒一些硫黄粉。

4. 用过的汞切不可倒掉，应回收经处理后继续使用。在废汞的表面覆盖 10% NaCl 溶液，可防止汞蒸气散发到空气中，或将废汞贮存在有塞子的厚壁玻璃瓶中。

参考文献

[1] 李楚芝，王桂芝．分析化学实验．北京：化学工业出版社，2012．

[2] 杨秋华；天津大学无机化学教研室．无机化学实验．北京：高等教育出版社，2012．

[3] 严新，徐茂蓉．无机及分析化学．北京：北京大学出版社，2011．

[4] 梁华定．基础实验1：无机化学实验．杭州：浙江大学出版社，2011．

[5] 周红主编．无机及分析化学实验．北京：中国农业出版社，2010．

[6] 王玉枝，周毅刚．分析技术基础．北京：中国纺织出版社，2008．

[7] 蔡炳新，陈贻文．基础化学实验．第2版．北京：科学出版社，2007．

[8] 林承志主编．化学基础实验教程（上）．长春：吉林人民出版社，2006．

[9] 魏永巨，刘翠格，默丽萍．碘、碘离子和碘三离子的紫外吸收光谱．光谱学与光谱分析，2005，25(1)：86-88．

[10] 高占先．有机化学实验．北京：高等教育出版社，2004．

[11] 赵新华．化学基础实验．北京：高等教育出版社，2004．

[12] 宋天佑，程鹏，王杏乔．无机化学（上、下）．北京：高等教育出版社，2004．

[13] 杨毅，李明慧．有机化学实验教程．大连：大连理工大学出版社，2003．

[14] 马文宗，杨再伟，孙家霖．化学试剂技术管理应用手册（上册）．成都：四川大学出版社，2003．

[15] 关烨第．有机化学实验．北京：北京大学出版社，2002．

[16] 李铭岫．无机化学实验．北京：北京理工大学出版社，2002．

[17] 北京师范大学无机化学教研室等．无机化学实验．第3版．北京：高等教育出版社，2001．

[18] 曾昭琼，曾和平．有机化学实验．北京：高等教育出版社，2000．

[19] 科技部条件财务司，国家石化局科技办，卫生部科技教育司《化学试剂分类编写组》．化学试剂分类．北京：中国标准出版社，1999．

[20] 李伯骥．化学化工实验师手册．大连：大连理工大学出版社，1996．

[21] 北京师范大学，华中师范大学，南京师范大学无机化学教研室．无机化学（上、下）．第3版．北京：高等教育出版社，1992．

[22] 陈焕光等．分析化学实验．广州：中山大学出版社，1991．

[23] 中国医药公司"化学试剂商品学"编写组．化学试剂商品学．北京：化学工业出版社，1987．